Veröffentlichungen des Instituts
für Deutsches, Europäisches und Internationales Medizinrecht,
Gesundheitsrecht und Bioethik
der Universitäten Heidelberg und Mannheim   15

Herausgegeben von
Görg Haverkate, Thomas Hillenkamp, Lothar Kuhlen, Adolf Laufs,
Eibe Riedel, Jochen Taupitz (Geschäftsführender Direktor)

Springer
*Berlin
Heidelberg
New York
Hongkong
London
Mailand
Paris
Tokio*

Ulrich May

Rechtliche Grenzen der Fortpflanzungsmedizin

Die Zulässigkeit bestimmter Methoden der assistierten Reproduktion und der Gewinnung von Stammzellen vom Embryo in vitro im deutsch-israelischen Vergleich

Reihenherausgeber:
Professor Dr. Görg Haverkate
Professor Dr. Dr. h.c. Thomas Hillenkamp
Professor Dr. Lothar Kuhlen
Professor Dr. Dr. h.c. Adolf Laufs
Professor Dr. Eibe Riedel
Professor Dr. Jochen Taupitz (Geschäftsführender Direktor)

Autor
Ulrich May
Elektrastraße 52 a
81925 München
ulrichmay@gmx.de

Inaugural-Dissertation zur Erlangung des akademischen Grades
eines Doktors der Rechte der Universität Mannheim

Mündliche Prüfung: 31. Juli 2002
Der Dekan: Prof. Dr. Lothar Kuhlen

Erstreferent: Prof. Dr. Jochen Taupitz
Zweitreferent: Prof. Dr. Eibe Riedel

ISBN 3-540-00511-0 Springer-Verlag Berlin Heidelberg New York

Bibliografische Information Der Deutschen Bibliothek
Die Deutsche Bibliothek verzeichnet diese Publikation in der Deutschen Nationalbibliografie; detaillierte bibliografische Daten sind im Internet über <http://dnb.ddb.de> abrufbar.

Dieses Werk ist urheberrechtlich geschützt. Die dadurch begründeten Rechte, insbesondere die der Übersetzung, des Nachdrucks, des Vortrags, der Entnahme von Abbildungen und Tabellen, der Funksendung, der Mikroverfilmung oder der Vervielfältigung auf anderen Wegen und der Speicherung in Datenverarbeitungsanlagen, bleiben, auch bei nur auszugsweiser Verwertung, vorbehalten. Eine Vervielfältigung dieses Werkes oder von Teilen dieses Werkes ist auch im Einzelfall nur in den Grenzen der gesetzlichen Bestimmungen des Urheberrechtsgesetzes der Bundesrepublik Deutschland vom 9. September 1965 in der jeweils geltenden Fassung zulässig. Sie ist grundsätzlich vergütungspflichtig. Zuwiderhandlungen unterliegen den Strafbestimmungen des Urheberrechtsgesetzes.

Springer-Verlag Berlin Heidelberg New York
ein Unternehmen der BertelsmannSpringer Science+Business Media GmbH

http://www.springer.de

© Springer-Verlag Berlin Heidelberg 2003
Printed in Germany

Die Wiedergabe von Gebrauchsnamen, Handelsnamen, Warenbezeichnungen usw. in diesem Werk berechtigt auch ohne besondere Kennzeichnung nicht zu der Annahme, dass solche Namen im Sinne der Warenzeichen- und Markenschutz-Gesetzgebung als frei zu betrachten wären und daher von jedermann benutzt werden dürften.

Umschlaggestaltung: Erich Kirchner, Heidelberg
SPIN 10912638   64/3130-5 4 3 2 1 0 – Gedruckt auf alterungsbeständigem Papier

Vorwort

Die vorliegende Abhandlung wurde im Sommersemester 2002 von der Juristischen Fakultät der Universität Mannheim als Dissertation angenommen.

Mein Dank gilt zuerst Herrn Professor Dr. Taupitz als meinem Doktorvater, der die Untersuchung angeregt und gefördert hat. Als geschäftsführender Direktor des Instituts für Deutsches, Europäisches und Internationales Medizinrecht, Gesundheitsrecht und Bioethik der Universitäten Heidelberg und Mannheim ermöglichte er mir neben dem Zugang zu wichtigen Literaturquellen auch die Aufnahme in die Schriftenreihe des Institutes. Mein Dank gebührt ferner Herrn Professor Dr. Riedel, der die Arbeit als Zweitgutachter bewertete.

Eine wesentliche Ursache für die vorliegende Untersuchung war die mir zuteil gewordene Möglichkeit, für ein Jahr in Israel an der Hebräischen Universität in Jerusalem zu studieren. Neben besonderen Einsichten in die israelische Gesellschaft, ermöglichte mir ein Stipendium der Rotary-Stiftung, für das ich den Rotariern sehr verbunden bin, das Erlernen der hebräischen Sprache, um schließlich eine Auswertung hebräischsprachiger Quellen vornehmen zu können. Es folgte im Rahmen des Rechtsreferendariats ein weiterer Aufenthalt in Israel. Als Mitarbeiter der Kammer des Präsidenten des Obersten Gerichtshofs Israels, Herrn Professor Barak, genoss ich einen unmittelbaren Einblick in das Verfassungs- und Rechtsleben in Israel und hatte das Privileg, auch im Hinblick auf die nun vorliegende Arbeit, die eindrucksvolle Bibliothek des Gerichtshofs zu nutzen. Herrn Präsidenten Professor Barak sowie Herrn Dr. Yigal Merzel, Herrn Michael Ruda und allen anderen Mitarbeitern des Obersten Gerichtshofs sei an dieser Stelle gedankt.

Keinen geringeren Anteil an der Fertigstellung meiner Arbeit hatte meine Frau Bettina, die eine nie versiegende Quelle an Motivation für mich bedeutet. Ihre Anregungen und Ratschläge sowie ihre Unterstützung kann ich nicht hoch genug schätzen. Schließlich unterstützten mich noch zahlreiche weitere Menschen im Rahmen dieser Arbeit: Ein herzlicher Dank gebührt in diesem Zusammenhang insbesondere meinen Eltern, H. Schmidl, M. Weber, V. Wetzstein, T. Wetzstein, S. Strasser und M. Gerlinger.

München im Herbst 2002   Ulrich May

Inhaltsübersicht

Inhaltsverzeichnis IX

Abkürzungsverzeichnis XIX

I. **Einführung** 1

A. Einleitung 3
B. Untersuchungsgegenstand und Gliederung der Prüfung 6
C. Zur rechtsvergleichenden Fragestellung 9
D. Untersuchungsgegenstand und medizinisch-biologischer
   Hintergrund 10

II. **Zur Rechtslage in Israel** 33

A. Rechtsentwicklung und aktueller Stand der Rechtsquellen auf
   dem Gebiet der Fortpflanzungsmedizin 35
B. Der Rechtsstatus des Embryos in vitro – Schutz durch
   Grundrechte ? 45
C. Die Zulässigkeit der IVF im homologen System mit
   nachfolgendem autologem ET 59
D. Die Zulässigkeit assistierter Fortpflanzungsmethoden bei
   heterologer bzw. quasi-homologer Befruchtung (Samenspende) 62
E. Die Zulässigkeit der nicht autologen Übertragung unbefruchteter
   bzw. homolog befruchteter Eizellen (Eizellspende) und hererolog
   befruchteter Eizellen (Embryonenspende) 71
F. Die Zulässigkeit der für jemand anderen übernommenen
   Mutterschaft (Surrogatmutterschaft) 82
G. Die rechtliche Zulässigkeit der Gewinnung embryonaler
   Stammzellen vom Embryo in vitro 99

III. **Die Rechtslage in Deutschland und im deutsch-israelischen
    Vergleich** 109

A. Rechtsentwicklung und Rechtsquellen 111
B. Der Rechtsstatus des Embryos in vitro – Schutz durch
   Grundrechte ? 120

C. Der Rechtsstatus des Embryos in vitro im Vergleich Deutschland-Israel. ... 130
D. Die Zulässigkeit der IVF im homologen System mit nachfolgendem autologem ET ... 137
E. Die Zulässigkeit der IVF im homologen System mit nachfolgendem autologem ET im Vergleich Deutschland-Israel 145
F. Die Zulässigkeit assistierter Fortpflanzungsmethoden bei heterologer bzw. quasi-homologer Befruchtung (Samenspende) 147
G. Die Zulässigkeit assistierter Fortpflanzungsmethoden bei heterologer bzw. quasi-homologer Befruchtung (Samenspende) im Vergleich Deutschland-Israel ... 162
H. Die Zulässigkeit der nicht autologen Übertragung unbefruchteter bzw. homolog befruchteter Eizellen (Eizellspende) und hererolog befruchteter Eizellen (Embryonenspende). ... 169
I. Die Zulässigkeit der nicht autologen Übertragung unbefruchteter bzw. homolog befruchteter Eizellen (Eizellspende) und hererolog befruchteter Eizellen (Embryonenspende) im Vergleich Deutschland-Israel ... 176
J. Die Zulässigkeit der für jemand anderen übernommenen Mutterschaft (Surrogatmutterschaft) ... 180
K. Die Zulässigkeit der für jemand anderen übernommenen Mutterschaft (Surrogatmutterschaft) im Vergleich Deutschland-Israel. ... 186
L. Die rechtliche Zulässigkeit der Gewinnung von Stammzellen vom Embryo in vitro. ... 191
M. Die rechtliche Zulässigkeit der Gewinnung embryonaler Stammzellen vom Embryo in vitro im Vergleich Deutschland-Israel. ... 211

IV. Rechtsvergleichende Gesamtbetrachtung und Zusammenfassung ... 217

A. Die Herstellung und Verwendung von Embryonen in vitro im Rahmen der untersuchten Methoden der assistierten Reproduktion .. 219
B. Die Verwendung des Embryos in vitro zur Stammzellengewinnung. ... 222

Literaturverzeichnis ... 225

Inhaltsverzeichnis

Abkürzungsverzeichnis.		XIX
I.	Einführung	1
A.	Einleitung.	3
B.	Untersuchungsgegenstand und Gliederung der Prüfung	6
C.	Zur rechtsvergleichenden Fragestellung.	9
D.	Untersuchungsgegenstand und medizinisch-biologischer Hintergrund.	10

    1. Eingrenzung und Definition des Begriffs Fortpflanzungsmedizin im Hinblick auf den Untersuchungsgegenstand 10

    2. Überblick über Methoden der Fortpflanzungsmedizin und damit unmittelbar zusammenhängender Maßnahmen, hinsichtlich der Erzeugung, der Existenz und der Verwendung von Embryonen in vitro 13

        a) Fertilisation und präimplantatorische Entwicklung. 14
        b) Der biologische Lebensbeginn. 16
        c) Hormonelle Sterilitätsbehandlung 18
        d) Artifizelle Insemination 18
        e) In-virto-Fertilisation und Embryo(nen)transfer. 18
            (1) Gewinnung der Eizellen. 19
            (2) Gewinnung der Samenzellen 19
            (3) Die Fertilisation 19
            (a) Herkömmliche In-vitro-Befruchtung 19
            (b) Befruchtungsunterstützung durch Mikromanipulation... 20
            (i) Intracytoplasmatische Spermatozoeninjektion 20
            (ii) Zona drilling. 21
            (iii) Subzonale Injektion. 21
            (4) Der Embryotransfer (ET) 21
        f) Verschiedene Methoden des Gametentransfers. 22
        g) Kryokonservierung. 23
        h) Keimzellenspende, homologes, quasi-homologes und heterologes System. 24
        i) Leih-, Ersatz- bzw. Surrogatmutterschaft. 25
        j) Gewinnung von Stammzellen vom Embryo in vitro und Stammzellenforschung. 26

			(1) Begrifflichkeiten.	26
			(2) Totipotenz von Zellkernen	27
			(3) Totipotenz von Gewebeverbänden.	28
			(4) Methoden der Gewinnung embryonaler Stammzellen...	28
			(a) Gewinnung vom Embryo in vitro.	29
			(b) Entnahme von primordialen Keimzellen	29
			(c) Das sog. therapeutische Klonen	29
		k)	Die Forschung an embryonalen Stammzellen (ES-Zellen)..	31

II. Zur Rechtslage in Israel. ... 33

A. Rechtsentwicklung und aktueller Stand der Rechtsquellen auf dem Gebiet der Fortpflanzungsmedizin. ... 35

    1. Grundrechte und Verfassung ... 35
    2. Weitere juristische Quellen. ... 36
        a) Samenbankverordnung. ... 36
        b) Rundbrief 1979. ... 38
        c) Verordnung über Humanexperimenten ... 39
        d) IVF-Verordnung. ... 40
        e) Aloni-Kommission. ... 41
        f) Leihmutterschaftsgesetz. ... 42
        g) Die Nachmani-Rechtsprechung des Obersten Gerichtshofs Israels. ... 43
    3. Zusammenfassung. ... 45

B. Der Rechtsstatus des Embryos in vitro – Schutz durch Grundrechte?. ... 45

    1. Die Nachmani-Entscheidung des Obersten Gerichtshofs von 1995. ... 46
    2. Die Nachmani-Entscheidung des Obersten Gerichtshofs von 1996. ... 48
        a) Richterin Strasberg-Cohen. ... 48
        b) Präsident Barak ... 49
        c) Richter Kadmi ... 49
        d) Richterin Dörner. ... 50
        e) Richter Tirkel. ... 50
        f) Andere Richter. ... 51
    3. Zwischenergebnis ... 51
    4. Literaturansichten ... 52
        a) Zubilligung eines Rechtsstatus. ... 52
        b) Ablehnung eines Rechtsstatus ... 53
            (1) Potenzielles menschliches Leben des Embryo in vitro.. ... 53
            (2) Umfassende Ablehnung der Schutzwürdigkeit des Embryos in vitro ... 57

	5. Zusammenfassung.	58
C.	Die Zulässigkeit der IVF im homologen System mit nachfolgendem autologem ET.	59
	1. Die aktuelle Rechtslage.	59
	a) Einfachgesetzliche Zulässigkeit.	59
	b) Quantitative Beschränkung	60
	c) Geschlechtswahl	60
	d) Verfassungsrecht	60
	2. Zusammenfassung.	61
D.	Die Zulässigkeit assistierter Fortpflanzungsmethoden bei heterologer bzw. quasi-homologer Befruchtung (Samenspende)	62
	1. Die bestehende Rechtslage	62
	a) Grundsätzliche Zulässigkeit der heterologen Befruchtung	62
	b) Beschränkungen.	63
	(1) Krankenhausvorbehalt	63
	(2) Beschränkungen durch den an die Krankenhäuser gerichteten Rundbrief	64
	(a) Allgemeines	64
	(b) Diagnostische Voraussetzungen.	64
	(c) Auswirkungen des Familienstandes der Patientin	64
	(i) Verheiratete Patientin	64
	(ii) Patientin in nichtehelicher Lebensgemeinschaft.	65
	(iii) Alleinstehende Patientin.	66
	(d) Spenderanonymität	67
	c) Stellungnahme der Aloni-Kommission	68
	(1) Allgemeines	68
	(2) Finanzielle Leistungen an den Spender	68
	(3) Spenderanonymität	69
	(4) Begrenzung der Spendenanzahl	70
	2. Zusammenfassung.	70
E.	Die Zulässigkeit der nicht autologen Übertragung unbefruchteter bzw. homolog befruchteter Eizellen (Eizellspende) und hererolog befruchteter Eizellen (Embryonenspende).	71
	1. Eizellenspende	71
	a) Die aktuelle Rechtslage	71
	b) Zur Mutterschaft nach Eizellspende.	74
	c) Stellungnahme der Aloni-Kommission	75
	(1) Grundsätzliches.	75
	(2) Finanzielle Leistungen an die Spenderin	76
	(3) Anonymität	77

		(4) Mutterschaft	77
		(5) Begrenzung der Spenderzahl	78
	2.	Embryonenspende	78
		a) Die bestehende Rechtslage	78
		(1) Verheiratete Empfängerin	78
		(2) Ledige Empfängerin	79
		b) Die Stellungnahme der Aloni-Kommission zur Embryonenspende	79
		(1) Allgemeines	79
		(2) Embryonenspende an ledige Patientinnen	81
	3.	Zusammenfassung	82

F. Die Zulässigkeit der für jemand anderen übernommenen Mutterschaft (Surrogatmutterschaft) 82

	1.	Vorbemerkung	82
	2.	Die ursprüngliche Rechtslage	83
	3.	Die Aloni-Kommission	84
		a) Wirksamkeit des Vertrages	85
		b) Voraussetzungen auf Seiten der Surrogatmutter	86
		c) Zulässigkeit der künstlichen Insemination der Surrogatmutter	88
		d) Finanzielle Leistungen an die Surrogatmutter	89
		e) Anonymität der Surrogatmutter	91
		f) Rücktritt vom Surrogatmutterschaftsvertrag	91
		(1) Rücktritt durch die Surrogatmutter	91
		(2) Rücktritt der Wunscheltern	93
		g) Zusammenfassung der Ausführungen der Aloni-Kommission	93
		h) Zwei Minderheitsvoten	93
	4.	Literaturansichten	94
	5.	Das Leihmuttergesetz – die Situation des lege lata	95
		a) Allgemeine Voraussetzungen und Beschränkungen	96
		b) Die Genehmigungskommission	97
		c) Regelungen betreffend das zukünftigen Kind	98
	6.	Zusammenfassung	98

G. Die rechtliche Zulässigkeit der Gewinnung embryonaler Stammzellen vom Embryo in vitro 99

	1.	Einfachgesetzliche Zulässigkeit	100
		a) IVF-Verordnung	100
		b) Verordnung über Humanexperimente	102
		c) Keine anderweitigen einfachgesetzlichen Vorgaben	104
	2.	Verfassungsrecht bzw. Grundrechte	104
	3.	Stellungnahme der Aloni-Kommission	107

	4.	Zusammenfassung.		108

III. Die Rechtslage in Deutschland und im deutsch-israelischen Vergleich ... 109

A. Rechtsentwicklung und Rechtsquellen. ... 111

    1. Verfassungsrecht. ... 111
    2. Einfachgesetzliche Regelungen ... 111
    3. Standesrecht ... 112
       a) Hintergrund der Existenz von Richtlinien und Berufsordnungen als Rechtsnormen ... 112
       b) Transformation der Richtlinien der Bundesärztekammer im Kammerrecht der Landesärztekammern. ... 113
       c) Von Richtlinien unabhängiges Standesrecht ... 116
       d) Zur Kompetenzüberschreitung der Kammern ... 116

B. Der Rechtsstatus des Embryos in vitro – Schutz durch Grundrechte ?. ... 120

    1. Einbeziehung in den personalen Schutzbereich der Grundrechte. ... 121
    2. Prüfungsmaßstab. ... 121
    3. Die vorherrschende Ansicht ... 122
    4. Die Rechtsprechung. ... 123
    5. Andere Auffassungen ... 125
       a) Zeitpunkt der Geburt ... 125
       b) Entwicklung des zentralen Nervensystems/Großhirn ... 127
       c) Zeitpunkt der Nidation. ... 128
    6. Zusammenfassung und Ergebnis ... 130

C. Der Rechtsstatus des Embryos in vitro im Vergleich Deutschland-Israel. ... 130

    1. Gegenüberstellung ... 130
    2. Abstraktion und weiterführenden Fragestellung. ... 133
    3. Erklärungsansätze für die Existenz der unterschiedlichen Schutzkonzepte. ... 135

D. Die Zulässigkeit der IVF im homologen System mit nachfolgendem autologem ET. ... 137

    1. Einfachgesetzliche Zulässigkeit ... 137
       a) ESchG. ... 137
          (1) Arztvorbehalt. ... 137
          (2) Quantitative Beschränkung. ... 138

			(3) Einverständnisvorbehalt	138
			(4) Verbotene Geschlechtswahl	138
		b)	SGB V	139
		c)	§ 33 Abs. 1 EStG	140
	2.	Standesrecht		140
	3.	Verfassungsrecht		141
	4.	Zusammenfassung		144

E. Die Zulässigkeit der IVF im homologen System mit nachfolgendem autologem ET im Vergleich Deutschland-Israel 145

F. Die Zulässigkeit assistierter Fortpflanzungsmethoden bei heterologer bzw. quasi-homologer Befruchtung (Samenspende) 147

	1.	Einfachgesetzliches Zulässigkeit		147
		a)	ESchG	147
		b)	SGB V	148
		c)	§ 33 Abs. 1 EStG	148
	2.	Standesrecht		149
		a)	Familienstand und Patientin	149
		b)	Beschränkung der heterologen Befruchtung	150
		c)	Inkurs: Anonymität des Samenspenders	152
			(1) Verfassungsrechtliche Beschränkung der Spenderanonymität	152
			(2) Standesrechtliche Regelung	154
	3.	Verfassungsrecht		155
		a)	Heterologe Befruchtung kein Verstoß gegen die Menschwürdegarantie (Art. 1 Abs. 1 GG)	155
		b)	Sicherstellung der sozialen Vaterschaft	156
			(1) Verfassungsrechtlicher Hintergrund	157
			(2) Auf die konkrete Sachverhaltskonstellation bezogene inhaltliche Ausgestaltung	158
		c)	Finanzielle Leistungen an den Spender	161
	4.	Zusammenfassung		161

G. Die Zulässigkeit assistierter Fortpflanzungsmethoden bei heterologer bzw. quasi-homologer Befruchtung (Samenspende) im Vergleich Deutschland-Israel 162

	1.	Allgemeines		162
	2.	Detailanalyse		163
		a)	Allgemein	163
		b)	Kindeswohl	164
			(1) Soziale Vaterschaft	164
			(2) Anonymität	165
	3.	Fazit		166

4.	Rechtspolitische Anmerkung	167

H. Die Zulässigkeit der nicht autologen Übertragung unbefruchteter bzw. homolog befruchteter Eizellen (Eizellspende) und hererolog befruchteter Eizellen (Embryonenspende)........................ 169

    1. Einzelspende... 169
        a) Einfachgesetzliche Zulässigkeit gemäß dem ESchG....... 169
        b) Standesrecht... 170
        c) Verfassungsrecht.. 170
            (1) Allgemein... 170
            (2) Anonymität.. 173
    2. Embryonenspende... 174
        a) Einfachgesetzliche Zulässigkeit............................. 174
        b) Standesrecht... 175
        c) Verfassungsrecht.. 175
    3. Zusammenfassung.. 176

I. Die Zulässigkeit der nicht autologen Übertragung unbefruchteter bzw. homolog befruchteter Eizellen (Eizellspende) und hererolog befruchteter Eizellen (Embryonenspende) im Vergleich Deutschland-Israel... 176

    1. Allgemeines... 176
    2. Detailanalyse.. 177
    3. Fazit und rechtspolitische Erläuterungen......................... 179

J. Die Zulässigkeit der für jemand anderen übernommenen Mutterschaft (Surrogatmutterschaft).................................... 180

    1. Einfachgesetzliche Zulässigkeit.................................... 180
        a) ESchG... 180
        b) Adoptionsvermittlungsgesetz................................ 180
    2. Standesrecht.. 181
    3. Verfassungsrecht... 182
        a) Kindeswohl... 182
        b) Grundrechte der Surrogatmutter............................ 184
    4. Ablehnung einer Beschränkung auf Basis des Kindeswohls.... 184
    5. Zusammenfassung.. 185

K. Die Zulässigkeit der für jemand anderen übernommenen Mutterschaft (Surrogatmutterschaft) im Vergleich Deutschland-Israel.. 186

    1. Allgemeines... 186
    2. Detailanalyse.. 186

		a) Übereinstimmung mit den bisher gefundenen Ergebnissen..	186
		b) Besonderheit der israelischen Rechtsordnung	187
	3.	Fazit.	190
	4.	Rechtspolitische Anmerkung	190

L. Die rechtliche Zulässigkeit der Gewinnung von Stammzellen vom Embryo in vitro. ... 191

    1. Einfachgesetzliche Zulässigkeit gemäß dem ESchG ... 191
    2. Standesrecht bzw. Sekundärgesetzgebung ... 193
    3. Verfassungsrecht. ... 194
        a) Die vorherrschenden Ansichten in der Literatur ... 195
            (1) Verbot der Erzeugung menschlicher Embryonen zum Zweck der Stammzellengewinnung auf Basis von Art. 1 Abs. 1 GG ... 195
            (2) Die Gewinnung embryonaler Stammzellen von sog. überzähligen Embryonen ... 198
        b) Systematische Einordnung der Rechtsansichten ... 201
            (1) Verfassungsrechtlicher Prüfungsmaßstab und dogmatische Grundlagen. ... 201
                (a) Menschenwürde ... 201
                (b) Lebensschutz. ... 202
                (c) Das Verhältnis von Menschenwürde und Lebensschutz. ... 204
            (2) Transfer auf die zu beurteilenden Sachverhalte ... 207
                (a) Erzeugung menschlicher Embryonen zum Zwecke der Stammzellengewinnung ... 207
                (b) Die Gewinnung embryonaler Stammzellen von sog. überzähligen Embryonen ... 208
    4. Zusammenfassung. ... 210

M. Die rechtliche Zulässigkeit der Gewinnung embryonaler Stammzellen vom Embryo in vitro im Vergleich Deutschland-Israel. ... 211

    1. Allgemeines ... 211
    2. Detailanalyse. ... 212
    3. Fazit und Rechtspolitische Erläuterung ... 213

IV. Rechtsvergleichende Gesamtbetrachtung und Zusammenfassung ... 217

A. Die Herstellung und Verwendung von Embryonen in vitro im Rahmen der untersuchten Methoden der assistierten Reproduktion .. 219

    1. Allgemein ... 219

	2. Planmäßige Halbwaisenschaft und Beschränkungen der Surrogatmutterschaft.	220
	3. Anonymität.	220
	4. Leitlinien.	220
B.	Die Verwendung des Embryos in vitro zur Stammzellengewinnung.	222

Literaturverzeichnis 225

Abkürzungsverzeichnis

AI	Artifizielle Insemination
AdVermiG	Adoptionsvermittlungsgesetz
AöR	Archiv für öffentliches Recht (Zeitschrift)
Art.	Artikel
Bagaz	Beit Din G'voha L'Zedek (hebräische Kurzbezeichnung für den Obersten Gerichtshof Israels)
Bäk	Bundesärztekammer
BFH	Bundesfinanzhof
BGB	Bürgerliches Gesetzbuch
BGH	Bundesgerichtshof
BSG	Bundessozialgericht
BT-DS	Deutscher Bundestag – Drucksache
BVerfG	Bundesverfassungsgericht
BVerfGE	Entscheidungen des Bundesverfassungsgerichts
BVerwG	Bundesverwaltungsgericht
BVerwGE	Entscheidungen des Bundesverwaltungsgerichts
Bzw.	Beziehungsweise
C.A.	Court of Appeal (Revisionsgericht)
DNA	Deoxyribonucleic acid (deutsch: Desoxyribonukleinsäure)
d.h.	das heißt
DriZ	Deutsche Richterzeitung
DtÄrztebl	Deutsches Ärzteblatt
EG-Zellen	Embryonic Germ Cells
EIFT	Embryo Intra Falloppian Tube Transfer
ESchG	Embryonenschutzgesetz
ES-Zellen	Embryonale Stammzellen
ET	Embryotransfer
EuGRZ	Europäische Grundrechte (Zeitschrift)
FamRZ	Zeitschrift für das gesamte Familienrecht
FAZ	Frankfurter Allgemeine Zeitung
Fn.	Fußnote
GA	Goldtdammers Archiv für Strafrecht
GG	Grundgesetz
GIFT	Gamete Intra Falloppian Tube Transfer (deutsch: intratubarer Gametentransfer)
GT	Gametentransfer

Hrsg. v.	herausgegeben von
HStR	Handbuch des Staatsrechts der Bundesrepublik Deutschland
ICSI	Intrazytoplasmatische Spermatozoeninjektion
i.S.d.	im Sinne des
i.S.e.	im Sinne eine(r)(s)
IVF	In-vitro-Fertilisation
i.V.m.	in Verbindung mit
JuMi	Justizministerium
Jura	Jura / Juristische Ausbildung
JuS	Juristsiche Schulung
JZ	Juristen-Zeitung
LSI	Laws of the State of Israel
m.E.	meines Erachtens
MBO	Musterberufsordnung
MDR	Monatsschrift für Deutsches Recht
MedR	Medizinrecht
m.V.	mit Verweis
m.w.N.	mit weiteren Nachweisen
N.Y.L.Sch.Hum.Rts.Ann.	New York Law School Human Rights Annual
NJW	Neue Juristische Wochenschrift
Nr.	Nummer
PGD	Preimplantation Genetic Diagnosis (deutsch: Präimplantationsdiagnostik)
PolG	Polizeigesetz
SGB V	Sozialgesetzbuch – Fünftes Buch. Gesetzliche Krankenversicherung.
sog.	Sogenannt
st. Rspr.	ständige Rechtsprechung
SZ	Süddeutsche Zeitung
TET	Tubal Embryo Transfer (deutsch: tubarer Embryotransfer)
u.U.	unter Umständen
VersR	Versicherungsrecht
vgl.	vergleich(e)
vol.	Volume
WHO	World Health Organization
WMR	Wiener Medizinische Wochenschrift
z.B.	zum Beispiel
ZIFT	Zygote Intra Falloppian Tube Transfer (deutsch: intratubarer Zygotentransfer)
ZME	Zeitschrift für Medizinische Ethik
ZRP	Zeitschrift für Rechtspolitik

I. Einführung

A. Einleitung

Unter der Überschrift "Fortpflanzungsmedizin" werden medizinische und biologische Technologien diskutiert, die in den letzten Jahren einer schnellen, geradezu sprunghaften und breiten Fortentwicklung unterlagen und immer noch unterliegen. Ein besonderer Einschnitt wurde durch die Geburt von Louise Brown am 25. Juli 1978 markiert. Sie ist der erste Mensch, der durch In-vitro-Fertilisation (im folgenden: IVF) mit anschließendem Embryotransfer (im folgenden: ET) gezeugt wurde.[1]

Es folgten die gelungene Übertragung der aus der Veterinärmedizin bekannten Technik der Gefrierkonservierung von tierischen Eizellen auf menschliche Eizellen und die Etablierung neuer Fortpflanzungsmethoden wie z.B. die intrazytoplasmatische Spermieninjektion. Wie in kaum einem anderen Gebiet der Medizin sind wissenschaftliche bzw. theoretische Erkenntnisse kurzfristig vertieft und gleichzeitig fester Bestandteil der Diagnostik und Therapie geworden.[2]

Die Vereinigung von menschlicher Samen- und Eizelle hat die Dunkelheit des menschlichen Körpers verlassen. Menschliche Gameten (Ei- und Samenzelle) können im Rahmen der Fortpflanzungsmedizin zielgerichtet eingesetzt werden, so dass die genetische Elternschaft nicht ausschließlich von den Sexualpartnern abhängt, sondern auch in der Hand von Reproduktionsmedizinern liegt, die an der Zeugung teilnehmen und denen letztendlich ein Handlungs- und Entscheidungsspielraum in vormals intimen Fortpflanzungsangelegenheiten zukommt.

Hinzu kommen die Möglichkeiten, Ei- und Samenzellen zu spenden, d.h. Dritten zur Erfüllung deren Kinderwunsches zur Verfügung zu stellen, was zur Unterscheidung zwischen sozialer und genetischer Elternschaft führt. Ergänzt wird das Spektrum durch die variable Übertragungsmöglichkeit des Embryos in vitro. Der Transfer des Embryos auf eine zur Austragung und Geburt bereite Frau, die keine genetische Verbundenheit mit ihm aufweist, wirft die Frage auf, ob am Grundsatz „mater semper certa est" noch festgehalten werden kann.

Seit der Etablierung der IVF als Methode der assistierten Reproduktion ist es möglich geworden, auf Embryonen außerhalb des Mutterleibes zuzugreifen und sie zu erforschen. Die Forschung an Embryonen führte in Deutschland und in anderen Ländern zu einer Diskussion über die Gewinnung von humanen embryonalen Stammzellen vom Embryo in vitro und die Forschung an ihnen. Die Verfügbarkeit des menschlichen Embryos in vitro wirft Fragen auf, die sich dem Menschen bisher nicht stellten. Welche Anforderungen sind an den Umgang mit Embryonen in vitro und an ihre Erzeugung zu stellen? Welcher Status im allgemeinen und welcher Rechtsstatus im besonderen ist Embryonen in vitro zuzubilligen?

Im Mittelpunkt der Untersuchung steht folglich unter dem Oberbegriff „Fortpflanzungsmedizin" der frühe menschliche Embryo in vitro. Die Frage nach den

---

[1] Vgl. Steptoe/Edwards.
[2] Vgl. Tinneberg/Ottmar, S. V.

rechtlichen Grenzen seiner Entstehung und seiner Verwendung bilden die gemeinsame Ausgangssituation der zu analysierenden Sachverhalte. Die kontrollierte, zur Disposition des Menschen stehende Entstehung und Verwendung von Embryonen in vitro ist nämlich der Kerngehalt der bereits angedeuteten technologischen Entwicklung auf dem Gebiet der Fortpflanzungsmedizin in den letzten Jahren.

Die gesellschaftliche, insbesondere die politische Diskussion und Willensbildung ist gefordert, diese neuen Sachverhalte und Entwicklungen aufzunehmen und das in Deutschland bestehende juristische Regelwerk mit Blickrichtung auf Kontinuität und Wandel zu überprüfen.

Ausdruck dieses Anspruches war unter anderem das vom Bundesministerium für Gesundheit in Zusammenarbeit mit dem Robert Koch-Institut vom 24. bis 26. Mai 2000 in Berlin zum Thema „Fortpflanzungsmedizin in Deutschland" veranstaltete wissenschaftliche Symposium. Sieben Leitfragen, die unter anderem den Rechtsstatus des Embryos in vitro, die Grenzen der Zulässigkeit bestimmter Methoden der assistierten Reproduktion und auch die Gewinnung embryonaler Stammzellen vom Embryo in vitro umfassten, wurden bei dieser Veranstaltung durch zahlreiche Wissenschaftler interdisziplinär erörtert. Ein Blick in die zwischenzeitlich in der Schriftenreihe des Bundesministeriums für Gesundheit erschienene Publikation zu diesem Symposium[3] zeigt, wie kontrovers die einzelnen Ansichten innerdisziplinär und interdisziplinär sind.

Wer die bereits erwähnte Diskussion in Deutschland um die Gewinnung von humanen embryonalen Stammzellen vom Embryo in vitro und die Forschung an ihnen in der letzten Zeit verfolgt hat, wird sehr wahrscheinlich des öfteren auf die Tatsache gestoßen sein, dass in dieser Hinsicht Israel eine besondere Bedeutung beizumessen ist. Dort existierende Stammzelllinien könnten die Quelle für einen Import humaner embryonaler Stammzellen nach Deutschland sein. Hierzulande existieren bisher keine Stammzelllinien, da – wie zu zeigen sein wird – die Methode ihrer Gewinnung verboten ist. In diesem Zusammenhang ist und war Kristallisationspunkt der Diskussion der Antrag auf Förderung von Oliver Brüstle bei der Deutschen Forschungsgemeinschaft (DFG) mit dem Titel „Gewinnung und Transplantation neuraler Vorläuferzellen aus humanen embryonalen Stammzellen". Dem Forschungsprojekt liegt der Import humaner embryonaler Stammzellen aus Haifa, Israel zugrunde. Dieser Antrag schließlich war unter anderem die Ursache für den Erlass des „Gesetzes zur Sicherstellung des Embryonenschutzes im Zusammenhang mit Einfuhr und Verwendung menschlicher embryonaler Stammzellen (Stammzellgesetz – StZG)" vom 28. Juni 2002 durch den Deutschen Bundestag. Das Gesetz wurde leider erst nach Fertigstellung der vorliegenden Arbeit verkündet. Es fand daher keine Berücksichtigung mehr.

---

[3] "Fortpflanzungsmedizin in Deutschland – Wissenschaftliches Symposium des Bundesministeriums für Gesundheit in Zusammenarbeit mit dem Robert Koch-Institut vom 24. bis 26. Mai 2000 in Berlin" hrsg. vom Bundesministerium für Gesundheit, Baden-Baden 2001; einzelne, im Laufe dieser Arbeit zitierten Beiträge sind gesondert im Literaturverzeichnis aufgeführt.

A. Einleitung

Aber auch über diesen konkreten Zusammenhang hinaus begründen zusätzliche Umstände hinsichtlich der Fortpflanzungsmedizin ein besonderes Interesse für die Beschäftigung mit der Situation in Israel:

Bereits die Beschreibung ihres eigenen Systems lässt auf eine besondere Stellung der Fortpflanzungsmedizin in Israel schließen:

„It seems that, in Israel, the value of biological parenthood would justify all means for its attainment, and close the debate to any person who is not childless."[4]

Statistische Angaben deuten ebenfalls darauf hin, dass der Fortpflanzungsmedizin im allgemeinen und der IVF im besonderen in Israel ein besonders hoher Stellenwert beigemessen wird. Im Jahre 1991 gab es in Israel bereits 16 Einrichtungen, in denen IVFen durchgeführt wurden. Dies entspricht einer Quote von ca. einer Institution pro 250.000 Einwohner. In den USA beläuft sich diese Zahl auf 1 Institution pro 1 Mio. Einwohnern. In Deutschland ist von zur Zeit ca. 91 Behandlungseinrichtungen auszugehen, die IVFen durchführen[5], was bei Zugrundelegung einer Einwohnerzahl von 82 Mio. einer Quote von einer Institution pro ca. 900.000 Einwohnern entspricht. Im Jahre 1994 existierten in Israel insgesamt bereits 18 entsprechende Einrichtungen.[6]

Die für eine andere Person übernommene Mutterschaft (Surrogatmutterschaft) wird seitens der Ärzte in Israel als „Routinebehandlung" angesehen.[7] In Deutschland ist diese Form der Mutterschaft sowie auch die sog. Eizellspende – wie zu zeigen sein wird – im Gegensatz zu Israel verboten.

Obwohl häufig im Rahmen der Diskussion um den Import humaner embryonaler Stammzellen nach Deutschland von Israel die Rede ist und obwohl Israel selbst von sich behauptet, eine besonders aufgeschlossene Haltung gegenüber der Reproduktionsmedizin innezuhaben, existiert offenbar keine deutschsprachige, rechtsvergleichende Untersuchung zwischen Deutschland und Israel im Hinblick auf rechtliche Grenzen der Fortpflanzungsmedizin. Es besteht also Anlass genug, die Rechtslage in beiden Ländern aus rechtsvergleichender Perspektive darzustellen und zu analysieren, denn im Rahmen eines Rechtsvergleichs lässt sich die bereits eingangs erwähnte Überprüfung der eigenen Rechtsordnung im Hinblick auf Kontinuität und Wandel besonders plastisch durchführen. Im Kontrast oder in der Übereinstimmung werden Regelungsziele, ihre Begründungen und ihre dogmatische Verankerung besonders deutlich und bilden die Basis für eine rechtspolitische Diskussion hinsichtlich der bestehenden Rechtslage. Erst der Blick über die Grenzen der eigenen, vertrauten und oftmals als selbstverständlich hingenommenen Rechtsordnung eröffnet eine neue Perspektive, die zur Begründung rechtspoli-

---

[4] Shalev Israel Law Review 1998, 51, 53.
[5] Felberbaum 2001, 267.
[6] Vgl. die Angaben bei Aloni-Kommission, 7.
[7] Vgl. Sommer in Jerusalem Post v. 07.01.2000.

tischer Forderungen (Wandel) oder zur Verfestigung bestehender Regelungen (Kontinuität) führt.

B. Untersuchungsgegenstand und Gliederung der Prüfung

Zentraler Gegenstand und Ausgangspunkt dieser rechtsvergleichenden Untersuchung ist der Embryo in vitro. Die existierenden technologischen Möglichkeiten seiner gezielten und kontrollierten Erzeugung und Verwendung ist die gemeinsame Basis der zu erörternden Fragestellungen.

Die naturgegebenen Tatsachen, dass die menschliche Fortpflanzung ihren Ausgangspunkt in der Verschmelzung von weiblicher Eizelle mit der männlichen Samenzelle hat und zur Fortsetzung des damit begonnen Entwicklungsprozesses bis hin zur Geburt eines Menschen das Austragen des Embryos bzw. des sich hieraus entwickelnden Fetus im Mutterleib unabdingbar ist[8], sind die Ursache für die Existenz manigfaltiger Kombinationen und Konstellationen: Die den Embryo konstituierenden Gametenzellen stehen zur Disposition der Beteiligten und eröffnen die Möglichkeit, ohne geschlechtlichen Kontakt der potentiellen genetischen Eltern Gameten wie Blut und Organe zu spenden. Ferner macht es die Technologie der Gewinnung und Isolierung menschlicher Eizellen sowie der extrakorporalen Zeugung möglich, die unbefruchtete sowie auch die befruchtete Eizelle auf eine Frau zu übertragen, von der die Eizelle ursprünglich nicht stammt. Vor diesem Hintergrund werden im Rahmen dieser Arbeit die rechtliche Zulässigkeit der verschiedenen Varianten der Methode der IVF mit nachfolgendem ET, der verschiedenen Methoden und Konstellationen der Keimzellenspende sowie die Surrogat- bzw. Leihmutterschaft[9] in Israel und Deutschland erörtert und miteinander verglichen.

Die Existenz eines Embryos in vitro, losgelöst vom Mutterleib, eröffnete darüber hinaus der Fortpflanzungsmedizin weitere faktische Handlungsmöglichkeiten[10]. Auf den Embryo in vitro kann nunmehr unmittelbar, ohne die Notwendigkeit der Überwindung der hindernden und ihn schützenden „Hülle" des Mutterleibes zugegriffen werden. Die viel diskutierte Gewinnung humaner Stammzellen

---

[8] Die Existenz einer künstlichen Gebärmutter bzw. die Möglichkeit der Entwicklung eines menschlichen Embryos bzw. Fötus bis hin zur Überlebensfähigkeit außerhalb eines Mutterleibes ist zur Zeit nicht bekannt.
[9] Zu den unterschiedlichen Begrifflichkeiten, deren Definition und zum medizinisch-naturwissenschaftlichen Hintergrund im Einzelnen nachfolgend unter I.D.
[10] Ob diese Handlungsmöglichkeiten lediglich faktischer Natur sind oder ob sie auch rechtlich zulässig sind, wird zu überprüfen sein.

B. Untersuchungsgegenstand und Gliederung der Prüfung

vom Embryo in vitro[11] ist eine Folge aus der beschriebenen Zugriffsmöglichkeit. Neben dem Ziel der Herbeiführung einer Schwangerschaft tritt folglich in der Frühphase des Prozesses der menschlichen Fortpflanzung eine weitere Verwendungsmöglichkeit hinzu. Hieraus ergibt sich die juristische Fragestellung nach der Zulässigkeit der Verwendung eines Embryos in vitro zur Gewinnung humaner embryonaler Stammzellen im Vergleich zwischen den beiden Rechtsordnungen Israels und Deutschlands.

Der Vollständigkeit halber ist als Folge der unmittelbaren Zugriffsmöglichkeit auf den menschlichen Embryo in vitro auch die Präimplantationsdiagnostik (im folgenden: PGD[12]) zu erwähnen. Im Unterschied zur herkömmlichen Pränataldiagnostik ermöglicht diese Methode eine molekulargenetische Untersuchung hinsichtlich spezifischer chromosomal oder genetisch verursachter Erkrankungen bereits vor der Einnistung des Embryos.[13] Einem mit hohen Risikofaktoren betreffend der spezifischen chromosomal oder genetisch verursachter Krankheiten belasteten Wunscheiternpaar erlaubt die PGD eine „Zeugung auf Probe" (in vitro). Im Falle eines pathologischen Befundes kann durch „Sterbenlassen" des untersuchten Embryos frühzeitig die Geburt eines entsprechend kranken Kindes verhindert werden.

Diese Diagnosemöglichkeit wirft ohne Zweifel hinsichtlich ihrer grundsätzlichen Zulässigkeit bzw. der Bestimmung der Grenzen ihres zulässigen Einsatzes besondere Probleme auf. Allerdings wird auf ihre Behandlung im Rahmen dieser Arbeit bewusst verzichtet. Um den Umfang des vorliegenden Rechtsvergleiches zu begrenzen, ist es notwendig, sich auf eine bestimmte Auswahl an Problemstellungen, die mit der Existenz eines Embryos in vitro einhergehen, zu beschränken.

Die Themenauswahl wurde in diesem Zusammenhang von folgenden Überlegungen geleitet: Die Untersuchung der Methoden der assistierten Reproduktion[14] stellen meines Erachtens den Kern der Fortpflanzungsmedizin dar und die damit zusammenhängenden Fragen sind der PGD vorgelagert, so dass ihre Bearbeitung zunächst Priorität genießen soll. Zuerst stellt sich die Problematik, ob und wie ein Embryo „hergestellt" wird und auf wen er übertragen wird. Die PGD ist insofern lediglich eine Ergänzung der Anwendung der Methoden der assistierten Reproduktion, die gegebenenfalls Argumente für das Unterlassen des Transfers auf eine zur Austragung bereite Frau liefert.

---

[11] Betreffend die medizinisch-naturwissenschaftlichen Fakten sowie zu Zweck und Rahmenbedingungen der Gewinnung embryonaler Stammzellen vgl. die nachfolgenden Erläuterungen unter I.D.2.j).

[12] Abk. für den englischen Terminus „preimplantation genetic diagnosis", der auch in Deutschland Verbreitung findet, um eine Verwechslung mit der Abkürzung PID für den medizinischen Terminus „pelvic inflammatory disease" zu vermeiden. Vgl. hierzu z.B. Bastijn EthikMed 1999, 70 Fn. 1.

[13] Einen umfassenden Überblick über die medizinisch-naturwissenschaftlichen Umstände der PGD gibt z.B. Schwinger 2001.

[14] Zur Definition dieses Begriffes und den sich dahinter verbergenden Sachverhalten vgl. die nachfolgenden Ausführungen unter I.D.

Im Ergebnis ist also festzuhalten, dass Untersuchungsgegenstand dieser Arbeit die diversen Methoden der assistierten Reproduktion sowie die Gewinnung embryonaler Stammzellen vom Embryo in vitro ist. Auf Basis dieser Eingrenzung kann nunmehr der Gang und die Gliederung des Rechtsvergleiches entwickelt werden:

Ausgangsbasis der Untersuchung ist zunächst die Darstellung und Klärung der zu beurteilenden Sachverhalte sowie die Definition verschiedener Fachbegriffen. Diesem Zweck ist der einführende Abschnitt D. gewidmet.

Aus der Natur des Rechtsvergleichs leitet sich die sodann folgende Darstellung und Erläuterung der bestehenden Rechtslage betreffend die untersuchten Sachverhalte in Israel (Abschnitt II.) und Deutschland (Abschnitt III.) ab. Die rechtsvergleichenden Ausführungen wurden jeweils innerhalb des Abschnitts III. im unmittelbaren Anschluss an die Darstellung und Erläuterung der bestehenden Rechtslage in Deutschland hinsichtlich der einzelnen Sachverhalte angefügt. Auf diese Weise wird der Leser den zu beurteilenden Sachverhalt und die Rechtslage in Deutschland noch präsent vor Augen haben.

Der Prüfungsabfolge innerhalb der Abschnitte II. und III. liegt folgende Struktur zugrunde: Da der Embryo in vitro im Zentrum der rechtlichen Untersuchung steht, wird vorab die Frage erörtert, ob grundsätzlich einem Embryo in vitro in rechtlicher Hinsicht ein Rechtsstatus beigemessen wird, der es erforderlich macht, im Rahmen der Überprüfung einzelner ihn betreffender Methoden „seine" eigenständige Rechtsposition zu berücksichtigen. Diese Frage gilt es für die israelische und die deutsche (Verfassungs- bzw. Grund-)Rechtsordnung zu beantworten. Erst exakte Feststellungen hierzu ergeben ein klares Bild vom grundsätzlichen rechtlichen Koordinatensystem, anhand dessen nachfolgend konkrete Fallkonstellationen überprüft werden können. Diese Feststellung präjudiziert keineswegs bereits die Antwort auf die Frage nach der Zulässigkeit bestimmter Einzelmaßnahmen. Ob einfachgesetzliche Normen insoweit verfassungskonform sind, ob dem Gesetzgeber gar eine Pflicht zukommt, den Embryo in vitro zu schützen oder ob in Ermangelung einer ihm zugebilligten, eigenständigen Rechtsposition ein größerer Handlungsspielraum besteht, der dann nur durch andere, außerhalb des Embryos liegende Rechtspositionen beschränkt ist, wird oder werden darf, bleibt den weiteren Prüfungsschritten vorbehalten.[15]

Der Beschreibung und Erörterung der Rechtslage in Israel und Deutschland wurde deshalb jeweils ein entsprechendes Kapitel vorangestellt (II.B. und III.B.), das sich mit dem verfassungsrechtlichen Status des Embryos in vitro beschäftigt. Auch diese Prüfung wird rechtsvergleichend gewürdigt (hierzu III.C.).

Im weiteren Verlauf der Untersuchung wird sodann zunächst die Zulässigkeit des „Grundfalls" einer IVF mit anschließendem ET im homologen System – d.h.

---

[15] Auf diesen Umstand, der in der Diskussion um den Rechtsstatus des Embryos in vitro oft übersehen wird, weisen u.a. Taupitz NJW 2001, 3433, 3437 und Herdegen JZ 2001, 773, 774 hin.

die Gameten stammen von Ehepartnern und werden nicht an Dritte weitergegeben – thematisiert. Unter der Überschrift „Keimzellenspenden" folgt sodann die Untersuchung der Zulässigkeit von Samen-, Eizellen- und Embryonenspende, wobei auch besondere Erfordernisse im Hinblick auf den Familienstand seitens des Spendenempfängers Berücksichtigung finden. Im Anschluss folgen die Themen „Leih- bzw. Surrogatmutterschaft" und „Gewinnung embryonaler Stammzellen vom Embryo in vitro". Unmittelbar im Anschluss an die Erörterung einer Einzelmaßnahme bzw. Fragestellung anhand der deutschen Rechtsordnung schließen sich die rechtsvergleichenden Ausführungen an. Diese werden dann am Ende in eine Gesamtbetrachtung eingebracht (Teil IV).

Bewusst nicht ins Zentrum der Untersuchung werden Rechtsfragen gerückt, die sich auf den zivilrechtlichen Status des Embryos im allgemeinen und seinen familienrechtlichen Status im besonderen beziehen. Das Bestehen oder Nichtbestehen von Unterhaltsansprüchen und Unterhaltsverpflichtungen im Hinblick auf die heterologe (im Sinne von außerhalb einer Ehe) Fertilisation beeinflusst jedoch möglicherweise auch die Festlegung der rechtlichen Grenzen der Zulässigkeit der assistierten Reproduktion. Soweit es für die Beurteilung der Zulässigkeit allerdings notwendig ist, werden auch solche Fragen erörtert. Im übrigen soll es bei der Fokussierung auf die Frage nach der Zulässigkeit bestimmter Methoden der assistierten Reproduktion bleiben, ohne auf die der Geburt menschlichen Lebens nachfolgenden Rechtsprobleme vertieft einzugehen.

C. Zur rechtsvergleichenden Fragestellung

Die oben ausgeführten Erläuterungen des Untersuchungsgegenstandes lassen bereits darauf schließen, dass methodisch zunächst eine sog. Mikrovergleichung vorgenommen wird. Dies bedeutet, dass die vorgenannten „eng umgrenzten, konkreten Details eines Rechtssystems"[16] untersucht werden. Nicht die Rechtsordnungen als Gesamtheit oder „die großen systematischen Zusammenhänge und Strukturen einer Rechtsordnung oder eines ihrer Teilgebiete"[17] bilden den Focus der Prüfung, sondern enge, abgegrenzte Rechtsfragen (Mikrovergleich)[18] nach der rechtlichen Zulässigkeit der Methoden der assistierten Reproduktion und der Gewinnung embryonaler Stammzellen vom Embryo in vitro sind der Ausgangspunkt der Untersuchung.

Dieses Vorgehen impliziert darüber hinaus die Zugrundelegung eines *funktionalen* Ansatzes. Es wird von einem konkreten Sachverhalt ausgegangen und untersucht, wie die beiden Rechtssysteme diesen Sachverhalt regeln - mit welchen Mitteln und welchen Ergebnissen - bzw. die sozial relevanten Probleme lösen.[19] Es

---

[16] So die Umschreibung von Rheinstein 1987, 32.
[17] So die Definition des Makrovergleichs bei Magnus 1989, 189.
[18] Vgl. Magnus 1989, 189 f.
[19] Vgl. Rheinstein 1987, 33; Magnus 1989, 189 f.

werden nicht schlicht bereits bekannte Rechtsquellen untersucht, sondern Ausgangspunkt ist die konkrete Sachverhaltskonstellation. Ausgehend hiervon werden diejenigen Rechtsnormen herangezogen, deren *Funktion* es ist, unter anderem den behandelten Sachverhalt zu regeln.[20]

Neben der Herausarbeitung von Gemeinsamkeiten und Unterschieden beider Rechtsordnungen im Detail, soll am Ende eine Gesamtbetrachtung stehen, welche die gefundenen Gesamtergebnisse bündelt und abstrahiert. Insofern sollen in den Einzelprüfungen immer wiederkehrende Aspekte herausgedeutet werden, die im besonderen Maße die jeweilige Rechtsordnung charakterisieren und denen daher übergeordnete Bedeutung zukommt. Soweit möglich, werden an bestimmten Stellen ferner Bezüge zu den rechtskulturellen Hintergründen aufgezeigt, die eine Einordnung der jeweiligen Situation de lege lata in den komplexen Gesamtzusammenhang von Recht ermöglichen soll.

Im Hinblick auf eine rechtspolitische Diskussion werden im übrigen an den entscheidenden Stellen gegebenenfalls vorhandene verfassungsrechtliche Grenzen für den Gesetzgeber herausgearbeitet.

D. Untersuchungsgegenstand und medizinisch-biologischer Hintergrund

1. Eingrenzung und Definition des Begriffes Fortpflanzungsmedizin im Hinblick auf den Untersuchungsgegenstand

Um den Untersuchungsgegenstand bzw. die Untersuchungsgegenstände innerhalb eines größeren Gesamtssystem verorten zu können, ist es notwendig, den Begriff Fortpflanzungsmedizin einzugrenzen.

Fortpflanzungsmedizin ist ein fächerübergreifendes medizinisches Fachgebiet, das sich mit der Physiologie und Pathologie der menschlichen Fortpflanzung beschäftigt.[21] Synonym hierfür wird auch der Terminus „Reproduktionsmedizin" verwendet.[22] Im Gegensatz zur Bedeutung der Begriffe „Reproduktionstechnologie" bzw. „Reproduktionstechnik", die auch Tiere mit einbeziehen, ist lediglich

---

[20] Vgl. Magnus 1989, 190.
[21] So die medizinische Definition: Breckwoldt Lexikon Spalte 348.
[22] Vgl. z.B. die Verwendung des Begriffs bei Michelmann Reproduktionsmedizin 2000, 181, 181 und bei Rabe Reproduktionsmedizin 2000, 79. „Reproduktionsmedizin" ist im übrigen auch der Titel einer im Springer-Verlag erscheinenden medizinischen Fachzeitschrift.

die menschliche Fortpflanzung bzw. Reproduktion Teil des Untersuchungsgegenstandes.[23] Weiter kann die Fortpflanzungsmedizin in vier Unterkomplexe geteilt werden:

- die Beschreibung der menschlichen Fortpflanzung,
- die Schwangerschaftsverhütung,
- die Diagnostik und Vorbeugung von Fehlbildungen und
- die Sterilitätsdiagnostik und Sterilitätstherapie.[24]

Zum Zwecke der Eingrenzung der in dieser Arbeit zu untersuchenden Sachverhalte, die durch Entstehung bzw. die Verwendung von Embryonen in vitro charakterisiert sind, sind die gesamten Bereiche der Beschreibung menschlicher Fortpflanzung, der Schwangerschaftsverhütung sowie der Diagnostik und Prophylaxe von Fehlbildungen auszuscheiden. Im Folgenden stehen bestimmte, auch Embryonen in vitro betreffende, ausgewählte Therapieformen der menschlichen Unfruchtbarkeit im Sinne der Unfähigkeit sich fortzupflanzen, die als Krankheit nach WHO-Definition[25] angesehen wird, und unmittelbar damit zusammenhängender Verfahren im Vordergrund.

Anhand der Ursachen der sog. ungewollten Kinderlosigkeit unterscheidet man im deutschen Sprachraum:

1. Sterilität:

Hierunter wird der pathologische Zustand verstanden, der eine erfolgreiche Vereinigung der Gameten, d.h. von Ei- und Samenzelle verhindert.

2. Infertilität:

Dieser Begriff umfasst die Unfähigkeit, eine Schwangerschaft auszutragen.[26]

Der Untersuchungsgegenstand dieser Arbeit kann grundsätzlich weiter auf Rechtsfragen hinsichtlich der Therapieformen der Sterilität eingeschränkt werden, denn die hier interessierenden modernen Techniken der Reproduktionsmedizin betreffen im wesentlichen den eigentlichen Reproduktionsvorgang, der durch die Medizin unterstützt wird (folglich wird dieser Komplex auch als „assistierte"[27] Fortpflanzung bezeichnet) bzw. sogar erst in Gang gebracht wird und nicht die sich anschließende Phase des Austragens. Allerdings reicht der Untersuchungsgegenstand bei der Frage, ob im Falle der Unfähigkeit einer Frau, eine Schwangerschaft auszutragen, ein Embryotransfer auf eine zur Austragung bereite dritte Person zulässig ist, auch in den Bereich der Infertilitätstherapie hinüber.

---

23 Vgl. Schröder 1992, S. 8.
24 So die Einteilung von Körner WMR 147, 94, 94 und Bettendorf/Breckwoldt, Vorwort, Sp. 1.
25 So z.B. Schill/Engel Reproduktionsmedizin 1999, 5, 5.
26 Zu dieser Unterscheidung nebst Definitionen vgl. Mettler in Tinneberg/Ottmar, S. 93.
27 So die Terminologie in der aktuellen Richtlinie der Bundesärztekammer (Bäk-Richtlinie 1998 in DtÄrztebl 1998, A 3166 ff.).

Um im übrigen einer Begriffsverwirrung vorzubeugen, sei an dieser Stelle auch der Unterschied zwischen Fortpflanzungsmedizin und Gentechnik festgestellt: im Rahmen der eigentlichen Unterstützung des Fortpflanzungsvorganges bleibt die Erbsubstanz unangetastet, wohingegen gerade der Einfluss auf die Erbsubstanz für die Gentechnik maßgeblich ist.[28]

Folgende Haupttherapien der menschlichen Sterilität existieren heutzutage:

- hormonelle Sterilitätsbehandlung,
- Artifizielle Insemination,
- In-vitro-Fertilisation (IVF) mit anschließendem Embryotransfer (ET); Synonym für IVF wird der Begriff extrakorporale Befruchtung verwendet,[29]
- Gametentransfer (im folgenden: GT), GIFT (im folgenden: Gamete Intra Fallopian Tube Transfer), ZIFT (im folgenden: Zygote Intra Fallopian Tube Transfer) und TET (im folgenden: Tubal Embryo Transfer),
- Intracytoplasmatischespermieninjektion (im folgenden: ICSI), Zona drilling und Subzonale Injektion.

Diese Auflistung erhebt keinerlei Anspruch auf Vollständigkeit, umfasst jedoch die heute gängigen Methoden.[30]

Vor dem Hintergrund der gängigen Therapieformen der menschlichen Sterilität und damit unmittelbar im Zusammenhang stehender Techniken, gilt es nun, die Sachverhaltskomplexe herauszugreifen und zu benennen, die eine konkrete Verbindung mit der Erzeugung, der Existenz und der Verwendung von Embryonen aufweisen. Die nachfolgend aufgelisteten Themenkomplexe lassen sich folglich unmittelbar einer der Bereiche (Erzeugung, Existenz oder Verwendung von Embryonen in vitro) zuordnen:

- Die IVF mit anschließendem ET, sowie die Kryokonservierung der in vitro erzeugten Embryonen,

---

[28] Auf diesen Unterschied weisen Ottmar in Tinneberg/Ottmar, S. 3 und Schröder 1992 S. 7 und 8 hin. Selbstverständlich stehen jedoch auch die Fortpflanzungsmedizin und die Gentechnik nicht isoliert nebeneinander, sondern weisen Überlappungen auf. So ist der im Rahmen der assistierten Fortpflanzung erzeugte Embryo in vitro außerhalb des weiblichen Körpers einer genetischen Untersuchung frei zugänglich (Präimplantationsdiagnostik), vgl.Kollek 2000, 13.

[29] Vgl. Pap 1987, 41.

[30] Die Zusammenstellung ergibt sich aus den Teilen 4 und 5 bei Tinneberg/Ottmar: Dort sind alle Methoden bis auf die Insemination aufgelistet und erläutert. Zur Insemination als gängige Therapieform der Sterilität vgl. Neulen in Bettendorf/Breckwoldt 1989, 512 ff. und auch Krebs in Bettendorf/Breckwoldt 1989, 524, der darauf hinweist, dass diese Technik schon auf das Jahr 1770 zurückzudatieren ist. Im übrigen sind dies auch die Therapieformen, welche die Bundesärztekammer dem Begriff „assistierte Reproduktion" zuordnet: vgl. Bäk-Richtlinie 1998 in DtÄrztebl 1998, A 3166 ff., A 3166 und 3167.

- das System der Erzeugung eines Embryo in vitro im Rahmen der IVF mittels Keimzellenspende,
- die Übertragung eines Embryos in vitro auf eine dritte Person mit dem Ziel der Herbeiführung ihrer Mutterschaft,
- die Übertragung des Embryos in vitro auf eine Ersatz-, Leih- bzw. Surrogatmutter,
- die Entnahme von Stammzellen vom humanen Embryo in vitro und die Forschung an embryonalen Stammzellen.

Diese Auflistung entspricht dem Ausschnitt aus dem weiten Bereich der Fortpflanzungsmedizin, der aufgrund seiner Beziehung zum Embryo in vitro den medizinisch-biologischen Untersuchungsgegenstand dieser Arbeit umschreibt.

Alle diese Methoden weisen einen so engen Zusammenhang mit der Fortpflanzungsmedizin auf, dass sie unter diesen Begriff subsumierbar sind.[31] Zwar scheint die Gewinnung humaner embryonaler Stammzellen vom Embryo in vitro und die Forschung an humanen embryonalen Stammzellen, die nicht auf die Therapie der Sterilität bzw. Infertilität gerichtet sind, aus dem Rahmen zu fallen, doch finden diese Maßnahmen ihre Grundlage gerade in einem Teilbereich der Fortpflanzungsmedizin – nämlich in der Existenz von Embryonen in vitro. Es ist daher gerechtfertigt, diese Maßnahmen unmittelbar im Zusammenhang mit der IVF zu erörtern und sie ebenfalls mit dem Begriff Fortpflanzungsmedizin zu erfassen.

Der zuvor aufgelistete Ausschnitt aus der Fortpflanzungsmedizin ist daher Gegenstand der nachfolgenden näheren medizinisch-biologischen Erläuterungen.

2. Überblick über Methoden der Fortpflanzungsmedizin und damit unmittelbar zusammenhängender Maßnahmen, hinsichtlich der Erzeugung, der Existenz und der Verwendung von Embryonen in vitro

Im folgenden Katalog werden die zuvor angesprochenen Einzelmaßnahmen und Techniken definiert und kurz erläutert. Einzelne Punkte reichen über den zuvor skizzierten Rahmen des Themas hinaus. Ihre Klärung ist jedoch unabdingbar für ein Gesamtverständnis der Materie, wie sie den zuvor aufgelisteten Themenkomplexen, die Gegenstand dieser Arbeit sind, zugrunde liegt. Sie finden im übrigen im Laufe der Arbeit Erwähnung, so dass eine Begriffsklärung unverzichtbar ist.

---

[31] Diese Zusammengehörigkeit zeigt sich unter anderem am Programm des bereits erwähnten Symposiums des Bundesministeriums für Gesundheit zur Vorbereitung eins Fortpflanzungsmedizingesetzes mit der Überschrift „Fortpflanzungsmedizin in Deutschland". Die einzelnen Leitfragen des Symposiums umfassen den Untersuchungsgegenstand dieser Arbeit.

a) Fertilisation und präimplantatorische Entwicklung

Unabhängig von den einzelnen Methoden der assistierten Reproduktion sind zunächst kursorisch die allgemeinen Grundlagen des Befruchtungsvorganges und der präimplantatorischen Entwicklung des Embryos in vitro zu erläutern.

Der Befruchtungsvorgang beginnt damit, dass eine reife Samenzelle durch die Zellwand der reifen Eizelle in die Eizelle eindringt (Imprägnation)[32] und die Zellmembranen der Samen- und der Eizelle miteinander verschmelzen.[33] Die nun neu entstandene Zelle wird Zygote genannt. Zuvor haben oft auch mehrere Samenzelle die sog. Zona pellucida überwunden, welche die Eizelle in diesem Moment umgibt. Die Zona pellucida ist eine zusätzliche, die Eizelle umgebende Schicht. Zwischen ihr und der eigentlichen Eizelloberfläche befindet sich ein Zwischenraum, der pervetelliner Raum genannt wird.[34] In der Regel schafft es nur eine Samenzelle gänzlich in die weibliche Einzelle einzudringen, d.h. auch die Eizelloberfläche zu überwinden.[35]

Voraussetzung für eine erfolgreiche Befruchtung ist die Reife der Gametenzellen. Der Chromosomensatz der reifen Eizelle ist haploid, d.h. er besteht im Gegensatz zur unreifen Eizelle, die über einen doppelten Chromosomensatz – aufgebaut aus den ursprünglich jeweils von der Mutter und vom Vater eingebrachten Chromosomen – verfügt, aus lediglich einem einfachen Chromosomensatz. Der Reifungsprozess der Eizelle vollzieht sich in zwei Schritten. Unterschieden werden die Meiose I und die Meiose II. Während der Meiose I (ca. am 14. Zyklustag) „wandert" jeweils eines der 2 x 23 Chromosomen in ein sog. Polkörperchen, so dass nur 1 x 23 Chromosomen im Zellkern verbleiben und dem Fortpflanzungsprozess zur Verfügung stehen (Meiose = sog. Reifeteilung).[36] Aus dem ursprünglich diploiden Chromosomensatz ist ein haploider geworden. Der Ausscheidungsvorgang vollzieht sich rein zufällig, so dass ursprünglich väterliche oder mütterliche Chromosomen davon betroffen sind und auf diese Weise eine Rekombination des genetischen Materials erfolgt.[37]

Nach der zuvor bereits erwähnten Imprägnation der Samenzelle wird eine weitere Teilung des haploiden Chromosomensatzes der Eizelle, bestehend aus 23 Chromosomen, die wiederum aus je zwei Doppelhelices konstituiert sind, vollendet, indem eine Hälfte der zwei Doppelhelices als zweites Polkörperchen abgesto-

---

[32] Kaiser in Keller/Günther/Kaiser, Einleitung A.II., Rn. 32.
[33] Bonelli in Bydlinski 1992, 15, 16.
[34] Beier 2001, 52.
[35] Beier Reproduktionsmedizin 2000, 332, 333.
[36] Kaiser in Keller/Günther/Kaiser, Einleitung A.II., Rn. 29; Kaiser in Tinneberg/Ottmar, 63 f.
[37] Kaiser in Tinneberg/Ottmar, 63, 64. Eine Rekombination findet bereits schon zu Beginn der Meiose I statt, da noch vor der eigentlichen Teilung Chromosomenstücke der ursprünglich weiblichen und männlichen Chromosomen untereinander ausgetauscht werden (sog. crossing over).

D. Untersuchungsgegenstand und medizinisch-biologischer Hintergrund

ßen wird (Meiose II).[38] Es liegen also insgesamt zwei Reduktionen des Chromosomensatzes mittels Teilung vor (Meiosen). Die zweite Reifeteilung wird jedoch erst durch das Eindringen der Samenzelle biochemisch so aktiviert, dass sie zum Abschluss kommt. Nach Abschluss der beiden Meiosen besteht die weibliche Eizelle aus einem einfachen Chromosomensatz, dessen Chromosomen jeweils nur eine Helix aufweisen.

Bei den männlichen Samenzellen laufen diese Reduktionen (zwei Meiosen) ebenfalls ab, geschehen jedoch unmittelbar hintereinander (sog. Spermatogenese), so dass sie bereits vor dem Zusammentreffen mit der Eizelle nur noch aus einem haploiden Chromosomensatz, bestehend nur noch aus 23 Chromosomen, die wiederum jeweils nur eine Helix aufweisen, zusammengesetzt sind.[39] Die Reifeteilungen der männlichen Keimzellen bedingt ferner, dass im Ergebnis aus einer unreifen Samenzelle, vier reife Samenzellen entstanden sind, von denen jeweils zwei ein X-Chromosom und jeweils zwei ein Y-Chromosom aufweisen.[40] Ursprünglich, vor den Reifeteilungen enthielt nämlich der noch diploide Chromosomensatz der männlichen Samenzelle die Geschlechtschromosomenkombination XY.

Nach Abschluss der Meiose II der Eizelle bilden sich aus dem männlichen und dem weiblichen jeweils haploiden Chromosomensatz zwei sog. Vorkerne (sog. Pronuklei). Noch im Vorkernstadium verdoppelt sich die jeweilige DNA. Sodann wandern die beiden Vorkerne aufeinander zu, so dass sich die Membranen zwischen beiden auflösen und die Chromosomensätze sich zu einem diploiden Chromosomensatz vereinigen. Im Anschluss daran folgt die erste gemeinsame Zellteilung der so entstandenen Zygote[41], die sog. Furchung.[42]

Insgesamt dauert der zuvor beschriebene Vorgang der Befruchtung vom Zusammentreffen der Gametenzellen an bis zur Furchung ca. 24 Stunden.[43] Nach dieser ersten Zellteilung finden ca. alle 12 Stunden weitere Zellteilungen statt.[44] Die hieraus entstehenden Zellen werden als „Blastomeren" bezeichnet.[45] Es entsteht eine kugelige Ansammlung von Blastomeren, die als Morula bezeichnet wird.[46]

Die Blastomeren sind immer noch von der Zona pellucida umgeben, die bereits um die Eizelle vor der Imprägnation vorhanden war. Letztere verschwindet am 4. bzw. 5. Tag nach der Befruchtung mit dem Abschluss der Herausbildung der sog.

---

[38] Kaiser in Keller/Günther/Kaiser, Einleitung A.II., Rn. 32.
[39] Kaiser in Keller/Günther/Kaiser, Einleitung A.II., Rn. 30; Kaiser in Tinneberg/Ottmar, 61, 64.
[40] Kaiser in Tinneberg/Ottmar, 64.
[41] Als Zygote wird die befruchtete Eizelle mit diploidem Chromosomensatz verstanden, die sich durch Furchung weiterentwickelt. Vgl. Pschyrembel, Stichwort „Zygote".
[42] Kaiser in Tinneberg/Ottmar, 64.
[43] Kaiser in Tinneberg/Ottmar, 64.
[44] Kaiser in Tinneberg/Ottmar, 64.
[45] Vgl. Beier 2001, 53.
[46] Pschyrembel, Stichwort "Morula".

Blastozyste im 64-Zell-Stadium. Diese besteht aus Trophopblastzellen, einer Blastozystenhöhle und dem Embryonalknoten. Die Bestandteile der Blastozyste sind Ergebnis einer Zellabgrenzung (Aufteilung in innere und äußere Zellen) und einer Zelldifferenzierung, die bereits zwischen 8-Zell-Stadium (ca. am 3. Tag nach der Befruchtung) und dem 16-Zell-Stadium beobachtet werden kann. Der Embryonalknoten (innere Zellmasse) ist die weitere Entwicklungsbasis für den Embryo. Aus den Trophoblastzellen (äußere Zellmasse) entwickeln sich Fruchthüllen und die Plazenta (sog. Mutterkuchen).[47]

Etwa am 6. Tag nach der Befruchtung ca. im 128-Zell-Stadium beginnt im Rahmen einer den natürlichen Abläufen folgenden Befruchtung und Präimplantationsentwicklung in vivo die Einnistung in die Gebärmutterschleimhaut und die Präimplantationsphase ist beendet.[48]

Eine hervorzuhebende Konsequenz der beschriebenen Reifeteilungen ist die Tatsache, dass bereits zum Zeitpunkt der Imprägnation die Entscheidung darüber fällt, ob die befruchtete Eizelle die männliche oder weibliche Geschlechtschromosomenkonstellation haben wird.[49] Je nachdem, ob eine reife Samenzelle mit dem Geschlechtschromosom X oder ob eine reife Samenzelle mit dem Geschlechtschromosom Y in die Eizelle eindringt, entsteht im Rahmen der Kernverschmelzung das Geschlechtschromosom in der Kombination XY (männlich) oder XX (weiblich).[50]

b) Der biologische Lebensbeginn

Eine Durchsicht naturwissenschaftlicher Literatur im Hinblick auf die Frage, an welchem Punkt genau menschliches Leben beginnt, ergibt, dass sich die Autoren auf keinen genauen Zeitpunkt festlegen, sondern – entsprechend ihrer Rolle als Naturwissenschaftler – „lediglich" den Entwicklungsvorgang des Beginns menschlichen Lebens beschreiben.

> „Die Fertilisation selbst ist eine kontinuierliche Abfolge von Ereignissen, wobei das eine Ereignis Voraussetzung für das folgende Ereignis ist. Die Aufzählung der aufeinanderfolgenden Einzelereignisse wird lediglich von unserer Beobachtungsgenauigkeit bestimmt. Wegen des stufenartigen Erscheinungsbildes aufeinander folgender Prozesse hat man den ganzen Vorgang auch als ‚Befruchtungskaskade' (...) bezeichnen. In Wirklichkeit sind aber die beschriebenen Stufen der Kaskade Folge unserer begrifflichen Abgrenzungen, nicht der Ereignisse selbst. Jede ‚Stufe' folgt kontinuierlich aus den vorausgegangenen Prozessen."[51]

---

[47] Nawroth u.a. ZME 2000, 63, 1, 3; Kaiser in Tinneberg/Ottmar, 66.
[48] Kaiser in Tinneberg/Ottmar, 66.
[49] Beier Reproduktionsmedizin 2000, 332, 333.
[50] Beier 2001, 52.
[51] Rager ZME 2000, 81, 83.

D. Untersuchungsgegenstand und medizinisch-biologischer Hintergrund

Die Entstehung menschlichen Lebens ist vom naturwissenschaftlichen Standpunkt aus folglich ein kontinuierlicher Prozess.[52] Allerdings wird dem Beginn des Entwicklungsprozesse herausragende Bedeutung beigemessen. Entscheidend für den Beginn der Entwicklung der Menschwerdung ist der Abschluss der Verschmelzung der männlichen und weiblichen Gametenzellkerne und die damit einhergehende Schaffung eines individualspezifischen Genoms. Mit der Existenz der spezifischen, zufallsgeprägten und individuellen genetischen Ausstattung sind die Voraussetzungen für eine Weiterentwicklung geschaffen.[53] Mit anderen Worten:

> „Die Fertilisation, durch die der neue Mensch entsteht, bedeutet einen qualitativen Sprung. Die darauf folgende Entwicklung verläuft jedoch kontinuierlich. Es entsteht ein neues, humanspezifisches und zugleich individuelles Genom, und zwar in einer nicht voraussagbaren Weise. Die Zygote kann sich zu einem erwachsenen Menschen entwickeln, wenn die für diese Entwicklung nötigen Umgebungsbedingungen erfüllt sind."[54]

Dieser naturwissenschaftlich-biologische Befund ist der Sachverhalt, der erst in einem zweiten Schritt der juristischen Erörterung, wann Leben im juristischen Sinne beginnt, zugrundezulegen ist.[55]

In sprachlicher Hinsicht wird der Umstand, dass dem Entstehen eines diploiden Genoms eine, zumindest aus naturwissenschaftlicher Sicht entscheidende Bedeutung zukommt, dadurch unterstrichen, dass im allgemeinen Sprachgebrauch die Zygote als Embryo bezeichnet wird.[56] In Abgrenzung zu insbesondere im angloamerikanischen Raum bekannten sprachlichen Differenzierungen zwischen Präembryo und Embryo, die bis zur Einnistung ein „vormenschliches Gebilde" implizieren, wird durch die Gleichsetzung von Zygote und Embryo dem Umstand Rechnung getragen, dass mit der Kernverschmelzung ein kontinuierlicher Entwicklungsprozess in Gang gekommen ist, der keine weitere sprachliche Unterscheidung nahe legt.[57] Dieser allgemeine Sprachgebrauch soll grundsätzlich auch dieser Arbeit zugrundegelegt werden, so dass der Begriff Embryo auch die Zygo-

---

[52] So auch z.B. Kollek 2001, 47.
[53] Vgl. Kollek 2001, 47.
[54] Rager ZME 2000, 81, 85.
[55] Hierzu weiter unten unter II.B. und III.B. im Rahmen der Erörterung des Verfassungsrechtsstatus des Embryos in vitro.
[56] Vgl. Kaiser in Tinneberg/Ottmar, 64; Kollek 2001, 47.
[57] Vgl. Kaiser in Tinneberg/Ottmar, 64 und Kollek 2001, 47, die insbesondere darauf hinweist, dass mit dem englischen Begriff „pre-embryo" auch eine moralische Unterscheidung zum intrauterinem Keim gemacht werden soll. Eine Unterscheidung zwischen Präembryo und Embryo wird vereinzelt auch im Hinblick auf eine Differenzierung zwischen dem Produkt der Vereinigung einer männlichen und einer weiblichen Keimzelle vor dem Erscheinen des sog. Primitivstreifens am 15. Tag (Präembryo) und des sich entwickelnden Organismus vom Ende der zweiten Woche nach der Befruchtung bis zum Ende der siebten oder achten Woche (Embryo) vorgenommen (vgl. Biller 1997, 25).

te, die Gesamtheit der Blastomeren (Morula) und die Blastozyste sowohl in vitro als auch in vivo umfasst.

c) Hormonelle Sterilitätsbehandlung

Unter diese Rubrik fallen sämtliche hormonellen Stimulationsbehandlungen. Grundsätzlich können durch die Gabe von Hormonen ovarielle Funktionsstörungen bei der Frau und die herabgesetzte Funktion des Hypophysenvorderlappens beim Mann therapiert werden.[58] Im Unterschied zu allen anderen zuvor aufgelisteten Methoden der Sterilitätstherapie wird in diesem Fall mittelbar über den Hormonhaushalt die Fortpflanzung unterstützt. Eine unmittelbare Einwirkung auf die Gametenzellen hingegen erfolgt nicht. Besondere Hervorhebung verdient der Umstand, dass die hormonelle Stimulation bei Frauen auch im Rahmen der nachfolgend erläuterteten IVF als Hilfsmittel zur weiblichen Zyklusprogrammierung zum Zwecke der Gewinnung von mehreren Eizellen angewandt wird.[59]

d) Artifizielle Insemination

Unter artifizieller Insemination (im folgenden: AI) wird das Verbringen von Sperma in den weiblichen Genitaltrakt mit dem Ziel der Befruchtung der Eizelle verstanden.[60] Je nach genauem Verbringungsort wird zwischen

- intravaginaler (in die Vagina),
- intracervikaler (in den Gebärmutterhals),
- intratubarer (in den Eileiter),
- intraperitonealer (in die Bauchhöhle) und
- intrauteriner (in die Gebärmutter)

Insemination unterschieden.[61]

Für die Zwecke dieser Arbeit ist insbesondere festzuhalten, dass im Gegensatz zur nachfolgend beschriebenen IVF, die Befruchtung intrakorporal stattfindet. Ausgeschlossen ist damit eine Beeinflussung des Befruchtungsvorgangs an sich. Dieser entspricht den natürlichen Abläufen.

e) In-vitro-Fertilisation und Embryo(nen)transfer

Das einfache Prinzip der In-vitro-Fertilisation (IVF) mit nachfolgendem Embryo(nen)transfer (ET) basiert auf der Gewinnung von Gameten (weibliche Eizellen und männliche Samenzellen), deren Vereinigung und der anschließenden Übertra-

---

[58] Breckwoldt Lexikon Spalte349-353.
[59] Vgl. Tinneberg in Tinneberg/Ottmar107, 108.
[60] Neulen in Bettendorf/Breckwoldt 1989, 512, 512; Kaiser in Keller/Günther/Kaiser Einleitung A.VI., Rn. 13.
[61] Vgl. Neulen in Bettendorf/Breckwoldt 1989, 512, 512.

gung der so gewonnenen frühen Embryonen.[62] Wie die Bezeichnung schon nahe legt, findet die Fertilisation nicht im weiblichen Körper, sondern in vitro, also im Reagenzglas bzw. in einer Petrischale statt. Der Begriff „extrakorporal" liegt somit auf der Hand.[63] Die wesentlichen Einzelaspekte der IVF/ET stellen sich wie folgt dar:

(1) Gewinnung der Eizellen

Es stehen die beiden Methoden der Laparoskopie (Bauchspiegelung) und der transvaginalen, ultraschallgesteuerten Punktion zur Verfügung.[64] Im ersten Fall wird unter Narkose durch die Nabelgrube ein „Optiktrokar" eingeführt, so dass die Organe des Bauchraumes sichtbar gemacht werden können. Mittels eines zweiten Einstichs wird das Punktionsgerät eingeführt und die Follikel (Eibläschen, in dem sich die Eizellen während des Wachstums und der Reifung befinden) punktiert.[65] Bei der zweiten Möglichkeit wird ohne Narkose zunächst ein Ultraschallkopf in die Vagina eingeführt, so dass auf dem Bildschirm die Follikel erkennbar werden. Unter dieser Sichtkontrolle wird sodann eine Nadel eingeführt und so der Follikel abgesaugt.[66]

Im Rahmen der Eizellengewinnung ist es für eine erfolgreiche Fertilisation in vitro von großer Bedeutung, befruchtungsfähige Eizellen zu gewinnen, d.h. möglichst nahe an den Eisprungstermin im Rahmen des weiblichen Zyklus heranzukommen. Die genaue Untersuchung und Beobachtung des Zyklus bzw. sogar eine Beeinflussung des natürlichen Zyklus durch künstliche Stimulation (z.B. durch Hormongabe) ist insofern unabdingbar.[67]

(2) Gewinnung der Samenzellen

Die Spermatozoengewinnung geschieht in der Regel durch Masturbation. Das so gewonnene Ejakulat wird weiter aufbereitet: Notwendig ist eine Trennung von Spermatozoen und Samenplasma.[68]

(3) Die Fertilisation

(a) Herkömmliche In-vitro-Befruchtung

Zu jeder sich in einem Kulturmedium befindlichen befruchtungsfähigen Eizelle im Reagenzröhrchen oder in einer Petrischale werden nunmehr 50.000 bis 200.000

---

[62] Mettler in Tinneberg/Ottmar, 93.
[63] Schröder 1992, 13.
[64] Krebs in Bettendorf/Breckwoldt 1989, 518; Tinneberg in Tinneberg/Ottmar, 113.
[65] Tinneberg in Tinneberg/Ottmar, 113.
[66] Krebs Lexikon Spalte 563.
[67] Krebs Lexikon Spalten 562 und 563. Weitere Details bei Tinneberg in Tinneberg/Ottmar, 107 ff. und Krebs in Bettendorf/Breckwoldt 1989, 517 f.; vgl. in diesem Zusammenhang auch die Ausführungen oben unter I.D.2.c) zur hormonellen Sterilitätsbehandlung.
[68] Vgl. Michelmann in Tinneberg/Ottmar, 117 ff. hinsichtlich der medizinischen Einzelheiten.

aufbereitete Spermatozoen pro Eizelle hinzugegeben (sog. Insemination).[69] Sodann kommt es zum oben unter a) bereits erläuterten Befruchtungsvorgang.

Im Rahmen der IVF werden die Eizellen noch im Vorkernstadium in ein neues Medium übertragen und eine Beurteilung des Vorkernstadiums wird vorgenommen. Nun lässt sich erkennen, ob eine Samenzelle es geschafft hat, in die Eizelle einzudringen oder nicht. Ebenfalls können Mehrfachbefruchtungen bereits festgestellt werden.[70] Eine Analyse des Geschlechts des entstehenden Menschen ist möglich.[71]

(b) Befruchtungsunterstützung durch Mikromanipulation
Zum Zwecke der Therapie der vermuteten männlichen Unfruchtbarkeit im Rahmen einer IVF wurden drei besondere Techniken entwickelt, denen gemein ist, dass „spezielle Stadien im Befruchtungsprozess"[72] umgangen werden, ohne den eigentlichen Grund der Funktionsstörung zu beheben: die intrazytoplasmatische Spermatozoeninjektion (im folgenden: ICSI), das Zona drilling und die Subzonale Injektion. Bei diesen Techniken handelt es sich um mikromanipulatorische Behandlungen, die den extrakorporalen Befruchtungsvorgang zur Voraussetzung haben und die herkömmliche Befruchtung in-vitro ergänzen.[73] Als Sonderform des eigentlichen Befruchtungsvorganges bedürfen die drei Methoden im Hinblick auf den Gegenstand dieser Arbeit keiner gesonderten Untersuchung, da es sich lediglich um einen besonderen Weg der Erzeugung eines Embryo in vitro handelt. Die rechtlichen Fragestellungen im Zusammenhang mit dem Embryo in vitro bleiben die selben.

(i) Intracytoplasmatische Spermatozoeninjektion
Bei dieser Methode wird ein einzelnes Spermium in eine Eizelle injiziert, um so eine Befruchtung zu erreichen. Die Eizelle wird mit Hilfe einer Haltepipette fixiert, so dass anschließend mittels einer Injektionskanüle das Spermium in die Eizelle verbracht werden kann.

Auf diese Weise ist nur noch eine einzige Samenzelle notwendig, die auch ohne Masturbation durch eine Nebenhoden- bzw. Hodenpunktion gewonnen werden kann. Die Eizelle wird wie bei der herkömmlichen IVF zuvor durch ultraschallgesteuerte Punktion aus den Follikeln gewonnen.[74] Die eigentliche Verschmelzung der Zellkerne der Gameten erfolgt somit ebenfalls außerhalb des weiblichen Kör-

---

[69] Michelmann in Tinneberg/Ottmar, 123, 126 und Krebs in Bettendorf/Breckwoldt 1989, 516, 522.
[70] Michelmann in Tinneberg/Ottmar, 123, 126 und Krebs in Bettendorf/Breckwoldt 1989, 516, 522.
[71] Vgl. hierzu bereits die Ausführungen oben unter I.D.2.a) zur Reifeteilung und den Geschlechtschromosomen.
[72] So Cohen/Sultan/Rosenwaks in Tinneberg/Ottmar 165. Genauere Erläuterungen zum Befruchtungsprozess und der Entwicklung des jungen Embryos oben unter I.D.2.a).
[73] Mettler in Tinneberg/Ottmar149, 151.
[74] Michelmann in Tinneberg/Ottmar, 188, 190 zur Technik dieser Methode.

pers. Nach erfolgreicher Befruchtung schließt sich der Transfer des Embryos an. Insofern ist ICSI lediglich ein Teil der extrakorporalen Befruchtung.

Der Vorteil dieser Methode und ihre medizinische Indikation ist die Therapie von schwerer männlicher Infertilität.[75] Auf diese Weise ist es möglich, nunmehr „akrosomenintakte, unbewegliche, schwanzlose und sogar unreife sowie morphologisch aberrante Spermatozoen"[76] zur Befruchtung heranzuziehen.

(ii) Zona drilling
Beim sog. Zona drilling wird eine künstliche Öffnung in der Zona pellucida geschaffen.[77] Die Zona pellucida ist eine Schicht, welche die Eizelle nach dem Eisprung noch umgibt und welche die Spermazellen auf dem Weg ins Innere der Eizelle überwinden müssen.[78] Die Zona ist dabei von der eigentlichen Oberfläche der Eizelle zu unterscheiden.[79] Das Zona drilling hilft also den Samenzellen, das „Hindernis" der Zona pellucida leichter zu überwinden.

(iii) Subzonale Injektion
Bei dieser Methode werden Samenzellen unter Umgehung der Zona pellucida direkt in den pervitellinen Raum, d.h. in den Raum zwischen der Zona pellucida und der Eizellenoberfläche[80] verbracht.[81] Im Gegensatz zur ICSI wird auch in diesem Fall die Samenzelle nicht direkt in die eigentliche Eizelle übertragen. Therapeutischen Nutzen hat die subzonale Injektion in den Fällen, in denen die männlichen Samenzellen keine oder nur eine beschränkte Fähigkeit besitzen, selbst die Zona pellucida zu überwinden. Trotz dieser Funktionsstörung der Samenzellen ist es in vielen Fällen nämlich nicht ausgeschlossen, dass sie nach Überwindung der Zona pellucida weiter in die eigentliche Eizelle vordringen und der Befruchtungsvorgang sich dann fortsetzen kann.[82]

(4) Der Embryotransfer (ET)
Das vorerwähnte Zweizellstadium ist ungefähr 36 Stunden nach Zugabe der Spermien erreicht. Der mit Verschmelzung der Zellkerne entstandene Embryo bzw. die Embryonen wird/werden anschließend mittels eines Katheters durch den Cervikalkanal in den Uterus (intrauteriner Transfer) oder in die Tube (EIFT=embryo intra

---

[75] Bäk-Richtlinie 1998 in DtÄrztebl 1998, A 3166 ff., A 3166 und 3167; Diedrich Reproduktionsmedizin 1999, 6.
[76] Michelmann in Tinneberg/Ottmar, 189.
[77] Cohen/Sultan/Rosenwaks in Tinneberg/Ottmar164, 165.
[78] Kaiser in Keller/Günther/Kaiser Einleitung, A.II., Rn. 31 und 32.
[79] Beier Reproduktionsmedizin 2000, 332, 333.
[80] Zum Begriff des pervitellinen Raumes vgl. Beier Reproduktionsmedizin 2000, 332, 333.
[81] Cohen/Sultan/Rosenwaks in Tinneberg/Ottmar 164, 165.
[82] Cohen/Sultan/Rosenwaks in Tinneberg/Ottmar, 166 und 167.

fallopian tube transfer) verbracht.[83] Als Tube wird der weibliche Eileiter bezeichnet.[84] Medizinisch umstritten ist der genaue Zeitpunkt des Transfers. Die Tendenz geht in Richtung frühem Transfer (schon im 2-8-Zellstadim, ca. 48 Stunden nach der Kernverschmelzung im Unterschied zu späterem Transfer im 125-Zellstadium, ca. am 6.-7. Tag nach der Kernverschmelzung), da so eine Synchronität der Entwicklung von Gebärmutter- und Embryoschleimhaut erreicht wird, was eine erfolgreiche Einnistung fördert.[85]

Um die Chancen einer erfolgreichen Nidation zu erhöhen, werden üblicherweise mehrere Embryonen erzeugt und übertragen. Die Übertragung mehrerer Embryonen hat nachweislich eine Erhöhung der Erfolgsrate zur Folge. Allerdings steigt dadurch auch das Risiko einer Mehrlingsschwangerschaft.[86] Aus medizinischer Sicht ist daher zwischen dem Schwangerschaftserfolg und dem Risiko höhergradiger Mehrlinge abzuwägen.[87]

f) Verschiedene Methoden des Gametentransfers

Im Rahmen der assistierten Reproduktion werden verschiedene Techniken unterschieden, denen jeweils gemeinsam ist, dass sie auf dem Transfer von Gameten beruhen. Insofern reichen diese Techniken teilweise auch in den bereits oben unter d) erläuterten Bereich der AI hinüber, da in diesem Fall die männlichen Gameten transferiert werden. Zu nennen sind:

- Gametentransfer (im folgenden: GT),
- Gamete Intra Fallopian Tube Transfer,
- Zygote Intra Fallopian Tube Transfer (im folgenden: ZIFT) und
- Tubal Embryo Transfer (im folgenden TET)

GT bedeutet das instrumentelle Einbringen von Ei- und Samenzellen in den Uterus (sog. intrauteriner Gametentransfer).[88] Im Rahmen des GIFT werden Ei- und Samenzellen instrumentell in den Eileiter eingebracht. Auch in diesem Fall findet der eigentliche Befruchtungsvorgang nicht in vitro, sondern im Körper der Frau statt.[89]

Das instrumentelle Verbringen einer Zygote, d.h. der weiblichen Eizelle nach Imprägnation, in den Eileiter der Frau wird mit dem Begriff ZIFT umschrieben. Es handelt sich somit um eine Technik an der Grenze zwischen extrakorporaler und intrakorporaler Befruchtung, da eine Verschmelzung der Zellkerne nicht notwen-

---

[83] Kaiser in Keller/Günther/Kaiser Einleitung A.VI., Rn. 30.
[84] Kaiser in Keller/Günther/Kaiser Glossar (Anhang 6), Stichwort „Tube".
[85] Kaiser in Keller/Günther/Kaiser Einleitung, A.VI., Rn. 30.
[86] Kaiser in Keller/Günther/Kaiser Einleitung, A.VI., Rn. 31; Krebs Lexikon Spalte 566; Biller 1997, 4.
[87] Bäk-Richtlinie 1998 in DtÄrztebl 1998, A 3166 ff., Ziffer 4.
[88] Kaiser in Keller/Günther/Kaiser Einleitung A.VI., Rn. 18-23.
[89] Mettler in Tinneberg/Ottmar 149, 151.

dig schon stattgefunden hat. Der Vorteil dieser Technik liegt in der Nutzung des tubaren Milieus für den Embryo bzw. die Zygote.[90]

TET bedeutet das instrumentelle Verbringen eines zuvor in-vitro erzeugten Embryos in den Eileiter der Frau. Es handelt sich somit um eine Untergruppe des Embryotransfers. Auch hier soll das tubare Milieu dem Embryo zu Gute kommen.[91]

g) Kryokonservierung

Unter diesem Begriff wird die Gefrierkonservierung bei ca. -196°C verstanden. Mit dieser Methode können Eizellen, Spermien, die imprägnierte Eizelle im Vorkernstadium und auch befruchtete Eizellen bis zum Blastozystenstadium aufbewahrt werden.[92] Dadurch wird die Weiterentwicklung der Zellen durch Teilung angehalten. Nach dem Auftauen steht das konservierte Material wieder zur Verfügung. Allerdings ist festzustellen, dass die Verwendung von zuvor kryokonserviertem Material im Rahmen der assistierten Reproduktion nicht die Erfolgsraten erbringt wie bei Verwendung von sog. nativem, zuvor nicht eingefrorenem „Material".[93]

Im Rahmen der IVF/ET kann auf diese Weise eine „Embryonenreserve" angelegt werden. Schlägt ein Transfer während eines Zyklus fehl, kann in einem späteren Zyklus ohne erneute Gewinnung von Eizellen ein Transfer versucht werden.[94] Auch ist auf diese Weise eine Aufbewahrung in Fällen möglich, in denen ein Embryotransfer aus medizinischen oder nicht vorhersehbaren Gründen (z.B. Unfall oder Krankheit der Person, auf die beabsichtigt war, Embryonen zu übertragen) ausscheidet.[95] Ebenfalls kann dadurch die sog. „potentielle Fertilität" bei onkologischen Therapien erhalten bleiben. Durch Eizellen- und Spermakonservierung vor Durchführung der Strahlen- bzw. Chemotherapie kann sicher gestellt werden, dass fertilisationsfähige Gameten existieren.[96] Siebzehnrübl weist darüber hinaus darauf hin, dass durch Konservierung eines Embryos Zeit gewonnen werden kann, um eine langandauernde Präimplantationsdiagnostik (PGD) durchzuführen.[97]

---

[90] Mettler in Tinneberg/Ottmar 149, 151.
[91] Mettler in Tinneberg/Ottmar 149, 151.
[92] Kaiser in Keller/Günther/Kaiser, Einleitung A.VI., Rn. 32.
[93] Kaiser in Keller/Günther/Kaiser, Einleitung A.VI., Rn. 32.
[94] Pap 1987, 74.
[95] Bäk-Richtlinie 1998 in DtÄrztebl 1998, A 3166 ff., A 3168 und 3169.
[96] Siebzehnrübl in Tinneberg/Ottmar, 173, 174.
[97] Siebzehnrübl in Tinneberg/Ottmar, 173, 174; allgemein zu den Zwecken der Konservierung von Gameten und Embryonen vgl. Deutsch MDR 1985, 177, 179 f.

h) Keimzellenspende, homologes, quasi-homologes und heterologes System

Insemination, IVF/ET und alle Arten von Mikromanipulationen können weiter danach unterschieden werden, woher die Gameten, die zusammengeführt werden, stammen. Unterschieden werden das homologe, das quasi-homologe und das heterologe System bezüglich der Herkunft der Spermien sowie der autologe und der heterologe Embryotransfer bezüglich der Herkunft der Eizelle.[98]

Homolog bedeutet in diesem Zusammenhang, dass die Gameten jeweils von Ehepartnern stammen und die Insemination entweder im Körper der Ehefrau erfolgt oder bei IVF/ET die Embryonen in den Körper der Ehefrau transferiert werden.[99] Dagegen bezeichnet man ein Verfahren als heterolog, bei dem der Samen von einem Dritten stammt, der nicht mit der Frau, in deren Körper die Insemination erfolgt oder auf die der Embryo nach IVF transferiert wird, verheiratet ist.[100]

Quasi-homolog ist ein Begriff, der Sachverhalte erfassen soll, in welchen der Samen von einem Mann stammt, der zwar nicht mit der Frau, in deren Körper die Insemination stattfindet bzw. in deren Körper der Embryo transferiert wird, verheiratet ist, der jedoch mit ihr in stabiler Partnerschaft i.S.e. nichtehelichen Lebensgemeinschaft lebt.[101]

Als autolog gilt der Transfer des Embryos in die Gebärmutter jener Frau, von welcher die Eizelle stammt.[102] Von einem heterologen Transfer wird hingegen dann gesprochen, wenn die Eizelle nicht von der Person stammt, in die der Embryo transferiert wird.

Beide Varianten (hinsichtlich Eizelle und hinsichtlich Sperma) im heterologen System werden auch synonym als Eizellspende bzw. Sperma- oder Samenspende bezeichnet.[103] Denkbar ist auch die Kombination von Eizellen- und Spermaspende

---

[98] Vgl. zu dieser Einteilung z.B. Frank 1989, 19 und 26 hinsichtlich der Herkunft des Spermas und 33 hinsichtlich der Eizellenherkunft; Coester-Waltjen Lexikon Fpm Spalte 360 und 361; Krebs Lexikon Spalte 560 und 561; Laufs NJW 1985, 1361, 1362; Zierl DRiZ 1985, 337, 339-341, der hinsichtlich der Herkunft der Eizelle im Falle einer Einpflanzung der befruchteten Eizelle in den Körper einer Frau, von der diese Zelle nicht stammt, von Eispende spricht.

[99] Bäk-Richtlinie 1998 in DtÄrztebl 1998, A 3166 ff., A 3168 unter 3.2.3; Zierl DRiZ 1985, 337, 339 und 341.

[100] Zierl DRiZ 1985, 337, 340 und 341; Pap 1987, 71-73; Güner/Fritzsche Reproduktionsmedizin 2000, 249, 249; so auch die Begriffsverwendung des BGH in NJW 1995, 2028.

[101] Neidert MedR 1998, 347, 350.

[102] Frank 1989, 33.

[103] Katzorke Reproduktionsmedizin 2000, 373, 373 hinsichtlich der Eizellenspende; Pap 1987, 71 und 72 hinsichtlich Ei- und Spermaspende.

im Rahmen einer Behandlung, so dass es zur heterologen Befruchtung mit nicht autologem (heterologem) Embryotransfer kommt.[104]

Entscheidendes Kriterium für die vorgenannte Einteilung ist somit die Frage, ob die Fortpflanzung innerhalb einer Ehe bzw. innerhalb einer nichtehelichen Lebensgemeinschaft erfolgt oder ob die Gameten von außerhalb dieser Beziehungen stehenden Personen stammen.

i) Leih-, Ersatz- bzw. Surrogatmutterschaft

In Abgrenzung zu der soeben beschriebenen Einteilung in homolog, heterolog und autolog, ist eine weitere Sachverhaltsgruppe zu unterscheiden. Abgrenzungskriterium ist nunmehr die Person, die den Embryo austrägt. Entscheidend ist die Frage, ob die tatsächlich austragende Person auch tatsächlich zur Übernahme der Mutterschaft nach der Geburt bestimmt ist. Für die Konstellationen, in denen die Austragende nach der Geburt nicht zur Mutterschaft bestimmt ist, haben sich eine Fülle von Bezeichnungen herausgebildet: Miet-, Ersatz-, Surrogat-, Ammen-, Trage- oder Pflegemutterschaft.[105] Es können in diesem Zusammenhang grundsätzlich 2 Fallgruppen unterschieden werden.

Einerseits die Konstellationen, in denen die Austragende die genetische Mutter ist. Dies ist der Fall, wenn die Eizelle der Austragenden mit dem Samen des Mannes, der das Kind mit seiner Frau bzw. seiner Lebenspartnerin später als "Wunscheltern" übernimmt, heterolog befruchtet wird.[106].

Hiervon sind andererseits die Konstellationen zu unterscheiden, in denen die Austragende nicht die genetische Mutter des Kindes ist. In diesem Fall wird die befruchtete Eizelle der „Wunschmutter" auf die Austragende transferiert.[107]

Goeldel fügt noch die weitere Fallgruppe hinzu, in der eine „Befruchtung der Eizelle einer dritten Frau in vivo oder in vitro mit dem Samen des Wunschvaters oder eines Spenders (heterolog) mit anschließendem Embryotransfer auf die Leihmutter"[108] stattfindet.

Die Fallgruppen unterscheiden sich also danach, auf welche Art und Weise die Schwangerschaft der Austragenden erreicht wird. Gemeinsam ist ihnen die Tatsache, dass die Austragende sich verpflichtet, das Geborene an die Wunschmutter bzw. die Wunscheltern auszuhändigen und sich einer sozialen Mutterschaft enthält.

---

[104] Pap 1987, 73.
[105] Goeldel 1994, 5; Eberbach MedR 1986, 253, 254.
[106] Dies kann im Rahmen einer IVF oder durch AI erfolgen. Vgl. Eberbach MedR 1986, 253, 254.
[107] Eberbach MedR 1986, 253, 254.
[108] Goeldel 1994, 5.

Die erwähnten Bezeichnungen Miet-, Ersatz, Leih-, Trage-, Pflege oder Ammenmutterschaft werden nicht immer synonym verwendet. So unterscheidet Goeldel zwischen Leihmutterschaft im engen Sinn und einer Leihmutterschaft im weiteren Sinn, die auch mit Trage-, Pflege- oder Ammenmutterschaft bezeichnet wird. Diese begriffliche Unterscheidung soll der Tatsache Rechnung tragen, dass entsprechend der soeben beschriebenen Differenzierung ein genetisch eigenes Kind einerseits oder ein genetisch fremdes Kind andererseits ausgetragen werden kann. So wird für den Fall des Austragens eines genetisch eigenen Kindes der Begriff Leihmutterschaft im engen Sinne, Miet- oder Ersatzmutterschaft gebraucht. Die Begriffe Trage- Pflege oder Ammenmutterschaft repräsentieren dagegen das Austragen eines genetisch fremden Kindes.[109] Im Rahmen dieser Arbeit werden die Begriffe Ersatz-, Leih- und Surrogatmutterschaft synonym verwendet. Soweit nicht durch spezielle Klarstellungen hervorgehoben, ist mit diesen Begriffen das Austragen eines genetisch fremden Kindes gemeint.

j) Gewinnung von Stammzellen vom Embryo in vitro und Stammzellenforschung

(1) Begrifflichkeiten

Als Stammzelle wird jede noch nicht ausdifferenzierte Zelle bezeichnet, die Teilungs- und eine spezielle Entwicklungsfähigkeit aufweist. Aus einer Stammzelle können folglich im Laufe der Ausdifferenzierung unterschiedliche Zelltypen hervorgehen.[110]

Nach Verschmelzung der Kerne der männlichen und weiblichen Keimzelle besteht zunächst ein Zustand des größtmöglichen Entwicklungspotenzials, die sog. Totipotenz. Unter Totipotenz versteht man die Fähigkeit, einen kompletten Organismus zu bilden. Jede einzelne dieser totipotenten Zellen trägt somit das gesamte Entwicklungspotenzial des sich entwickelnden Wesens in sich. Aus einer einzelnen solchen menschlichen Embryozelle kann ein Mensch entstehen. Die befruchtete Eizelle und die durch Teilung anschließend entstehenden Embryonalzellen sind bis ca. zum 8-Zellstadium totipotent.[111]

Von der anfänglich bestehenden Totipotenz von Zellen ist ein weiterer Zustand, nämlich der der sog. Pluripotenz zu unterscheiden. Im Gegensatz zur Totipotenz geht die Fähigkeit, ein vollständiges Individuum herauszubilden, im Rahmen der embryonalen Entwicklung wie erwähnt ca. im 8-Zellstadium verloren. Sodann ist ein nächster Zustand erreicht, in dem die einzelnen Zellen „nur" noch imstande sind, die verschiedenen Gewebetypen des sich entwickelnden Organismus herauszubilden. Dieser Zustand wird mit dem Begriff Pluripotenz beschrieben. Nach der bereits ausgeführten Definition handelt es sich jedoch weiter um Stammzellen,

---

[109] So Goeldel 1994, 5.
[110] Beier 2000, 63, 71; Schroeder-Kurth 2001, 228, 159.
[111] Beier 2000, 63, 71.

denn der zukünftige Zelltyp steht noch nicht fest. Die Ausdifferenzierung ist noch nicht abgeschlossen. Lediglich das Differenzierungspotenzial ist im Vergleich zum größtmöglichen Differenzierungspotenzial der Totipotenz eingeschränkt. Auch die Pluripotenz nimmt mit fortdauernder Entwicklung des Organismus und der Herausbildung von immer mehr Gewebetypen ab. Beim Fötus bzw. beim erwachsenen Menschen sind dann zumeist organspezifische Stammzellen vorzufinden: so z.B. die Zellen des Knochenmarks, der Haut, des Verdauungstrakts und des Zentralnervensystems.

Dass auch der erwachsene Körper auf Stammzellen angewiesen ist, erklärt sich mit der Notwendigkeit der Regeneration von Organen und Gewebe. Stammzellen, die auch noch im ausgewachsenen Organismus vorhanden sind, werden als adulte Stammzellen bezeichnet und von den aus einem Embryo gewonnenen sog. embryonalen Stammzellen (ES-Zellen) unterschieden. Adulte Stammzellen wurden bislang in ca. 20 Organen des entwickelten Körpers, z.B. im Gehirn, im Blut, im Knochenmark und im Nabelschnurblut von Neugeborenen nachgewiesen und besitzen die Fähigkeit, zum Zwecke der Herausbildung von „Ersatzzellen" im Rahmen der Regeneration sich zu unterschiedlichen Zellarten auszudifferenzieren.[112] Im Gegensatz zu embryonalen Stammzellen ist ihr Entwicklungspotenzial und ihre Vermehrbarkeit und somit ihre Lebensdauer begrenzt.[113]

Die Grenze des Begriffes Stammzelle ist dann erreicht, wenn die Differenzierungspotenz so weit eingeschränkt ist, dass von einer Unipotenz auszugehen ist. Die Entwicklungsmöglichkeit ist im Falle der Unipotenz auf nur einen einzigen Zelltypus innerhalb eines Verbandes reduziert.[114]

Zur vollständigen Klärung des Begriffes Totipotenz ist es notwendig, zwischen der Totipotenz von Zellkernen, von Zellen und von Geweben zu unterscheiden. Die vorstehenden Ausführungen gingen stillschweigend von vollständigen Zellen aus. Allerdings werden in der Zellbiologie Unterschiede je nach Fragestellung und betrachteter biologischer Einheiten gemacht.[115]

(2) Totipotenz von Zellkernen

Es ist heute möglich, Kerne von Zellen zu isolieren und zu transplantieren. Wird ein zuvor isolierter Zellkern anschließend in eine bereits entkernte Zelle verbracht, lässt sich nämlich das Phänomen der Totipotenz ebenfalls beobachten. Voraussetzung für eine Fortentwicklung ist jedoch, dass die entkernte Zelle ebenfalls eine totipotente, entwicklungsfähige Zelle ist. Zumeist handelt es sich bei der entkernten Zelle insofern um eine Eizelle. Kausal für diese Totipotenz ist mithin die noch nicht in ihren Einzelheiten geklärte Interaktion zwischen Zellkern und Zytoplasma

---

[112] Vgl. Bargs-Stahl 2001.
[113] Vgl. Bargs-Stahl 2001.
[114] Vgl. zur Pluripotenz von Stammzellen Beier, Reproduktionsmedizin 1999, 190, 194; Schroeder-Kurth 2001, 228, 159 f.; Beier 2000, 63, 71.
[115] Beier Reproduktionsmedizin 1998, 41, 42; Beier, Reproduktionsmedizin 1999, 190, 191; Beier Reproduktionsmedizin 2000, 332, 339.

der zuvor entkernten, totipotenten Zelle.[116] Auf diese Weise kann beobachtet werden, ob die nach einem entsprechenden Zellkerntransfer nunmehr wiederum vollständige Zelle sich zu einem Individuum bzw. zu einem lebensfähigen Wesen weiterzuentwickeln vermag und wo die Grenze dieser Art von Totipotenz liegt.[117] Die Ausführungen bei Beier zeigen in diesem Zusammenhang, dass der Ursprung des Zellkerns keineswegs eine totipotente Zelle gewesen sein muss. So stammen die Zellkerne aus den Versuchsreihen u.a. aus Haut- bzw. Muskelzellen von 50-80 Tage alten Rindern, aus Zellen von adulten Rindern und aus Mammaepithelzellen von 6 Jahre alten Schafen.[118] Der Unterschied dieser Totipotenzbeobachtung im Vergleich zur ganzen Embryozelle ist, dass die Totipotenz des Zellkerns nur experimentell, d.h. im Wege eines in der Natur nicht existenten Zellkerntransfers, beobachtet werden kann. Parallel zu den Beobachtungen hinsichtlich totipotenter Embryozellen, wie sie in der Natur vorkommen, kann jedoch festgestellt werden, dass die Totipotenz der Zellkerne mit fortschreitender Differenzierung der verwendeten entkernten Zellen erfolgloser wird.[119]

(3) Totipotenz von Gewebeverbänden

Hinter dem Terminus „Totipotenz von Geweverbänden" verbirgt sich die Tatsache, dass eine ganze Ansammlung von Zellen, bei der die Gesamtgröße des Zellverbands bzw. die Gesamtzellenzahl reduziert wurde, weiterhin fähig ist, Organe herauszubilden und sich zu einem Individuum bzw. zu einem kompletten Organismus zu entwickeln. Experimentell konnte nachgewiesen werden, dass durch Teilung der Blastozyste monozygotische, d.h. eineiige Zwillinge erzeugt werden konnten. Allerdings wurde ebenfalls nachgewiesen, dass die einzelnen Zellen dieser Blastozyste für sich genommen keinesfalls totipotent sind: Isoliert kann „aus einer solchen Embryoblastzelle ein ganzes Individuum nicht hervorgehen"[120]. Hintergrund dieses erstaunlichen Phänomens ist, dass das Ganze mehr ist als die Summe der Teile. „Das Teamwork" i.S.e. „Kommunikation" zwischen den Zellen schafft das Potenzial dafür, dass die verbleibenden intakten Zellen insgesamt eine Totipotenz aufweisen, die einzelnen Zellen alleine jedoch nicht.[121] Weitergehende Erklärungen dieses Phänomens sind noch nicht bekannt.

(4) Methoden der Gewinnung von embryonalen Stammzellen

Die soeben definierten pluripotenten embryonalen Stammzellen können auf drei Wegen gewonnen werden.[122] Neben der Gewinnung vom Embryo in vitro (nach

---

[116] Beier, Reproduktionsmedizin 1999, 190, 191 und 192.
[117] Beier Reproduktionsmedizin 1998, 41, 42.
[118] Tabelle bei Beier, Reproduktionsmedizin 1999, 190, 193.
[119] Beier, Reproduktionsmedizin 1999, 190, 192.
[120] Beier, Reproduktionsmedizin 1999, 190, 194; zur Totipotenz von ganzen Zellverbänden vgl. auch Beier Reproduktionsmedizin 2000, 332, 340 und Beier Reproduktionsmedizin 1998, 41, 43 und 44.
[121] Beier Reproduktionsmedizin 1998, 41, 44.
[122] Vgl. Beier 2000, 63, 73-75; DFG-Stellungnahme 1999 unter I.2.

künstlicher Befruchtung) und der Entnahme primordialer Keimzellen aus abortierten Feten[123] ist auch die Herstellung von Stammzellen durch Zellkerntransfer möglich.

(a) Gewinnung vom Embryo in vitro

Embryonale Stammzellen können aus dem Embryoblasten im Blastozystenstadium (siehe zu den einzelnen Entwicklungsstadien nach der Befruchtung bereits oben unter a) eines Embryo in vitro gewonnen werden. Dazu wird vom Embryoblasten eine Zelle entnommen und isoliert weiter kultiviert.[124] Unter bestimmten Umständen behält sie ihre Pluripotenz, teilt sich und bildet Zellkolonien.[125] Von besonderer Bedeutung im Hinblick auf eine juristische Beurteilung ist die Tatsache, dass beim Entnahmevorgang der Embryo zerstört wird.[126] Mit der ursprünglichen Gewinnung und Begründung von Stammzelllinien, die dann nachhaltig weiter kultiviert werden, geht folglich der „Verbrauch" menschlicher Embryonen einher.[127] Wie oben bereits dargestellt, sind die einzelnen, den Embryo konstituierenden Zellen im Blastozystenstadium nicht mehr totipotent, sondern „nur" umfassend pluripotent.

(b) Entnahme von primordialen Keimzellen

Bei der zweiten Methode macht man sich die Tatsache zu eigen, dass die Vorläufer von Ei- bzw. Samenzellen, also den späteren Keimzellen, die schon im Fetalstadium angelegt sind, in hohem Maße pluripotent sind. Sobald Feten nach induziertem oder spontanem Abort zugänglich sind, können diesen die Zellen entnommen werden. Diese Art Stammzellen werden als EG-Zellen (embryonic germ cells) bezeichnet.[128]

(c) Das sog. therapeutische Klonen

Die dritte Möglichkeit Stammzellen zu gewinnen ergibt sich zwangsläufig aus der oben beschriebenen Totipotenz von Zellkernen. Durch diese Technik kann nicht nur eine pluripotente Stammzelle, sondern sogar eine totipotente Stammzelle ge-

---

[123] Der Fetus bzw. der Fötus (die beiden Begriffe werden synonym verwendet) bezeichnet die Frucht im Mutterleib nach Abschluss der Organogenese, d.h. im Anschluss an die Embryonalperiode (beim Menschen ca. zu Beginn der 9. Schwangerschaftswoche, die in der ärztlichen Praxis üblicherweise vom 1. Tag der letzten Menustration an angegeben wird; die Angabe hier ist jedoch auf den Zeitpunkt der Befruchtung ab Schwangerschaftsbeginn bezogen; vgl. Kaiser in Keller/Günther/Kaiser, Einführung A II. Rn. 38) bis zum Ende der Schwangerschaft. Vgl. Pschyrembel, Stichwort „Fetus" bzw. „Fötus" (dort wir auf das Stichwort „Fetus" verwiesen).
[124] Beier 2000, 63, 73.
[125] Rohwedel ZME 2001, 213, 215 f.
[126] Bargs-Stahl 2001; DFG-Stellungnahme 1999 unter I.2.
[127] Prelle ZME 2001, 227, 229.
[128] Schroeder-Kurth 2001, 228, 161; Beier 2000, 63, 74.

wonnen werden. Zellkerne werden in entkernte Eizellen transferiert. Das Ergebnis ist eine Stammzelle.[129] Dieses Verfahren wird auch als therapeutisches Klonen bezeichnet.[130] Diese Gewinnungsmethode schließt also zwingend auch die Entstehung einer totipotenten Zelle und damit eines Embryo in vitro, der das Potenzial, sich im Falle eines Transfers auf eine austragende Mutter zur Entwicklung zu einem erwachsenen Menschen in sich trägt, mit ein. Bezüglich der zuvor unter 1. erläuterten Eingrenzung des Untersuchungsgegenstandes wird auch diese Methode der Gewinnung humaner embryonaler Stammzellen in dieser Arbeit thematisiert, jedoch nicht in das Zentrum der Untersuchung der Zulässigkeit der Gewinnung embryonaler Stammzellen vom Embryo in vitro gerückt. In diesem Fall stellt sich nämlich ebenfalls die Frage nach der Verwendung von humanen Embryonen in vitro (im biologischen Sinne). Diese Embryonen sind allerdings durch ungeschlechtliche Vermehrung entstanden und nicht im Wege der Anwendung von Methoden der assistierten Reproduktion.

Neben diesen drei Gewinnungsmethoden embryonaler Stammzellen[131] bleibt die Möglichkeit der Gewinnung adulter Stammzellen durch Entnahme aus den entsprechenden Organen des Menschen (vgl. oben unter (1)). Beier ist jedoch der Ansicht, dass gerade die Grundlagenforschung in dem noch vielfach unbekannten Bereich der molekularen menschlichen Embryonalentwicklung es erforderlich mache, mit embryonalen Stammzellen (ES-Zellen) zu forschen, um wissenschaftlich und langfristig auch therapeutisch voranzukommen.[132] Auch die „Gewinnung funktionstüchtiger primordialer Keimzellen (EG-Zellen) aus Abortgewebe wird wegen der mit dem Absterben des Feten verbundenen autolytischen Prozesse (Autolyse = Selbstverdauung; Abbau von Organprotein durch freigewordene Zellenzyme[133]) und dem zeitlich variablen Abortverlauf technisch problematischer sein" als die Gewinnung von ES-Zellen vom Embryo in vitro.[134] Die Nobelpreisträgerin Nüsslein-Volhard und andere Wissenschaftler bestätigen ferner, dass die nachfolgend unter k) umrissenen konkreten Forschungsziele einer Entwicklung und Forschung an menschlichen ES-Zellen bedürfe, da nur so die bislang an ES-Zellen von Mäusen gewonnenen Erkenntnisse überprüft werden können.[135] Bisher konnte beispielsweise bei der Maus nachgewiesen werden, dass durch Gabe des Wachstumsfaktors LIF, der auf eine In-vitro-Differenzierung embryonaler Stammzellen

---

[129] Schroeder-Kurth 2001, 228, 161; Beier 2000, 63, 75.
[130] Vgl. z.B. Höfling ZME 2001, 277, 279.
[131] Auch die Gewinnung von EG-Zellen wird noch als Gewinnung von embryonalen Stammzellen angesehen. Vgl. Schroeder-Kurth 2001, 228, 229; Beier, Reproduktionsmedizin 1999, 190, 196 f.
[132] Beier, Reproduktionsmedizin 1999, 190, 197.
[133] Pschyrembel, Stichwort „Autolyse".
[134] Beier, Reproduktionsmedizin 1999, 190, 196 f.
[135] Nüsslein-Volhard SZ v. 1./2. Dezember 2001; so auch die Feststellung bei den 40. sog. Bitburger Gesprächen 2002, vgl. hierzu die Darstellung bei Graupner SZ v. 15.01.2002. Die Tatsache bestätigend auch DFG-Stellungnahme v. 03.05.2001 unter Ziffer 6. Damit ist allerdings noch keinerlei Präjudiz über die Zulässigkeit entsprechender Maßnahmen gegeben.

hemmend wirkt, eine nahezu unbegrenzte Kultivierung der Stammzellen möglich macht. Der Wachstumsfaktor LIF ist jedoch maus- bzw. artspezifisch und macht daher aus naturwissenschaftlicher Sicht eine Untersuchung an humanen embryonalen Stammzellen erforderlich.[136]

k) Die Forschung an embryonalen Stammzellen (ES-Zellen)

Menschliche pluripotente Stammzellen, die noch einen solchen Grad der Undifferenziertheit aufweisen, dass sie sich noch theoretisch in jeden der ca. 210 Zelltypen des Menschen entwickeln können, sind von besonderer Bedeutung für die medizinische Forschung.[137] Humane embryonale Stammzellen weisen einen solchen Grad der Pluripotenz auf.[138] Es besteht die Möglichkeit, die humanen, pluripotenten Stammzellen in Kultur zu halten und den Gewebedifferenzierungs- und Organbildungsprozess zu studieren. Langfristig könnten daraus Therapiemöglichkeiten entwickelt werden. So besteht das Ziel, komplexe Gewebeverbände und ganze Organe herstellen zu können, mit der Kenntnis der Wirkungsmechanismen der Stoffe im Rahmen der Zelldifferenzierung neue Medikamente zu entwickeln, Medikamente an Zellverbänden in vitro zu testen und dergleichen mehr.[139]

Ziel der medizinischen Forschung an embryonalen Stammzellen ist insbesondere die gezielte Produktion bestimmter Zelltypen bzw. Zellverbände oder gar ganzer Organe zum Zwecke der Transplantation. Die bisherigen Probleme der Transplantationsmedizin – limitierte Verfügbarkeit von Spendergewebe und die Abstoßung nicht kompatibler Transplantate beim Patienten – können sich langfristig wahrscheinlich durch den Einsatz embryonaler Stammzellen lösen lassen.[140] Aufgrund der zuvor beschriebenen Pluripotenz entwickeln sich die ES-Zellen im Kulturmedium in einer Zellkulturschale im Rahmen spontaner Ausreifung verschiedenste Zelltypen: Nervenzellen, Zellen des Blutsystems, insulinbildende Zellen, Herz- und Skelettmuskelzellen sowie Knorpel- und Hautzellen bilden insofern ein buntes Zellgemisch. Ausgehend von dieser Beobachtung wird u.a. zur Zeit daran geforscht, aus dem Zellgemisch einerseits bestimmte, zur jeweiligen Transplantation notwendige Zelltypen zu isolieren und andererseits die Entwicklung der ES-Zellen final, auf die Entwicklung eines Zelltyps hin, zu steuern.[141]

---

[136] Vgl. Beier, Reproduktionsmedizin 1999, 190, 194 f. i.V.m. 197.
[137] Vgl. Schroeder-Kurth 2001, 228, 159.
[138] Siehe hierzu bereits oben unter I.D.2.j)(1).
[139] Vgl. Schroeder-Kurth 2001, 228, 159 und 160; Beier 2000, 63, 73. Aus der Allgemeinpresse Bartens Die Zeit Nr. 35/2000.
[140] Brüstle 2001, 222, 222 f.; vgl. zu den Forschungszielen auch DFG-Stellungnahme 1999 unter I.1.
[141] Brüstle 2001, 222, 222 f.; Dingermann PZ 2001 (34), 10, 13 weist darauf hin, dass man sich relativ sicher sei, Methoden zu entwickeln, „um menschliche pluripotenten Stammzellen in Differenzierungsprogramme ‚zu schicken', die zu spezialisierten Zellen und Organen führen."

Fernziel ist folglich die zelluläre Therapie durch

- Implantation bestimmter Zellen in bestehende Organe von Patienten, zum Zwecke des Ersatzes und
- Modifikation der ES-Zellen dahingehend, dass sie nicht durch die Immunabwehr des Empfängers abgestoßen werden, sondern sich vollständig in den empfangenden Zellverband integrieren.[142]

Ein praktisches Beispiel unterstreicht bereits die erzielten Erfolge der Forschung an humanen embryonalen Stammzellen und verdeutlicht die mit dieser Forschung verfolgten Ziele: Nach einem Schlaganfall eines Patienten zerstörte Herzmuskelzellen sollen durch Ersatzgewebe therapiert werden. Auf dem Weg zu diesem Ziel hat bereits eine israelische Forschungsgruppe um Izhak Kehat, an der auch Joseph Itskovitz-Eldor[143] beteiligt ist, nachgewiesen, dass humane embryonale Stammzellen sich zu Muskelzellen hin ausdifferenzieren lassen, die strukturelle und funktionale Eigenschaften des Herzmuskelgewebes aufweisen.[144]

---

[142] Vgl. Schroeder-Kurth 2001, 228, 231; vgl. zu den Forschungszielen z.B. auch den Überblick bei Rohwedel ZME 2001, 213, 214 f. und Prelle ZME 2001, 227.

[143] Prof. Itskovitz-Eldor ist einer der Forscher bzw. Mediziner, der als Verantwortlicher am Rambam Medical Center in Haifa, Israel Zugriff auf humane, embryonale Stammzellen hat. Das Rambam Medical Center ist eine Quelle für humane, embryonale Stammzellen, die nach Deutschland importiert werden sollen. (Vgl. Kuhn/Kutter Wirtschaftswoche v. 24.05.2001, 124, 128).

[144] Kehat et al. 2001, 407.

II. Die Rechtslage in Israel

A. Rechtsentwicklung und aktueller Stand der Rechtsquellen auf dem Gebiet der Fortpflanzungsmedizin

Im folgenden soll zunächst ein Überblick über die Rechtsnormen, Gerichtsentscheidungen und weitere Quellen, die für eine Überprüfung der hier interessierenden Rechtsfragen relevant sind, gegebenen werden. Auf sie wird im Rahmen der Begutachtung der Einzelfragen Bezug genommen, soweit sie als Beurteilungsmaßstab heranzuziehen sind.

1. Grundrechte und Verfassung

Die israelische Rechtsordnung kennt keine sich in einem Dokument widerspiegelnde Verfassung. Es existiert insofern kein einheitlicher Grundrechtskatalog und keine übergreifende Regelung, die im Hinblick auf eine Normenhierarchie festlegt, dass gewisse Rechtssätze über einfachen Normen stehen und für die Jurisdiktion durch das oberste Verfassungsgericht wiederum den Beurteilungsmaßstab darstellen. Dennoch wurde schon von Anbeginn der staatlichen Souveränität Israels durch die Rechtsprechung des Obersten Gerichtshofs die Geltung der Menschenrechte als höherrangige, über den von der Knesset mit einfacher Mehrheit verabschiedeten Rechtsnormen (in der deutschen Begrifflichkeit: einfache Gesetze im formellen Sinn) in der israelischen Rechtsordnung anerkannt. Aus einer Vielzahl von Quellen leitete das Gericht die Geltung der Grund- und Menschenrechte ab: Zu nennen sind die Eigenschaft Israels als demokratisches Gemeinwesen, die Unabhängigkeitserklärung Israels, die internationalen Menschenrechtskonventionen, die jüdische Rechtstradition und die Tradition westlicher Demokratien, insbesondere der USA.[145]

Die Knesset (israelisches Parlament) erließ schließlich 1992 zwei sogenannte „Grundgesetze" (in Englisch als „Basic Law" und in Hebräisch als „Chok—iasod" bezeichnet), wovon eines die Berufsfreiheit und das andere die Menschenwürde und die allgemeine Handlungsfreiheit fixiert.[146] Beide „Grundgesetze" enthalten

---

[145] Asher 1995, 40.
[146] Asher 1995, 42; die ursprüngliche Fassung des die Berufsfreiheit betreffenden Gesetzes ist abgedruckt in Sefer Ha Chokim (Gesetzblatt Israels) Nr. 1387, S. 114 (1992), die neue Fassung nach der Änderung durch Gesetz aus dem Jahr 1994 findet sich in Sefer Ha Chokim Nr. 1454, S. 90 (1994); das Gesetz betreffend die Menschenwürde und die allgemeine Handlungsfreiheit ist abgedruckt in Sefer Ha Chokim Nr. 1394, S. 150 (1992). Beide Grundgesetze sind in einer englischen Übersetzung bei Zamir/Zysblat 1996 (II) bzw. Zamir/Zysblat 1996 wiedergegeben. Zuvor schon erließ die Knesset verfassungsrechtlich relevante, die Staatsorganisation betreffende Grundgesetze (Asher 1995, 7 und 8). Der Grund für den bis dato nicht erfolgten Erlass eines einheitlichen Grundrechtskatalogs wird zuvörderst in den in der Knesset vertretenen religiösen Parteien gesehen, die Angst hatten und haben, dass bisher geltende religiöse Privilegien und die in manchen Bereichen geltende religiöse Rechtsordnung und Gerichts-

einen qualifizierten Eingriffsvorbehalt, der zum Zwecke des Schutzes der Werte des Staates Israel und anderer anerkannter Rechtsgüter verhältnismäßige Eingriffe in die Schutzbereiche der Grundrechte durch Parlamentsgesetz erlaubt. Darüber hinaus legt das „Grundgesetz – Berufsfreiheit" eine vom Obersten Gerichtshof bereits gebilligte, qualifizierte Mehrheit fest, derer es zu seiner Abänderung oder Aufhebung bedarf.[147]

Der Schutzbereich des „Grundgesetzes – Menschenwürde und allgemeine Handlungsfreiheit" umfasst unter anderem das Recht auf Leben und körperliche Unversehrtheit (§§ 2 und 4 des „Grundgesetzes") sowie der Schutz der Privatsphäre (§ 7 des „Grundgesetzes"). Im Rahmen der Rechtsfortbildung wurde darüber hinaus festgehalten, dass über das „Einfallstor" der Menschenwürde alle Grund- und Menschenrechte, wie sie in anderen internationalen Menschenrechtsdokumentationen zu finden sind und soweit sie eine Verbindung zur Menschenwürde aufweisen, Aufnahme in die israelische Rechtsordnung gefunden haben.[148]

Im Rahmen der erläuterten richterlichen Rechtsfortbildung, die zur Eingliederung der Grund- und Menschenrechte in die israelische Rechtsordnung führte – entweder über eine weite Auslegung der „Grundgesetze" oder durch den Rekurs auf diverse Grundsatzdokumente –, ist auch von der Anerkennung der Forschungsfreiheit als spezieller Ausdruck der allgemeinen Handlungsfreiheit auszugehen.[149] Im Einzelnen wird im Verlauf der Prüfung der einzelnen Sachverhaltskomplexe auf die erwähnten Grundrechte Bezug genommen.

2. Weitere juristische Quellen

a) Samenbankverordnung

1979 erließ der Gesundheitsminister eine Verordnung mit dem Titel „Verordnungen über die Volksgesundheit (Samenbank)"[150] (im folgenden: Samenbankverordnung). In formeller Hinsicht basiert die Ermächtigung des Gesundheitsministers

---

barkeit (weite Teile des Familien- und Erbrechts) dadurch wegfallen könnten. Im übrigen wird auch vermutet, dass viele Volksvertreter davor zurückschrecken, dem Obersten Gerichtshof einen ganzen Katalog an Gründen für eine Kontrolle der Primärgesetzgebung an die Hand zu geben und die bereits praktizierte Normenkontrolle durch das Gericht ausdrücklich festzuschreiben. (Vgl. zu diesen Begründungen z.B. Asher 1995, 39; Kretzmer in Zamir/Zysblat, 141 f.).

[147] Asher 1995, 8; Kretzmer in Zamir/Zysblat, 147, 148.
[148] Kretzmer in Zamir/Zysblat, 149.
[149] Zysblat 1996 (2), 52; Asher 1995, 46.
[150] Dinim - kovetz ha-chikokim ha israeli (Sammlung der aktuellen israelischen Gesetzgebung), Bd. 5, S. 2639, in der Fassung des Änderungsgesetzes vom 1.1.1989.

zum Erlass der Verordnung auf Art. 33 des „Gesetzes über die Volksgesundheit", aus dem Jahre 1940[151].

Nach dem Prinzip der Fortgeltung existierender Rechtsnormen wurde dieses Gesetz aus der britischen Mandatszeit auch nach Erlangung der staatlichen Souveränität Israels in seine Rechtsordnung inkorporiert. Die Kontinuität von Rechtssetzungsakten der Briten und anderer in Palästina am 4. Mai 1948 geltender Rechtsnormen ist in einer Anordnung der ersten Knesset aus dem Jahre 1948 enthalten: die sog. „Law and Administration Ordinance", in der festgelegt ist, dass die Rechtsordnung des zukünftigen Staates Israel auf der Rechtsordnung basiert, die zum Zeitpunkt der Erlangung der staatlichen Unabhängigkeit in Palästina existierte.[152] Das insoweit fortgeltende Gesetz über die Volksgesundheit ermächtigt das Gesundheitsministerium zum Erlass von Rechtsverordnungen, die Regelungen hinsichtlich medizinischer Tätigkeiten *in Krankenhäusern* zum Inhalt haben.[153]

Die Verordnung legt fest, dass die Unterhaltung einer Samenbank der Eröffnungskontrolle des Generaldirektors des Gesundheitsministeriums unterliegt und eine Genehmigung nur nach Maßgabe bestimmter Kriterien erteilt wird. Darüber hinaus ist geregelt, dass die Samenbank einem Krankenhaus als Abteilung angegliedert sein muss und eine künstliche Insemination mit Spendersamen *nur an einem Krankenhaus*, das über eine autorisierte Samenbank verfügt, durchgeführt werden darf (Ziffer 2 und 3 der Samenbankverordnung).[154] Sinn dieser Regelung ist es, das Spendersperma vor der Insemination zu untersuchen, um so die Übertragung von Infektionskrankheiten zu verhindern.[155]

Die Verordnung enthält folglich einen Krankenhaus- und einen Genehmigungsvorbehalt. Auf diese Weise wird sicher gestellt, dass sich Samenbanken und die Methode der künstlichen Insemination unter der Kontrolle des Gesundheitsministeriums befinden. Da das Gesetz über die Volksgesundheit den Normgeber lediglich zu Regelungen betreffend Maßnahmen und Institutionen in Krankenhäusern ermächtigt, war der Krankenhausvorbehalt notwendig, um tatsächlich landesweit alle relevanten Sachverhalte zu erfassen. Zu diesem Zweck wurde als weitere Ermächtigungsgrundlage – neben der Ermächtigung zur Regelung bestimmter Krankenhausaktivitäten durch das Gesetz über die Volksgesundheit – für die Unterstellung einer medizinischen Maßnahme (Betrieb und Verwaltung der Samenbank sowie die künstliche Insemination) unter die Überwachung und Kontrolle des Gesundheitsministeriums Art. 5 des Gesetzes über die Aufsicht über Güter und Dienste von 1957[156] herangezogen. Danach ist es möglich, unter bestimmten Umständen Dienste und Güter einer staatlichen Reglementierung zu unterwerfen.[157]

---

[151] Vgl. Official Gazette 1940, Nr. 1065 (Offizielles Organ zur Veröffentlichung von Rechtsakten während der sog. Mandatszeit der Briten vor Mai 1948).
[152] Vgl. hierzu Shachar 1995, 6-8; Bin-Nun 1990, 5; Asher 1995, 11, 12.
[153] Ben-Am 1998, 55 Fn. 3.
[154] Vgl. auch Shapira Revue International de Droit Pénal 1988, 991, 998 f.
[155] Aloni-Kommission, S. 9.
[156] Sefer ha Chokim (Gesetzblatt) 1957, Nr. 24.
[157] Ben-Am 1998, 55 Fn. 3 und 4.

Es wird allerdings in Frage gestellt, ob das Aufsichtsgesetz überhaupt dazu ermächtigt, die Dienste einer Samenbank unter staatliche Aufsicht zu stellen, da das Gesetz nach seinem Sinn und Zweck einen Notzustand bzw. eine Gefahrensituation voraussetze, welche bezüglich des Betriebs einer Samenbank und der künstlichen Insemination bzw. Befruchtung nicht vorliege.[158]

Die allgemeinen Regelungen der Verordnung wurden noch im Jahre 1979 durch einen sogenannten „Rundbrief" an die betroffenen Krankenhäuser ergänzt und konkretisiert (hierzu nachfolgend unter b)).

b) Rundbrief 1979

Zusammen mit der Samenbankverordnung regelte der Generalsekretär des Gesundheitsministeriums 1979 mittels eines Rundschreibens an die Krankenhäuser die Einzelheiten der Verwaltung der zuvor durch vorgenannte Verordnung unter staatliche Aufsicht gestellten Samenbanken und der Durchführung der künstlichen Insemination[159] (im folgenden: Rundbrief 1979). Grundlage für den Erlass des Rundbriefes war wiederum Art. 33 des Gesetzes über die Volksgesundheit von 1940.[160] Die Regelungen wurden mit Rundschreiben vom 13.11.1992 aktualisiert.[161]

Auch die Wirksamkeit der im Rundbrief 1979 enthaltenen Regelungen werden bezweifelt. Der Oberste Gerichtshof z.B. stellte in der Entscheidung C.A. 449/79 Salame v. Salame[162] die Rechtskraft dieser Normen in Frage. In einem obiter dictum ist in der Urteilsbegründung festgehalten, dass die normativen Vorgaben in Ermangelung einer öffentlichen Bekanntgabe (es handelt sich lediglich um ein Schreiben an die Hospitäler) ungültig sein könnten. Eine solche Bekanntmachung sei in Fällen, in denen Bürger (im Gegensatz zu den handelnden Ärzten) von der Norm in ihren subjektiven Rechten betroffen seien (im Gegensatz zu bloßen, an die Ärzte gerichteten Berufsausübungsregelungen), notwendig. Soweit eine über den Kreis der Ärzte hinausgehende Außenwirkung anzunehmen sei, wirkten sie wie Rechtsnormen und bedürften der Bekanntmachung.[163]

---

[158] Shifman, Israel Law Review 1981, 250, 254.
[159] Dieser Rundbrief ist auszugsweise abgedruckt in englischer Sprache als Anhang zum Aufsatz von Shifman, Israel Law Review 1981, 250, 255 ff. und bei Ben-Am 1998, 200 ff., Anhang II Nr. 1 sowie in hebräischer Sprache bei Aloni-Kommission, Anhang Gimmel [3].
[160] Vgl. bereits oben unter II.A.2.a).
[161] Die aktuelle Fassung des Rundbriefs ist lediglich im Anhang des Berichts der Aloni-Kommisson (vgl. Fn. 159) in hebräischer Sprache abgedruckt. Die anderen in Fn. 159 aufgeführten Quellen beinhalten lediglich die ursprüngliche Fassung.
[162] Piskei Din (Entscheidungssammlung des Obersten Gerichtshofs), Bd. 34 (2), 779, 784.
[163] Vgl. auch Shifman, Israel Law Review 1981, 250, 254; Ben-Am 1998, 55, 56 Fn. 4; Aloni-Kommission, 9.

A. Rechtsentwicklung und aktueller Stand der Rechtsquellen

Zwar enthält der Rundbrief 1979 tatsächlich auch materielle Regelungen der Voraussetzungen einer Samenspende und der künstlichen Insemination mit der Folge, dass eine Außenwirkung kaum abzulehnen ist, doch existiert die Regelung weiterhin fort und ist noch durch keine Autorität für unwirksam erklärt worden, so dass sie als Maßstabsnorm immer noch heranzuziehen ist. Dass trotz der bekannten Bedenken der Rundbrief 1979 durch keine legitimierende Primärgesetzgebung durch die Knesset ersetzt wird, ist vor allem mit dem Einfluss jüdisch-religiöser Traditionen auf die Mehrheitsfindung der Legislative zu erklären. Der jüdisch-religiösen Tradition folgend gilt jedes Kind, das von einer verheirateten Frau geboren wurde, als „Bastard", soweit ihr Ehemann nicht der Vater des Kindes ist. Dies hat zur Folge, dass das Kind nur andere „Bastarde" oder zur jüdischen Religion konvertierte Personen heiraten darf.[164] Eine Heirat von Personen, die Kraft Abstammung von einer jüdischen Mutter dem Judentum zugerechnet werden, ist nach dieser religiösen Sichtweise ausgeschlossen. Es besteht somit die Gefahr, dass vor diesem Hintergrund ein formelles Gesetz verbreitete Methoden der Fortpflanzungsmedizin für unzulässig erklären könnte. Dies führt zu einer Aufrechterhaltung des Status quo und damit der Regelung via Rundbrief und Verordnung, indem der Gesetzgeber sich einer Gesetzgebungsinitiative enthält.[165]

c) Verordnung über Humanexperminente

Ebenfalls auf Basis von Art. 33 des „Gesetzes über die Volksgesundheit" aus dem Jahre 1940[166], der als Ermächtigungsgrundlage vom Gesundheitsministerium herangezogen wurde, wurde am 14. Oktober 1980 eine Verordnung über die Forschung am Menschen erlassen (im folgenden: Verordnung über Humanexperimente).[167] Gemäß Art. 1 (1) der Verordnung (unter der Unterüberschrift „Definitionen") wird unter einem Humanexperiment die experimentelle Anwendung von Medikamenten, Strahlung oder chemischer, biologischer, radiologischer oder pharmakologischer Substanzen an einer Person oder einem *Embryo* verstanden. Experimentell sind Prozeduren und Untersuchungen, die medizinisch nicht anerkannt und üblich sind (Art. 1 (1) der Verordnung). Allerdings beschränkt sich der Anwendungsbereich der Verordnung auf Humanexperimente, die an Krankenhäusern vollzogen werden (vgl. Art. 2 (a)).

Die bezeichneten Maßnahmen stehen unter dem Vorbehalt der schriftlichen Genehmigung des jeweiligen Direktors des Krankenhauses, an dem das Projekt durchgeführt werden soll (Art. 2 (a) der Verordnung) einerseits und der Einhaltung der materiellen Vorgaben der Verordnung sowie der als Anhang in die Ver-

---

[164] Shalev Israel Law Review 1998, 51, 65.
[165] Vgl. zu dieser Erklärung z.B. Shapira Hastings Center Report 1987, 12, 13.
[166] Siehe hierzu bereits die Erläuterung oben unter II.A.2.a) und II.A.2.b) im Zusammenhang mit der Samenbankverordnung und dem Rundbrief 1979.
[167] Veröffentlicht in Kovetz Ha Takanot (Sammlung israelischer Verordnungen – Verordnungsblatt) 4189, 11.12.1980, S. 292 ff.; die Verordnung ist erwähnt und kursorisch erläutert bei Eser/Koch/Wiesenbart Bd. 2, S. 30, unter Ziffer 1.2.

ordnung inkorporierten Deklaration von Helsinki des Weltärztebundes[168] (Art. 2 (b) der Verordnung) andererseits. Die notwendige Genehmigung wiederum wird u.a. nur erteilt, wenn ein positives Votum bestimmter Komitees bzw. Kommissionen (unter Bezugnahme auf die Deklaration von Helsinki als sog. „Helsinkikommissionen" vom Verordnungsgeber bezeichnet) vorliegt. Bis zum Erlass der nachfolgend zu erläuternden IVF-Verordnung und des Leihmutterschaftsgesetzes (unter d) bzw.f)) übernahm das so bezeichnete „Hohe Helsinkikommitee" hinsichtlich vieler Fragen aus dem Bereich Fortpflanzungsmedizin (Zulässigkeit der IVF und ET, Voraussetzung der Eizellengewinnung- und Übertragung, Zulässigkeit der Ei- und Embryonenspende, familiäre Voraussetzungen einer IVF mit anschließendem ET, Zulässigkeit der Kryokonservierung von Embryonen, usw.) die Funktion einer normsetzenden Instanz.[169]

d) IVF-Verordnung

Als weitere Rechtsnorm ist die 1987 vom Gesundheitsministerium erlassene Verordnung zur „Volksgesundheit (In-vitro-Fertilisation)" (im folgenden: IVF-Verordnung) zu erwähnen, die nunmehr den zuvor durch das „Hohe Helsinkikommitee" beantworteten (Rechts-)Fragen zu weiten Teilen eine normative Basis verlieh.[170] Ermächtigungsgrundlage der Verordnung ist wiederum der bereits schon im Hinblick auf die Samenbankverordnung und den Rundbrief erwähnte Art. 33 des Gesetzes über die Volksgesundheit von 1940, wonach das Gesundheitsministerium zum Erlass von Rechtsverordnungen, die Regelungen hinsichtlich medizinischer Tätigkeiten *in Krankenhäusern* zum Inhalt haben, ermächtigt ist.[171]

Auch die Wirksamkeit dieser Verordnung wurde im Verfahren Nachmani gegen den Gesundheitsminister (Bagaz 1237/91) vor dem Obersten Gerichtshof in Teilbereichen in Frage gestellt. Die Beschwerdeführer behaupten, dass die Regelungen insoweit unwirksam seien, als sie das Recht auf eine Sterilitätsbehandlung einschränken, insbesondere im Hinblick auf Methoden, die zu einer Leih-, Trage- bzw. Surrogatmutterschaft führen.[172] Gegenstand der Beschwerde war die Frage,

---

[168] Der Text der Deklaration ist in der aktuellen Fassung z.B. unter http://www.ethik.uni-jena.de/Ebene2/Texte/HelsinkiDeklaration96.htm in einer deutschen Übersetzung im Internet zugänglich (Datum des letzten Zugriffs des Autors: 07.08.2001); vgl. auch Shapira in Deutsch/Taupitz, 96.

[169] Vgl. Shapira Hastings Center Report 1987, 12, 13 und 14.

[170] Abgedruckt in Hebräisch in Dinim - kovetz ha chikokim ha israeli (Sammlung der israelischen Gesetzgebung), 5. Band, S. 2659; in englischer Übersetzung abgedruckt bei Ben-Am 1998 Anhang IL Nr. 2 mit Verweis auf Stepan, „International Survey of Laws on Assisted Procreation" 1990, S. 121 ff.; eine weitere inoffizielle Übersetzung ins Englische ist abgedruckt bei Eser/Koch/Wiesenbart Bd. 2, S. 35 ff.

[171] Vgl. oben II.A.2.a) und II.A.2.b).

[172] Vgl. Aloni-Kommission, S. 9. Ärzte hatten sich mit Verweis auf die IVF-Verordnung geweigert, Eizellen- und Embryonenübertragungen auf Patientinnen, von der die Eizelle nicht stammt, durchzuführen; vgl. hierzu auch Shalev Israel Law Review 1998, 51, 55.

A. Rechtsentwicklung und aktueller Stand der Rechtsquellen

ob das Gesundheitsministerium verpflichtet ist, es den Antragstellern zu ermöglichen, Eizellen der Antragstellerin mit dem Samen ihres Ehemanns (ebenfalls einer der Antragsteller) im Wege der IVF zu befruchten, um diese anschließend in die Gebärmutter einer anderen Frau im Rahmen eines Vertrages über das Austragen des Embryos einzupflanzen. Die Angelegenheit endete jedoch nach einer vergleichsweisen Einigung ohne Urteil, da das Gesundheitsministerium sein Einverständnis damit zeigte, dass es nicht verboten sei, gemäß der IVF-Verordnung eine IVF in Israel vorzunehmen, um den Embryonentransfer auf „Dritte" dann im Ausland durchführen zu lassen[173] und das Verfahren somit vorzeitig beendet wurde.

Mit Urteil des Obersten Gerichtshofs Israels vom 17.07.1995[174] wurde schließlich Art. 11 (beinhaltete im wesentlichen das Verbot der Surrogatmutterschaft) und 13 (beinhaltete im wesentlichen das Verbot der Embryonenspende) der IVF-Verordnung mangels ausreichender Ermächtigungsgrundlage zugunsten des Sekundärgesetzgebers mit Wirkung zum 01. Januar 1996 aufgehoben. Hintergrund der Entscheidung war, dass seitens der Vertreter des Staates Israel die Ansicht geäußert wurde, dass man beabsichtigte, binnen 6 Monaten ein formal wirksames Gesetz im Hinblick auf Leih- bzw. Surrogatmutterschaften durch die Knesset verabschieden zu lassen[175], so dass man sich mit der Aufhebung zum 01. Januar 1996 einverstanden zeigte. Der übrige Teil der Verordnung ist jedoch weiterhin in Kraft und findet insoweit – trotz formaler Bedenken wegen Kompetenzüberschreitung des Verordnungsgebers[176] – Anwendung[177].

e) Aloni-Kommission

Unmittelbar im Anschluss an die zuvor erwähnte rechtliche Auseinandersetzung in Sachen Nachmani gegen den Gesundheitsminister aus dem Jahre 1991 entschieden sich der Justizminister so wie auch der Gesundheitsminister im Juni 1991

---

[173] Aloni-Kommission, S. 9.
[174] Nicht in der offiziellen Entscheidungssammlung abgedruckt. Dem Autor liegt jedoch eine Kopie des Urteils vor: Bagaz 5087/94 in der Sache Zabro u.a. gegen den Gesundheitsminister u.a.
[175] Siehe hierzu weiter unten die Erläuterung des Gesetzes zur Surrogatmutterschaft unter II.F.5.
[176] Da durch die IVF-Verordnung subjektive Rechte der Bürger wie das Recht auf Privatsphäre und auf autonome Entscheidungshoheit im Bereich von Fortpflanzungsfragen betroffen bzw. eingeschränkt werden, bedürfe es nach Ansicht einiger Autoren zur Festlegung soziologisch und moralisch begründeter Grenzen eines formellen Knessetgesetzes. Vgl. hierzu Asher 1995, 56, Fn. 8 und Green 1995, 51 ff., der sogar die Unwirksamkeit der gesamten IVF-Verordnung annimmt. Letzterer Ansicht kann jedoch nicht gefolgt werden, da ausweislich der die Art. 11 und 13 aufhebenden Gerichtsentscheidung, das Gericht über andere Regelungen der Verordnung nicht entschieden hat.
[177] Auch aktuelle Veröffentlichungen israelischer Juristen zählen die IVF-Verordnung zu den derzeit geltenden Rechtsnormen, die den Maßstab der Zulässigkeit dieser Fortpflanzungsmethode bildet; vgl. z.B. Shapira Country Report unter D. III. „Extra-Corporeal Fertilization".

dazu nunmehr eine Sachverständigenkommission einzusetzen, die alle Aspekte – insbesondere auch die juristischen – der extrakorporalen Befruchtung zum Thema hatte und Vorschläge für entsprechende rechtliche Regelungen erarbeiten sollte.[178] Shaul Aloni, vormals Richter, hatte den Vorsitz über die Kommission inne[179], die folglich oftmals schlicht als „Aloni-Kommission" bezeichnet wird. Im Juli 1994 konnte das Gutachten nebst konkreten Vorschlägen an die Gesetzgebung vorgelegt werden.[180] Die Kommission beschäftigte sich u.a. mit folgenden Themen:

- Die bestehende Rechtslage (zum Berichtszeitpunkt 1994),
- das Wohl des Kindes,
- die Menschenwürde und Freiheit der Beteiligten,
- Ansprüche auf Sterilitätsbehandlung und Zugang zu derselben,
- Patientenaufklärung, Beratung und Einverständnis,
- Definition von Elternschaft (Vaterschaft und Mutterschaft),
- Gametenspende,
- Kryokonservierung von Embryonen,
- Regelungen hinsichtlich des Austragens des Embryos,
- Medizinische Forschung[181].

Die Aloni-Kommission war mit Herrn Aloni als ehemaligem Richter, je einem Vertreter einer soziologischen, einer psychologischen und einer philosophischen Universitätsfakultät, einem Rabbi (zugleich auch Leiter des Schlesingerinstituts für die medizinische Forschung entsprechend den Vorgaben der Thora), dem Leiter der Frauen- und Geburtsabteilung des Hadassah-Klinikums Ein Kerem, Jerusalem, einem Sozialarbeiter und dem Verantwortlichen für die Gesetzesausarbeitung des Justizministeriums sehr breit gefächert besetzt.[182] Gemäß dem umfassenden Auftrag an die Kommission, die sozialen, ethischen, religiösen (inklusive des jüdisch-religiösen Rechts) und rechtlichen Aspekte der verschiedenen Methoden der Sterilitätsbehandlung incl. der Vereinbarung über Leih- bzw. Surrogatmutterschaft zu untersuchen, ist der Bericht der Aloni-Kommission zwar keine Rechtsnorm, jedoch umfassende Quelle für Informationen, die das Verständnis für den israelischen Rechtsrahmen fördern.

f) Leihmutterschaftsgesetz

Unmittelbar nach Fertigstellung und Veröffentlichung des Sachverständigengutachtens der Aloni-Kommission, welche u.a. eine Regelung der Ersatz- bzw. Leihmutterschaft durch Parlamentsgesetz vorschlug, wurde 1996 das „Gesetz über

---

[178] Shalev Israel Law Review 1998, 51, 55; Shalev Ha Mishpat 1995, 53, 53; Aloni-Kommission, S. 9.
[179] Vgl. Shalev Ha Mishpat 1995, 53, 53.
[180] Aloni-Kommission.
[181] Aloni-Kommission, Inhaltsverzeichnis, S. 2-3.
[182] Aloni-Kommission, S. 4.

Vereinbarungen einen Embryo (bzw. Fötus[183]) auszutragen (Genehmigung der Vereinbarung und Status des zu Gebärenden)" (im folgenden: Leihmutterschaftsgesetz) verabschiedet und im Gesetzblatt veröffentlicht.[184] Ausführlich sind seit dem die Voraussetzung für einen wirksamen Leih- bzw. Surrogatmutterschaftsvertrag und der familienrechtliche Status des in der Folge einer solchen Vereinbarung geborenen Kindes geregelt. Hiermit wurde die Möglichkeit der Surrogat- bzw. Leihmutterschaft ausdrücklich anerkannt und erlaubt (im Einzelnen hierzu nachfolgend unter F).

Noch im Jahre 1995, also kurz vor Erlass des vorgenannten Gesetzes, kam es zu der bereits oben unter d) erläuterten Aufhebung von Art. 11 und Art. 13 der IVF-Verordnung mit Wirkung zum 01.01.1996 durch Urteil vom 17.07.1995.[185] Vor dem Hintergrund des unmittelbar bevorstehenden Erlasses des Leihmutterschaftsgesetzes, das den in Art. 11 und Art. 13 der IVF-Verordnung enthaltenen Regelungen widerspricht, und der ohnehin umstrittenen Ermächtigungsgrundlage für die IVF-Verordnung stimmte der Vertreter des Staates Israel der bereits erläuterten vergleichsweisen Regelung zu.

g) Die Nachmani-Rechtsprechung des Obersten Gerichtshofs Israels

Ergänzt wird die Rechtswirklichkeit in Israel auf dem Gebiet der Fortpflanzungsmedizin durch ein bzw. zwei Grundsatzurteil(e) des Obersten Gerichtshofs von Israel: die sog. Nachmani-Entscheidungen aus dem Jahre 1995 bzw. 1996. An diesem Verfahren waren wiederum die bereits zuvor im Zusammenhang mit dem Rechtsstreit gegen den Gesundheitsminister aus dem Jahre 1991 erwähnten Eheleute Nachmani beteiligt. In diesem Fall jedoch standen sich die Eheleute im Rahmen einer privatrechtlichen Auseinandersetzung als Gegner gegenüber. Soweit im weiteren Fortgang dieser Arbeit von der Nachmani-Rechtsprechung die Rede ist, wird auf die nunmehr zu erläuternden Urteile Bezug genommen.

Beide Urteile ergingen nacheinander in derselben Angelegenheit. Sie sind u.a. deshalb von herausragender Bedeutung, da der Oberste Gerichtshof abweichend vom Normalprozess aufgrund der großen gesellschaftlichen und politischen Relevanz nach der ersten Entscheidung durch ein Gremium von 5 Richtern eine sog.

---

[183] Im hebräischen Gesetzestitel wird der Terminus "ha ubar" verwendet, der Embryonen und Föten umfasst.
[184] Vgl. Shalev Israel Law Review 1998, 51, 59; Ben-Am 1998, 58 und 59; das Gesetz ist in deutscher Übersetzung abgedruckt bei Ben-Am 1998 als Anhang II. Nr. 3; eine hebräische Version findet sich in Dinim, kovetz ha chikukim ha israeli (Sammlung der israelischen Gesetzgebung), Band 10, S. 4978/27 ff.. In der Übersetzung bei Ben-Am wird der Terminus „Leihmutterschaftsgesetz" verwendet, der zur Bezeichnung dieses Gesetzes auch im Rahmen dieser Arbeit Anwendung findet.
[185] Zabro u.a. gegen den Gesundheitsminister u.a., Bagaz 5087/94, offiziell unveröffentlicht; dem Autor liegt jedoch eine Kopie des Urteils vor; vgl. hierzu bereits Fn. 174.

„zweite Anhörung"[186] und somit auch eine zweite Entscheidung durch ein Gremium von 11 Richtern zugelassen hat.[187]

Zum Sachverhalt:

Das Ehepaar Nachmani, seit 1984 verheiratet, wollte wie oben bereits im früheren Prozess Nachmani gegen Gesundheitsministerium u.a., Bagaz 1237/91, ausgeführt, im Gefolge der außergerichtlichen Einigung eine IVF in Israel durchführen lassen (homologe Befruchtung), um dann einen Embryotransfer auf eine dritte Person, d.h. auf eine Trage- bzw. Surrogatmutter vornehmen zu lassen. Das Ehepaar schloss sodann mit einem so bezeichneten „surrogacy-center" in den USA einen Vertrag über die Durchführung des Transfers und aller Folgen. Nachdem eine Surrogatmutter gefunden wurde, sollte ein weiterer Surrogatmutterschaftsvertrag zwischen den Beteiligten geschlossen werden. Dazu kam es jedoch nicht, da 1992 die Ehepartner in Streit miteinander gerieten, Herr Nachmani die Ehewohnung dauerhaft verließ, um mit einer anderen Frau zusammenzuleben und Herrn Nachmani zusammen mit seiner neuen Lebenspartnerin im April 1993 eine Tochter geboren wurde. Da die befruchteten Eizellen zu diesem Zeitpunkt immer noch in einem israelischen Krankenhaus lagerten, verlangte Frau Nachmani dieselben mit dem Ziel des Transfers in den USA heraus. Mit Verweis auf den dem Krankenhaus zwischenzeitlich schriftlich vorliegenden entgegenstehenden Willen von Herrn Nachmani, verweigerte das Krankenhaus die Herausgabe. Es kam zur Herausgabeklage vor dem Distriktgericht in Haifa, in der von Frau Nachmani geltend gemacht wurde, dass das Krankenhaus die Embryonen herauszugeben habe und es Herr Nachmani im Gegenzug zu unterlassen habe, in den begonnenen Fertilisationsprozess einzugreifen.

Das Distriktgericht gab der Klägerin Recht und stütze sich dabei grundsätzlich auf die Tatsache, dass Herr Nachmani sich mit Frau Nachmani geeinigt habe und nunmehr von diesem erklärten Willen nicht mehr Abstand nehmen könne, nachdem der Therapieprozess mit der Befruchtung der Eizellen schon begonnen habe.[188]

Hiergegen wandte sich der Ehemann der Klägerin im Rechtsmittelverfahren an den Obersten Gerichtshof und gewann mit 4 zu 1 Stimmen der 5 erkennenden Richter.

---

[186] Englisch: „Second hearing"; hebräisch: diun nossaf. Auf diese nochmalige Verhandlung des Gerichts besteht kein Anspruch. Es ist dem richterlichen Ermessen überlassen, ein Urteil nochmals auf eine breitere Entscheidungsbasis zu stellen.

[187] Die erste Entscheidung trägt das Aktenzeichen 5587/93 und ist abgedruckt in der Sammlung P'sak Din, Band „Mem Tav" (49), S. 485 ff.; die Folgeentscheidung trägt das Aktenzeichen 2401/95 und ist als eigener Band der Entscheidungssammlung P'sak Din, September 1996, erschienen.

[188] Vgl. die Zusammenfassung der Entscheidung des Distriktgerichts im ersten Nachmani-Urteil des Obersten Gerichtshofs, Aktenzeichen 5587/93, Absatz Nr. 4 f. unter der Überschrift „die erstinstanzliche Entscheidung und die Parteivorträge".

Wiederum hiergegen ging Frau Nachmani mit der zugelassenen „zweiten Anhörung" vor einem 11 Richter umfassenden Gremium des Obersten Gerichtshofs vor und hatte schlussendlich mit 7 zu 4 Stimmen Erfolg.

Die ausführlichen Begründungen der Richterin Strasberg-Cohen im ersten Verfahren vor dem Obersten Gerichtshof und der 11 Richter im Rahmen der „zweiten Anhörung" sind eine reichhaltige Quelle von den in Israel vorherrschenden Rechtsansichten zu Fragen der Fortpflanzungsmedizin und werden unmittelbarer Maßstab für die Beurteilung vor allem der Frage der Zulässigkeit der „Ersatz- bzw. Surrogatmutterschaft" sein. Insbesondere im Hinblick darauf, dass Israel sich auf ein u.a. vom angloamerikanischen „Common law"-System geprägtes Rechtssystem stützt[189], besitzen die Grundsatzentscheidung und ihre Begründungen einen sehr großen Stellenwert, da der richterlichen Rechtsfortbildung insofern ein besonderes Gewicht beizumessen ist.

3. Zusammenfassung

Neben den Grundrechten sind als normative Vorgaben in Israel mit Blick auf die Fortpflanzungsmedizin die Samenbankverordnung, der Rundbrief 1979, die Verordnung über Humanexperimente, die IVF-Verordnung und – als einziges Parlamentsgesetz – das Leihmutterschaftsgesetz zu nennen. Besonderer Erwähnung bedarf die sog. Nachmani-Rechtsprechung des Obersten Gerichtshofs und der Bericht der Aloni-Kommission. Beide beinhalten zwar keine normativen Vorgaben im formellen Sinne, doch sind sie Teil der israelischen Rechtswirklichkeit und geben Einblicke in Rechtsauffassungen, die über das kodifizierte Recht hinausreichen.

B. Der Rechtsstatus des Embryos in vitro – Schutz durch Grundrechte?

Im Rahmen dieses Abschnitts soll untersucht werden, ob und wenn ja inwieweit, Embryonen in vitro in Israel Grundrechtsschutz genießen.[190] Die Rechtsfrage ist anhand der Nachmani-Rechtsprechung des Obersten Gerichtshofs, der Aussagen

---

[189] Vgl. zur Stellung des Richterrechts in Israel z.B. Bin-Nun 1990, 27 ff.; als „judicial activism" bezeichnet z.B. Zysblat 1996 (2), 51 mit Blick auf die Grundrechte die Rechtsfortbildung durch den Obersten Gerichtshof.

[190] Die Fragestellung impliziert keineswegs bereits, dass ausschließlich die Zuerkennung eines subjektiven Abwehrrechts des Embryos in vitro Gegenstand der Untersuchung ist. Es soll im vorliegenden Zusammenhang generell festgestellt werden, ob Embryonen in vitro eine rechtliche Position innehaben, die den Umgang mit ihnen rechtlich einschränkt. Dies kann auch durch die objektive Rechtsordnung, losgelöst von subjektiven Abwehrrechten erfolgen.

der Aloni-Kommission und einer Analyse verschiedener Literaturansichten zu beantworten.

1. Die Nachmani-Entscheidung des Obersten Gerichtshofs von 1995[191]

Wie bereits oben unter II.A.2.g) erwähnt, ist im Rahmen der Analyse von Urteilen des Obersten Gerichtshofs Israels jeweils auf die einzelnen Voten und Begründungen der verschiedenen Richter abzustellen, um ein umfassendes Bild von den oft unterschiedlichen Rechtsansichten innerhalb des Kollegialgremiums zu erhalten. Ungleich der deutschen Tradition, nach der unterschiedliche Rechtsansichten von Richtern nur ausnahmsweise im Rahmen von Entscheidungen des Bundesverfassungsgerichts bekannt sind, nach außen dringen und als Gegenstand eines Sondervotums besonders begründet werden, werden Urteile des Obersten Gerichtshofs häufig von den zur Entscheidung berufenen Richtern in verschiedenen Erläuterungen begründet. Keine Rolle spielt dabei, ob sie den Tenor der Entscheidung mittragen oder nicht.

Wie bereits erwähnt, wirkten an der Entscheidung aus dem Jahre 1995 insgesamt 5 Richter mit. Davon schlossen sich 4 Richter der Ansicht der Richterin Strasberg-Cohen an. Nur Richter Tal wich im Ergebnis und in der Begründung von der Mehrheit ab, äußerte sich jedoch nicht zum Problem des Grundrechtsschutzes von Embryonen in vitro. Seine Ansicht ist somit im hier interessierenden Zusammenhang nicht erörterungsbedürftig.

Im Gegensatz hierzu überschreibt Richterin Strasberg-Cohen in ihrer Begründung der Mehrheitsmeinung einen ganzen Absatz mit „Status der befruchteten Eizellen". Ihre Ausführungen dienten vor dem Hintergrund des streitgegenständlichen Sachverhalts[192] zur Begründung ihrer Ablehnung der Pflicht, den Embryo in vitro entgegen den Willen des Vaters auf die zur Austragung bereite Person zu übertragen und insoweit sein Leben zu erhalten. Die Richterin kommt zu dem Schluss, dass der Rechtsstatus des Embryos in vitro keinen Schutz des „potentiellen Lebens" verlange. Es gäbe daher keinerlei Pflicht der genetischen Eltern, den Embryo in vitro am Leben zu erhalten. Was mit dem Embryo in vitro geschehe, liege voll und ganz in den Händen der beiden genetischen Eltern. Der rechtliche Status des Embryos könne demnach immer nur ein von den genetischen Eltern abgeleiteter sein, wohingegen ein unabhängiges „Recht auf Leben" von Embryonen in vitro abzulehnen sei.[193]

---

[191] P'sak Din (offizielle Entscheidungssammlung der Entscheidungen des Obersten Gerichtshofs) Bd. 49, 485 ff.
[192] Hierzu bereits oben unter II.A.2.g).
[193] P'sak Din Bd. 49, 485 ff, Begründung der Richterin Strasberg-Cohen, Absatz Nr. 34 am Ende und Nr. 33 am Anfang.

B. Der Rechtsstatus des Embryos in vitro – Schutz durch Grundrechte?

Die Richterin betont darüber hinaus, dass eine Ansicht, nach der Embryonen in vitro ein 'Recht sich fortzuentwickeln' haben, in der israelischen Rechtsordnung keinerlei Niederschlag gefunden habe. Israels Rechtssystem folge in der Frage, ob dem Embryo in vitro ein eigenes Recht auf Leben zukomme, der Mehrheit der Gesetzgebungen in der westlichen Hemisphäre: Eine menschliche Person existiere frühestens mit dem erfolgten Transfer der befruchteten Eizelle in den Uterus. Daher verdienen befruchtete Eizellen zwar besonderen Respekt aufgrund ihres Potenzials an menschlichem Leben, jedoch hat der Staat kein besonderes Interesse und schon gar keine Pflicht das Leben von Embryonen in vitro zu schützen.[194]

Von besonderem Interesse ist in der richterlichen Begründung der Bezug auf die traditionellen jüdischen, d.h. religiösen Rechtsquellen. Obwohl in der Vergangenheit unter den Rabbinern und anderen Gelehrten die Frage der IVF naturgemäß noch nicht diskutiert wurde, geben die tradierten jüdischen Rechtsquellen sowie auch die zeitgenössischen Stellungnahmen namhafter religiöser Autoritäten mittelbar durchaus Auskunft über den Status von Embryonen vor der Einnistung im Uterus.

Im Rahmen der Behandlung von Fragen der Abtreibung unterscheiden die Gelehrten zeitliche Entwicklungsperioden des Embryos bzw. Säuglings *nach* der Einnistung. Diskutiert wurde anhand der Frage, ob ein Mensch, der einen Embryo (in utero) verletzt, gleich zu behandeln ist wie ein Mensch, der einen anderen (erwachsenen) Menschen verletzt oder ob die Schutzwürdigkeit nach bestimmten Entwicklungsphasen des Menschen zu unterscheiden ist. Mit Verweis auf Rabbi Meir Abulafiyah, Rabbi Hunah, Rabbi Hisda und auf die meisten zeitgenössischen jüdischen Autoritäten ist mit der Richterin wohl der Schluss zu ziehen, dass von jüdisch-religiöser Seite kein Rechtsschutz des Embryos in vitro abgeleitet werden kann. Selbst unmittelbar *nach* der Einnistung im Uterus wird der Embryo nämlich noch nicht vom Schutzbereich jüdisch-religiöser Rechtsnormen erfasst. Unabhängig davon, ob der entscheidende, einen Schutz des heranwachsenden Lebens begründende Einschnitt die Geburt, die Frist von 40 Tagen nach der Einnistung, die Einnistung selbst[195] oder ein anderer Zeitpunkt darstellt, besteht jedenfalls Einigkeit darüber, dass außerhalb des Mutterleibs nicht von einem unter dem Schutz der religiösen Rechtsordnung stehenden Wesen auszugehen ist.[196]

Zwar schränkt die Richterin ihre Ausführungen durch einen kleinen Klammerzusatz ein[197], indem sie nicht ausschließt, dass befruchtete Eizellen vor genetischer Manipulation, vor kommerziellem Handel o.ä. auch rechtlichen Schutz genießen

---

[194] P'sak Din Bd. 49, 485 ff, Begründung der Richterin Strasberg-Cohen, Absatz Nr. 33 am Ende und 34 am Anfang.
[195] Eine Minderheit unter den Gelehrten stellt auf den Zeitpunkt der Einnistung als entscheidendes Abgrenzungskriterium ab. Doch selbst diese Vertreter lehnen einen Schutz des Embryos außerhalb des Mutterleibes durch religiöse Rechtsnormen ab. So P'sak Din Bd. 49, 485 ff, Begründung der Richterin Strasberg-Cohen, Absatz Nr. 34.
[196] P'sak Din Bd. 49, 485 ff, Begründung der Richterin Strasberg-Cohen, Absatz Nr. 34.
[197] P'sak Din Bd. 49, 485 ff, Begründung der Richterin Strasberg-Cohen, Absatz Nr. 34 am Ende.

könnten. Doch bleibt sie ausdrücklich bei der Begründung, dass den befruchteten Eizellen kein eigenes und originäres Recht auf Leben und Weiterentwicklung zukommt. Beschränkungen ergäben sich insoweit lediglich aus ethischen Argumenten, jedoch nicht zwingend aus rechtlichen Gründen.

2. Die Nachmani-Entscheidung des Obersten Gerichtshofs von 1996[198]

Wie bereits oben unter II.A.2.g) erwähnt, wurde die sog. „zweite Anhörung" in der Angelegenheit Nachmani zugelassen und führte zu einer Entscheidung von 11 Richtern. In Abweichung zum Urteil aus dem Jahre 1995 sprachen sich 7 Richter zugunsten Frau Nachmanis aus. 4 der Richter, darunter der Präsident des Gerichts und die Berichterstatterin Richterin Strasberg-Cohen, plädierten dafür, die vorangegangene Entscheidung aufrechtzuerhalten. Unabhängig vom jeweiligen Ergebnis beschäftigten sich 4 Richter in ihren Urteilsbegründungen u.a. mit dem Rechtsstatus von Embryonen in vitro. Hierzu nachfolgend im Einzelnen:

a) Richterin Strasberg-Cohen

Richterin Strasberg-Cohen erwähnt den Rechtsstatus der befruchteten Eizellen in ihrer Begründung der Entscheidung von 1996 nochmals und nimmt Bezug auf ihre Ausführungen in der Entscheidung von 1995 (s.o. unter II.B.1.). Ergänzend stellt sie nunmehr auch auf Art. 9 der IVF-Verordnung ab, wonach eine Eizelle, inklusive einer befruchteten Eizelle, nicht länger als 5 Jahre kryokonserviert werden darf. Nur für den Fall, dass beide Elternteile schriftlich ihr Einverständnis erteilt haben, darf die Kryokonservierung um eine weitere 5-Jahresperiode verlängert werden. Diese Regelung unterstreiche ihre Auffassung, dass die Existenz der befruchteten Eizelle nur vom übereinstimmenden Einverständnis des Elternpaares abhänge und die befruchteten Eizellen eine Art Eigentum bzw. Besitz der beiden genetischen Eltern seien und folglich selbständig und losgelöst von ihren Eltern keinen eigenen Status innehaben, der sie vor Eingriffen schützt.[199] Befruchtete Eizellen sind nach Strasberg-Cohen lediglich „Präembryonen", die es von Embryonen (nach der Einnistung im Uterus) abzugrenzen gilt.

Sie entgegnet weiterhin denjenigen, die das Recht auf Leben besonders hervorheben, dass in dieser Hinsicht die befruchtete Eizelle nicht als lebendig angesehen werden kann:

> „Die befruchteten Eizellen sind schlicht Träger des ‚genetischen Gepäcks' eines Paares in einem Zustand, den man als ‚präembryonal'

---

[198] Eigenständiger Band der Entscheidungssammlung P'sak Din, September 1996.
[199] P'sak Din September 1996, S. 23.

bezeichnen könne und die kurz nach der Befruchtung eingefroren werden."[200]

Dieses „genetische Gepäck" setze sich lediglich aus einer Anzahl von bestimmten isolierten Zellen zusammen, die noch gar nicht ausdifferenziert sind: Man wisse noch nicht, welche Zellen den eigentlichen Embryo bilden und welche zur Plazenta werden. Leben sei somit noch nicht geschaffen, sondern es stehe lediglich die Frage der *Förderung des Erschaffungsprozesses* zur Debatte. Es handle sich um eine zeitlich *der Lebenserzeugung vorgelagerte Phase*.[201]

b) Präsident Barak

Der Präsident des Obersten Gerichtshofs, Prof. Barak, machte am Ende seiner Begründung eine kurze Anmerkung zum Rechtsstatus von Embryonen in vitro. Danach handelt es sich bei befruchteten Eizellen nicht um Embryonen im eigentlichen Sinn, sondern um „Para-Embryonen". Er verweist auf die Ausführungen der Richterin Strasberg-Cohen in dieser Entscheidung, wonach es „nicht um den Schutz von geschaffenem Leben geht, sondern um die Erfassung des *Prozesses der Schaffung von Leben aus dem Nichts*". Ein möglicher Rechtsstatus von Embryonen sei deshalb auch nicht Thema der Entscheidung, da noch gar keine Embryonen vorlägen.[202] Somit stehe in diesem Fall nicht das Dilemma von Leben und Nichtleben zur Entscheidung. Entscheidungsrelevant sei alleine der Wille von Frau Nachmani, Mutter eines Kindes von Dani Nachmani zu sein im Verhältnis zu dem gegenteiligen Willen von Herrn Nachmani.[203]

c) Richter Kadmi

Ausgangspunkt seiner Begründung der Mehrheitsmeinung ist die Feststellung, dass mit der Befruchtung nicht nur eine beliebige Stufe der Entwicklung zum Embryo erklommen werde, sondern die Befruchtung selbst die Handlung sei, durch die der Embryo tatsächlich entstehe. Schon an diesem Punkt sei ein „*neues Wesen*" entstanden. Die vormals isoliert zu betrachtenden Gameten seien nun eins.

Deshalb könne das Schicksal dieses Wesens auch nur noch durch einen *einheitlichen Willen der genetischen Eltern* bestimmt werden. Insofern sei, mit der Schaffung eines neuen Wesens, ein neues „gemeinsam auszuübendes" Bestimmungsrecht entstanden. Daraus folgert der Richter jedoch nur eine rechtliche Aus-

---

[200] P'sak Din September 1996, S. 24.
[201] Vgl. P'sak Din September 1996, S. 25.
[202] Es wird von den meisten israelischen Autoren sprachlich die Unterscheidung zwischen Embryo und befruchteter Eizelle gemacht. Die Autoren sprechen bis zur Verbringung der befruchteten Eizelle in den Uterus nur von 'beizit mufrit', d.h. von befruchteten Eizellen. Erst danach wird dann vom 'ubar', d.h. vom Embryo bzw. Fötus gesprochen (vgl. in diesem Zusammenhang auch oben Fn. 183).
[203] P'sak Din September 1996, S. 186.

wirkung für die genetischen Eltern und nicht für die befruchtete Eizelle selbst: Nach der Befruchtung könnten die Parteien nur noch gemeinsam und übereinstimmend von dem eingeschlagenen Weg zur gemeinsamen Elternschaft abweichen. Dies gelte jedenfalls bis zur Verpflanzung der befruchteten Eizelle in den Uterus der Surrogatmutter.[204] Nach der Befruchtung in vitro bis zur Nidation bzw. bis zum Transfer beherrschten die genetischen Eltern gemeinsam das Schicksal des Embryos.[205] Eine Vernichtung des Embryos in vitro – nach Ansicht von Richter Kadmi keineswegs ausgeschlossen – bedarf insoweit des übereinstimmenden Einverständnisses beider Parteien.[206]

Obwohl der Richter mangels eines anderslautenden, übereinstimmendem Einverständnisses der Eheleute Nachmani konsequenterweise den Antrag Frau Nachmanis als begründet ansieht (der ursprünglich von den Parteien übereinstimmend erklärte Wille gilt fort), stimmt er mit der Rechtsansicht der Richterin Strasberg-Cohen im Hinblick auf den Status des Embryos in vitro überein: Dem Embryo in vitro sei kein eigenständiges Lebensrecht zuzubilligen, denn sein Schicksal sei vollkommen abhängig vom Willen der genetischen Eltern.

d) Richterin Dörner

Richterin Dörner war an der Entscheidung von 1995 nicht beteiligt, schloss sich jedoch der Mehrheitsmeinung zugunsten von Frau Nachmani in der Entscheidung von 1996 an.[207] Sie selbst geht dabei nicht ausdrücklich auf den Status des Embryos in vitro ein, sondern verweist auf die zuvor erläuterten Ausführungen von Richter Kadmi. Auch sie sieht das Schicksal des Embryos als ausschließlich in den Händen der genetischen Eltern liegend und durch deren übereinstimmenden Willen bestimmt an.[208]

e) Richter Tirkel

Schon der erste Satz seiner Begründung der Mehrheitsentscheidung zu Gunsten von Frau Nachmani lässt darauf schließen, dass Richter Tirkel die Anerkennung eines rechtlichen Status der Embryonen in vitro im Rahmen seiner Erwägungen in Betracht zieht:

> „In einer solchen schwierigen Rechtssache, entscheide ich mich für das Leben; z.B. für das Leben von Ruti Nachmani (Frau Nachmani)

---

[204] Vgl. P'sak Din September 1996, S. 86 ff.
[205] Vgl. P'sak Din September 1996, S. 88.
[206] Vgl. P'sak Din September 1996, S. 89.
[207] Vgl. P'sak Din September 1996, S. 70.
[208] Vgl. P'sak Din September 1996, S. 63 und 64 ff.

und für das 'Leben' – bzw. für das potentielle Leben – der befruchteten Eizellen."[209]

Richter Tirkel spricht die Frage nach dem Beginn menschlichen Lebens und nach dem Schutz von Embryonen in vitro durch das Recht ausdrücklich an. Er besteht jedoch darauf, dass er sich bei der Beantwortung dieser schwierigen Problematik *nicht abschließend positionieren* möchte. Seiner Ansicht nach reiche selbst die Annahme eines bloßen Potenzials des Embryos, sich zum Menschen zu entwickeln aus, um zu einer Entscheidung zu gelangen: Seine „ethischen Gefühle" veranlassen ihn zu dem Schluss, dass das bloße Lebenspotenzial des Embryos in vitro bereits das entscheidende Kriterium zu Gunsten von Frau Nachmani sei. Selbst wenn also ihr Recht auf freie Entscheidung dem Recht auf freie Entscheidung ihres Ehemannes gleichberechtigt gegenüber stehe, neige sich die Waage in diesem Fall zu Gunsten Frau Nachmanis, da sie zugunsten des Lebenspotenzials entscheidet.[210] Ob er im Zweifel dem Embryo in vitro eigenständigen Schutz durch das Recht zubilligen würde, bleibt unklar, denn er lässt an diesem Punkt seiner Ausführungen alle Möglichkeiten offen. Bereits das Lebens*potenzial* reiche als entscheidendes Gewicht aus, so dass er die Frage des Lebensbeginns ausdrücklich unbeantwortet lässt.

f) Andere Richter

Die Richter Bach[211], Maza[212], Tal[213] und Goldberg[214] schlossen sich der Mehrheitsmeinung zugunsten Frau Nachmanis, ohne den Rechtsstatus des Embryos in vitro auch nur mittelbar zu erläutern, an. Richter Or und Zamir stellen jeweils auf die Notwendigkeit eines Einverständnisses zwischen den genetischen Eltern auf jeder Stufe des Prozesses bis hin zur Einnistung ab, nehmen zum Rechtsstatus der Embryonen jedoch keine Stellung und stimmten daher gegen den Antrag Frau Nachmanis.[215]

3. Zwischenergebnis

Zusammenfassend kann festgehalten werden, dass die höchstrichterliche Rechtsprechung dem Embryo in vitro eigenständige Schutzrechte mehrheitlich nicht zubilligt. Soweit sich die Richter zur Fragestellung des Rechtsstatus des Embryos in vitro äußerten, nahmen sie mehrheitlich an, dass zumindest bis zur Nidation kein menschliches Wesen, dem, losgelöst vom Willen der genetischen Eltern, ein

---

[209] Vgl. P'sak Din September 1996, S. 90.
[210] Vgl. P'sak Din September 1996, S. 94 und 95.
[211] Vgl. P'sak Din September 1996, S. 101 ff.
[212] Vgl. P'sak Din September 1996, S. 113 ff.
[213] Vgl. P'sak Din September 1996, S. 32 ff.
[214] Vgl. P'sak Din September 1996, S. 70 ff.
[215] Vgl. P'sak Din September 1996, S. 136 ff. und 152 ff.

Schutz durch die Rechtsordnung beigemessen wird, existiert. Einzig Richter Tirkel deutet an, dass er im Lebenspotenzial des Embryos in vitro eine besondere, rechtlich relevante Bedeutung erkennt.

4. Literaturansichten

a) Zubilligung eines Rechtsstatus

Entgegen der zuvor erläuterten Rechtsprechung gibt es in Israel durchaus Stimmen in der Literatur, die dem Embryo in vitro einen Status zubilligen, der seinen Schutz durch die Rechtsordnung und damit einer Beschränkung von Freiheitsrechten Dritter nach sich zieht. So wird vertreten, dass die in Israel oftmals für extrem und sehr theoretisch gehaltene Ansicht, dass menschliches Leben mit der Verschmelzung der Gametenzellkerne beginne, d.h. also der biologische Lebensbeginn den juristischen Lebensbeginn markieren soll, im Zuge der modernen Fortpflanzungsmedizin nunmehr die richtige Auffassung sei.[216] Andere Wissenschaftler verschiedenster Fachrichtungen hätten schwer damit zu kämpfen, den Zeitpunkt genau festzulegen, ab wann und in welchem Maß dem Embryo Menschenwürde- und Lebensschutz zuteil werden soll.[217] Es sei kein juristisches Argument ersichtlich, den Embryo vor der Nidation anders zu behandeln als nach der Nidation, also einem Zeitpunkt, zu dem der Embryo bereits einen gewissen Schutz durch die Abtreibungsgesetzgebung in Israel erfahre.[218] Aus dem juristischen Blickwinkel sei der Menschenwürde- und Lebensschutz des Embryos in vitro im konkreten Bezug zur anderen Freiheitsrechten wie z.B. der Forschungsfreiheit der Biologen und Mediziner rechtlich geschützt. Der Schutz der Menschenwürde des Embryos in vitro markiere eine Grenze der ebenfalls rechtlich geschützten Forschungsfreiheit.[219]

Vor diesem Hintergrund wird die Ablehnung jeglicher, ausschließlich experimentellen Zwecken dienender (im Unterschied zum Gebrauch zur künstlichen Befruchtung) Einflussnahme, Manipulation oder Veränderung des menschlichen Lebens, d.h. auch des embryonalen Lebens in vitro gefolgert. Das Schicksal des menschlichen Embryos würde ansonsten von gesellschaftlichen Interessen beherrscht. Ferner sollen nur so viele Embryonen hergestellt werden dürfen, wie auch zur Sterilitätsbehandlung notwendig sind. Die Erzeugung von Embryonen zum ausschließlichen Zweck der Forschung solle verboten sein. Die Verwendung von überzähligen Embryonen, die im Rahmen einer IVF-Behandlung aus nicht voraussehbaren Gründen übrig bleiben, soll nur erlaubt sein, wenn der Zweck und die Art und Weise sich nicht als Menschenwürdeverletzung darstellen.[220]

---

[216] Shamgar Ha Praklit Bd. 39, 21, 31 und 42; so auch Green 1995, 120 f.
[217] Shamgar Ha Praklit Bd. 39, 21, 42.
[218] Vgl. Green 1995, 120 f.
[219] Shamgar Ha Praklit Bd. 39, 21, 42.
[220] Shamgar Ha Praklit Bd. 39, 21, 43.

Insoweit wird nach dieser Ansicht der Embryo in vitro vom Lebens- und Würdeschutz erfasst. Dies führt zu einer Position, die nach einem Ausgleich zwischen den verschiedenen Rechtspositionen des Embryos einerseits und der Forscher bzw. der involvierten genetischen Eltern andererseits verlangt. Auf diese Art und Weise ist die Würdeverletzung zu bestimmen. In einer Würdeverletzung des Embryos in vitro wird allerdings eine absolute Grenze gesehen, die nicht überschritten werden darf.

b) Ablehnung eines Rechtsstatus

Die in der gesichteten Literatur überwiegend vertretene Ansicht lehnt jedoch in Übereinstimmung mit der Rechtsprechung einen Schutz des Embryos in vitro durch Grundrechte ab.

(1) Potenzielles menschliches Leben des Embryo in vitro

Chaim Gans ist Honorarprofessor der juristischen Fakultät der Universität Tel-Aviv. In seinem Aufsatz mit dem Titel „Die eingefrorenen Embryonen des Ehepaares Nachmani"[221] nimmt er zu der aus seiner Sicht zentralen Fragestellung nach dem Rechtsstatus der in der Nachmani-Rechtsprechung streitgegenständlichen, kryokonservierten Embryonen Stellung.[222] Die Antwort auf die Frage, ob Embryonen wirklich menschliche Wesen sind, versucht er in drei Schritten zu finden und zu begründen.

Zunächst stellt Gans fest, dass nach Ansicht von Philosophen zwei Aspekte herauszuheben sind, die ein menschliches Wesen charakterisieren. Einerseits gebe es eine *biologische* Determinante menschlicher Existenz, deren Vorliegen dann bejaht werden kann, wenn das zu beurteilende Wesen Chromosomen mit den spezifischen Eigenschaften der Kategorie homo sapiens in sich vereint. Diesem Maßstab folgend sei ein Embryo in vitro ein menschliches Wesen. Andererseits sei die *ethische* Komponente des Personseins von besonderer Bedeutung für die Frage des Status' von Embryonen in vitro. Von einer Person könne dann gesprochen werden, wenn das betrachtete Wesen in der Lage ist, nachhaltig eigenen Willen hervorzubringen, unter mehreren Alternativen auszuwählen und zukunftsorientiert zu planen. Diese Eigenschaften könne Embryonen gerade nicht zugeschrieben werden.

In einem zweiten Schritt untersucht Gans weiter, auf welche der beiden Komponenten sich unsere – insoweit auch juristisch bedeutsame – besondere und herausgehobene Achtung vor dem menschlichen Leben im Gegensatz zu anderen Lebewesen stütze. Soweit dies mit der Zugehörigkeit zur biologischen Kategorie homo sapiens begründet würde, sei dies Speziesismus (relativ zu anderen biologischen Kategorien), den es abzulehnen gilt. Soweit jedoch der personale Aspekt den Legitimationsgrund für die besondere Achtung vor dem menschlichen Leben

---

[221] Gans in Ijunei Mischpat 1993, 83.
[222] Vgl. Gans in Ijunei Mischpat 1993, 83, 83 und 84 f.

darstelle, seien Embryonen hiervon nicht mehr erfasst, da sie die besonderen personalen Fähigkeiten nicht aufwiesen (siehe oben).[223] Im Rahmen dieser Argumentation ist sich Gans sehr wohl bewusst, dass somit auch Säuglinge und Kleinkinder von der ethischen Definition ausgeschlossen sind.[224]

Allerdings anerkennt er den Status von Embryonen, Säuglingen und auch Ei- bzw. Samenzellen als potentielle Personen. In einem dritten Schritt konstatiert er daher, dass die Gesellschaft ein anerkennenswertes Interesse an der Verwirklichung dieses Potenzials hat. Dieses Interesse sei jedoch kein unantastbarer Wert. Es stehe in einem Spannungsverhältnis mit der besonderen Bedeutung, die den als Personen im Sinne der vorgenannten ethischen Definition anerkannten Wesen zukomme. Das rechtlich anerkennenswerte Interesse des Embryos an der Entwicklung zur Person im Sinne der beschriebenen Definition stehe dem Recht auf Selbstbestimmung der Personen (z.B. der genetischen Eltern) gegenüber. Somit spitzt sich für Prof. Gans alles auf eine Frage zu:

„Wo ist die Grenzlinie zwischen dem Bereich, in welchem dem Recht der Person auf Selbstbestimmung Priorität eingeräumt wird und dem Bereich, in welchem dem Interesse am potentiellen menschlichen Leben der Vorrang zugebilligt wird ?"[225]

Zur Beantwortung der Frage greift der Autor zurück auf den Diskurs zur rechtlichen Einordnung des Schwangerschaftsabbruchs. Er argumentiert, dass bei einer Grenzziehung, die eine Abtreibung ausschließen würde, d.h. einer Grenzziehung, die dem Interesse am potenziellen Personsein des Embryos bereits mit seiner Entstehung (Kernverschmelzung) oder sogar schon davor (Schutz der einzelnen Gameten) Priorität einräume, dem Recht auf Selbstbestimmung von betroffenen Personen kein Gewicht beigemessen würde. Jeder, der das Recht auf Selbstbestimmung von Personen anerkenne, müsse diesem Recht zumindest etwas Gewicht beimessen und damit zumindest auch den Schwangerschaftsabbruch wenigstens auf den allerersten Stufen der Schwangerschaft unter bestimmten Umständen zulassen. Da befruchtete Eizellen in vitro noch auf keiner fortgeschrittenen Entwicklungsstufe der Schwangerschaft angekommen sind, sondern sich sogar noch in einem Stadium vor der Schwangerschaft befänden, müsse jedoch gar nicht über die genaue Grenzziehung entschieden werden. Fest stehe, dass jedenfalls mit der Anerkennung eines Rechts auf Selbstbestimmung von Personen, Embryonen in vitro, also noch vor der eigentlichen Schwangerschaft, kein Interesse an der Weiterentwicklung in einem Sinne zugesprochen werden könne, der in Widerspruch zur geäußerten Selbstbestimmung der genetischen Eltern des Embryos stehe. Auf dieser allersten Entwicklungsstufe hin zum Personsein könne das Interesse an der Weiterentwicklung die Selbstbestimmung betroffener Personen nicht beschränken, da noch nicht einmal der Schritt der Nidation vorliege.[226]

---

[223] Vgl. Gans in Ijunei Mischpat 1993, 83, 86.
[224] Vgl. Gans in Ijunei Mischpat 1993, 83, 86.
[225] Gans in Ijunei Mischpat 1993, 83, 87.
[226] Gans in Ijunei Mischpat 1993, 83, 87.

B. Der Rechtsstatus des Embryos in vitro – Schutz durch Grundrechte?

Im Kern spricht sich Gans also dafür aus, das Selbstbestimmungsrecht von eigenverantwortlichen Personen, soweit es jedenfalls um Embryonen in vitro geht, dem Interesse an der Entwicklung des Potenzials der Embryonen vorzuziehen. Auch er vertritt damit im Ergebnis die Ansicht, dass das Schicksal der Embryonen in vitro nicht vorgegeben ist, sondern in dieser frühen Phase der Entwicklung vor der Nidation in den Händen der genetischen Eltern liege. In letzter Konsequenz argumentiert der Autor dahingehend, dass der Embryo in vitro sich zum Menschen entwickelt und nicht als Mensch. Ausgehend von dieser Prämisse ist ihm die Möglichkeit einer Abwägung zwischen dem Interesse an der Entwicklung zum Menschen und dem Selbstbestimmungsrecht der Gametengeber und letztlich die Entwicklung eines abgestuften Schutzkonzeptes eröffnet. Die Problematik einer Abwägung zwischen vollwertigem menschlichem Leben und dem Selbstbestimmungsrecht der Gametengeber existiert für ihn nicht.

Zum gleichen Ergebnis kommt auch der Rabbi Dr. Mordechai Halprin, der Mitglied der Aloni-Kommission war, in seinem Minderheitsvotum im Rahmen der Ausführungen der Aloni-Kommission. Er macht in Kapitel 2 („Diskussion") unter Nr. 6 („Das Einfrieren von befruchteten Eizellen"), dort 6.4 ff. („Entscheidung über die weitere Verwendung [der gefrorenen Eizellen]") Ausführungen zum rechtlichen und ethischen Status des Embryos in vitro bzw. des Präembryos nach israelischer Terminologie.[227] Der Autor ist der Ansicht, dass die Frage danach, was mit den tiefgefrorenen Eizellen weiter passiert und wer diese Entscheidung zu treffen hat, auch die Frage nach dem rechtlichen und ethischen Status des Embryos berührt. Er stellt insgesamt drei verschiedene Ansichten dar. Neben zwei sich diametral gegenüberstehende Konzepten stellt er eine vermittelnde Ansicht vor, der er sich anschließt:

Er zieht zunächst die von ihm als alte „römische Ansicht" bezeichnete Sichtweise heran, nach welcher der Status des Embryos *bis zur Geburt* dem eines *Körperteils der Mutter* gleiche. Die Mutter ist also die Alleinentscheiderin, solange der Embryo sich in ihrem Körper befindet. Daraus folgert Halprin, dass vor der Einnistung des Embryos, die Entscheidungsbefugnis den beiden Eltern zusammen zukommen könne, da ihre beiden Gameten – sich außerhalb des Körpers der Frau befindend und damit nicht Teil ihres Körpers – den Embryo konstituieren.[228]

Sodann nimmt er auf die von ihm als „katholisch" betitelte Ansicht Bezug, nach der vom Moment der Befruchtung an ein menschliches Wesen entstanden ist, das von den Körpern der Eltern zu differenzieren ist und dem von diesem Zeitpunkt an alle menschlichen Rechte zukommen. Insofern würden die Anhänger dieser Sichtweise zwischen dem Embryo bzw. Menschen nach und vor der Geburt bzw. vor und nach der Nidation nicht unterscheiden können. Folge man diesem Modell, so Halprin, dann sei jegliche Entscheidungsbefugnis der Beteiligten hinsichtlich des Lebens menschlicher Embryonen ausgeschlossen. Lediglich Entscheidungen, welche die Chancen des Embryos in vitro zu überleben und geboren

---

[227] Aloni-Kommission, S. 87.
[228] Aloni-Kommission, S. 87 und 88.

zu werden erhöhen, seien demzufolge akzeptabel. Der Entscheidungsspielraum sei insofern eingeschränkt.[229]

Vor diesem Hintergrund stellt der Rabbi die von ihm bevorzugte vermittelnde Ansicht vor. Er anerkennt einerseits, dass Embryonen eigenständige Wesen sind, die nicht als Körperteile der Mutter angesehen werden können. Andererseits sei der Status der Embryonen nicht mit dem eines Menschen, der geboren wurde, identisch. Der Status und der Schutz, der Embryonen durch die Rechtsordnung zuteil werden solle, beziehe sich nämlich lediglich auf das *Potenzial* des Embryos geboren zu werden und sich zu einem Menschen zu entwickeln. Dieses Potenzial sei das entscheidende Abgrenzungskriterium, das den Embryo in vitro von anderen Körperteilen bzw. Organen unterscheidet. Deshalb würden Grund- bzw. Menschenrechte Embryonen nur eingeschränkt bzw. abgestuft zuteil.[230] Auf Basis dieser Annahme entwickelt er eine differenzierende Ansicht im Hinblick auf den Rechtsstatus von Embryonen in vitro:

Er unterscheidet zwischen Embryonen, denen ein größeres Potenzial zukommt, die Entwicklung zum Menschen durchzumachen und solchen, denen nur geringe Chancen einer solchen Entwicklung beigemessen werden könne. Aus diesem Grund sei die Nidation ein entscheidender Einschnitt. Danach sei von einer umfassenderen Schutzwürdigkeit auszugehen als zuvor. Betreffend vor der Nidation liegende Zeitpunkte spricht sich der Autor dafür aus, das Schicksal der Embryonen voll und ganz der Entscheidungsgewalt anderer Personen zu überlassen.[231]

Aus einem Vergleich mit der „anerkannten" Rechtslage hinsichtlich der Spende von Blut oder von Körpergewebe folgert Halprin, dass das Schicksal der Embryonen voll in der Hand der Personen, von denen die Ausgangsgameten stammen, liegen müsse. Den genetischen Eltern komme das alleinige Bestimmungsrecht über das weitere Schicksal der Embryonen zu: Embryonentransfer, Embryonenforschung oder Embryonenvernichtung.[232]

Zusätzlich bestätigt der Autor die Ansicht, dass er Embryonen in vitro dennoch einen geringen rechtlichen Schutz zukommen lässt, indem er, was die medizinische Forschung an Embryonen und Experimenten mit ihnen angeht, der Mehr-

---

[229] Aloni-Kommission, S. 87 und 88.
[230] Aloni-Kommission, S. 87 und 88.
[231] Vgl. Aloni-Kommission, S. 88.
[232] Aloni-Kommission, S. 88. Soweit stimmt der Rabbi mit der Mehrheitsmeinung der Sachverständigenkommission zum Problem der Entscheidungsbefugnis über die Zukunft kryokonservierter Embryonen überein. Allerdings sieht er keine Grundlage für die Ansicht der Mehrheitsmeinung, dass binnen max. 10 Jahren (5 Jahre obligatorische Aufbewahrung durch die Ärzteschaft, weitere 5 Jahre auf ausdrücklichen Wunsch der genetischen Eltern; siehe hierzu nachfolgend unter II.B.4.b).(2) und Fn. 236) über die Zukunft der eingefrorenen Embryonen durch die genetischen Eltern zu entscheiden ist. Die Mehrheitsmeinung lasse nämlich den mit ihrer Ansicht einhergehenden Eingriff in das Grundrecht der körperlichen Unversehrtheit und das Eigentum [jeweils der genetischen Eltern!] außer Betracht.

heitsmeinung folgt. Die Forschung *an* und Experimente *mit* Embryonen seien grundsätzlich nur bis zum Entwicklungsstadium von 14 Tagen nach der Befruchtung erlaubt.[233]

Somit kann die Ansicht von Rabbi Halprin hinsichtlich des Status von Embryonen in vitro wie folgt zusammengefasst wiedergegeben werden: Embryonen sind noch keine Menschen, sondern entwickeln sich erst zum Menschen. Das Besondere an ihnen ist, dass sie das Potenzial zum Menschsein in sich tragen. Je nach Umstand ist die Entfaltung dieses Potenzials besonders groß, was sich dann auch in der Zubilligung bestimmter Rechte ausdrücken muss. Das Potenzial von Embryonen in vitro im Gegensatz zu schon eingenisteter Embryonen sei so gering, dass im Verhältnis zum Bestimmungsrecht der genetischen Eltern keine besonderen, dieses Bestimmungsrecht einschränkenden Schutzrechte des Embryos in vitro greifen. Der Rechtsstatus in diesem Stadium ist einer, der lediglich von den genetischen Eltern abgeleitet und von ihnen abhängig ist. Ein eigener Rechtsstatus kommt Embryonen in vitro im Ergebnis daher noch nicht zu.

(2) Umfassende Ablehnung der Schutzwürdigkeit des Embryos in vitro
Prof. Shifman ist der Ansicht, dass in der israelischen Rechtsordnung der befruchteten Eizelle kein besonderer, eigenständiger Rechtsstatus zuteil wird. Danach bestehe kein Zweifel daran, dass mit Beginn der Schwangerschaft (i.S.e. Nidation der befruchteten Eizelle) *potenzielles* Leben existiere. Im Gegensatz dazu würde allerdings der befruchteten Eizelle in vitro noch gar kein Lebenspotenzial zugeschrieben werden können.[234] In der Konsequenz schließt er einen unabhängig von den Gametengebern existierenden Lebensschutz des Embryos in vitro aus, da der Embryo in vitro noch gar keine eigene, schützenswerte Position erlangt habe.

Dieses Ergebnis scheint auch die Aloni-Kommission dem Mehrheitsvotum zugrundegelegt zu haben. Die Begründung des Mehrheitsvotums der Aloni-Kommission enthält keinen besonderen Abschnitt, der sich abstrakt und unabhängig von konkreten zu erörternden Fallkonstellationen mit der Frage des Rechtsstatus des Embryos in vitro beschäftigt. Allerdings ist es möglich, aus den Ausführungen zu einzelnen Problemfeldern die grundsätzliche Haltung der Mehrheit der Mitglieder der Kommission zu deduzieren.

An dieser Stelle können insbesondere Aussagen zur Forschung an Embryonen in vitro herangezogen werden. Die Forschung an Embryonen in vitro sei grundsätzlich, längstens jedoch bis zum 14. Tag nach der Verschmelzung der Kerne von Ei- und Samenzelle erlaubt (ab diesem Zeitpunkt bestehe die Gefahr der Schmerzempfindung aufgrund eines möglichen Entwicklungsbeginns des zentralen Nervensystems). Einzige Bedingung sei das Einverständnis der bzw. des (im Falle einer anonymen Samenspende) Gametenspender(s).[235] Vor diesem Zeitpunkt wird

---

[233] Aloni-Kommission, S. 108; siehe hierzu nachfolgend unter II.B.4.b)(2).
[234] Shifman in Israel Law Review, 1993, S. 600 ff., S. 607. So auch die Darstellung bei Green 1995, S. 120, Ziffer 52.
[235] Aloni-Kommission, S. 52 (Ziffer 8.6 und 8.7).

die Anerkennung eines originären, eigenständigen und rechtlich schützenswerten Status von Embryonen in vitro abgelehnt.

Die gleiche Schlussfolgerung kann aus den Feststellungen der Kommission zur Kryokonservierung von Embryonen in vitro gezogen werden. Die Kommission wendet sich zwar gegen die sprachliche Adressierung eines Embryo in vitro als „käufliche Ware", spricht sich aber unter ausdrücklicher Bezugnahme auf bevorratetes Blut und anderer Körperteile dafür aus, während der Konservierungsphase das Schicksal der Embryonen in vitro ausschließlich in den Händen der Eltern zu belassen. Nach Ablauf einer maximalen Aufbewahrungszeit von 10 Jahren seien, in Ermangelung eines erklärten Willens der bzw. des Gametenspender(s), jedoch die verantwortlichen Ärzte befugt, darüber zu entscheiden, ob die Embryonen zerstört oder der Wissenschaft zugeführt werden.[236] Wiederum wird deutlich, dass der Embryo in vitro, unabhängig von Sprachregelungen, als gemeinsames (Körper)-Teil bzw. gemeinsames genetisches Material der genetischen Eltern angesehen wird und ihm keine eigenständige Rechtsposition zugeordnet wird.

5. Zusammenfassung

Die Analyse verschiedenen Stellungnahmen aus Rechtsprechung und Literatur ergab folgendes Bild:

Überwiegend wird dem Embryo in vitro kein eigener Rechtsstatus zugebilligt. Sein Schicksal liegt grundsätzlich in der Verfügungsgewalt der genetischen Eltern. Insbesondere die Rechtsprechung des Obersten Gerichtshofs kommt zu diesem Ergebnis. Vorherrschender Begründungsansatz für das Fehlen einer eigenen Rechtsposition ist zumeist die Annahme eines lediglich potenziellen menschlichen Lebens des Embryos in vitro, das vom tatsächlich existenten menschlichen Leben unterschieden wird. Während der Entwicklung zum Menschen wird dem Entwicklungspotenzial des Embryos in vitro im Verhältnis zum Bestimmungsrecht der genetischen Eltern eine so geringe Schutzwürdigkeit zuerkannt, dass die Annahme eines eigenen, sich auswirkenden Rechtsstatus im Ergebnis abgelehnt wird. Mangels Anerkennung eines eigenen Rechtsstatus erübrigt es sich für die Autoren, auf einzelne Grundrechte einzugehen.

Ausnahmen hiervon stellen der Richter am Obersten Gerichtshof Tirkel sowie die Ausführungen zweier Literaturstimmen dar, die im Widerspruch zu der Mehrheit der Richter am Obersten Gerichtshof im Ergebnis einen rechtlichen Schutz des Embryos in vitro annehmen. Richter Tirkel ließ in der Nachmani-Entscheidung von 1996 erkennen, dass er – ohne jedoch eine bestimmte Position zu beziehen – unter Umständen dem Embryo in vitro einen eigenen Rechtsstatus angedeihen lassen möchte. Die beiden anderen Autoren sprechen sich für ein Zusammenfallen von biologischem und juristischem Lebensbeginn mit Abschluss der Ver-

---

[236] Aloni-Kommission, S. 34 f. (Ziffer 6.5, 6.6 und 6.8).

schmelzung der Gametenzellkerne aus. Folglich wird auch der Embryo in vitro dem Lebens- und Menschenwürdeschutz der Rechtsordnung unterstellt.

C. Die Zulässigkeit der IVF im homologen System mit nachfolgendem autologem ET

1. Die aktuelle Rechtslage

a) Einfachgesetzliche Zulässigkeit

De lege lata ist die IVF im homologen System[237] mit nachfolgendem autologem ET[238] in Israel gemäß der IVF-Verordnung rechtlich zulässig. Einzige Voraussetzungen sind, dass die Maßnahme in einem vom Gesundheitsministerium dafür autorisierten Krankenhaus durchgeführt werden muss (qualifizierter Krankenhausvorbehalt gem. Art. 2 (a) der IVF-Verordnung) und jeweils individuelle Einwilligungen durch die betroffenen Eheleute nach entsprechender Aufklärung durch den verantwortlichen Arzt zur Durchführung der Maßnahme schriftlich erteilt werden (Einwilligungsvorbehalt gemäß Ziff. 14 (a), (b) der IVF-Verordnung).[239]

Da die IVF-Verordnung im Hinblick auf eine homologe IVF mit autologem ET keine materiellen Beschränkungen des Zugangs zu dieser fortpflanzungsmedizinischen Methode enthält, ist in diesem Zusammenhang die Wirksamkeit der Rechtsnorm, wie dies oben unter II.A.2.d) bereits angedeutet wurde, nicht anzuzweifeln. Die Kompetenz des Verordnungsgebers ist in Ermangelung einer Beschränkung der Freiheitsrechte der Wunscheltern nicht beschränkt.

Die IVF-Verordnung spiegelt in diesem Zusammenhang Regelungen wieder, die bereits vor ihrem Erlass Gültigkeit hatten. Das sog. Helsinki-Komitee, welches auf Basis der Verordnung über Humanexperimente geschaffen wurde, hatte sich schon vor Erlass der IVF-Verordnung mit der Zulassung von IVF mit anschließendem ET zu befassen. Zentrale Punkte, wie das Erfordernis einer individuellen, schriftlichen Einwilligung der Ehegatten nach entsprechender Aufklärung und ein als selbstverständlich angenommener Arzt- bzw. Krankenhausvorbehalt wurden bereits vom Komitee als Voraussetzungen der Genehmigung (diese war nach der Verordnung über Humanexperimente und in Ermangelung anderweitiger Regelungen erforderlich) einer IVF mit anschließendem ET postuliert.[240]

---

[237] Die zur Befruchtung verwendeten Gametenzellen stammen in diesem Fall von zwei miteinander verheirateten Menschen; vgl. hierzu die Begriffsdefinitionen oben unter I.D.2.h).
[238] Der Embryo wird auf die Person übertragen, von der die Eizelle stammt; vgl. hierzu die Begriffsdefinitionen oben unter I.D.2.h).
[239] Vgl. ausführlich hierzu Green 1995, 52; Überblick bei Shapira Country Report, D III..
[240] Vgl. die Darstellung bei Shapira Revue International de Droit Pénal 1988, 991, 1000 f.

b) Quantitative Beschränkung

Eine zahlenmäßige Beschränkung der maximal zu befruchtenden Eizellen, die dann – soweit keine unvorgesehenen Umstände hinzutreten – zu transferieren sind, ist normativ nicht vorgegeben.

c) Geschlechtswahl

Aussagen über die Zulässigkeit oder Unzulässigkeit einer Geschlechtswahl, die im Rahmen einer IVF unter Umständen vorgenommen werden könnte[241], sind in der IVF-Verordnung nicht enthalten. Ein ausdrückliches Verbot findet sich auch in anderen Rechtsnormen nicht. Die Frage der Geschlechtswahl wurde auch von der Aloni-Komission nicht thematisiert.

d) Verfassungsrecht

Ausgangspunkt einer verfassungsrechtlichen Beurteilung jeglicher Methoden der künstlichen Fortpflanzung ist der Schutz der Privatsphäre, der Würde und der allgemeinen Handlungsfreiheit des Menschen. Fragen der Fortpflanzung, der Schwangerschaft und der Geburt unterfallen dem Schutzbereich der Privatsphäre, die als Teil des Schutzes der Menschenwürde in Israel grundrechtlich abgesichert ist.[242] Auf Basis dieser Prämisse wäre der Staat nicht ohne besondere Rechtfertigung berechtigt, den Zugang zu Methoden der assistierten Fortpflanzung zu beschränken.[243] Grundsätzliche Bedenken im Hinblick auf die IVF mit anschließendem ET als „künstliche" Fortpflanzungstechnik im Vergleich zu einer „natürlichen" Fortpflanzung sind keine ausreichende Begründung für eine Einschränkung der Freiheitsrechte der Wunscheltern. Nur in Extremfällen, in denen eine massive Verletzung des Kindeswohles zu befürchten ist, kann eine Versagung der IVF mit anschließendem ET und damit eine Beschränkung von Freiheitsrechten in Betracht kommen.[244]

Indirekt erschließen sich darüber hinaus verfassungsrechtliche Aspekte der IVF mit anschließendem ET über die Frage nach der Einschränkung der ebenfalls verfassungsrechtlich garantierten Vertragsfreiheit. Wie zum Teil auch aus dem deutschen Zivilrecht bekannt, sind Verträge zwischen Arzt und Patient, die eine Behandlungsmaßnahme vorsehen, die gegen ein Gesetz, ethische Prinzipien oder die

---

[241] Siehe hierzu die Darstellung des Befruchtungsprozesses oben unter I.D.2.e)(3).
[242] Shamgar Ha Praklit Bd. 39, 21, 27; Shalev Ha Mishpat 1995, 53, 54; Aloni-Komission, 10; Entscheidung des Obersten Gerichtshofs in der Sache Ploni gegen Ploni, 413/80, Piskei Din (Entscheidungssammlung), Bd. 35 (3), S. 57 ff., S. 81; zur allgemeinen Geltung der Grundrechte siehe oben unter II.A.1.
[243] Aloni-Kommission, S. 13 unter Ziffer 1.2.
[244] Aloni-Kommission, S. 14 unter Ziffer 1.5.

guten Sitten verstoßen, auch in Israel unwirksam.²⁴⁵ Bereits zu der viel älteren Fragestellung, ob die Durchführung einer künstlichen Insemination sittenwidrig wäre und gegen die Wertordnung der Gesellschaft (public policy) verstoße, waren die Urteile in Israels Rechtsordnung – zumindest im Rahmen des homologen Systems – klar: An der Zulässigkeit bestanden keine Zweifel und ein Verstoß gegen die public policy wurde abgelehnt.²⁴⁶ Die Fortpflanzungstechnik an sich ist insofern ohne Relevanz für die Beurteilung deren Zulässigkeit – auch in Ansehung der IVF mit anschließendem ET. Einschränkungen sind nur im Rahmen der Anwendung der Fortpflanzungstechniken im heterologen und quasi-heterologen System sowie im Rahmen eines heterologen ET denkbar, da dann auch die Institution Familie zur Diskussion steht, die in Israel als Teil der Wertordnung der Gesellschaft und damit der public policy anerkannt ist.²⁴⁷

2. Zusammenfassung

Die homologe IVF mit autologem ET ist in Israel grundsätzlich einfachgesetzlich zulässig, was auch dem herrschenden Verständnis der allgemeinen Handlungsfreiheit und dem Schutz der Privatsphäre in Angelegenheiten der Fortpflanzung als relevante Grundrechte entspricht. Neben dem Arztvorbehalt und einer medizinischen Indikation ist nur die Einwilligung der beiden Ehegatten nach entsprechender Aufklärung Voraussetzung für die Durchführung der Maßnahme.

Nicht geregelt ist die Zahl der innerhalb eines Behandlungszyklus maximal zu befruchtender und zu transferierender Eizellen sowie die Frage der Embryonenselektion nach Geschlechtern.

---

[245] Zu dieser Fragestellung vgl. v.a. Green 1995, 54 ff.; in Übereinstimmung mit dem oben unter II.C.1.a) erläuterten Ergebnis, dass die IVF mit anschließendem ET gemessen an einfachgesetzlichen Maßstäben zulässig ist, bestätigt auch Green, dass in Ermangelung eines Gesetzesverstoßes keine Unwirksamkeit eines entsprechenden Behandlungsvertrages anzunehmen ist (S. 54).
[246] Vgl. z.B. Kaplan Ijunei Ha Mishpat 1972, 110, 119 f.
[247] Vgl. Green 1995, 56 f. und nachfolgend II.D und II.E. Ob diesem Wertsystem, ähnlich dem deutschen Verständnis von einer objektiven Wertordnung des Grundgesetzes, rechtliche Relevanz beizumessen ist, die über das „Einfallstor" der Sittenwidrigkeit hinausreicht, wird nachfolgend im Verlaufe der Darstellung weiterer Spielarten der assistierten Reproduktion noch erörtert werden.

D. Die Zulässigkeit assistierter Fortpflanzungsmethoden bei heterologer bzw. quasi-homologer Befruchtung (Samenspende)

Nachdem zuvor bereits die Rechtslage hinsichtlich der IVF im homologen System mit anschließendem autologem ET erläutert wurde, soll nun die Zulässigkeit der Fertilisation im heterologen bzw. quasi-homologen System untersucht werden. Im Hinblick auf den im Zentrum dieser Arbeit stehenden Embryo in vitro ist die Zulässigkeit der Erzeugung eines Embryo in vitro unter Verwendung von Samenzellen, die nicht dem Ehepartner der Frau, von der die zu befruchtende Eizelle stammt, zugeordnet wird, zu erläutern. Im Rahmen der Untersuchung werden die Verwendung von Samenzellen zur Befruchtung im Rahmen einer festen nichtehelichen Lebensgemeinschaft (quasi-homologes System) und die Verwendung außerhalb einer festen, persönlichen Beziehung der Gametengeber (heterologes System) zu unterscheiden sein. Neben der IVF als Methode der assistierten Reproduktion, die einen Embryo in vitro zu Folge hat, können auch andere Methoden der assistierten Reproduktion wie AI, GT, GIFT, ZIFT sowie TET und andere ähnliche Methoden[248] unter Verwendung von Samenzellen im Rahmen eines heterologen oder quasi-homologen Systems vorgenommen werden.[249] Die Untersuchung der Verwendung von sog. „Fremdsperma" wirft hinsichtlich der verschiedenen Behandlungsmethoden einheitliche Fragestellungen auf.[250]

1. Die bestehende Rechtslage

a) Grundsätzliche Zulässigkeit der heterologen Befruchtung

Die Samenspende ist in Israel normativ durch die Samenbankverordnung von 1979, zuletzt geändert am 1.1.1989, durch den sog. Rundbrief von 1979 und die IVF-Verordnung[251] geregelt. Deutlich kommt darin die grundsätzliche Zulässigkeit der Verwendung von Spendersamen zur Befruchtung von Eizellen zum Ausdruck: Die Ziffern 19, 21, 22, 23,26 und 27 des Rundbriefs setzen alle die Spende von Sperma eines Dritten voraus. Gleiches gilt für Art. 5 und 6 der IVF-Verordnung.[252]

---

[248] Vgl. zu den Definitionen oben unter I.D.2.
[249] Vgl. zu den Kombinationsmöglichkeiten Kaiser in Keller/Günther/Kaiser, Einführung A.VI., Rn. 33.
[250] Vgl. z.B. Pap 1987, 319; Deutsch MDR 1985, 177, 181; einheitlich behandeln auch Günther/Fritzsche Reproduktionsmedizin 2000, 249, 249 ff. und Ratzel/Ulsenheimer Reproduktionsmedizin 1999, 428, 429 ff. die verschiedenen Behandlungsmethoden mit Blick auf die Verwendung von Spendersamen.
[251] Zu grundsätzlichen Anmerkungen zu den Rechtsnormen und ihren israelischen Fundstellen vgl. oben unter II.A.2.
[252] So auch Shamgar Ha Praklit Bd. 39, 21, 35.

D. Die Zulässigkeit assistierter Fortpflanzungsmethoden

Unabhängig von der umstrittenen Wirksamkeit bzw. der Rechtsverbindlichkeit des Rundbriefes und der Samenbankverordnung, bestehen keine Zweifel an der grundsätzlichen Zulässigkeit der Samenspende. Selbst für den Fall, dass die besagten Rechtsnormen für unwirksam erklärt würden, bliebe es in Ermangelung eines Verbotes bei der grundsätzlichen Erlaubnis. Auch höherrangiges Recht und basale Rechtsprinzipien- oder Grundsätze stehen diesem Ergebnis nicht entgegen. Gerade das Gegenteil ist nach der herrschenden Auffassung in Israel der Fall, denn die Samenspende wird auf Spenderseite wie auf Empfängerseite als vom Grundrecht auf Privatsphäre und Freiheit in intimen Angelegenheiten, wie z.B. der Fortpflanzung, umfasst angesehen.[253] Einschränkungen bedürfen daher einer normativen Grundlage (Vorbehalt des Gesetzes).[254]

b) Beschränkungen

(1) Krankenhausvorbehalt

Die Samenbankverordnung legt in Art. 2 fest, dass eine Samenbank nur nach Genehmigung durch den Generalsekretär des Gesundheitsministeriums betrieben werden darf. Voraussetzung für eine Genehmigung ist wiederum, dass die Samenbank als eine Abteilung eines Krankenhauses existiert. Parallel hierzu regelt Art. 3 der Samenbankverordnung – als Ergänzung erst im Jahre 1989 angefügt[255] – die Voraussetzungen für die Verwendung des Spenderspermas zur künstlichen Insemination bzw. Befruchtung: Eine solche darf nur in einem Krankenhaus vorgenommen werden, das über eine Samenbank verfügt, und nur mit Spermaspenden erfolgen, die gerade von dieser Samenbank stammen. Hintergrund der Regelung, die auf diese Art und Weise die Verwendung von „frischem", gerade gespendetem Sperma verhindert, ist die Angst vor Infektionskrankheiten (wie z.B. Aids), deren Erreger nur durch Antikörpertests nachgewiesen werden können. Es besteht die Möglichkeit, dass erst innerhalb einer Periode von 2-6 Monaten nach der Untersuchung entsprechende Antikörper nachzuweisen sind, so dass durch entsprechend lange Lagerung des Spermas in der Samenbank das Infektionsrisiko der beteiligten Frau bzw. der Eizelle minimiert werden kann.[256]

Aus diesem Grund ist es normativ ausgeschlossen, dass im Rahmen einer privatärztlichen Behandlung außerhalb einem entsprechend anerkannten Krankenhaus eine heterologe Befruchtung mit Spendersamen durchgeführt wird.

---

[253] So z.B. Aloni-Kommission, S. 10 mit Verweis auf die Entscheidung des Obersten Gerichtshofs in der Sache Ploni gegen Ploni, P'sak Din, Bd. Lamed Hei (3), 57, 81.
[254] Vgl. nur Asher 1995, S. 30 und Shalev 1995, S. 520, die gerade aufgrund der Beschränkung von Rechten und Ansprüchen im Bereich der Fortpflanzungsmedizin die Wirksamkeit der Normen anzweifeln.
[255] Vgl. die Darstellung bei Shalev 1995, S. 518.
[256] Vgl. die Darstellung bei Shalev 1995, S. 518 und auch Aloni-Kommission, S. 9.

(2) Beschränkungen durch den an die Krankenhäuser gerichteten Rundbrief

(a) Allgemeines
Wesentliche Regelungen im Hinblick auf die Durchführung der Samenspende und den Betrieb der Samenbank sind im Rundbrief enthalten. Wie bereits erwähnt ist zwar die Rechtswirksamkeit dieser Regelung stark anzuzweifeln, da sie auch die Allgemeinheit betrifft und wie eine allgemeingültige Rechtsnorm wirkt, aber in keinem entsprechenden Publikationsorgan verkündet[257] wurde. Dennoch entsprechen die im Rundbrief festgelegten Regelungen der tatsächlichen Rechtswirklichkeit in Israel, da die Ärzteschaft an diese Vorgaben gebunden ist und sich auch daran hält. Verstöße gegen die im Rundbrief vorgegebenen Regeln können nämlich Sanktionen disziplinarischer Art durch die Ärzteaufsicht zum Nachteil des jeweils handelnden Arztes nachsichziehen.[258]

(b) Diagnostische Voraussetzung
Ziffer 19a des Rundbriefs verlangt eine ärztliche Diagnose, dass die zu behandelnde Frau nicht in der Lage ist, im Rahmen anderer „anerkannter" medizinischer Maßnahmen durch den Samen eines Wunschvaters schwanger zu werden.[259] Die Auswahl des Spendersamens unterliegt ausschließlich der Beurteilung durch den behandelnden Arzt (Ziffer 21 des Rundbriefes).

(c) Auswirkungen des Familienstands der Patientin

(i) Verheiratete Patientin
Gemäß Ziffer 27 des Rundbriefs ist im Hinblick auf eine Fertilisation im Rahmen einer bestehenden Ehe durch Sperma eines außenstehenden Spenders der Arzt auf Basis seiner umfassenden Entscheidungsbefugnisse befugt und verpflichtet, sich mit einem Psychologen, Psychiater oder Sozialarbeiter zu beraten, falls er an den moralischen, physischen oder psychischen Voraussetzung des Ehepaares für die

---

[257] Auch in Israel ist anerkannt, dass Rechtsnormen erst durch ein Veröffentlichungsprozedere die interne Welt des normsetzenden Organs verlässt und äußere Wirksamkeit erlangt. Für formelle Gesetze der Knesset ist die Veröffentlichung in der „Iton Rischmi", vergleichbar mit den aus dem deutschen Recht bekannten Gesetzes- bzw. Verordnungsblättern, vorgesehen (vgl. Asher 1995, S. 16). Darüber hinaus wird im Hinblick auf einige Regelungen angezweifelt, dass der Gesundheitsminister überhaupt ermächtigt ist, diesbezügliche Anordnungen zu treffen. Dies betrifft z.B. personenstandsrechtliche Fragen (Shalev 1995, S. 520 mit Verweis auf Shamgar Ha Praklit Bd. 39, 21, S. 36.).

[258] Shalev 1995, S. 518 und 519.

[259] Diese Anordnung wird von Shalev 1995, S. 521 f. äußerst kritisch bewertet, da ihres Erachtens damit Verletzungen der Patientenautonomie und der Freiheit der Entscheidung, wie man sich fortpflanzen möchte, in Kauf genommen werden. Dies gilt naturgemäß nur in Fällen, da ein Wunschvater existiert. Zum Fall der Samenspende bei alleinstehenden Patientinnen siehe nachfolgend unter II.D.1.b)(2)(c)(iii).

D. Die Zulässigkeit assistierter Fortpflanzungsmethoden

Therapie zweifelt. Damit wird dem Arzt ohne Vorgabe differenzierter Kriterien die Abwägungsentscheidung anvertraut, wer im Einzelfall Zugang zur Therapie mittels Spendersamen erhält.[260]

Neben der medizinischen Indikation, dass ohne Spendersamen der Kinderwunsch nicht erfüllt werden kann, hat der Ehemann ferner auf einem vorgegebenen Formular (als Anlage B dem Rundbrief beigefügt) zu erklären, dass er das zukünftige Kind in allen Belangen, inklusive sämtlicher Unterhaltsverpflichtungen und erbrechtlicher Bindungen als sein eigenes Kind ansehen werde (Ziffer 25 des Rundbriefs). Dem nach künstlicher Befruchtung bzw. Insemination einer Ehefrau geborenen Kind soll rechtlich die gleiche Stellung wie einem auch genetisch vom Ehemann abstammenden Kind zukommen.[261] Auch diese Voraussetzung gibt zwar Anlass, an der Rechtswirksamkeit des Rundbriefs zu zweifeln, doch richtet sich die Praxis in Israel an diesen Anordnungen aus.[262] Die rechtliche Wirksamkeit dieser vertraglichen Vereinbarung zwischen Ehegatten, die dem Ehemann die Pflicht auferlegt, in unterhaltsrechtlicher und erbrechtlicher Hinsicht das Kind als sein eigenes anzuerkennen, wurde darüber hinaus auch vom Obersten Gerichtshof anerkannt.[263] Problematisch bleibt jedoch die Tatsache, dass weder ein Gesetz, noch die IVF-Verordnung und der Rundbrief Aussagen über das Rechtsverhältnis zwischen Spender und Kind enthalten. Unter Beachtung der Ermächtigungsgrundlage ist festzuhalten, dass die IVF-Verordnung und der Rundbrief solche Regeln auch nicht rechtmäßig aufstellen könnten.[264]

(ii) Patientin in nichtehelicher Lebensgemeinschaft
Ebenfalls im Jahre 1989 wurde in den Rundbriefen schließlich die nichteheliche Lebensgemeinschaft der Ehe angeglichen. Gleichberechtigt sollte der Rundbrief nun auf den Ehemann und den Lebenspartner Bezug nehmen.[265] Es gelten insoweit

---

260 Kritisch hierzu Shalev 1995, S. 520.
261 Ob diese Erklärungen wirklich zwingend eine rechtsverbindliche Übernahme der Vaterschaft bedeuten, ist umstritten. Vgl. Shalev 1995, S. 519, Fn. 69 mit Verweis auf Shamgar Ha Praklit Bd. 39, 21, S. 37 und 38 und Ben-Am 1998, S. 56, Fn. 6 mit weiteren Nachweisen.
262 Shalev 1995, S. 519.
263 Salame gegen Salame, Piskei Din, 34, 2. Band, 779; Shifman N.Y.L.Sch.Hum.Rts. Ann. 1987, 555, 562.
264 Shamgar Ha Praklit Bd. 39, 21, 36. Zu den statusrechtlichen Fragen sei in diesem Zusammenhang angemerkt, dass hierüber nach Urteil des Obersten Gerichtshofs, für andere säkulare Gerichte verbindlich, nur ein säkulares Gericht und nicht ein religiöses Gericht entscheiden kann. Dies war ursprünglich umstritten. Nunmehr findet in statusrechtlichen Fragen kein religiöses Recht Anwendung, sondern es gelten die allgemeinen Beweisregeln. Da in Israel die Unterscheidung zwischen Ehelichkeit und Unehelichkeit eines Kindes nicht existiert, ist entscheidendes Kriterium die genetische Abstammung. Insgesamt fehlt es bezüglich heterologer Befruchtungen an einer materiellen Vorgabe seitens des Gesetzgebers. Vgl. hierzu Ben-Am 1998, 109 f.
265 Vgl. Shalev 1995, S. 521.

nunmehr im Vergleich zur verheirateten Patientin keine Sonderreglungen. Auch diesbezüglich gilt somit die Pflicht zur vertraglichen Übernahme jeglicher Unterhaltspflichten und erbrechtlicher Verbundenheit gegenüber dem zukünftigen Kind durch den Wunschvater.

(iii) Alleinstehende Patientin

Die Samenspende ist in Israel darüber hinaus jedoch auch außerhalb einer bestehenden festen Beziehung unter bestimmten Umständen zulässig.

Bis zur Änderung der ursprünglich im Rundbrief von 1981 festgelegten Anordnungen im Jahre 1989 war keinerlei Bezug zu nichtverheirateten Frauen in den Rundbriefregelungen vorhanden. Insofern war die Therapie nicht verheirateter Frauen außerhalb der vom Rundbrief erfassten Krankenhäuser nicht verboten, soweit die Behandlung nicht auf Sperma einer Samenbank angewiesen war, d.h. „frisches", nicht kryokonserviertes Sperma verwendet wurde. Dieser Weg war jedoch mit der Erweiterung der Samenbankverordnung um Art. 3 im Jahre 1989 verwehrt. Danach durften, wie bereits erläutert, künstliche Inseminationen nur mit zuvor konserviertem Spendersamen und nur in einem anerkannten Krankenhaus stattfinden, das selbst über eine Samenbank, von der das verwendete Sperma auch bereitgestellt sein muss, verfügt. Insofern war es Ärzten außerhalb der Krankenhäuser seit 1989 gemäß der Samenbankverordnung untersagt, im Rahmen von Privatbehandlungen Befruchtungen nach Samenspende (mit „frischem", nicht kryokonserviertem) zur Therapie nicht verheirateter Frauen vorzunehmen.[266]

Nunmehr wurden jedoch im Zuge der Änderung und Ergänzung des Rundbriefes im Jahr 1989 in Ziffer 19 (b) alleinstehende Patientinnen erwähnt und angeordnet, dass ihnen die Behandlung durch künstliche Insemination unter besonderen Umständen zur Verfügung steht. Voraussetzung ist, dass die konkrete Behandlung durch ein psychiatrisches Sachverständigengutachten und einen erfahrenen Sozialarbeiter für positiv erachtet wird[267]. Insofern wird ledigen Frauen, die in keiner sogenannten nichtehelichen Lebensgemeinschaft[268] leben, der Zugang zur Befruchtung nach Samenspende durch den Rundbrief zwar nicht verschlossen, bleibt jedoch vergleichsweise schwer.[269] Anerkannt wird die heterologe Befruchtung bei

---

[266] Vgl. auch Shifman 1989, 129, der unter anderem auch auf eine nichtveröffentlichte Entscheidung des Obersten Gerichtshofs verweist (Bagaz 248/86, Nanes gegen Gesundheitsminister vom 22.07.1986), wonach das Gericht keinen Grund sah, diese Regelung der Beschränkung heterologer Befruchtungen in Frage zu stellen.

[267] Vgl. Shalev 1995, S. 520.

[268] Der Rundbrief enthält keine Definition des Begriffes. Zu dieser Fallkonstellation nachfolgend unter II.D.1.b)(2)(c)(ii).

[269] Vom Urteil des psychiatrischen Gutachtens und der Sozialarbeiterin wird es in der Praxis in Ermangelung einer speziellen Regelung wohl abhängen, ob auch Patientinnen in einer homosexuellen Beziehung der Empfang einer Samenspende möglich ist. Dem Wortlaut und dem Regelungszusammenhang (Systematik) des Rundbriefs nach zu urteilen, werden Patientinnen in festen, homosexuellen Beziehung unter die Kategorie

nicht verheirateten Patientinnen ferner durch Art. 8 (b) IVF-Verordnung, der die Befruchtung in vitro einer Eizelle einer nicht verheirateten Patientin ebenfalls ausdrücklich erwähnt.

(d) Spenderanonymität

Besondere Erwähnung verdient die Ausgestaltung der Spenderanonymität. So ist im Rundbrief festgelegt, dass die Identität eines Spenders und die Identität seiner Spende nebst weiteren Daten (Blutgruppe z.B.) getrennt voneinander aufzuzeichnen sind (Ziffer 9 des Rundbriefes). Das Spendenverzeichnis alleine gibt keinen direkten Aufschluss über die Identität des Spenders. Das bloße Spenderverzeichnis ermöglicht ebenfalls keinen Rückschluss auf die Spende. Erst ein Zusammenspiel beider Verzeichnisse erlaubt die Zuordnung einer Spende zu einem Spender und umgekehrt. Nur um eine mehrmalige Spende eines Spenders zu verhindern, ist es der aufsichtführenden Person erlaubt, einen Vergleich der beiden Verzeichnisse anzustellen (Ziffer 12 des Rundbriefs). Eine Auswahl des Spendersamens durch den Arzt findet folglich unter Wahrung der Anonymität nur anhand der anonymisierten Informationen über die Spende statt.

In einem eigenen Absatz wird herausgestellt, dass die Mitteilung der Identität des Spenders einerseits und der Identität des Ehepaares (soweit überhaupt ein Ehepaar involviert ist) bzw. der Patientin andererseits – auch an die jeweilige andere Partei – untersagt ist (Ziffer 26 des Rundbriefs). Hintergrund dieses Systems der Anonymität ist, vom Spender die rechtliche und damit einhergehend materielle Verantwortung für das Kind, das aufgrund der künstlichen Insemination bzw. Befruchtung geboren wird, fern zu halten.[270]

Darüber hinaus ist in diesem Zusammenhang zu erwähnen, dass die Vermischung von Spendersamen mit dem Samen des Ehemannes oder des festen Lebenspartners[271] (sog. Samencocktail) von normativer Seite gefordert bzw. verlangt wird. In Ziffern 19 und 23 des Rundbriefs wird ausdrücklich festgestellt, dass in Fällen anonymer Spender die Vermischung des Spermas anzustreben ist. Auf diese Weise wird die Sicherung und Wahrung der Spenderanonymität zusätzlich unterstützt und gesichert.

In Fällen einer heterologen Befruchtung im Rahmen einer Behandlung einer alleinstehenden Frau wird in Israel davon ausgegangen, dass aufgrund des Fehlens jeglicher unmittelbarer Beziehung zum anonymen Spender, der selbst keinen Einfluss auf die eigentliche Befruchtung hat, das Kind als Halbwaise gilt.[272] Dem gegenüber wird die Spenderanonymität in Fällen von miteinander verheirateten

---

alleinstehend subsumiert, da von der nichtehelichen Lebensgemeinschaft lediglich heterosexuelle Beziehungen erfasst werden sollen.
[270] Shalev 1995, S. 519.
[271] Soweit auf Empfängerseite nicht eine alleinstehende Frau steht.
[272] Vgl. Shifman 1989, 117.

Wunscheltern[273] durch die bereits oben unter (c)(i) erläuterte Erklärung des Wunschvaters, das zukünftige Kind als sein eigenes anzuerkennen und zumindest materiell die Pflichten eines Vaters zu übernehmen, ergänzt.

Für die Befruchtung mit Spendersamen im Rahmen einer IVF gilt zudem Art. 15 (a) der IVF-Verordnung, wo ebenfalls festgelegt ist, dass die Identität des Samenspenders nicht bekannt gegeben werden darf. Das System der strikten Anonymität schließt nach derzeitiger Praxis die Möglichkeit aus, unter „Freunden" und damit unter Verzicht auf das Anonymitätsprinzip, Samen zu spenden.[274]

c) Stellungnahme der Aloni-Kommission

(1) Allgemeines

Die Samenspende findet in der Stellungnahme der Aloni-Kommission zwar Erwähnung, jedoch war das Thema der Zulässigkeit dieser Spendenart für die Kommission unstrittig. Es finden sich nur wenige Detailanalysen und Vorschläge im Gutachten, die explizit auf die Samenspende eingehen.

Ein Verlangen der Kommission ist die Stärkung der bereits in Ziffer 26 des Rundbriefs festgehaltenen Anordnung, dass jede verwendete Samenspende[275] auf Erb- und Infektionskrankheiten hin untersucht wird. Um diesem Umstand noch mehr juristische Geltungskraft zu verleihen, sei in Zukunft entsprechendes in einem Gesetz zu regeln und die bestimmten Krankheiten seien zusätzlich in der Verordnung aufzuzählen.[276]

Darüber hinaus betonten die Sachverständigen nochmals das oberste Prinzip der „Einwilligung nach Aufklärung", welches auch der Samenspende zugrunde liegen soll: Es sei durch formelles Gesetz zu regeln, dass keine Spende, hinsichtlich derer der Spender keine Einwilligung nach Aufklärung zur Spende gegeben hat, verwendet werden darf.[277]

(2) Finanzielle Leistungen an den Spender

Die Aloni-Kommission stellte fest, dass eine Bezahlung für Spermaspenden in Israel üblich ist, ohne die genauen Zahlungsmodalitäten näher zu beschreiben. In diesem Zusammenhang machte die Kommissionsmehrheit jedoch darauf aufmerksam, dass sie das bestehende System gerne durch ein gesetzlich geregeltes Entschädigungssystem ersetzt sehen möchte. Darin sollten für Samen- und Eizell-

---

[273] Dies umfasst nach den oben unter II.D.1.b)(2)(c)(ii) dargelegten Neuerungen nunmehr auch den Lebenspartner im Rahmen einer nichtehelichen Lebensgemeinschaft.
[274] Aloni-Kommission, S. 32, unter Ziffer 5.11.
[275] Dies betrifft auch Eizellspenden; die Kommission fasst beide Arten an dieser Stelle zusammen.
[276] Aloni-Kommission, S. 29.
[277] Aloni-Kommission, S. 29.

spenden[278] den tatsächlichen Aufwendungen der Spender entsprechende, feste Entschädigungssätze festgeschrieben werden. Anderweitige geldwerte Leistungen im Hinblick auf die Erlangung von Samenspenden sollten strafrechtlich verboten werden. Nur so könne der Handel und der Kommerz mit genetischem Material unterbunden werden.[279] Die Forderung blieb jedoch bis heute folgenlos.

(3) Spenderanonymität

Das bereits oben im Hinblick auf die bestehende Rechtslage erläuterte Prinzip der Spender- und Empfängeranonymität wird von den Sachverständigen grundsätzlich mitgetragen.[280] Allerdings schlugen sie die Verankerung einer Ausnahme hiervon für Fälle sog. „persönlicher Spenden" vor. Kennen sich Spender und Empfängerin bereits auf persönlicher Ebene und sind sich beide Seiten über die Spende einig und erklären ihr „Einverständnis nach Aufklärung" hierzu, dann soll das Prinzip der Anonymität einer „persönlichen Spende" nicht entgegenstehen. Diese Aufweichung des Prinzips soll jedoch nur zwischen den beiden Parteien gelten. Dritte, insbesondere andere Familienmitglieder, sollen gerade nicht zwingend von der Spende erfahren, um Druck von und auf die Familienmitglieder zu verhindern.[281] Insoweit soll es beim Prinzip der Anonymität bleiben. De lege lata ist diese „Aufweichung" des Anonymitätsprinzips bislang nicht umgesetzt worden.

Zwar wurde seitens der Kommission im Rahmen der Erörterung der Datenerhebung und des Datenschutzes, das Problem eines Anspruchs des Kindes auf Kenntnis seiner genetischen Abstammung diskutiert, doch kam die Mehrheit der Kommissionsmitglieder nach Abwägung der wichtigsten Belange zu dem Ergebnis, dass ein Zugang des Kindes zu Informationen, welche die Identität des Spenders offenbaren würde, abzulehnen sei.[282] Eine Übertragung der rechtlichen Konstruk-

---

[278] Hierzu nachfolgend unter II.E.1.
[279] Aloni-Kommission, S. 31.
[280] Aloni-Kommission, S. 32.
[281] Aloni-Kommission, S. 32.
[282] Aloni-Kommission, S. 25 ff.. Neben einem Zugang zu Informationen zu Gunsten des nach einer Gametenspende geborenen Kindes wurde ferner diskutiert, ob ein zentrales Register nicht dazu genutzt werden könnte, die nach den jüdisch-religiösen Gesetzen verbotene Eheschließung zwischen Geschwistern zu verhindern. Die Gefahr solcher als Inzest zu bewertenden Beziehung würde durch die anonyme Keimzellspende erhöht (Heiratswillige stammen von der gleichen Eizellspenderin oder dem gleichen Samenspender ab) und zöge die Folge nach sich, dass aus dieser Ehe hervorgehende Kinder als sog. „Bastarde" gelten und selbst wiederum nur „Bastarde" oder zum Judentum konvertierte Partner heiraten dürfen. Vor diesem Hintergrund betonte die Aloni-Kommission allerdings, dass es zwischen den religiösen Autoritäten durchaus umstritten ist, ob Kinder, die nach einer Keimzellspende geboren werden, in jüdisch-religiöser Hinsicht als Abkömmlinge der Spender gelten (so die Mehrheit der Gelehrten) oder in Ermangelung eines Geschlechtsaktes dies nicht angenommen werden könne. Letzterenfalls wäre das Inzestrisiko gebannt.

tion, wie sie im israelischen Adoptionsrecht vorhanden ist, nach der dem oder der Adoptierten ein Auskunftsanspruch aus einem speziellen Register zum Zwecke der Kenntniserlangung von der Identität der genetischen Eltern zusteht, wurde abgelehnt.[283] Die Sachverhalte seien nicht vergleichbar, da die Wahrscheinlichkeit, dass der oder die Adoptierte im Falle der Geheimhaltung seitens der Eltern den Umstand der Adoption dennoch herausfinde, ungemein größer sei als bei der assistierten Fortpflanzung. Gegenüber den Adoptiveltern so wie auch gegenüber den natürlichen Eltern wäre im Falle der Adoption ein Vertrauensbruch vorprogrammiert. Dieser Bruch sei bei der Gametenspende keinesfalls gleichgeartet, da kein „Verstoßen", „Verlassen" oder gar eine „Abschiebung" durch die Spender „Abschiebung" durch die Spender hinsichtlich des Kindes anzunehmen sei. Außerdem gäbe es nach einer ca. 40-jährigen Praxis der Samenspende keine nachweisbaren Anhaltspunkte dafür, dass tatsächlich ein seelisches Bedürfnis der Kinder nach entsprechender Information bestehe.[284]

(4) Begrenzung der Spendenanzahl

Schlussendlich schlug die Kommission vor, die Zahl der verwendeten Spenden eines Spenders auf insgesamt 3 Empfänger zu begrenzen, um die Wahrscheinlichkeit der Existenz von „Halbbrüdern" und „Halbschwestern" des Spenders zu verhindern bzw. niedrig zu halten und um vor dem Hintergrund der vorgeschlagenen Entschädigungsregelung einem professionellen Spendertum vorzubeugen.[285]

2. Zusammenfassung

Die assistierte Befruchtung im heterologen System, d.h. durch die Samenspende eines Außenstehenden, ist in Israel nach ärztlicher Indikation grundsätzlich erlaubt.

Es besteht ein umfassender Krankenhausvorbehalt. Die Letztentscheidungsbefugnis über die Durchführung der Maßnahme liegt beim behandelnden Arzt, dem neben diagnostischem Ermessen bei verheirateten Patientinnen auch die Primäreinschätzung der psychischen Voraussetzung obliegt. Die Einwilligung des Ehemanns in die Therapie, die auch die Übernahme sämtlicher aus einer Vaterschaft fließenden materiellen Rechte und Pflichten (z.B. Unterhalt und Erbschaft) umfasst, ist zwingende Voraussetzung.

Wegen möglicher Verletzungen des Rechts auf informationelle Selbstbestimmung der registrierten Gametenspender sprach sich die Mehrheitsmeinung jedoch dafür aus, ein allgemeines Auskunftsrecht nicht zuzulassen und nur gespeicherte Informationen herauszugeben, wenn konkret Umstände die Möglichkeit der Verhinderung einer entsprechenden Heirat indizieren.

[283] Aloni-Kommission, S. 24 unter Ziffer 4.3.
[284] Aloni-Kommission, S. 27.
[285] So Aloni-Kommission, S. 32.

D. Die Zulässigkeit assistierter Fortpflanzungsmethoden

Die Behandlung einer Patientin, die in nichtehelicher Lebensgemeinschaft mit einem festen Partner lebt, ist der einer verheirateten Patientin grundsätzlich gleichgestellt. Die Zustimmung des Ehemanns wird durch die Zustimmung des Lebenspartners ersetzt.

Betreffend die Behandlung von alleinstehenden Frauen mittels einer Samenspende steht die Zulässigkeit der Durchführung der Maßnahme unter der Bedingung des Vorliegens „besonderer Umstände". Notwendig sind ein positives psychiatrisches Sachverständigengutachten und die Zustimmung eines Sozialarbeiters.

Dem aus einer heterologen Befruchtung hervorgegangenen Kind wird kein Anspruch auf Kenntnis seiner genetischen Abstammung zugebilligt. Insbesondere kann es keine Informationen aus zu Dokumentations- und Wissenschaftszwecken vorgehaltenen Registern verlangen. Es gilt das Prinzip strikter Anonymität des Samenspenders. Diese Anonymität ist u.a. Voraussetzung für die Entlassung des „genetischen Vaters" aus den materiellen Konsequenzen einer Vaterschaft, die bei Behandlung von alleinstehenden Patientinnen die Konsequenz von Halbwaisentum umfasst. In Fällen anonymer Samenspenden soll eine Vermischung mit dem Samen des Ehemanns bzw. nichtehelichen Lebenspartners (Samencocktail) angestrebt werden.

Die zuvor aufgezählten Beschränkungen werden im wesentlichen durch sog. ärztliche „Binnenrecht", dem kraft Sanktionshoheit des Gesundheitsministeriums Verbindlichkeit gegenüber Krankenhäusern bzw. Ärzten zugesprochen werden kann, geregelt. Wegen des durch Rechtsverordnungen festgelegten Krankenhausvorbehalts wirken die Beschränkungen mittelbar auch für und gegen die Patienten, da ihnen keine anderweitige Behandlungsmöglichkeit (z.B. im privatärztlicher Behandlung außerhalb eines Krankenhauses) zur Verfügung steht.

Besonderer Erwähnung verdient die in Israel übliche Praxis, den Samenspender für seine Spende finanziell zu entschädigen.

E. Die Zulässigkeit der nicht autologen Übertragung unbefruchteter bzw. homolog befruchteter Eizellen (Eizellspende) und heterolog befruchteter Eizellen (Embryonenspende)

1. Eizellspende

a) Die aktuelle Rechtslage

Die IVF-Verordnung von 1987 ist trotz teilweiser umstrittener Wirksamkeit[286] die Rechtsnorm, die bis heute normative Aussagen zur Zulässigkeit der Eizellspende

---

[286] Vgl. in diesem Zusammenhang bereits die Erläuterungen oben unter II.A.2.d).

enthält. Demgemäss ist die Spende von Eizellen grundsätzlich rechtlich zulässig. So heißt es in Art. 12 (b) der IVF-Verordnung:

„Eine Eizelle, die von einer Frau zum Zwecke der Spende entnommen wurde, darf in eine andere Frau nur eingepflanzt werden, wenn die Spenderin in die Spende eingewilligt hat."

Eingeschränkt wird die grundsätzliche Zulässigkeit der Eizellspende jedoch durch einige Sonderregelungen:

Gem. Art. 4 (1) der IVF-Verordnung, darf eine Eizelle von einer Frau nur entnommen werden, wenn sie sich selbst gerade einer Sterilitätsbehandlung unterzieht. Weitere Regelungen auf Spenderseite betreffen Sachverhaltskonstellationen, in denen einer der Beteiligten noch vor Abschluss der Behandlung stirbt:

- Die Eizelle einer unverheirateten Frau, die zwischenzeitlich verstorben ist, darf nicht gebraucht werden (Art.10 (a)), es sein denn, sie hat noch zu Lebzeiten in eine Spende eingewilligt (Art. 10 (d)).
- Die Eizelle einer verheirateten Frau, deren Mann zwischenzeitlich gestorben ist, darf mit ihrem Einverständnis gespendet werden (Art. 10 (b)).

Entgegen einer vor Erlass der IVF-Verordnung vorherrschenden und praktizierten Ansicht ist die Eizellspende einer verheirateten Spenderin nicht ausgeschlossen. Hintergrund der älteren, restriktiven Ansicht waren vor allem jüdisch-religiöse Vorbehalte. Nach jüdisch-religiösem Recht gilt ein Kind, das von einer verheirateten Mutter geboren wurde und deren Ehemann nicht Vater des Kindes ist, als sog. „Bastard", mit der Folge, dass es – wiederum den religiösen Regeln folgend – selbst nur andere „Bastarde" oder zur jüdischen Religion konvertierte Personen heiraten darf.[287] Gemäß der Interpretation einiger religiöser Autoritäten sei nämlich im Rahmen einer Eizellspende die Spenderin als Mutter im Sinne des religiösen Gesetzes anzusehen.[288]

Im Hinblick auf Einschränkungen *auf der Empfängerseite*, legt Art. 8 (b) (1) IVF-Verordnung fest, dass eine *befruchtete* Eizelle einer *nicht verheirateten Frau* nur eingepflanzt werden darf, insoweit es sich um ihre *eigene Eizelle* handelt. Insoweit wird die Seite der potentiellen Spendenempfängerinnen hinsichtlich der Spende *unbefruchteter* Eizellen auf *verheiratete* Frauen beschränkt. Dies folgt daraus, dass die Spende der Eizelle und die Befruchtung derselben nicht zu trennen sind. Die nicht verheiratete Empfängerin bedarf per definitionem zugleich einer Samenspende, was insofern zwangsläufig auf die Spende einer befruchteten Eizelle hinausläuft. Das Verbot der Eizellspende ist in diesem Fall Teil des Verbots der Spende befruchteter Eizellen an ledige Patientinnen.[289]

---

[287] Vgl. bereits oben unter II.A.2.b) die Darstellung im Zusammenhang mit der Samenbankverordnung bzw. den Rundbrief 1979 und Fn. 164.
[288] Shapira Revue International de Droit Pénal 1988, 991, 1001.
[289] Aloni-Kommission, S. 31 unter Ziffer 5.10. Es stellt sich jedoch im Hinblick auf diese Einschränkung die Frage, ob der Verordnungsgeber die Kompetenz hatte, aus sozialen

E. Die Zulässigkeit der nicht autologen Übertragung 73

Anzunehmen ist, dass Hintergrund dieser Regelung das früher in der IVF-Verordnung enthaltene, zwischenzeitlich aufgehobene Verbot der Embryonenspende (dazu unten unter 2.) ist. Da, wie bereits erläutert, die Eizellspende an eine unverheiratete Frau per definitionem zur Erzielung einer Schwangerschaft der Samenspende bedarf, ist Art. 8 (b) Ziffer 1 der IVF-Verordnung im Zusammenhang mit dem zwischenzeitlich vom Obersten Gerichtshof aufgehobenen Art. 13 der Verordnung zu verstehen. Art. 13 verbot ursprünglich die Übertragung einer gespendeten Eizelle auf eine Frau, wenn sie nicht mit dem Samen ihres Ehemannes be-

---

und moralischen Gründen einer unverheirateten Person den Zugang zu einer Methode der Fortpflanzungsmedizin zu verwehren. Vgl. hierzu bereits die oben unter II.A.2.d) erläuterten Zweifel an der Rechtswirksamkeit der Verordnung.

Der Verordnungsgeber stützte seine Kompetenz auf die Ermächtigungsgrundlage des Art. 33 des „Gesetzes über die Volksgesundheit 1940" (Official Gazette, 1940, Nr. 1065). Dem Zitiergebot folgend, wird in Satz 1 der IVF-Verordnung auf die Ermächtigungsgrundlage verwiesen. Das „Gesetz über die Volksgesundheit 1940" stammt wie die Jahreszahlangabe zeigt aus der Zeit des britischen Mandats im damaligen Palästina. Dieses Gesetz ist jedoch seit der Staatsgründung Israels am 14. Mai 1948 bis heute in Kraft, da gemäß der „Anordnung bezüglich Gesetz und Verwaltung" unmittelbar nach der Staatsgründung per israelischem Gesetz, alle bisher geltenden Rechtsnormen in Palästina, unabhängig von ihrem Ursprung aus der britischen Mandatszeit oder der Periode der Ottomanen in Palästina, fortgelten, solange und soweit sie nicht in Widerspruch zu in der Unabhängigkeitserklärung verkörperten Prinzipien oder von der „Knesset" erlassenen Gesetzen stehen (vgl. Facts about Israel, S. 68; Shachar 1995, S. 8).

Es ist jedoch zweifelhaft, ob diese Ermächtigungsgrundlage aus der britischen Mandatszeit, die in Art. 33 „das Gesundheitsministerium zum Erlass von Verordnungen betreffend üblicher medizinischer Anordnungen in Spitälern ermächtigt" (so Ben-Am 1998, S. 55 Fn. 3) für Beschränkungen hinsichtlich des Zugangs zu Methoden der assistierten Reproduktion aus Gründen nichtmedizinischer Art ausreicht. Ob eine Verordnung überhaupt zum Zwecke der Einschränkung möglicherweise sogar rechtlich anerkannter Interessen (Recht auf Elternschaft, Recht auf Privatsphäre u.a.) herangezogen kann, ob dies vorliegend der Fall ist und ob diese Ermächtigungsgrundlage solche Einschränkungen überhaupt umfasst, ist fraglich. (Vgl. Shifman 1989, S. 155, der dort die Gültigkeit der IVF-Verordnung in Frage stellt, da die Beschränkungen der Verordnung nicht bloß medizinische, sondern vor allem soziale und moralische Ziele zur Begründung haben. Da er von einem „Grundrecht auf Elternschaft" ausgeht, kann ein Verbot des Zugangs zu Techniken künstlicher Fortpflanzung nur mit ganz gewichtigen Gründen begründet werden. Auf diese Ansicht Shifmans verweist auch Ben-Am 1998, S. 56, Fn. 8.)

Solange jedoch die besagten Regelungen der Verordnung im Sinne einer Sekundärgesetzgebung nicht förmlich durch ein Gesetz der „Knesset", durch das Gesundheitsministerium oder durch Gerichtsentscheidung aufgehoben sind, stellen sie die aktuelle Rechtslage dar. Insbesondere ist in diesem Zusammenhang festzuhalten, dass die Nichteinhaltung von Vorgaben des Gesundheitsheitministeriums, die sich an die Ärzte richten, berufsrechtlich mit Sanktionen bewehrt sind und auch insoweit eine faktisch verbindliche Rechtslage existiert. Hierzu bereits oben unter II.D.1.b)(2)(a) und Fn. 258.

fruchtet wurde.[290] Es kann allerdings nur vermutet werden, dass das entscheidungsbefugte Gericht auch diese Anordnung im Falle einer Entscheidungsrelevanz kassieren würde.

Ähnlich der Regelung bei der Samenspende ist auch betreffend der Eizellspende in Art. 16 (a) der IVF-Verordnung die strikte und ausnahmslose Wahrung der Anonymität der Eizellspenderin angeordnet. Insofern ist auch in dieser Konstellation die bewusste und zielgerichtete Eizellspende unter „Bekannten", „Freunden" oder Verwandten ausgeschlossen.[291]

b) Zur Mutterschaft nach Eizellspende

Israel kennt keine zivilrechtliche Regelung der Mutterschaft, wie sie in § 1591 BGB im deutschen Recht festgelegt ist. Wie bereits oben unter II.D.1.b)(2)(c)(i), Fn. 264, im Zusammenhang mit der Samenspende ausgeführt, bedurfte es einer Entscheidung des Obersten Gerichtshofs, zur Festlegung, dass Personenstandsangelegenheiten Sache der Zivilgerichtsbarkeit und nicht der religiösen Gerichte sind. Fraglich ist jedoch hinsichtlich der Eizellspende, wer die für die Elternschaft relevante Bezugsperson ist. Kann bei Vaterschaftsklagen noch auf die genetische Vaterschaft abgestellt werden, so gibt es nach einer Eizellspende zwei Möglichkeiten. Einerseits könnte auf die Gebärende aber andererseits auch auf die Spenderin Bezug genommen werden. Beide sind unabdingbar für die Existenz des Kindes (sog. gespaltene Mutterschaft).

Die Lösung des Problems ist in Israel in Ermangelung von Rechtsprechung und Gesetzgebung unklar. Shifman vertritt parallel zur Samenspende die Ansicht, dass im Falle der Anonymität der Spenderin die Gebärende als Mutter zu gelten habe.[292] Jüdisch-religiöse Normen halten keine besondere Regelung bereit.[293] Es ist in der praktischen Anwendung meines Erachtens davon auszugehen, dass es dem Wesen der Eizellspende entspricht, dass die Spenderin keine Klage auf Mutterschaft erhebt. Dieser Umstand manifestiert sich an der fehlenden Rechtsprechung. Üblicherweise gilt folglich faktisch die Gebärende als Mutter - wo kein Kläger, da kein Richter.

---

[290] Zu diesem Zusammenhang vgl. Aloni-Kommission, S. 31 unter Ziffer 5.10.. Dennoch ist eine formale Aufhebung von Art. 8 (b) Ziffer 1 der IVF-Verordnung bis heute nicht erfolgt, so dass insbesondere vor dem Hintergrund einer drohenden berufsrechtlichen Sanktion der Ärzte bei Nichteinhaltung der Regelung (vgl. hierzu bereits die vorstehende Fn. 289 und die Ausführungen oben unter II.D.1.b)(2)(a), dort insbesondere auch Fn. 257) davon auszugehen ist, dass diese Beschränkung weiterhin Teil der israelischen Rechtswirklichkeit ist.

[291] Die Aloni-Kommission sieht den Grund eines Verbots der bewussten und zielgerichteten Eizellspende unter Verwandten in den jüdisch-religiösen Gesetzten. Die Verschmelzung einer Eizelle einer Verwandten mit dem Sperma des Ehepartners der Patientin sei ein Verstoß gegen das vom jüdisch-religiösen Gesetz definierte Inzestverbot. Vgl. Aloni-Kommission, S. 32, unter 5.12.

[292] Shifman 1989, 131-133.

[293] Vgl. Ben-Am 1998, 112.

E. Die Zulässigkeit der nicht autologen Übertragung

c) Stellungnahme der Aloni-Kommission

(1) Grundsätzliches

Wie oben ausgeführt ist de lege lata in Israel der Personenkreis potentieller Eizellspenderinnen auf Frauen begrenzt die selbst gerade eine Sterilitätsbehandlung durchlaufen.[294] Hintergrund der Regelung ist – so die Kommission –, dass auf diese Art und Weise die Freiwilligkeit der Spende, unabhängig von einer Gegenleistung, abgesichert werden soll. Da die Eizellenentnahme nach Ansicht des Verordnungsgebers mit medizinischen Risiken verbunden ist, sei kaum damit zu rechnen, dass jemand eine Eizelle nur aus altruistischen Motiven spendet. Die Beschränkung diene nach den Vorstellungen des Verordnungsgebers folglich dem Schutz der Entscheidungsfreiheit der Spenderin.[295]

Die Kommission betonte in diesem Zusammenhang, dass die meisten Patientinnen es bevorzugen würden, alle Eizellen, die ihnen im Rahmen der IVF-Behandlung entnommen wurden, befruchten und den verbleibenden Anteil der befruchteten Eizellen dann für den Fall einer notwendig werdenden weiteren Behandlung oder zum Zwecke der Zeugung weiterer Kinder kryokonservieren zu lassen. Nur in Ausnahmefällen würde es folglich zu Eizellspenden durch Frauen kommen, die gerade selbst eine Behandlung durchlaufen, was folglich zu einem akuten Mangel an Spendereizellen führte und führt.[296]

Die Sachverständigenkommission schlug vor dem Hintergrund der Knappheit von Spendereizellen vor, die Möglichkeit der Eizellspende nicht auf Frauen zu beschränken, die selbst eine IVF-Behandlung durchlaufen. Es sei heutzutage davon auszugehen, dass das medizinische Risiko einer Eizellspende nicht mehr besonders hoch sei. Es sei jedenfalls nicht höher als bei Spenden von anderen Körperteilen, die eines chirurgischen Eingriffs bedürfen und bei denen keine rechtlichen Einschränkungen existieren. In allen Fällen, in denen die Spende von einer Einwilligung nach Aufklärung gedeckt ist, gibt es nach Ansicht der Kommission keinen Raum für hoheitliche Einschränkungen.[297]

Ausdrücklich erwähnt die Kommissionsmehrheit ihre Unterstützung für die bestehende Zulässigkeit der Eizellspende auch im Rahmen der Surrogat- bzw. Leih-

---

[294] Vgl. Art. 4 (1) der IVF-Verordnung.
[295] Aloni-Kommission, S. 29.
[296] Auf diesen Mangel machte auch Orna Landau in der großen israelischen Tageszeitung Ha-Aretz aufmerksam; vgl. Landau, Magazin Ha-Aretz 19.02.1999. Es wird hier insbesondere auf die Umgehung des Gebots der Nichtkommerzialisierung aufmerksam gemacht, was durch Einrichtung einer Eizellenbank auf Zypern geschehen soll. Die Spenderinnen seien meist Frauen aus der ehemaligen Sowjetunion, die ihre Eizellen für eine moderate Summe verkaufen.
Ruth Sinai gibt in ihrem Beitrag für die Ha-Aretz im Hinblick auf die Knappheit von Spendereizellen die Zahl der israelischen Frauen, die auf eine Spendereizelle warten mit 2000 an (so Sinai in Ha-Aretz vom 12.09.2000).
[297] Aloni-Kommission, S. 29 f. unter Ziffer 5.4 f.

mutterschaft. Die zu spendende Eizelle soll also auch von der Surrogat- bzw. Leihmutter selbst stammen können.[298] Dies stimmt auch mit der geltenden Rechtslage überein, nachdem die entgegenstehenden Artikel 11 und 13 der IVF-Verordnung durch den Obersten Gerichtshof aufgehoben wurden.[299]

Die Darstellung der Kritik am Verbot der Eizellspende an ledige Patientinnen bleibt der Erläuterung der Embryonenspende[300] vorbehalten, da – wie bereits unter a) ausgeführt – eine Trennung in Eizell- und Embryonenspende in diesem Fall nicht möglich ist.

(2) Finanzielle Leistungen an die Spenderin

Eine normative Vergütungsregelung für Eizellspenden ist nicht ersichtlich. Im Gegensatz zur Samenspende machte die Kommission keine Aussagen darüber, ob in Israel die Bezahlung bei Eizellspenden üblich ist. Sie wies in diesem Zusammenhang allerdings darauf hin, dass in bestimmten Kliniken den potentiellen Spenderinnen sog. „Anreize" gegeben werden, die darin bestehen, dass Personen, welche die Spenden erhalten sollen, für die teuere, medikamentöse Behandlung der Spenderin bezahlen. Durch diese Praxis werde versucht, die Knappheit an Spendereizellen zu überwinden. Es ist nach Ansicht der Kommission vor diesem Hintergrund deshalb so gut wie sicher, dass es Möglichkeiten gebe, ein Prinzip der Unentgeltlichkeit, unabhängig von Geldzahlungen, durch indirekte Leistungen zu umgehen und dass die Spenderinnen, die sich selbst in einer psychisch angespannten Situation befinden, dadurch in nicht geringem Maße ausgebeutet würden.[301]

Wie bereits ausgeführt, ist es nach Ansicht der Kommission in Israel Usus, für die Samenspende zu bezahlen. Es gebe keinen Grund, die Eizellspende und die Samenspende unterschiedlich zu behandeln. Würde man die Bezahlung für alle Spendergameten (weibliche und männliche) verbieten, so würde das Verbot durch die beschriebenen verdeckten Alternativleistungen (z.B. teuere Medikamente für die Hormonbehandlung soweit die Spenderin selbst gerade eine Sterilitätsbehandlung durchläuft[302]) umgangen[303].

Die Kommission sprach sich daher dafür aus, eine Entschädigung für die Unannehmlichkeiten, die Leiden, den Zeitaufwand und die Ausgaben, die mit einer Spende verbunden sind, in Einheitsbeträgen normativ festzulegen. Dabei betonte die Kommission den Entschädigungscharakter der Zahlung, verbunden mit dem

---

[298] Aloni-Kommission, S. 43 f.; die Surrogatmutterschaft wird weiter unten unter II.F. noch eingehend dargestellt. Dort wird auch auf diese Konstellation zurückzukommen sein.
[299] Vgl. hierzu die Ausführungen oben unter II.A.2.d).
[300] Hierzu nachfolgend unter II.E.2.
[301] Aloni-Kommission, S. 29 f.
[302] Nach der Rechtslage zum Zeitpunkt der Verfassung des Kommissionsberichts, die sich in diesem Punkt bis heute nicht verändert hat, war und ist die eigene Fertilitätsbehandlung der Spenderin Voraussetzung für eine rechtmäßige Eizellspende. S.o. unter a).
[303] Aloni-Kommission, S. 30.

E. Die Zulässigkeit der nicht autologen Übertragung

Hinweis, dass gerade nicht für die Gametenzellen selbst bezahlt wird, was zu einem von den Verfassern nicht gewünschten Handel (Kommerzialisierung) mit genetischem Material führen würde.

Die Höhe der Einheitsbeträge sind nach Ansicht der Kommission für die Spermaspende und die Eizellspende unterschiedlich, entsprechend der unterschiedlichen Schwierigkeiten und Eingriffsintensitäten im Rahmen der Gametengewinnung, festzulegen. Jegliche Art der Umgehung dieser normativen Aufwandsentschädigung, die auf einen Gametenverkauf bzw. Gametenhandel hinausläuft, soll strafrechtlich verboten werden. Die gleiche Sanktion soll normativ für die oben schon erwähnte Praxis unter Medizinern in Israel gelten, wonach potentiellen Eizellspenderinnen zur Erhöhung ihrer Spendenbereitschaft angeboten wurde bzw. wird, dass ihre aufwändige und teure Hormonbehandlung im Rahmen ihrer eigenen Sterilitätstherapie seitens der zukünftigen Spendenempfänger bezahlt würde.[304]

(3) Anonymität

Grundsätzlich unterstützt die Sachverständigenkommission das bestehende Prinzip der Anonymität. Die Kommission lehnt jedoch das auf Basis des Anonymitätsgebots bestehende Verbot der zielgerichteten Eizellspende durch Verwandte[305] ab und fordert die Freigabe dieser Art von Spende (sog. persönliche Spenden[306]). Es sei Sache der Spender und der Patientin, darüber zu entscheiden, ob sie diese Eizellspende durchführen oder nicht. Unter Umständen bestehende religiöse Motivationen (Gefahr des Verstoßes gegen das Inzestverbot in bestimmten Konstellationen) stellten keine Rechtfertigung für eine Beschränkung dar.[307]

(4) Mutterschaft

Die Kommission sprach sich mit Mehrheit dafür aus, die Gebärende als Mutter anzusehen und dies zum Zwecke der Rechtssicherheit auch gesetzlich festzulegen.[308]

---

[304] Vgl. Aloni-Kommission, S. 30 f. zum Thema „Bezahlung" bei Gametenspenden.
[305] Vgl. hierzu die Ausführungen oben unter a) nebst Fn. 291.
[306] Siehe die insoweit gleichlaufende Argumentation im Zusammenhang mit der Samenspende oben unter II.D.1.c)(3).
[307] Bei dieser Art von Spende wie auch bei anderen Konstellationen sog. „Privatspenden" ist nach Ansicht der Kommission jedoch die Bestätigung einer nach dem Willen der Mehrheit der Sachverständigen noch zu etablierenden „Genehmigungskommission" notwendig, die weiter unten im Rahmen der Darstellung der Surrogatmutterschaft (II.F.5.b) noch ausführlicher beschrieben wird. Nur so könne die Gefahr eingedämmt werden, dass Frauen innerverwandtschaftlich nicht erpresst werden oder Druck auf sie ausgeübt werden.
Vgl. zur Mehrheitsansicht der Sachverständigenkommission Aloni-Kommission, S. 46 f.
[308] Aloni-Kommission, S. 22 unter Ziffer 3.3 – 3.6 und S. 54 unter Ziffer 14.

(5) Begrenzung der Spendenanzahl

Die Kommission schlägt auch in diesem Fall, wie schon für die Samenspende erläutert[309], eine Begrenzung der Anzahl der Verwendung von Eizellspenden einer Spenderin auf maximal drei vor.

2. Embryonenspende

a) Die bestehende Rechtslage

(1) Verheiratete Empfängerin

Ursprünglich legte Art. 13 der IVF-Verordnung unmissverständlich fest, dass es verboten ist, der Patientin eine gespendete Eizelle, die *nicht* mit dem Samen *ihres Ehemannes* befruchtet wurde, einzupflanzen. Mit Blick auf Ehepaare war die Embryonenspende insofern untersagt. Zum 1. Januar 1996 hat sich die Rechtslage allerdings grundlegend geändert. Der Oberste Gerichtshof erklärte durch Urteil vom 17.07.1995 Art. 11 und 13 der IVF-Verordnung mit Wirkung vom 1. Januar 1996 für ungültig.[310] Nach Ansicht des „Rechtsvertreters des Staates"[311] seien die durch Art. 11 und 13 der Verordnung geregelten Fragen nur durch die Primärgesetzgebung der „Knesset" als zuständiges Legislativorgan zu regeln und nicht – wie durch die Verordnung geschehen – durch Sekundärgesetzgebung des Gesundheitsministers, der Teil der Exekutive ist. Im wesentlichen entsprach dies dem von Klägerseite gestellten Antrag. Vom Gericht wurden keine gewichtigen Gegenargumente im Hinblick auf die Aufhebung der beiden Normen gesehen.

An der Situation seit Erlass des vorgenannten Gerichtsurteils hat sich zwischenzeitlich hinsichtlich der Spende befruchteter Eizellen nichts geändert. Die Legislative hat bis heute kein die Embryonenspende umfassendes Gesetz verabschiedet.[312] Der Embryonenspende an verheiratete Paare werden in Ermangelung von gültigen Rechtsnormen keine besonderen Grenzen gesetzt, die über die bisher für die Samen- bzw. Eizellspende bereits erläuterten Einschränkungen hinausgehen. Letztere gelten selbstverständlich auch für die Embryonenspende, die insofern nur

---

[309] Vgl. oben unter II.D.1.c)(4).

[310] Vgl. hierzu bereits oben unter II.A.2.d). Die Entscheidung ist unveröffentlicht. Dem Autor liegt eine inoffizielle Kopie des Urteils vor, das unter dem Aktenzeichen Bagaz 5087/ 94 ergangen ist.

[311] Zu verstehen als ein Repräsentant der Regierung (Attorney General), der von der Regierung ernannt wird, jedoch unabhängig vom politischen System fungiert. Vgl. Facts about Israel, S. 68; Zysblat 1996 S. 15 ff.

[312] Im Gegensatz zur Übertragung von Embryonen im Rahmen der Leih- bzw. Surrogatmutterschaft, welche durch den ebenfalls aufgehobenen Art. 11 der IVF-Verordnung ursprünglich verboten war und nunmehr Gegenstand eines eigenen Gesetzes ist. Das bereits oben erwähnte „Leihmutterschaftsgesetz" ist ebenfalls Gegenstand dieser Arbeit (hierzu unten unter II.F.).

E. Die Zulässigkeit der nicht autologen Übertragung   79

eine Kombination aus Samen- und Eizellspende darstellt. Hinsichtlich der Mutterschaft gilt das zur Eizellspende oben unter 1.c)(4) bereits ausgeführte.

(2) Ledige Empfängerin
Wie bereits im Rahmen der Zulässigkeit der Eizellspende erläutert, ist die Embryonenspende an ledige Patientinnen gemäß Art. 8 (b) Ziffer 1 der IVF-Verordnung verboten.[313]

b) Die Stellungnahme der Aloni-Kommission zur Embryonenspende

(1) Allgemeines
Zur Zeit des Abschlusses des Sachverständigengutachtens der Aloni-Kommission im Jahre 1994 war Art. 13 der IVF-Verordnung noch in Kraft. Insofern beschäftigte sich die Kommission mit dem Verbot der Embryonenspende und kam mehrheitlich zu dem Ergebnis, dass die Spende befruchteter Eizellen, unabhängig vom Familienstand der Spendenempfängerin, erlaubt sein sollte.[314]

Die denkbaren Gründe, die für ein solches Verbot sprechen könnten und die den Verordnungsgeber zu dieser Regelung motiviert haben könnten, sind für die Kommission nicht gewichtig genug, um in das Recht auf Zugang zu Sterilitätsbehandlungen, welches die Sachverständigen mehrheitlich als in der Rechtsordnung Israels verankert anerkennen[315], einzugreifen.[316] Als Begründung des Verordnungsgebers für das damals noch geltende generelle Verbot der Embryonenspende wird von den Sachverständigen die gänzlich fehlende genetische Verbundenheit beider zukünftiger Elternteile mit dem Embryo bzw. dem späteren Kind angenommen. Die Abstammung und deren Nachvollziehbarkeit würde dadurch undurchsichtiger, da es sich in diesem Fall um eine Adoption durch Eltern, die keinerlei genetische Beziehung mit dem Kind haben, handelt.[317]

---

[313] Vgl. auch oben unter II.E.1.a) und Fn. 289 hinsichtlich der Bedenken gegen eine ausreichender Ermächtigung des Verordnungsgebers aber der fortbestehenden Anwendung der Rechtsnorm.
[314] Aloni-Kommission, S. 31 f.
[315] Vgl. hierzu auch die Ausführungen oben zum Rechtsstatus des Embryos in vitro (II.B.4.b)(2)). Dort wird verdeutlicht, dass der grundrechtlich geschützten Privatsphäre der Eltern hinsichtlich einer Entscheidung über die soziale und/oder genetische Elternschaft auch von der Sachverständigenkommission überragende Bedeutung beigemessen wird. Teil dieser geschützten Privatsphäre ist die Freiheit der Betroffenen, in intimen Fragen der Fortpflanzung und Elternschaft, selbst und eigenständig zu entscheiden.
[316] Aloni-Kommission, S. 31 f.
[317] Aloni-Kommission, S. 31 f.

Für die Erlaubnis der Embryonenspende werden von der Kommission einige Argumente benannt, die nunmehr die de lege lata bereits existierende Zulässigkeit stützen:

- So sei festzustellen, dass es inkonsequent sei, die Samenspende und die Eizellspende jeweils einzeln zu erlauben, in der Kombination miteinander jedoch zu verbieten. Das Fehlen der genetischen Verbundenheit sei ein Phänomen, welches parallel auch jeweils im Rahmen der Eizell- und Samenspende auftritt und daher kein Argument für ein Verbot darstellen könne.

- Ausgeführt wird im Gutachten weiter, dass es im Hinblick auf die Embryonenspende nur um seltene Einzelfälle gehe. Nur in Fallkonstellationen wie z.B. Sachverhalte, in denen die Frau keine Eizellen hervorbringen kann und der Mann kein befruchtungsfähiges Sperma produziert, sei die Methode der Embryonenspende relevant. Sollte in diesen seltenen Fällen sich die Frau dann tatsächlich dafür entscheiden, die Bürde einer Schwangerschaft auf sich zu nehmen, dann habe dies im Vergleich zu einer Adoption durchaus Vorteile: Es sei auf diese Weise wegen der körperlichen Verbundenheit leichter, eine feste Verbindung zwischen Kind und (Adoptiv-)Eltern zu schaffen.

- Der Patienten- bzw. Privatautonomie ist nach Sicht der Kommissionsmehrheit ferner höchstes Gewicht beizumessen. Es sei Sache der Patienten, selbst über die Frage zu entscheiden, ob sie eine befruchtete Eizelle spenden wollen bzw. ob sie eine Embryonenspende annehmen wollen. Diese Entscheidung falle unter die grundrechtlich abgesicherte Entscheidungsfreiheit der Individuen, so die Kommission. Die genetischen Eltern haben über das Schicksal der befruchteten Eizelle zu bestimmen: Vernichtung, Spende oder Kryokonservierung. Über diese Alternativen hätten die genetischen Eltern schon zu Beginn ihrer eigenen Sterilitätsbehandlung zu befinden und ihren Willen sodann schriftlich festzuhalten. Dieser bleibt bis zu einem schriftlichen Widerruf maßgeblich. Somit kommt die Kommission zu dem Ergebnis, dass die Autonomie der genetischen Eltern, über ihr genetisches Material zu bestimmen, und das „Recht auf Elternschaft" bzw. Zugang zu fortpflanzungsmedizinischen Methoden der Wunscheltern einem Verbot der Embryonenspende entgegenstehen.[318]

---

[318] Bereits oben unter II.B.4.b)(2) wurde im Zusammenhang mit der Frage nach dem Rechtsstatus des Embryos in vitro auf das umfassende Bestimmungsrecht der genetischen Eltern hingewiesen. Die Sachverständigenkommission sprach sich in diesem Zusammenhang auch dafür aus, die in Israel geltende Regelung, dass Embryonen max. 5 Jahre lang kryokonserviert werden, beizubehalten. Diese Periode kann max. um weitere 5 Jahre verlängert werden, falls dies von den genetischen Eltern übereinstimmend so gewollt ist. Nach Ablauf der Maximalperiode ist dann die Ärzteschaft berechtigt zu

E. Die Zulässigkeit der nicht autologen Übertragung

Ob dieses Plädoyer für die Erlaubnis der Embryonenspende sogar auch in Fällen der Surrogatmutterschaft gelten soll, wurde von der Kommission nicht weiter erläutert. Wie oben dargelegt, hat sie sich jedoch für die Zulässigkeit der Eizellspende im Rahmen der Surrogatmutterschaft entschieden.[319] Ergänzt wird diese Haltung der Kommission durch die Betonung der Gleichstellung von Samen- und Eizellspende[320], so dass in der Konsequenz davon auszugehen ist, dass die Sachverständigen auch die Kombination von Samen- und Eizellspende im Rahmen einer Surrogatmutterschaft unterstützen. Es sind nämlich Fälle konstruierbar, in denen Wunscheltern eine Embryonenspende annehmen und die befruchtete Eizelle sodann in eine Surrogat- bzw. Leihmutter einpflanzen lassen. In der Konsequenz bedeutete dies, dass die sozialen Eltern keinerlei Verbundenheit mit dem von der Surrogatmutter auszutragenden Kind aufweisen. Es fehlte dann an der genetischen wie auch an der Verbundenheit durch das Austragen des Kindes.[321]

(2) Embryonenspende an ledige Patientinnen
Das bis heute fortbestehende Verbot der Embryonenspende an *ledige* Empfängerinnen (s.o. hierzu bereits oben unter 2.a)(2)) wurde von der Aloni-Kommission kritisiert.

Die Einschränkung ist nach Ansicht der Kommission zu pauschal. So erfasse das Verbot auch Fälle, in denen die potentielle Empfängerin in nichtehelicher Lebensgemeinschaft mit einem Mann lebt, dessen Sperma zur Befruchtung der gespendeten Eizelle verwendet wird. Ferner geht die Kommission von der Tatsache aus, dass außerhalb einer nichtehelichen Lebensgemeinschaft eine Embryonenspende nicht vorkomme, da kein Motiv bzw. kein Grund für die Spende eines Embryo ersichtlich sei. Nur der Fall einer nichtehelichen Lebensgemeinschaft sei praktisch relevant. Dieser werde aber nur kraft „zu enger" Definition des Begriffes „Spender" zu einem Fall der Embryonenspende und sollte gerade nicht verboten werden. Damit entfalle automatisch jegliche Begründung für den Ausschluss nichtverheirateter Frauen von der Eizellspende. Entweder es handele sich um einen Fall einer Empfängerin, die in nichtehelicher Lebensgemeinschaft mit dem genetischen Vater lebt – ein Fall, für den die Kommission keine Rechtfertigung eines Verbots annimmt – oder es handele sich um praktisch irrelevante Fälle.[322] Es verbleibt nach Ansicht der Aloni-Kommission also keinerlei Regelungsbedarf, wenn man die nichteheliche Lebensgemeinschaft der Ehe, wie das die Kommission fordert, gleichstellt.

---

    entscheiden, ob die befruchteten Eizellen zu Forschungszwecken verwendet oder vernichtet werden.
[319] Vgl. oben II.E.1.c)(1).
[320] Vgl. Aloni-Kommission, S. 31 unter Ziffer 5.9.
[321] Dieses Gedankenspiel ist jedoch nicht weiter zu verfolgen, da diese Fallkonstellation im zeitlich dem Sachverständigengutachten nachfolgenden Leihmutterschaftsgesetz von 1996 explizit für unzulässig erklärt wird (vgl. B. Nr. 2 (4) des Gesetzes).
[322] Aloni-Kommission, 31 und 32.

3. Zusammenfassung

Die Eizellspende ist in Israel grundsätzlich zulässig.

Eizellspenderin kann allerdings nur sein, wer sich selbst gerade einer Sterilitätsbehandlung unterzieht. Die Eizelle einer verstorbenen Frau darf nicht verwendet werden, es sei denn sie hat zu Lebzeiten bereits einer Spende zugestimmt. Weitere Beschränkungen auf Spenderinnenseite, insbesondere was den Familienstand angeht, bestehen nicht.

Empfängerin einer Eizellspende kann nur eine verheiratete Patientin sein. Dies ergibt sich aus dem Verbot der Embryonenspende an ledige Patientinnen. Per definitionem bedarf die ledige Patientin auch einer Samenspende, so dass in diesem Fall Eizellen- und Embryonenspende zusammenfallen. Die nichteheliche Lebensgemeinschaft ist in diesem Zusammenhang der Ehe nicht gleichgestellt. Diese Regelung ist in Israel äußerst umstritten.

Im Rahmen der Eizellspende gilt, wie bereits auch für die Samenspende ausgeführt, das Prinzip der strikten Anonymität der Eizellspenderin.

Besonderer Erwähnung verdient das in Israel in Ermangelung einer anderslautenden Regelung übliche System der geldwerten Leistung der Empfängerin an eine potentielle Eizellspenderin. Da die Spenderin sich selbst nach den gesetzlichen Vorgaben einer IVF-Behandlung unterziehen muss, kann durch (Teil-)Finanzierung ihrer teuren Behandlungskosten ein Anreiz für eine Spende geschaffen werden.

Durch Aufhebung entsprechender Verbotsnormen durch den Obersten Gerichtshof ist die Embryonenspende in Israel in Ermangelung entgegenstehender Rechtsvorschriften zulässig.

Empfängerin einer Embryonenspende kann analog zur Eizellspende nur eine verheiratete Patientin sein (vgl. die Ausführungen zur Eizellspende).

Die Situation einer potentiell umstrittenen Mutterschaft zwischen austragender und genetischer Mutter wird im Rahmen der Zulässigkeit der Eizell- und Embryonenspende in Kauf genommen.

F. Die Zulässigkeit der für jemand anderen übernommenen Mutterschaft (Surrogatmutterschaft)

1. Vorbemerkung

Im Rahmen der vorliegenden Arbeit werden, wie dies bereits oben unter I.D.2.i) ausgeführt wurde, die Begriffe Surrogat-, Leih- bzw. Ersatzmutterschaft synonym für sämtliche Varianten der für jemand anderen übernommenen Schwangerschaft verstanden. Dies gilt unabhängig davon, ob die Schwangere eine genetische Verbindung mit dem Kind aufweist (oft als „Leihmutterschaft" bezeichnet; z.B. nach heterologer Insemination)³²³ oder ob die letztlich Schwangere nur ihren Uterus zur Verfügung stellt (oft als „Ammenmutterschaft" bezeichnet)³²⁴. Vor allem im angloamerikanischen Sprachgebrauch wird der Begriff Surrogatmutterschaft („surrogate motherhood") als Oberbegriff im vorgenannten Sinne verwendet. Als solcher Oberbegriff findet er auch in der englischsprachigen israelischen Literatur Verwendung.

„Das Leihmutterschaftsgesetz 1996 lässt unter bestimmten Bedingungen die Surrogatmutterschaft zu".³²⁵

Dieser schlichte Satz macht eine im internationalen Vergleich besondere normative Situation in Israel deutlich: Durch ein formelles Gesetz ist die Zulässigkeit der Surrogatmutterschaft und die Ausgestaltung der damit verbundenen Rechtsverhältnisse geregelt, was bis heute in vielen anderen Ländern, darunter auch Deutschland³²⁶, nicht der Fall ist.³²⁷ Um die aktuelle Rechtslage in Israel besser verstehen zu können, wird zunächst die Entwicklung bis hin zum Leihmutterschaftsgesetz dargestellt, um danach den Status quo zu erläutern.

2. Die ursprüngliche Rechtslage

Wie das bereits oben unter A.2.d) erläuterte, den beiden nachfolgenden sog. Nachmani-Entscheidungen (Ehepaar Nachmani gemeinsam gegen den Gesundheitsminister) vorausliegende Urteil³²⁸ exemplarisch belegt, war noch 1988 – das Jahr, in dem sich das Ehepaar Nachmani zur IVF nebst Embryotransfer auf eine Surrogatmutter entschied – ein Transfer von Embryonen auf eine Surrogatmutter zumin-

---

³²³ Z.B. Pap 1987, 361.
³²⁴ Z.B. Pap 1987, 361. Vgl. auch Goeldel 1994, 4 f. zur Verwendung der unterschiedlichen Begriffe. Sie nimmt an, dass unter dem Begriff „Ersatzmutterschaft" im deutschen Sprachraum alle denkbaren Fälle der für jemand anderen übernommenen Mutterschaft verstanden werden. Zur synonymen Verwendung der Begriffe Leih- Ersatz und Surrogatmutterschaft siehe bereits oben I.D.2.i.
³²⁵ So Ben-Am 1998, 64.
³²⁶ Die Rechtslage in Deutschland mit Blick auf die Surrogatmutterschaft wird naturgemäß im Rahmen dieses Rechtsvergleichs Gegenstand einer gesonderten Untersuchung sein. Dazu weiter unten unter III.K. Es sei an dieser Stelle nur darauf hingewiesen, dass zwar eine unmittelbare und ausdrückliche Regelung der Surrogatmutterschaft in Deutschland betreffend die ärztliche Mitwirkung existiert, vertragsrechtliche Konsequenzen jedoch keine normative Ausgestaltung erfahren haben. (vgl. Goeldel 1994, 147).
³²⁷ Shalev Israel Law Review 1998, 51, 51.
³²⁸ Vgl. hierzu die Ausführungen oben unter II.A.2.d) mit Verweis auf das Urteil Bagaz 1237/91.

dest formal[329] verboten. In der Sachverhaltsdarstellung der sog. ersten Nachmani-Entscheidung aus dem Jahre 1995 (Nachmani gegen Nachmani)[330] wurde vom Obersten Gerichtshof nochmals ausdrücklich ausgeführt, dass die Einpflanzung einer befruchteten Eizelle in die Gebärmutter einer Surrogatmutter gegen Art. 11 der IVF-Verordnung verstößt.[331]

Ob diese Sekundärgesetzgebung durch den Gesundheitsminister in diesem Punkt überhaupt wirksam war, war – wie bereits weiter oben des öfteren erläutert – lange Zeit ungeklärt und umstritten. Angezweifelt wurde die Wirksamkeit mit der Argumentation, dass für eine solche Restriktion und den damit verbundenen Eingriffen in rechtlich geschützte Positionen keine hinreichende Ermächtigung des Ministers existiere.[332] Diese Begründung lag auch dem Begehren der Antragsteller in Bagaz 1237/91 zugrunde.[333] In der Folge dieses Verfahrens entschieden der Gesundheits- und der Justizminister, die Aloni-Kommission als Sachverständigenkommission mit der Begutachtung der drängenden Fragen im Zusammenhang mit der künstlichen Befruchtung einzusetzen, um zumindest für die Zukunft eine klare Rechtsgrundlage zu schaffen.[334]

Aufgrund der unklaren Rechtslage, wurden zu dieser Zeit in Israel kaum Embryonentransfers auf Surrogatmütter durchgeführt.[335]

3. Die Aloni-Kommission

Nach Ansicht der Sachverständigenkommission sind im Hinblick auf Fragen der Zulässigkeit einer Surrogatmutterschaft extreme Haltungen zu vermeiden. Ein um-

---

[329] „Formal" deshalb, weil Zweifel an der materiellen Wirksamkeit der entsprechenden Rechtsnormen insbesondere der IVF-Verordnung bestanden; vgl. hierzu bereits oben unter II.A.2.d) und nachfolgenden Absatz.
[330] S.o. unter II.A.2.g) allgemein zu den beiden Entscheidungen des Obersten Gerichtshofs.
[331] P'sak Din (49), S. 485 ff. unter 3.
[332] Shalev Israel Law Review 1998, 51, 55; zu den Zweifeln an der Wirksamkeit der Sekundärgesetzgebung siehe auch bereits oben unter II.A.2.d), II.D.1.b)(2)(a), II.E.1.a) und Fn. 289.
[333] Wie bereits oben unter II.A.2.g) erläutert, war Gegenstand des Verfahrens, die Frage, ob den Eheleuten Nachmani einen Anspruch auf Einschreiten gegen das Gesundheitsministerium als verantwortlicher Rechtsträger für einen Arzt, welcher sich weigert eine IVF, deren Endziel der Embryotransfer auf eine Surrogatmutter ist, vorzunehmen, zukommt. Die Weigerung beruhte auf Bedenken vor dem Hintergrund der Art. 11 und 13 der IVF-Verordnung. Dieser Rechtsstreit – Bagaz 1237/91 (unveröffentlicht) – aus dem Jahre 1991 brachte noch keine endgültige Entscheidung über die Zulässigkeit der Surrogatmutterschaft in Israel, da eine vergleichsweise Einigung der Parteien eine gerichtliche Entscheidung überflüssig machte. Vgl. auch den Überblick bei Shalev Israel Law Review 1998, 51, 55.
[334] Aloni-Kommission, S. 10; Shalev Israel Law Review 1998, 51, 55; Ben-Am 1998, 58.
[335] Shalev Israel Law Review 1998, 51, 55.

F. Die Zulässigkeit der für jemand anderen übernommenen Mutterschaft

fassendes Verbot einerseits sei ebenso wenig wie eine bedingungslose Erlaubnis andererseits zu befürworten.[336]

Hintergrund dieser auf einen Ausgleich bedachten Zielvorgabe war das Bewusstsein der Sachverständigen im Hinblick auf das bestehende Spannungsfeld, das einerseits durch den Respekt vor der verfassungsrechtlich geschützten Privatsphäre in Angelegenheiten des Familienlebens sowie der Fortpflanzung und andererseits durch die mit der Surrogatmutterschaft in Zusammenhang stehenden Gefahren, Schwierigkeiten und Risiken gekennzeichnet ist.[337] Folglich schlug die Kommission vor, Verträge, die eine Surrogatmutterschaft zum Gegenstand haben, einerseits nicht wie in vielen anderen Ländern unter Androhung strafrechtlicher Sanktionen zu verbieten, allerdings auch nicht zu fördern bzw. ohne jegliche Einschränkung zu erlauben.[338]

a) Wirksamkeit des Vertrages

Dies vorausgeschickt, sprach sich die Kommission für die folgenden grundsätzlichen Empfehlungen betreffend den Vertrag zwischen Wunscheltern und einer Surrogatmutter aus:

Zur praktischen Umsetzung der zuvor erwähnten Grundsätze schlug die Aloni-Kommission vor, in einem Gesetz die vorherige Überprüfung und Genehmigung der Surrogatmutterschaftsvereinbarung durch einen unabhängigen Ausschuss (im folgenden: Ausschuss) zu verankern. Dem Gremium soll Ermessen zugebilligt werden, die wesentlichen Punkte des Vertrages zu überprüfen. Es ist ferner die Aufgabe dieser Einrichtung zu bestätigen, dass alle Beteiligten wahrhaftig verstanden haben, welche Verpflichtungen sie eingehen und dass ihnen die Aspekte, die den religiösen Status des zukünftigen Menschenkindes betreffen, bekannt sind.[339]

Nach dem Mehrheitswillen der Sachverständigen sollte die Nichtbeachtung des Genehmigungsvorbehalts mit den Mitteln des Strafrechts sanktioniert werden. Ausgenommen hiervon sollen allerdings die direkt Beteiligten, namentlich die Wunscheltern und die Surrogatmutter sein[340], so dass de facto lediglich das zur Durchführung der Maßnahmen im Hinblick auf eine Surrogatmutterschaft erforderliche medizinische Personal strafrechtlich belangt werden kann.

Die folgenden Voraussetzungen für eine Genehmigung durch den Ausschuss sollten nach dem Abschlußbericht der Aloni-Kommission kumulativ vorliegen und vom Ausschuss überprüft werden:

---

[336] Aloni-Kommission, S. 39.
[337] Aloni-Kommission, S. 39 f.
[338] Aloni-Kommission, S. 39.
[339] Aloni-Kommission, S. 40.
[340] Aloni-Kommission, S. 40; dies entspricht der Prämisse, die Surrogatmutterschaft zumindest nicht direkt unter Strafe zu stellen.

- Vorliegen einer nachgewiesenen medizinischen Indikation der Surrogatmutterschaft (wurde von der Kommission nicht weiter qualifiziert).
- Die Wunscheltern entschieden sich erst nach einer professionellen Beratung im Hinblick auf möglichen Alternativen zur Surrogatmutterschaft für die Methode.
- Alle Vertragsparteien haben sich einer psychologischen Untersuchung unterzogen.
- Alle Vertragsparteien erhielten entsprechende Aufklärung und professionelle Beratung und haben wahrhaftig verstanden, welche Verpflichtungen sie mit der Unterschrift unter den Vertrag übernehmen.[341]

Die Aloni-Kommission sah darüber hinaus keinen Raum, die genauen Vertragsinhalte gesetzlich zu regeln. Lediglich der Beurteilungsrahmen soll dem Ausschuss vorgegeben sein. Demzufolge hat hiernach der Ausschuss jeden Vertrag u.a. daraufhin überprüfen, ob er einen angemessenen Ausgleich zwischen dem Recht der Surrogatmutter auf individuelle Freiheit im Hinblick auf Entscheidungen, wie sie sich während der Schwangerschaft verhält, einerseits und ihrer Verantwortung für das Wohlergehen des Embryos und entsprechenden Pflichten andererseits darstellt.[342]

Im Bewusstsein, dass in anderen Ländern Verträge zwischen Wunscheltern und Surrogatmüttern verboten sind, ist es zur Vermeidung eines „Surrogatmutterschaftstourismus" nach Israel entsprechend der Ansicht der Kommission notwendig, die vorgeschlagene Zulässigkeit der Verträge nach Genehmigung durch den Ausschuss insoweit zu beschränken, dass alle Beteiligten zwingend Einwohner Israels sein müssen.[343]

b) Voraussetzungen auf Seiten der Surrogatmutter

Bis auf die nahezu selbstverständliche Bedingung, dass keine minderjährige Person die Rolle einer Surrogatmutter übernehmen darf, erwog die Kommission lediglich einige Aspekte, die Einschränkungen bei der Auswahl der Surrogatmütter zur Folge gehabt hätten, verwarf sie jedoch allesamt.[344] Es ist nach Aufklärung und Beratung Sache der Wunscheltern, sich für eine Surrogatmutter zu entscheiden, die in ihren Augen bestimmte Kriterien erfüllt. Angesprochen wurden in diesem Zusammenhang von den Sachverständigen die folgenden Aspekte:

Die Aloni-Kommission sprach sich gegen die Bedingung aus, dass Surrogatmutter nur sein kann, wer selbst schon einmal das Erlebnis einer Schwangerschaft und Geburt hatte. Dahinter verberge sich die These, dass nur dann gewährleistet sei, dass die potentielle Surrogatmutter weiß, was die Übernahme der Mutterschaft

---

[341] Aloni-Kommission, S. 41.
[342] Aloni-Kommission, S. 41.
[343] Aloni-Kommission, S. 41; vgl. auch die Darstellung bei Shalev Israel Law Review 1998, 5157.
[344] Vgl. Shalev Israel Law Review 1998, 5157.

F. Die Zulässigkeit der für jemand anderen übernommenen Mutterschaft

überhaupt bedeutet. Dagegen spreche, so die Kommissionsmehrheit, das Argument, dass es gar keine tatsächliche Grundlage gibt, aus der geschlossen werden kann, dass eine Frau mit entsprechender Erfahrung weniger geneigt ist, von einem Surrogatmutterschaftsvertrag zurückzutreten oder geringere Schwierigkeiten hat, das Geborene aus ihrer Obhut zu entlassen, als eine Person ohne das Erlebnis einer Geburt. In Ermangelung von Kenntnissen dieser Art sei kein Raum für eine solche Einschränkung auf Seiten der Surrogatmutter vorhanden.[345]

Ebenfalls erwogen wurde von der Kommission eine gesetzliche Regelung, die unterbindet, dass nahe Verwandte[346] der Wunscheltern sowie verheiratete Frauen die Rolle einer Surrogatmutter übernehmen. Beide Kriterien haben ihren Ursprung in der „Halacha", d.h. im jüdisch-religiösen Gesetz. In beiden Fällen besteht das Risiko, dass das Kind als sog. „Bastard"[347] bzw. als aus einer verbotenen Beziehung hervorgegangen gilt und die Surrogatmutter sich dem jüdischen Gesetz zuwider verhält.

Andererseits ist nach Ansicht der Kommission in jedem Fall zu untersuchen, was der Grund und die Motivation der Frau ist, für jemand anderen ein Kind auszutragen. Es sei z.B. in Erwägung zu ziehen, dass eine Verwandte oder verheiratete Freundin der kinderlosen Wunschmutter einfach nur aus altruistischen Motiven bereit sei, für ihre Freundin oder Verwandte ein Kind auszutragen. Die Entscheidung hierüber sei dann jedoch den Wunscheltern überlassen. Entsprechend dieser Einstellung sprach sich die Mehrheit der Sachverständigenkommission dafür aus, dass die halachischen, d.h. die jüdisch-religiösen Aspekte, genauso wie das Risiko des unklaren familienrechtlichen Status (Personenstand)[348] Inhalt der Information und Beratung sein muss, die den Beteiligten durch den Ausschuss zuteil wird. Eine generelle normative Regelung solle nicht erfolgen, so dass der Entscheidungsfreiheit der Beteiligten Vorrang eingeräumt werde.[349]

---

[345] Aloni-Kommission, S. 41.
[346] In der hebräischen Formulierung heißt es „Verwandte erster Stufe" (Aloni-Kommission, S. 42), womit wohl die dem deutschem Recht entsprechende Verwandtschaft in gerader Linie bzw. in der Seitenlinie bis zum zweiten Grad gemeint ist.
[347] Vgl. hierzu bereits oben II.E.1.a) und II.A.2.b).
[348] Zwar enthält das jüdisch-religiöse Recht materielle Regelungen zum Personenstand (vgl. hierzu z.B. Rosen-Zvi 1995, S. 76.), doch ist mittlerweile geklärt, dass die Klärung diesbezüglicher Fragen den Zivilgerichten obliegt, welche die üblichen Beweisregelungen anzuwenden haben. Deren Entscheidungsmaßstab (Vorrang der genetischen Mutter vor der gebärenden Mutter oder anders herum) war allerdings zum Zeitpunkt der Erstellung des Gutachtens der Aloni-Kommission noch nicht geklärt. (Vgl. Ben-Am 1998, 109 f. und bereits die Ausführungen hierzu oben unter II.D.1.b)(2)(c)(i), dort auch Fn. 264 und unter II.E.1.b)).
[349] Aloni-Kommission, S. 42, 43; vgl. auch insbesondere Shalev Israel Law Review 1998, 51, 60.

c) Zulässigkeit der künstlichen Insemination der Surrogatmutter

Die Aloni-Kommission erläuterte ebenfalls die Konstellation der künstlichen Befruchtung der Surrogatmutter mit dem Samen des Wunschvaters im Rahmen eines Leihmutterschaftsvertrages. Die Sachverständigen hoben diesbezüglich hervor, dass die Methode der künstlichen Befruchtung im Hinblick auf die physische Eingriffsintensität für „beide Mütter" angenehmer sei. Dies spiegele sich auch in der weltweit höheren Anzahl von Leihmutterschaftsverträgen auf der Basis einer künstlichen Insemination im Vergleich zu Verträgen auf Basis einer IVF mit nachfolgendem ET wieder.[350]

Ein Teil der Kommission sprach sich dafür aus, dem in Zukunft zu etablierenden Ausschuss lediglich die Zustimmung zu Surrogatmutterschaftsverträgen zu erlauben, die gewährleisten, dass die Wunscheltern als Erziehungsberechtigte auch *beide* eine genetische Beziehung zum Kind aufweisen. Damit stellten sie sich gegen die Zulässigkeit von Leihmutterschaftsverträgen auf Basis der künstlichen Insemination der Surrogatmutter.[351] Die Mehrheitsansicht hingegen befürwortete, den Beteiligten die Wahl zwischen den beiden Optionen zu belassen. Etwaige Gegenargumente seien nicht so gewichtig, dass sie eine einschränkende Regelung des Gesetzgebers in diesem intimen und privaten Bereich der Beteiligten rechtfertigen könnten. So sei die von den Gegnern ins Feld geführte Asymmetrie der beiden Wunscheltern im Verhältnis zum zukünftigen Kind – ein Elternteil hat eine genetische Beziehung zum Kind, der andere hingegen nicht – auch bei der künstlichen Insemination der Mutter mit Spendersamen außerhalb einer Surrogatmutterschaftsvereinbarung festzustellen. Die genetische Verbindung sei darüber hinaus lediglich eine von mehreren anderen Komponenten, welche die Verbindung zwischen Kind und Eltern konstituiert. Als abschließendes Argument wird von der Mehrheitsmeinung ausgeführt:

> „Im übrigen gibt es Fälle, in denen Frauen unfähig sind, ein Kind auszutragen und gleichzeitig keine Eizellen produzieren. Im Hinblick auf diese Personen ist festzuhalten, dass der einzige Weg zu einem biologischen Kind des Lebenspartners über einen Leihmutterschaftsvertrag auf der Basis einer künstlichen Insemination der Mutter führt."[352]

Wie bereits oben unter E.2.a) im Hinblick auf die Embryonenspende erläutert, äußerte sich die Kommission nicht zur Frage der Kombination von Embryonenspende und Surrogatmutterschaft, bei der jegliche genetische Verbundenheit zwischen Wunscheltern und dem zukünftigen Kind fehlt.

---

[350] Aloni-Kommission, S. 43.
[351] Aloni-Kommission, S. 44.
[352] Aloni-Kommission, S. 44.

d) Finanzielle Leistungen an die Surrogatmutter

Im Ergebnis sprach sich die Mehrheit der Sachverständigen dafür aus, Zahlungen an die Surrogatmutter insoweit zuzulassen, als sie dazu dienen und geeignet sind, die durch die Befruchtung, die Schwangerschaft und die Geburt verursachten Kosten zu decken und als sie zudem einen angemessenen Ausgleich für die investierte Zeit, die erlittenen Schmerzen und den vorübergehenden Einkommensausfall darstellen.[353] Dem zu etablierenden Genehmigungsausschuss soll es lediglich erlaubt sein, Verträge zu autorisieren, die monatliche Zahlungen an die Surrogatmutter vorsehen, die den soeben erwähnten Ausgleich herstellen, jedoch nicht darüber liegen dürfen. Um „professionelles Surrogatmüttertum" zu vermeiden, soll darüber hinaus die Anzahl an Surrogatschwangerschaften pro Surrogatmutter auf eine einzige beschränkt sein, es sei denn die Surrogatmutter trägt für die gleichen Wunscheltern nochmals ein Kind aus. In letzterem Fall solle die zulässige maximale Anzahl an abgeschlossenen Surrogatmutterschaftsverträgen bei zwei liegen.[354]

Diesem Ergebnis gingen diverse Überlegungen und Abwägungen der Aloni-Kommission voraus. So wurde z.B. die Entstehung einer neuen Art von Prostitution der Surrogatmütter diskutiert. Es bestehe nämlich die Gefahr der Ausnutzung wirtschaftlich schlechter gestellter Personen, die in der Surrogatmutterschaft eine Einnahmequelle sehen. Dies gelte es zu verhindern.[355]

Andererseits wurde erörtert, dass gerade die Nichtbezahlung der Surrogatmutter für ihre Bereitschaft, ein Kind auszutragen, eine Ausnutzung der Person darstelle. In diesem Zusammenhang sei zwischen dem „Erwerb" im Sinne des Kaufs eines Kindes einerseits und der bloßen Bezahlung für die Dienste einer Frau andererseits zu unterscheiden. Die Bezahlung der „Dienstleistung" müsse deshalb auf Basis eines „Stundenlohnes", welcher im Laufe der Schwangerschaft regelmäßig ausgezahlt werden soll, vorgenommen werden – im Gegensatz zu einer Einmalzahlung nach der Geburt –, um den Aspekt der Gegenleistung für die Dienste zu unterstreichen. Genauso wie man den Arzt, den Samenspender oder die Eizellspenderin bezahle, sei auch die Surrogatmutter zu bezahlen. Solche Zahlungen seien ethisch und moralisch nicht anstößig.[356]

Der Gesetzgeber müsse folglich aktiv werden, um Geldleistungen an Surrogatmütter einen gesetzlichen Rahmen zu geben. Dabei gelte es zu berücksichtigen, dass im Falle eines totalen Zahlungsverbots die Existenz eines sog. „grauen Marktes", im Rahmen dessen die Unterscheidung zwischen der Bezahlung zum Zwecke des Ausgleichs der Ausgaben und Einbußen einerseits und einer darüber hinausgehenden Bezahlung an die Surrogatmutter andererseits nicht mehr möglich ist,

---

[353] Aloni-Kommission, S. 45 ff. und Shalev Israel Law Review 1998, 5158. Das entspricht auch den bereits zur Samen- und Eizellspende von der Kommission gemachten Vorschläge; vgl. oben unter II.D.1.c)(2) und II.E.1.c)(2).
[354] Aloni-Kommission, S. 46 und Shalev Israel Law Review 1998, 51, 58.
[355] Aloni-Kommission, S. 45.
[356] Aloni-Kommission, S. 45.

wahrscheinlich ist. Auch ein Verbot jeglicher Bezahlung unterbinde somit die Ausnutzung der Surrogatmütter nicht.[357]

Aus diesem Grund sprach sich die Kommission für einen Vorschlag aus, der verhindern soll, dass Frauen durch Makler ausgenutzt werden und der demgemäss der Surrogatmutter einen bestimmten, festgelegten „Stundenlohn" zubillige.[358]

Im Rahmen dieser Abwägungen stellte sich die Sachverständigenkommission auch die Frage, ob man die Identität der Surrogatmutter geheim halten sollte (hierzu im Einzelnen die nachfolgenden Ausführungen unter e)), wie dies im Hinblick auf die Samen- und Eizellspende seitens der Kommission bereits vorgeschlagen und unterstützt wurde. Es sei nämlich zu befürchten, dass im Falle einer gesetzlich vorgeschriebenen Wahrung der Anonymität der Surrogatmutter in Kombination mit einem Verbot der Bezahlung keine Person gefunden würde, die zur Übernahme einer Surrogatmutterschaft bereit ist. Nur für den Fall, dass eine persönliche Beziehung zwischen potentieller Surrogatmutter und den Wunscheltern besteht, sei anzunehmen, dass eine Surrogatmutterschaft freiwillig und ohne Bezahlung im Sinne eines Verdienstes, der über die bloße Aufwandsentschädigung hinaus geht, übernommen wird. Ohne eine solche persönliche Beziehung, die eine Aufgabe der Anonymität der Identität der Surrogatmutter voraussetzt, würden die meisten potentiellen Surrogatmütter nur aus nicht anerkennenswerten Motiven einem Vertrag hinsichtlich der Surrogatmutterschaft zustimmen.[359]

Diese Überlegungen der Sachverständigen zur Bezahlung von Surrogatmüttern führten in ihrer Summe zu dem eingangs geschilderten Vorschlag einer gesetzlich normierten Aufwandsentschädigung. Angesichts der geschilderten Problematik einer nicht gewollten weiteren Kommerzialisierung, schlug die Aloni-Kommission ferner vor, jegliche Art von Vermittlung von Verträgen, die eine Surrogatmutterschaft zum Gegenstand haben und nicht von der Genehmigungsbehörde autorisiert sind, so wie dies auch in Art. 32 des israelischen Adoptionsgesetztes[360] in Ansehung der unautorisierten Adoptionsvermittlung geregelt ist, unter Strafe zu stellen. Die gleiche Sanktion soll auch im Falle der Verbreitung von Werbung für eine entsprechende Vermittlung gelten. Ferner soll die Bezahlung von Dienstleistungen von Anwälten und Ärzten im unmittelbaren Zusammenhang mit der Vereinbarung über eine Surrogatmutterschaft sanktionsfrei nur nach Bestätigung durch die Genehmigungsbehörde erfolgen können.

---

[357] Aloni-Kommission, S. 45.
[358] Aloni-Kommission, S. 45.
[359] Aloni-Kommission, S. 45.
[360] Sog. Adoption of Children Law von 1981, in einer offiziellen Übersetzung in englischer Sprache veröffentlicht in Laws of the State of Israel (LSI) unter Nr. 108, Band 35, S. 360 ff.

e) Anonymität der Surrogatmutter

Bereits im vorangegangenen Abschnitt wurde verdeutlicht, dass die Aloni-Kommission – im Gegensatz zu den Fällen der Keimzellenspenden – keine strikte Wahrung der Anonymität der Surrogatmütter postuliert. In einem besonderen Absatz hoben die Sachverständigen dieses Ergebnis nochmals hervor. Es solle keine normative Regelung existieren, welche die Anonymität der Parteien eines Surrogatmutterschaftsvertrages vorschreibe.[361]

Da nach Ansicht der Sachverständigenkommission gerade nicht auf die nahen Angehörigen der Wunscheltern als Surrogatmütter verzichtet werden soll (vgl. den vorangehenden Abschnitt), Fälle also, in denen von vornherein keine Anonymität der potentiellen Surrogatmutter besteht, wird der Schutz der austragenden Mütter durch Alternativregelungen betont: Zum Zwecke der Verhinderung von Ausnutzung und Druckausübung zu Lasten der Surrogatmütter, insbesondere in den Fällen, in denen nahe Angehörige altruistisch und freiwillig die Stellung einer Surrogatmutter einnehmen, sei die zu etablierende Genehmigungskommission dazu berufen, zwischen den Wunscheltern und den Surrogatmüttern zu vermitteln.

Im übrigen heben die Sachverständigen hervor, dass ihres Erachtens die Wahrung der Anonymität im Gegenteil gerade dazu führe, dass die Surrogatmütter als bloße gesichtslose Mittel zum Zweck und damit als Objekte angesehen werden. Das persönliche Kennenlernen von Surrogatmüttern und Wunscheltern unterstütze dagegen den Schutz der Würde der austragenden Mütter.[362]

Eine Wahrung der Anonymität unter dem Schutz des Staates würde in der Konsequenz auch bedeuten, dass der Staat in irgendeiner Form eine die Anonymität wahrende Vermittlungsagentur bereitstellen müsste, welche die Verbindung zwischen Wunscheltern und potentiellen Surrogatmüttern herstellt. Der Staat soll aber nach Ansicht der Aloni-Kommission gerade nicht den Betrieb einer Vermittlungsagentur im Auftrag des Staates erlauben, die im Besitz einer Kandidatenliste ist und letztlich dafür verantwortlich ist, dass die sich nicht kennenden Wunscheltern und die Surrogatmutter als Vertragspartner zueinander passen.[363] Es ist den Beteiligten daher die Möglichkeit zu geben, selbst zu entscheiden, ob sie die Anonymität wahren möchten oder ob sie sich gegebenenfalls vor oder nach der Geburt des Kindes persönlich kennenlernen wollen.

f) Rücktritt vom Surrogatmutterschaftsvertrag

(1) Rücktritt durch die Surrogatmutter

Die Kommissionsmehrheit befürwortet eine Rücktrittsmöglichkeit der Surrogatmutter vom Vertrag mit den Wunscheltern unabhängig davon, ob dies vor der Erzeugung des Embryos oder erst während der Schwangerschaft erfolgt. Grund hier-

---
[361] Aloni-Kommission, S. 46.
[362] Aloni-Kommission, S. 46.
[363] Aloni-Kommission, S. 46.

für sei die Abhängigkeit der eigentlichen Durchführung der Schwangerschaft vom Willen der Surrogatmutter, welcher auch durch die besonderen Umstände der Surrogatmutterschaft nicht eingeschränkt wird.

Dies bedeutet einerseits, dass die Surrogatmutter wie jede andere Schwangere für ihre Gesundheit während der Schwangerschaft eigenverantwortlich ist, was auch die Wahrnehmung der entsprechenden ärztlichen Untersuchungen beinhaltet. Regelungen hierüber können allerdings auch im Surrogatmutterschaftsvertrag getroffen werden. Andererseits sei die Surrogatmutter wie jede andere Frau auch berechtigt, die Schwangerschaft im Rahmen des gesetzlich Erlaubten abzubrechen. Insbesondere sei der Surrogatmutter ein Schwangerschaftsabbruch im Falle der Gesundheits- und Lebensgefahr für sich selber oder aber auch im Falle einer Problemindikationen in Ansehung des Kindes (z.B. mit Blick auf eine Behinderung) erlaubt.[364]

Auch ein Recht der Surrogatmutter, die Herausgabe des Kindes, entgegen der vertraglichen Vereinbarung, zu verweigern, wurde von der Mehrheit der Sachverständigen befürwortet. Einer besonderen Rechtfertigung und spezieller Umstände bedarf es hierzu nicht. Eine solche besondere Begründung wurde nur von einer Minderheit der Kommission verlangt. Die Achtung der vertraglichen Verpflichtungen habe hinter der besonderen Verbindung zwischen Surrogatmutter und dem Kind zurückzustehen.

In zeitlicher Hinsicht solle jedoch ein Rücktritt der Surrogatmutter auf Zeitpunkte vor der tatsächlichen Übergabe des Kindes an die Wunscheltern begrenzt sein.[365] Mit dem rechtzeitigen Rücktritt der Surrogatmutter vom Vertrag soll dieser aufgehoben sein. Die Wunscheltern seien in diesem Fall berechtigt, von der Surrogatmutter alle an sie geleisteten Zahlungen zur Deckung der Ausgaben und Ausgleich der Vermögenseinbußen, welche durch die Behandlung verursacht wurden, zurückzuverlangen. Im übrigen sollen die Wunscheltern darüber hinaus zu einer Entschädigungszahlung von der Surrogatmutter, ähnlich der Entschädigung, welche Gametenspender allgemein erhalten, berechtigt sein.[366]

Die Aloni-Kommission betonte ihr Bewusstsein für Folgeprobleme, die sich an einen Rücktritt durch die Surrogatmutter anschließen können: Genannt wurden unter anderem Fragen betreffend den Rechtsstatus der Wunscheltern, die genetisch mit dem Kind verbunden sind, betreffend einer wirtschaftlichen Verantwortung der Wunscheltern für das Kind im Notfall oder betreffend der Folgen, die sich für das Erbrecht im Verhältnis der Wunscheltern zum Kind ergeben. Da nach Ansicht der Sachverständigen diese Fragen sich nur in Ausnahmefällen stellen, sei es nicht angebracht, abstrakt und im vorhinein diesbezügliche Regeln aufzustellen. Viel-

---

[364] Aloni-Kommission, S. 47.
[365] Aloni-Kommission, S. 48.
[366] Aloni-Kommission, S. 48.

F. Die Zulässigkeit der für jemand anderen übernommenen Mutterschaft   93

mehr sollten im konkreten Konfliktfall Gerichte eine Einzelfallentscheidung vornehmen können.[367]

Die Übergabe des Kindes an die Wunscheltern, so die Mehrheit der Sachverständigen, solle in Anwesenheit eines Beamten oder Richters von einem Verwaltungsakt begleitet werden, der gewährleistet, dass die Wunscheltern zu diesem Zeitpunkt ohne weitere rechtliche Schritte, mit allen Rechten und Pflichten die Rolle der Elternschaft übertragen bekommen. Die rechtliche Beziehung der Surrogatmutter zum Kind sei damit beendet und ein Rücktritt der Surrogatmutter infolgedessen nicht mehr möglich.

(2) Rücktritt der Wunscheltern

Eine Möglichkeit der Wunscheltern, sich vom Vertrag mit der Surrogatmutter zu lösen, wurde von der Kommission grundsätzlich nicht anerkannt. In diesem Zusammenhang verdeutlichten die Sachverständigen, dass es die alleinige Verantwortung der Wunscheltern bleiben muss, dass an sie aufgrund eines Surrogatmutterschaftsvertrages übergebene Kind mit allen Rechten und Pflichten aufzuziehen. Lediglich im Rahmen der schon bestehenden Rechtslage könnten die Wunscheltern Rechte und Pflichten aus dem Eltern-Kind-Verhältnis auf Dritte übertragen (z.B. Adoption).[368]

g) Zusammenfassung der Ausführungen der Aloni-Kommission

Die Erörterungen der Aloni-Kommission im Hinblick auf die Surrogatmutterschaft lassen sich wie folgt zusammenfassen:

Durch die Schaffung einer mit besonderem Sachverstand ausgestatteten Genehmigungsbehörde, deren positive Anerkennung einer auf eine Surrogatmutterschaft gerichteten Vereinbarung unabdingbare Voraussetzung für die Wirksamkeit derselben ist, soll ein gerechter Ausgleich zwischen Surrogatmuttern und Wunscheltern gewährleistet werden. Dieses neutrale, vermittelnde Organ soll den Prozess der Surrogatmutterschaft vom Abschluss der entsprechenden Vereinbarung zwischen den Parteien bis hin zur Übergabe des Kindes begleiten, überwachen und ordnen.

h) Zwei Minderheitsvoten

Der Rabbiner Dr. Halperin und Prof. Shenkar (Leiter der gynäkologischen Abteilung und der Geburtsabteilung am Hadassah-Krankenhaus, Ein Kerem, Jerusalem) sprachen sich gegen die Mehrheitsmeinung der Sachverständigenkommission aus.

---

[367] Aloni-Kommission, S. 49; diese Sichtweise ist insbesondere vor der besonderen Stellung der Gerichte im Rahmen eines Rechtssystems, das dem englischen Common Law zuzurechnen ist (vgl. hierzu Zemach 1993, 23 und 26), zu sehen.
[368] Aloni-Kommission, S. 49.

Die Surrogatmutterschaft solle nur in bestimmten, medizinisch indizierten Fällen erlaubt sein. Außerdem sei eine künstliche Insemination der Surrogatmutter nicht akzeptabel. Der Embryo müsse genetisch zur Gänze von den Wunscheltern, die außerdem legal miteinander verheiratet sein müssen, abstammen. Als medizinische Indikationen gälten Gebärmutterstörungen und Gesundheitsgefahren für die Mutter im Falle einer Schwangerschaft oder Geburt.[369]

Gegen eine rechtliche Anerkennung der Surrogatmutterschaft, die durch künstliche Insemination der Surrogatmutter oder durch Geschlechtskontakt zwischen Wunschvater und Surrogatmutter herbeigeführt wird, spreche unter anderem, dass diese Form der assistierten Reproduktion dem Menschenhandel am nächsten komme. Das zukünftige Kind würde von einer völlig fremden Frau quasi adoptiert werden müssen. Ausserdem widerspräche es dem Kindeswohl, wenn das Kind als von seiner genetischen und plazentaren Mutter von vornherein nicht gewollt entstehe. Davon sei die Surrogatmutterschaft, die durch nicht autologe Übertragung eines homolog in vitro gezeugten Embryos entstanden sei, zu unterscheiden. Sie sei zwar ebenfalls nicht unproblematisch, doch bestehe zwischen Wunschmutter und zukünftigem Kind immerhin eine genetische Verbundenheit.[370]

4. Literaturansichten

Im Hinblick auf den israelischen Rechtskreis werden zur Begründung der durchweg der Surrogatmutterschaft und ihrer Zulässigkeit positiv gegenüberstehenden Literaturansichten[371] verschiedene Argumente angeführt.

Stellvertretend sei an dieser Stelle eine zusammenfassende Aussage von Shifman zitiert:

„Nach Abwägung aller Argumente für und gegen die Surrogatmutterschaft ist aus juristischer Sicht festzuhalten, dass eine eindeutige Stellungnahme angezeigt ist. Man darf diese Verträge [Surrogatmutterschaftsverträge; Anm. des Autors] nicht strafrechtlich sanktionieren und sie auch nicht als rechtswidrig oder unmoralisch einstufen. Andererseits aber gibt es keinen Anlass, durch eine vorherige offizielle Genehmigung der Verträge einer positiven und ermutigenden Nachprüfung durch die Gesellschaft Ausdruck zu verleihen. Es ist einzig und allein Sache der Privatsphäre des Individuums zu entscheiden, ob dieser Weg beschritten wird oder nicht. Die Aufgabe des Rechts ist meines Erachtens, die Streitigkeiten über das Festhalten am Kind nach seiner Geburt einzudämmen und beim Versuch einer Lösung dabei die Umstände des Einzelfalles zu berücksichtigen.

---

[369] Aloni-Kommission, S. 64, 91 (dort unter Ziffer 7.2) und 107.
[370] Aloni-Kommission, S. 91 (dort unter Ziffer 7.2 und 7.3) und S. 92 (dort unter Ziffer 7.6).
[371] So auch die Analyse von Ben-Am 1998, S. 62 ff.

F. Die Zulässigkeit der für jemand anderen übernommenen Mutterschaft

> Als vorrangiges Gewicht in der Abwägung muss das Recht hierbei das Ziel der Unversehrtheit des Kindes durchsetzen. Somit darf man nicht so tun als ob das Wohl des Kindes verlangt, dass es nicht auf diese Art und Weise [auf dem Wege der Surrogatmutterschaft; Anm. des Autors] auf die Welt kommt, d.h. das es erst gar nicht zu einer solchen Schwangerschaft und zu einer Geburt kommt."[372]

Neben der allgemeinen Freiheit vor staatlichen Eingriffen im intimen Bereich der Fortpflanzung wird des weiteren auf die Vertragsfreiheit einerseits und auf das Selbstbestimmungsrecht der Frau über ihren eigenen Körper abgestellt. Hieraus sei ebenfalls die grundsätzliche Zulässigkeit von Surrogatmutterschaftsverträgen abzuleiten.[373] Die Zulässigkeit der Surrogatmutterschaft kann gemäß einigen Stimmen in der Literatur nicht mit dem Argument des widersprechenden „Kindeswohles" ausgeschlossen werden. Das Wohl des Kindes sei kein taugliches Kriterium im Rahmen der Entscheidung über die prinzipielle Zulässigkeit der Surrogatmutterschaft, denn nach überwiegender Ansicht in der Jurisprudenz ist das allererste Ziel des Kindeswohles, überhaupt geboren zu werden und zu überleben. Das Kindeswohl kann demgemäss erst nach der Geburt eines Menschen zu einem Argument für die Regelung bestimmter Sachverhalte sein.[374]

Unabhängig von der grundsätzlichen Zulässigkeit der Surrogatmutterschaftsverträge plädieren jedoch einige Autoren in Übereinstimmung mit der Aloni-Kommission für eine staatliche Kontrolle dieser Vereinbarungen.[375]

5. Das Leihmutterschaftsgesetz – die Situation de lege lata

Vor diesem Hintergrund wurde mit Gesetz vom 17. März 1996 das „Gesetz über Leihmutterschaftsverträge (Genehmigung des Vertrages und Status des Kindes) 1996" (sog. Leihmutterschaftsgesetz[376]) erlassen.[377] Hierbei handelt es sich um ein weltweit einzigartiges Gesetzeswerk, da die meisten Rechtsordnungen entweder normativ oder durch die Rechtsprechung Surrogatmutterschaften generell verbieten oder zumindest diesbezügliche Handlungen, die auf Gewinnerzielung ausgerichtet sind, untersagen. Israel schaffte durch das Leihmutterschaftsgesetz ein weltweit singuläres Modell, das normative Differenzierungen festschreibt.[378]

Es ist grundsätzlich in vier Teile gegliedert. Neben Teil A, der wie in israelischen Gesetzen üblich wichtige Begriffsdefinitionen enthält, und Teil D der unter anderem Strafnormen vorsieht, sind die zentralen Regelungsbereiche in Teil B und C enthalten. Teil B ist mit „Genehmigung des Surrogatmutterschaftsvertrages"

---

[372] Shifman 1989, 165.
[373] So z.B. Shalev 1995, 531.
[374] Ben-Dror 1994, 312 und 313; Shifman 1989, 165; Vilchik Mishpatim 1988, 534, 548.
[375] Vgl. z.B. Ben-Dror 1994, 502 und 503; Vilchik Mishpatim 1988, 534, 570.
[376] Zum Begriff „Leihmutterschaftsgesetz" vgl. oben die Anmerkung bei Fn. 184 und 183.
[377] Vgl. hierzu allgemein oben unter II.A.2.f).
[378] Vgl. Shalev Israel Law Review 1998, 51, 53.

und Teil C mit „Status des Kindes" überschrieben. Im Einzelnen seien die materiellen Anordnungen im folgenden vorgestellt.

a) Allgemeine Voraussetzungen und Beschränkungen

Die Übertragung eines Embryo auf eine Frau, die eine Schwangerschaft für die Wuscheltern austrägt (Surrogatmutter; vgl. Teil A Art. 1 des Leihmutterschaftsgesetztes) ist grundsätzlich zulässig, wenn beide Parteien zuvor einen entsprechenden schriftlichen Vertrag abgeschlossen haben, der die Zustimmung einer besonders eingerichteten Genehmigungskommission gefunden hat (Teil B Art. 2 Ziffer (1) des Leihmutterschaftsgesetzes).[379] Wuscheltern können nur volljährige Einwohner Israels sein (Teil B Art. 2 Ziffer (2) des Leihmutterschaftsgesetzes). Besondere Voraussetzungen an den Familienstand der Wunscheltern werden nicht gestellt.

Das Gesetz spricht insofern lediglich von „einem Paar", so dass hiervon auch nichteheliche Lebensgemeinschaften umfasst sind (Teil A Art. 1 des Leihmutterschaftsgesetzes). Allerdings muss der Samen, der zur Befruchtung verwendet wird, zwingend vom Wunschvater stammen und die Eizelle darf nicht von der Surrogatmutter gespendet werden (Teil B Art. 2 Ziffer (4) des Leihmutterschaftsgesetzes). Damit ist entgegen der Ansicht der Aloni-Kommission eine Kombination der Embryonenspende und der Surrogatmutterschaft ausgeschlossen. Ferner ist alleinstehenden Frauen der Zugang zur Surrogatmutterschaft verwehrt.[380] Wie aus den bisherigen Ausführungen zu Keimzellenspenden bereits bekannt, sind Befruchtung und Embryotransfer nur in einer besonders anerkannten Abteilung eines Krankenhauses durchzuführen (Teil B Art. 7 i.V.m. Teil A Art. 1 des Leihmutterschaftsgesetzes).

Voraussetzungen auf Seiten der Surrogatmutter sind:

- Sie muss unverheiratet sein, es sei denn die Wunscheltern können nachweisen, dass sie keine ledige Surrogatmutter gefunden haben (Teil B Art. 2 Ziffer (3) lit. (a) des Leihmutterschaftsgesetzes);
- sie darf nicht in gerader Linie oder in der Seitenlinie (bis 2. Grad) mit den Wuscheltern verwandt sein oder kraft Adoption ein entsprechendes Verhältnis zu den Wuscheltern aufweisen (Teil B Art. 2 Ziffer 3 lit. (b) des Leihmutterschaftsgesetzes);
- sie muss grundsätzlich derselben Religionsgemeinschaft wie die Wunschmutter angehören[381], es sei denn, keiner der Beteiligten ist Jude; letzterenfalls darf nach Zustimmung des religiösen Kommissionsmit-

---

[379] Für die Beteiligung an Surrogatmutterschaften ohne Beachtung des Leihmutterschaftsgesetzes wird die Sanktion einer 1-jährigen Haftstrafe angedroht (Teil C Art. 19 lit. (a) des Leihmutterschaftsgesetzes).
[380] Sie haben per definitionem nicht den notwendigen Wunschvater.
[381] Hintergrund dieser Regelung ist der Umstand, dass derjenige, der von einer jüdischen Mutter geboren wurde, im religiösen Sinne Jude ist.

glieds von dieser Vorgabe abgewichen werden (Teil B Art. 2 Ziffer 5 des Leihmutterschaftsgesetzes).

Die Zahlung einer monatlichen Aufwandsentschädigung an die Surrogatmutter ist grundsätzlich zulässig und bedarf als Teil des Leihmutterschaftsvertrages ebenfalls der Zustimmung der Genehmigungskommission (Teil B Art. 6 des Leihmutterschaftsgesetzes). Nicht genehmigte geldwerte Leistungen, die einen Bezug zum Leihmutterschaftsvertrag aufweisen, werden strafrechtlich sanktioniert (Teil D Art. 19 lit. (b) des Leihmutterschaftsgesetzes).

b) Die Genehmigungskommission

Gemäß Teil B Art. 3 lit. (a) des Leihmutterschaftsgesetzes besteht die Genehmigungskommission aus 7 Mitgliedern. Sie teilen sich auf in drei Ärzte (aus den Fachbereichen Gynäkologie, Geburtshilfe und Innere Medizin), einen klinischen Psychologen, einen Sozialarbeiter, einen Juristen und einen Geistlichen, entsprechend der Religionszugehörigkeit der Vertragsparteien.[382] Sie entscheidet grundsätzlich mit einfacher Mehrheit in geheimer Beratung nach Anhörung und - soweit erforderlich - zusätzlicher Personen (Teil B Art. 3 lit. (e) und (f) sowie Art. 4 lit. (b) des Leihmutterschaftsgesetzes).

Vorzuliegen haben der Kommission gem. Teil B Art. 4 lit. (a) des Leihmutterschaftsgesetztes folgende Formalia:

- Der Entwurf des Surrogatmutterschaftsvertrages;
- ein ärztliches Gutachten, das die Indikation beinhaltet, dass die Wunschmutter unfruchtbar ist und nicht in der Lage ist, ohne Gefahr für ihre Gesundheit ein Kind auszutragen;
- jeweils ein ärztliches und ein psychologisches Gutachten, das den Parteien die Eignung für die Durchführung der Surrogatmutterschaft bescheinigt;
- eine Bestätigung von einem Psychologen oder Sozialarbeiter über die Beratung der Wunscheltern betreffend alternativer Möglichkeiten der Elternschaft;
- soweit existent, ein entgeltlicher Vermittlungsvertrag unter Bekanntgabe der Identität des Vermittlers.

Bei Vorliegen der vorgenannten Formalia hat die Kommission den Vertrag auch unter Stellung zusätzlichen Bedingungen nur dann zu genehmigen, wenn sie mehrheitlich von der Freiwilligkeit des Vertragsschlusses, vom Fehlen einer Gefahr für die Surrogatmutter, vom Fehlen einer Gefahr für das Wohl des zukünftigen Kindes und vom Fehlen diskriminierender Regelungen betreffend das zukünftige Kind oder die Beteiligten überzeugt ist (Teil B Art. 5 lit. (a) des Leihmutterschaftsgesetzes). Bis zum Transfer des Embryos kann bei Änderung der Entschei-

---

[382] Welcher Religionszugehörigkeit der Geistliche sein soll, wenn es sich um nichtjüdische, unterschiedlichen Religionen angehörende Beteiligte handelt, geht aus dem Gesetzestext nicht hervor.

dungsgrundlagen die Genehmigung von der Kommission zurückgenommen werden (Teil B Art. 5 lit. (c) des Leihmutterschaftsgesetzes).

c) Regelungen betreffend das zukünftige Kind

Zum Zwecke der hoheitlichen Kontrolle und Abwicklung des Surrogatmutterschaftsverhältnisses werden vom Minister für Arbeit und Wohlfahrt sog. „Wohlfahrtsbeamte" ernannt, die er aus dem Fundus an Sozialarbeitern auswählt (Teil D Art. 20 lit. (c) i.V.m. Teil A Art. 1 i.V.m. Teil C des Leihmutterschaftsgesetzes). Der Wohlfahrtsbeamte ist über Zeit und Ort der geplanten Geburt sowie über die tatsächlich erfolgte Geburt zu informieren, um das Kind dann an die Wunscheltern übergeben zu können (Teil C Art. 9 des Leihmutterschaftsgesetzes). Der Wohlfahrtsbeamte ist eine Art „Treuhänder", der bis zur formellen Elternschaftsanordnung durch das unterste Zivilgericht (mit dem deutschen Amtsgericht vergleichbar)[383] alleiniger rechtlicher Vertreter des Säuglings ist (Teil C Art. 10 lit. (b) des Leihmutterschaftsgesetzes). Binnen 7 Tagen nach der Geburt haben die Wunscheltern beim zuständigen Gericht die Elternschaftsanordnung zu beantragen. Tun sie dies nicht, ist der Wohlfahrtsbeamte zur Beantragung verpflichtet. Die Elternschaftsanordnung durch das Gericht ist grundsätzlich antragsgemäß zu erlassen, es sei denn die Surrogatmutter ist vom Vertrag zurückgetreten und das Gericht kommt ausnahmsweise zu der Überzeugung, dass anderenfalls das Kindeswohl gefährdet ist. Nach erfolgter Elternschaftsanordnung steht für alle Beteiligten bindend fest, wer sämtliche Rechte und Pflichten gegenüber dem Kind wahrnimmt. (Vgl. zu diesem Komplex Teil C Art. 11, 12 und 13 des Leihmutterschaftsgesetzes.[384]) Das Gesetz zielt also darauf ab, den Wunscheltern eine allumfassende und rechtsverbindliche Elternschaft zu gewähren. Zu diesem Zweck wurden weitere Institutionen wie das Sozialversicherungssystem und die an das Arbeitseinkommen gekoppelten Sonderzuwendungen für Kinder dahingehend angepasst, dass nach entsprechender Elternschaftsanordnung die Surrogatmutterschaftskinder als vollwertige Kinder der Wunscheltern angesehen werden.[385]

6. Zusammenfassung

Insgesamt ist festzuhalten, dass das Leihmutterschaftsgesetz die wesentlichen Vorgaben der Aloni-Kommission umgesetzt und einen ausdifferenzierten rechtlichen Rahmen für die Surrogatmutterschaft in Israel geschaffen hat. Hinsichtlich

---

[383] Sollten zu einem späteren Zeitpunkt in Israel besondere, zur Zeit noch nicht existierende Familiengerichte eingeführt werden, so sieht das Gesetz die Zuständigkeit dieser Gerichte vor. Bis dahin bleibt es bei der Zuständigkeit der allgemeinen Untergerichte (Teil C Art. 11 i.V.m. Teil A Art. 1 des Leihmutterschaftsgesetzes).

[384] Das Leihmutterschaftsgesetz regelt in diesem Zusammenhang noch weitere, für die Zwecke dieser Arbeit jedoch vernachlässigbare Details wie z.B. die Kostentragungspflicht für das Verfahren und Dokumentationsverpflichtungen.

[385] Shalev Israel Law Review 1998, 51, 63.

des Ausschlusses von Verwandten bzw. Angehörigen der Wunscheltern als Surrogatmütter, der Bedingung einer übereinstimmenden Religionszugehörigkeit von Surrogat- und Wunschmutter soweit es sich um Juden handelt, dem Verbot der Eizellspende durch die Surrogatmutter, der Beschränkung der Surrogatmutterschaft auf Nichtverheiratete und der zwingend notwendigen genetischen Verbundenheit zwischen zukünftigem Kind und Wunschvater wich der Gesetzgeber allerdings von der Mehrheitsansicht der Sachverständigenkommission ab. Zusammenfassend stellt sich die Rechtslage wie folgt dar:

Die Surrogatmutterschaft ist in Israel durch ein formelles Gesetz geregelt und grundsätzlich zugelassen.

Der Leihmutterschaftsvertrag bedarf hoheitlicher Genehmigung. Diese wird nur erteilt, wenn bestimmte Grundvoraussetzungen auf Seiten der Wunscheltern und der Surrogatmutter vorliegen. Dazu gehören exemplarisch die Volljährigkeit der Beteiligten, deren Einwohnerstatus in Israel, die Befruchtung mit dem Samen des Wunschvaters, der Ausschluss einer Eizellspende seitens der Surrogatmutter, das Unverheiratetsein der Surrogatmutter und die Übereinstimmung der Konfession der Beteiligten soweit sie jüdisch sind. Besonderer Hervorhebung bedarf die Voraussetzung einer Partnerschaft auf Seiten der Wunscheltern, die den Zugang alleinstehender Frauen zur Surrogatmutterschaft ausschließt.

Die Herausgabe des Kindes und die Überwachung der Vertragsabwicklung unterliegt hoheitlicher Kontrolle.

Nach der Geburt obliegt die rechtsverbindliche Elternschaftsanordnung einer gerichtlichen Entscheidung.

G. Die rechtliche Zulässigkeit der Gewinnung embryonaler Stammzellen vom Embryo in vitro

Wie bereits oben unter I.B i.V.m. I.D.2.j)(4) ausgeführt, ist zentraler Untersuchungsgegenstand im folgenden nur eine von derzeit drei bekannten Methoden der Gewinnung humaner embryonaler Stammzellen. Die Gewinnung entsprechender Zellen aus primordialen Keimzellen nach Abort (spontaner oder künstlich induzierter) von Feten bleibt unberücksichtigt. Angesprochen werden allerdings auch die Entwicklung individualspezifischer embryonaler Stammzellen nach Zellkerntransfer in eine enukleierte Eizelle (sog. theraupeutische Klonen). Im Zentrum der Betrachtung steht die Gewinnung embryonaler Stammzellen aus Embryonen in vitro, d.h. aus dem Embryoblasten. Heftig umstritten und problembehaftet ist diese Art der Gewinnung embryonaler Stammzellen wegen des mit ihr zwangsläufig einher gehenden Absterbens des Embryos in vitro.[386]

---

[386] Siehe bereits oben unter I.D.2.j)(4)(a); vgl. auch Prelle ZME 2001, 227, 229; Bargs-Stahl 2001; DFG-Stellungnahme 1999 unter I.2.. Unberücksichtigt bleiben Eingriffe in

1. Einfachgesetzliche Zulässigkeit

Der israelische Gesetz- bzw. Verordnungsgeber verlieh einem Verbot der Stammzellenentnahme vom Embryo in vitro keinerlei Ausdruck. Nur mittelbar kann aus Anordnungen der IVF-Verordnung über den Umgang mit befruchteten Eizellen in vitro und aus dem Fehlen eines einfachgesetzlichen Verbots auf eine grundsätzliche Zulässigkeit der Gewinnung embryonaler Stammzellen von sog. überzähligen Embryonen geschlossen werden.

a) IVF-Verordnung

Betreffend die befruchtete Eizelle in vitro enthält die IVF-Verordnung in Art. 3 und 9 zwei relevante Anknüpfungspunkte:

„3. Die Gewinnung einer Eizelle soll [nur] zum Zwecke der IVF und der auf die Befruchtung der Eizelle folgenden Einpflanzung [in den Uterus] erfolgen.

...

(a) Eine Eizelle, inklusive einer befruchteten Eizelle, darf für eine Zeitspanne nicht länger als 5 Jahre kryokonserviert werden.

(b) Aufgrund eines schriftlichen, von der Frau, von der die Eizelle entnommen wurde, und ihrem Ehemann unterschriebenen Antrags, der vom verantwortlichen Arzt anerkannt wurde, kann das Krankenhaus die Zeitspanne der Konservierung um weitere 5 Jahre verlängern."

In der Konsequenz bedeutet Art. 9 der Verordnung, dass in israelischen Krankenhäusern nach Ablauf des bestimmten Konservierungszeitraums die Embryonen aufgetaut und sodann vernichtet werden sollten.[387] Entgegen Art. 9 der IVF-Verordnung werden in der Praxis die Embryonen jedoch nicht vernichtet, sondern weiter konserviert.[388] Ferner wird der vorherrschende, bereits oben im Rahmen des Rechtsstatus des Embryos unter II.B. erläuterte Grundsatz deutlich, dass das Schicksal von Embryonen in vitro in der Hand derjenigen Personen liegt, von denen die Gameten stammen. Insofern ist bei vorliegendem Einverständnis dieser Personen eine Verwendung der Embryonen zur Stammzellengewinnung nicht ausgeschlossen.

Verboten ist jedoch gemäß Art. 3 der IVF-Verordnung bereits die Entnahme von Eizellen mit dem Ziel, nach der Befruchtung embryonale Stammzellen zu gewinnen, denn Zweck der Eizellenentnahme muss der Transfer zur Herbeiführung

---

die Substanz des Embryos, die ihm selbst zugute kommen sollen (sog. Heilversuch); vgl. Eser 1991, 265 und 288.

[387] Vgl. Sinai in Ha-Aretz vom 31.05.2000.
[388] Sinai in Ha-Aretz vom 31.05.2000.

G. Die rechtliche Zulässigkeit der Gewinnung embryonaler Stammzellen in vitro 101

einer Schwangerschaft sein. Dadurch ist die zulässige Gewinnung embryonaler Stammzellen auf sog. überzählige Embryonen, die zwar zum Zwecke der Herbeiführung einer Schwangerschaft erzeugt wurden, aber nicht auf eine Patientin übertragen werden konnten, beschränkt.[389] Das sog. therapeutische Klonen ist im Gegensatz hierzu rechtlich unzulässig, da es die Gewinnung von Eizellen zu anderen Zwecken als den anschließenden Transfer auf eine Frau voraussetzt. Wie bereits im Zusammenhang mit der umstrittenen Vereinbarkeit des Rundbriefs und einiger Anordnungen in der IVF-Verordnung mit höherrangigem Recht unter C.1.b)(2)(a), mit Nachweis in Fn. 258 und unter E.1.a), dort Fn. 289 dargestellt, können Verstöße gegen Anordnungen des Gesundheitsministeriums berufsrechtlich sanktioniert werden.

Die Zulässigkeit der Gewinnung humaner embryonaler Stammzellen von sog. überzähligen Embryonen wird bzw. wurde seitens des israelischen Gesundheitsministeriums bestritten. Das Ministerium interpretiert die IVF-Verordnung dahingehend, dass die strenge Zweckbegrenzung des Art. 3 der IVF-Verordnung auch ein Verbot der Stammzellengewinnung von sog. überzähligen Embryonen umfasse. Zwar seien die „überzähligen" Embryonen ursprünglich lediglich zum Zwecke der Fortpflanzung erzeugt worden, doch sei das Heranziehen „überzähliger", konservierter Embryonen zur Stammzellengewinnung mit der Entnahme von Eizellen aus dem Eierstock der Frau zum Zwecke der Stammzellengewinnung gleichzusetzen und daher verboten.[390]

Der Ansicht des Gesundheitsministeriums wird in Israel jedoch nicht gefolgt. Der Wortlaut der Vorschrift jedenfalls steht der Gewinnung von Stammzellen von sog. überzähligen Embryonen nicht entgegen, denn auch die nunmehr in diesen Embryonen enthaltenen Eizellen wurden ursprünglich ausschließlich zu Therapiezwecken entnommen. Erst nach Abschluss eines Behandlungszyklus bzw. nach Beendigung der vorgeschriebenen Konservierungszeit fällt der ursprüngliche Zweck der Einpflanzung in den Uterus weg. Der Wortlaut von Ziffer 3 der IVF-Verordnung untersagt lediglich die Entnahme einer befruchteten Eizelle bereits mit dem von Beginn des Prozesses an gefassten Ziel der Gewinnung von Stammzellen.[391]

Eine gerichtliche Klärung der Frage ist bisher nicht erfolgt. Die vom Gesundheitsministerium erklärte Auslegung begegnet allerdings auch verfassungsrechtlichen Bedenken. Der Auslegung von Art. 3 der IVF-Verordnung des Gesundheitsministeriums folgend, würde jedenfalls die grundrechtlich geschützte Forschungsfreiheit[392] tangiert, mit der Folge, dass die bereits im Zusammenhang mit Metho-

---

[389] So auch Shapira Country Report unter D.III.
[390] Sinai in Ha-Aretz vom 31.05.2000.
[391] So auch Shapira Country Report unter D.III.
[392] Zu Grund- und Menschenrechten vgl. bereits oben unter II.A.1. Die Forschungsfreiheit ist in Israel ein anerkanntes Grundrecht, das über nur einfachgesetzlich gewährten Rechten und Ansprüchen steht und aus der allgemeinen Handlungsfreiheit wie sie das sog. „The basic law: Human Dignity and Liberty" schützt, abgeleitet wird. Vgl. z.B. Kretzmer in Zamir/Zysblat, 148 ff.

den der assistierten Reproduktion und im Überblick über die israelischen Rechtsquellen erläuterte Problematik des Fehlens einer ausreichenden gesetzlichen Ermächtigung des Verordnungsgebers auch in dieser Sachverhaltskonstellation zum tragen kommt.[393] Es ist daher mit guten Gründen anzunehmen, dass die vom Wortlaut der Norm nicht eindeutig umfasste Auslegung des Gesundheitsministeriums wegen entgegenstehenden höherrangigen Rechts abzulehnen ist.

Im übrigen konnte sich die Rechtsauffassung des Ministeriums in der Praxis nicht durchsetzen. Die Gewinnung embryonaler Stammzellen von sog. überzähligen Embryonen in vitro wird in Israel bei Einhaltung der bestehenden Regelungen sanktions- und behinderungsfrei praktiziert.[394]

b) Verordnung über Humanexperimente

Die Verordnung über Humanexperimente aus dem Jahre 1980 stellt den Rechtsrahmen für die biomedizinische Forschung an Menschen in Israel. Ausdrücklich erwähnt sind in der Verordnung medizinische Experimente an Menschen bzw. die experimentelle Medikation, Bestrahlung oder Verabreichung chemischer, biologischer, radiologischer oder pharmakologischer Substanzen, welche die Gesundheit, den Körper, die Psyche einer Person oder *eines Embryo* beeinträchtigen können (Art. 1 (1) der Verordnung über Humanexperimente). Ob vom Wortlaut auch der Embryo in vitro umfasst ist oder nur der Embryo in vivo als Teil seiner Mutter, lässt sich dem Verordnungstext nicht zweifelsfrei entnehmen, da unklar ist, ob der Verordnungsgeber sich an die bereits erläuterte, in Israel übliche sprachliche Unterscheidung zwischen „Embryonen" und „Präembryonen" bzw. „befruchteten Eizellen"[395] gehalten hat oder nicht. In der Verordnung 1980 ist lediglich von „Embryonen" die Rede, was bei Anwendung des in Israel üblichen Sprachgebrauchs nur *eingenistete* befruchtete Eizellen umfasst.

Stellungnahmen der Rechtsprechung hierzu sind nicht bekannt. Allerdings ist aus der üblichen Praxis in Israel und mittelbar aus den Ausführungen der Literatur zu schließen, dass auch auf bio-medizinische Maßnahmen betreffend den Embryo *in vitro* die Verordnung über Humanexperimente zur Anwendung kommt. Auf das Forschungsprojekt von Prof. Yosef Itzkowitch am Rambam-Hospital in Haifa, Israel, z.B., das die Gewinnung embryonaler Stammzellen von nach IVF-Behandlung überzähligen Embryonen in vitro beinhaltet(e), wurde die Verordnung über Humanexperimente angewandt.[396] Prof. Shapira macht ferner darauf aufmerksam, dass die ersten Fragestellungen, auf welche die Verordnung angewandt wurden,

---

[393] In diesem Zusammenhang siehe auch oben unter II.A.2.d), II.D.1.b)(2)(a), II.E.1.a) sowie II.E.2.a)(1).
[394] Vgl. z.B. Sinai in Ha-Aretz vom 31.05.2000 und Schnabel in Die Zeit v. 07.06.2001.
[395] Vgl. hierzu die Ausführungen oben unter II.B.2.b), dort insbesondere auch Fn. 202.
[396] Sinai in Ha-Aretz vom 31.05.2000.

die IVF und den Embryonentransfer betrafen, so dass auch hieraus auf die Anwendung der Verordnung auf Embryonen in vitro zu schließen ist.[397]

Die Heranziehung der Verordnung hat für die Durchführung eines Projektes zur Gewinnung von embryonalen Stammzellen formelle und materielle Konsequenzen. Gemäß Art. 2 lit. (a) der Verordnung über Humanexperimente dürfen entsprechende Maßnahmen nur durchgeführt werden, wenn sie neben den Bestimmungen der Verordnung selbst auch diejenigen der sog. Deklaration von Helsinki des Weltärztebundes in der damals geltenden Fassung[398] beachten. Die Deklaration ist als Anhang 1 in die Verordnung über Humanexperimente inkorporiert und damit Teil des geltenden Rechts geworden. Die Deklaration selbst enthält jedoch keine konkreten Anhaltspunkte hinsichtlich der Zulässigkeit der Gewinnung embryonaler Stammzellen von überzähligen Embryonen in vitro. Sie beschränkt sich auf grundsätzliche Erwägungen und Leitprinzipien. Einzig die Voraussetzungen einer Kosten-Nutzenanalyse des geplanten Projekts (Ziffer 19 der Deklaration von Helsinki) und der Zustimmung aller Beteiligten nach entsprechender Aufklärung (Ziffer 22 der Deklaration von Helsinki) sind erwähnenswerte Vorgaben, die auch im Rahmen der Gewinnung embryonaler Stammzellen Beachtung zu finden haben.[399]

Für Eingriffe in die körperliche Integrität eines Embryo in vitro besteht nach der Verordnung über Humanexperimente ferner die Notwendigkeit einer Eröffnungskontrolle, die der Durchführung der Maßnahme vorgeschaltet ist. Erforderlich ist eine schriftliche Genehmigung durch den jeweiligen Direktor des Krankenhauses, an dem das Projekt durchgeführt werden soll, bzw. des „Generaldirektors" im Gesundheitsministerium (Art. 2 lit. (a) i.V.m. Art. 1). Deren Zustimmung wiederum hat eine positive Entscheidung des sog. „Helsinki-Komitees" vorauszugehen (Art. 3. lit. (a) und (b) der Verordnung über Humanexperimente). Letztgenanntes Gremium ist eine am jeweiligen Krankenhaus, an dem das Forschungsprojekt durchgeführt werden soll, zu bildenden bzw. gebildete Einrichtung, die – mit der Expertise von zumindest 4 Ärzten, die besondere Kriterien erfüllen müssen, und einem Vertreter mit juristischem oder religiösem Hintergrund (Anhang 2 zu Ziffer 1 der Verordnung 1980) ausgestattet – darüber zu entscheiden hat, ob die in der sogenannten Deklaration von Helsinki des Weltärztebundes und die in der Verordnung 1980 niedergelegten Mindeststandards hinsichtlich der biomedizinischen Forschung am Menschen beachtet werden. Das „Helsinki-Komitee" entspricht damit dem in Ziffer I.2. der Deklaration von Helsinki erwähnten Beratungs- und Orientierungsausschuss (so auch die Definition in Ziffer 1 „Definitionen" der Verordnung 1980).[400]

---

[397] Vgl. Shapira Hastings Center Report 1987, 12 f.
[398] Der Text der Deklaration ist in der aktuellen Fassung im Internet z.B. unter http://www.ethik.uni-jena.de/Ebene2/Texte/HelsinkiDeklaration96.htm in einer deutschen Übersetzung im Internet zugänglich (Datum des letzten Zugriffs des Autors: 07.08.2001).
[399] Vgl. in diesem Zusammenhang Shapira Country Report, 633.
[400] Nach Ziffer 3 (3) i.V.m. 3 b) der Verordnung 1980 ist für die folgenden Experimente die vorherige Zustimmung einer sogenannten „Hohen Kommission" notwendig:

Hervorzuheben ist, dass das Erfordernis der Genehmigung ausschließlich im Hinblick auf die Durchführung von Forschungsmaßnahmen an Krankenhäusern in Israel zu beachten ist (Ziffer 2 der Verordnung 1980). In Ansehung von klinikunabhängigen, insbesondere privaten Forschungseinrichtungen, sind dem Autor keine formellen Voraussetzungen bekannt. Wie bereits oben angedeutet, wurde das Forschungsprojekt von Prof. Yosef Itzkowitch am Rambam-Hospital in Haifa, im Rahmen dessen Stammzellen von sog. überzähligen Embryonen im Zuge einer IVF-Behandlung gewonnen wurden, vom zuständigen Helsinki-Komitee frei gegeben.[401] Auch im Zusammenhang mit Biopsien von Embryonen in vitro zum Zwecke von Chromosomenuntersuchungen haben Helsinki-Kommissionen darüber hinaus ihre Zustimmung erteilt.[402]

c) Keine anderweitigen einfachgesetzlichen Vorgaben

Andere einfachgesetzliche Anknüpfungspunkte existieren nicht. Insbesondere kann auch nicht auf das „Gesetz über die Vormundschaft und Erziehungsberechtigung" aus dem Jahre 1962[403] zurückgegriffen werden, um dem Embryo in vitro einen Pfleger zu bestellen, der die „Interessen" der befruchteten Eizelle wahrnimmt. In Art. 33 des Gesetzes ist ausdrücklich festgehalten, dass die Möglichkeit einer Pflegschaftsbestellung für einen Embryo auf einen Embryo *„en ventre sa mere"*, d.h. auf einen Embryo in vivo, beschränkt ist.

2. Verfassungsrecht bzw. Grundrechte

Im Hinblick auf etwaige aus den Grundrechten abzuleitenden Beschränkungen hinsichtlich der Gewinnung embryonaler Stammzellen vom Embryo in vitro kann vollumfänglich auf die Erläuterungen zum grundsätzlichen Rechtsstatus des Embryos in vitro in Israel zurückgegriffen werden. Wie unter II.B ausgeführt, wird

---

- Experimente, die einen Eingriff in die Erbanlagen des Menschen beinhalten,
- Experimente, betreffend die nicht natürliche menschliche Fortpflanzung und
- andere Verfahren, die der Generaldirektor zur Genehmigung durch die „Hohe Kommission" vorsieht.

Diese sog. „hohe Kommission" besteht aus insgesamt 10 Personen, worunter sich neben Professoren aus dem medizinischen Bereich auch sog. „Vertreter der Öffentlichkeit", der Generaldirektor des Gesundheitsministeriums oder sein Stellvertreter und der Vorsitzende der Ärztevereinigung befinden (vgl. Anhang 4 zu Ziffer 1 der Verordnung 1980).

[401] Vgl. bereits oben unter II.G.1.a); Sinai in Ha-Aretz vom 31.05.2000; Prof. Yosef Itzkowitch ist bezüglich der Gewinnung embryonaler Stammzellen vom Embryo in vitro auch in Deutschland bekannt: vgl. z.B. Kuhn/Kutter Wirtschaftswoche v. 24.05.2001, 124, 128; Schnabel in Die Zeit v. 07.06.2001.

[402] Shapira Country Report unter Ziffer D. III.

[403] Abgedruckt in einer offiziellen englischen Übersetzung in Laws of the State of Israel (LSI), Vol. 16, 1961/1962, S. 106 ff.

G. Die rechtliche Zulässigkeit der Gewinnung embryonaler Stammzellen in vitro 105

dem Embryo in vitro kein eigener Rechtsstatus zugebilligt. Die Bestimmung über seine weitere Verwendung liegt in den Händen der genetischen Eltern. Die einzige Vorgabe, die aus den Grundrechten für die Stammzellengewinnung vom Embryo in vitro insofern folgt, ist das Erfordernis einer Zustimmung nach entsprechender Aufklärung durch die genetischen Eltern. Diese Voraussetzung wird durch die Verordnung über Humanexperimente aufgenommen und gewährleistet (s.o. unter II.G.1.b). Gleiches hat konsequenterweise auch für die verfassungsrechtliche Beurteilung des sog. therapeutischen Klonens zu gelten, das zwar einfachgesetzlich wie dargelegt ebenfalls untersagt ist, das aber – vorbehaltlich einer bisher in Israel nicht thematisierten[404] Verfassungswidrigkeit aufgrund einer genetischen Übereinstimmung des erzeugten Embryos im biologischen Sinne mit einem anderen Embryo, einem Fötus oder einem lebenden oder gestorbenen Menschen[405] – in Ermangelung einer Zuerkennung eines eigenständigen grundrechtlichen Schutzes des auf diese Art und Weise hergestellten Embryos aus diesem Blickwinkel verfassungsrechtlich ebenfalls zulässig ist. Ob und von wem entsprechende Einwilligungen zur Durchführung der Maßnahme in diesem Fall vorliegen müssten, ist aufgrund des bestehenden Verbots unklar.

In formeller und materieller Hinsicht ist betreffend die Grundrechte allerdings die Beschränkung der Stammzellengewinnung auf sog. überzählige Embryonen (Art. 3 der IVF-Verordnung) zu problematisieren. Die grundgesetzlich verbürgte Forschungsfreiheit wird durch die IVF-Verordnung eingeschränkt. In formeller Hinsicht stellt sich das bereits oben und in anderem Zusammenhang des öfteren erwähnte Problem der bestrittenen Ermächtigung des Verordnungsgebers zum Erlass grundrechtsbeschränkender Normen.[406] Grundsätzlich sind die wesentlichen Entscheidungen über einen Eingriff in grundrechtlich geschützte subjektive Rechte durch ein formelles Gesetz zu treffen. Die Ermächtigungsgrundlage zum Erlass der IVF-Verordnung enthält selbst keine Delegation der Befugnis an die Exekutive zur Beschränkung bestimmter Maßnahmen, die nicht durch medizinische Gründe, sondern durch ethische und moralische Erwägungen gerechtfertigt ist.[407] Allerdings ist Art. 3 der IVF-Verordnung bisher nicht von autorisierter Stelle zurückge-

---

[404] Dem Autor sind keine ensprechenden Stellungnahmen bekannt.

[405] Vgl. zur naturwissenschaftlichen Umstrittenheit der „Gleichheit" wegen des Einflusses der im Zytoplasma der entkernten Eizelle enthaltenen mitochondrialen DNA die Hinweise unter III.L.1, dort auch Fn. 721.

[406] Vgl. in diesem Zusammenhang die Ausführungen oben unter II.A.2.d), II.D.1.b)(2)(a), II.E.1.a), II.E.2.a)(1) und in diesem Kapitel unter II.G.1.a).

[407] Vgl. Ben-Am 1998, 56, Fn. 8; Sinai in Ha-Aretz vom 31.05.2000 macht ironisch darauf aufmerksam, dass bezüglich der Stammzellforschung der Gesetzgeber in Israel die Entscheidung getroffen habe, lieber nicht [durch formelles Gesetz] zu entscheiden. Prof. Shapira machte bereits frühzeitig im Zusammenhang mit den in der IVF-Verordnung enthaltenen Zugangsbeschränkungen zu Methoden der assistierten Reproduktion auf die Notwendigkeit von Primärgesetzgebung aufmerksam; vgl. Shapira Hastings Center Report 1987, 12, 14.

nommen oder aufgehoben worden und ist daher immer noch verbindlicher Teil der israelischen Rechtsordnung.[408]

In materieller Hinsicht ist fraglich, wie die Beschränkung der Forschungsfreiheit zu rechtfertigen ist. Ausgehend davon, dass dem Embryo in vitro kein eigenständiger Grundrechtsschutz in Israel zugebilligt wird, ist zumindest nicht offensichtlich, welcher Zweck einen Eingriff in die Forschungsfreiheit rechtfertigt. Aus den ausgewerteten Stellungnahmen in der Literatur ist allerdings zu schließen, dass es im Kern ethische Erwägungen sind, die hinter der Beschränkung des Art. 3 der IVF-Verordnung stehen. Prof. Shapira bemerkte schon zum Zeitpunkt, als die IVF-Verordnung erst als Entwurf vorlag, dass die Beschränkung der Forschung auf sog. überzählige Embryonen der Tatsache, dass Embryonen potentielles menschliches Leben seien, angemessen Rechnung trägt.[409] Später wiederholte er diese Analyse und ergänzte, dass es im Bereich der Embryonenforschung darum gehe, die widerstreitenden Werte und Bedenken zu einem Ausgleich zu bringen. Art. 3 der IVF-Verordnung stelle einen gangbaren Kompromiss zwischen einem kompletten Verbot und einer völligen Freigabe dar.[410]

Ausgehend von Art. 8 des „Grundgesetz: Menschenwürde und allgemeine Handlungsfreiheit" ist ein Eingriff in durch das Grundgesetz geschützte Rechte (Grundrechte) möglich, wenn dies durch ein Gesetz, das einen plausiblen Zweck verfolgt und dem Prinzip der Verhältnismäßigkeit Rechnung trägt, geschieht.[411] Zwar fehlt es, wie bereits erläutert, im vorliegenden Fall an einem formellen Gesetz, doch ist in materieller Hinsicht mit guten Gründen anzunehmen, dass das Verbot der zielgerichteten Erzeugung von Embryonen zum Zwecke der Forschung einem plausiblen Zweck i.S.d. erwähnten Grundgesetzes dient. Auch ohne verfassungsrechtliche Verankerung kann insoweit zur Eingriffsrechtfertigung auf den „moralischen bzw. ethischen Wert" – in Abgrenzung zum in Israel nicht existierenden rechtlich verbindlichen Schutz – des Embryos als potenziellen Menschen abgestellt werden, den man nicht von vornherein als Mittel zum Zweck erzeugt sehen möchte.

Da dem Embryo in vitro jedoch kein eigenständiger grundrechtlicher Schutz zugebilligt wird, ist der israelische Gesetzgeber mit einem weiten Spielraum ausgestattet, der auch eine Aufhebung des bestehenden Verbots umfassen würde. Der Staat würde sich dann auf ein „Nachtwächteramt" beschränken und die moralischen Entscheidungen gänzlich den Bürgern überlassen und sich lediglich im Konfliktfall zwischen den Bürgern einschalten.

---

[408] Bereits oben Fn. 289 wurde festgestellt, dass Ärzte im Falle der Nichteinhaltung ministerieller Vorgaben berufsrechtlich sanktioniert werden können, so dass auch in diesem Fall davon auszugehen ist, dass Forscher bzw. Ärzte den Vorgaben des Gesundheitsministerium Folge leisten.
[409] Shapira Revue International de Droit Pénal 1988, 991, 1003.
[410] Vgl. Shapira Country Report unter D. III.
[411] Vgl. in diesem Zusammenhang auch Kretzmer in Zamir/Zysblat, 150 f.

3. Stellungnahme der Aloni-Kommission

Bereits oben im Zusammenhang mit dem Rechtstatus des Embryos in vitro wurde festgestellt, dass die Kommissionsmehrheit auf Basis des Prinzips der rechtlich geschützten Privatsphäre der Bürger auf dem Standpunkt steht, dass Entscheidungen über das Schicksal der „überzähligen" Embryonen alleine in den Händen des in der vorangegangenen IVF-Behandlung behandelten Paares liegt.[412] Die Forschung an „überzähligen" Embryonen in vitro finden in diesem Zusammenhang – im Gegensatz zum sog. therapeutischen Klonen – ausdrücklich Erwähnung. Die beiden genetischen Eltern sollen bereits vor Beginn der Behandlung schriftlich festlegen, was mit den überzähligen Embryonen nach Ablauf der Konservierungsphase geschehen soll:

- Transfer auf die ursprünglich behandelte Patientin,
- Spende an andere Patienten,
- Verwendung zu Forschungszwecken oder
- Vernichtung.

Voraussetzung sei jedoch immer eine übereinstimmende Einwilligung des behandelten Paares, die nur durch schriftliche Erklärung eines der Partner widerrufen werden kann. Im Falle einer Eizellen- bzw. Samenspende soll es ausschließlich auf den Patientenwillen ankommen; der Wille des unbekannten Spenders sei in diesem Fall ohne Relevanz.[413] Fehlt eine ausdrückliche Erklärung des Paares bzw. der Patientin, dann sollen Verantwortliche im Gesundheitswesen berechtigt sein, darüber zu entscheiden, ob die befruchteten Eizellen zu Forschungszwecken verwendet werden. Andernfalls sind die Embryonen zu vernichten.[414] Im Einklang mit „internationalen Normen" sei ein Eingriff in die befruchtete Eizelle nur bis zum Entwicklungsstadium von 14 Tagen nach der Befruchtung erlaubt, denn danach könne die Entwicklung eines nervlichen Systems des Embryos nicht mehr ausgeschlossen werden. Nach einer Verwendung zu Forschungszwecken sei die befruchtete Eizelle zwingend zu vernichten.[415]

Festzuhalten ist mithin, dass sich die von der Regierung eingesetzte Sachverständigenkommission ausdrücklich für die Möglichkeit der Zurverfügungstellung „überzähliger", befruchteter Eizellen zu Forschungszwecken, was auch die Gewinnung von embryonalen Stammzellen umfasst, ausgesprochen hat. Bedingung ist allerdings die Einwilligung der Person(en), von dem bzw. von denen die Gameten abstammen.

---

[412] Vgl. oben II.B.4.b)(2).
[413] Aloni-Kommission, S. 34 f. unter Ziffer 6.5 – 6.8.
[414] Aloni-Kommission, S. 34 f. unter Ziffer 6.8.
[415] Aloni-Kommission, S. 52 unter Ziffer 8.6 und 8.7.

4. Zusammenfassung

In Ermangelung einschränkender Rechtsnormen, einhergehend mit der überwiegenden Ansicht der Sachverständigenkommission und der Literatur, die den Embryo in vitro und sein Schicksal der Disposition der Gametengeber überlassen, ist in Israel die Entnahme von Stammzellen vom sog. überzähligen Embryo in vitro zulässig.

Die zielgerichtete Herstellung eines Embryos in vitro zum Zwecke der Gewinnung embryonaler Stammzellen, worunter auch das sog. therapeutische Klonen fällt, ist durch Sekundärgesetzgebung sanktionsbewehrt verboten. Diesbezüglich fehlt es allerdings an einem eigentlich aufgrund der Grundrechtsrelevanz notwendigen formellen Gesetz. In materieller Hinsicht ist das Verbot verfassungsgemäß. Der Gesetzgeber wäre jedoch verfassungsrechtlich nicht gehindert, die Erzeugung von Embryonen zum Zwecke der Stammzellengewinnung zuzulassen.

Soweit die Stammzellengewinnung von überzähligen Embryonen an einem Krankenhaus erfolgt, bedarf die Maßnahme der Zustimmung einer besonderen Genehmigungskommission (sog. Helsinki-Kommission), die u.a. die Einhaltung der Vorgaben, wie sie in der Deklaration von Helsinki des Weltärztebundes niedergelegt sind, sicherzustellen hat.

Die Gewinnung embryonaler Stammzellen vom Embryo in vitro bedarf grundsätzlich der Zustimmung der genetischen Eltern. Im Falle einer anonymen Keimzellenspende soll die Zustimmung der Behandelten maßgeblich sein.

III. Die Rechtslage in Deutschland und im deutsch- israelischen Vergleich

A. Rechtsentwicklung und Rechtsquellen

Im Gegensatz zur entsprechenden Darstellung betreffend Israel ist hinsichtlich der als bekannt vorauszusetzenden deutschen Rechtsordnung eine kursorischer Überblick über die wesentlichen, die Fragestellungen dieser Arbeit beeinflussenden Rechtsnormen ausreichend. Quasi vor die Klammer gezogen wird ferner in diesem Abschnitt zum Zwecke der Entlastung der nachfolgenden Kapitel, die sich mit den zu untersuchenden Einzelfragen befassen, die Erörterung der mit den standesrechtlichen Normen für Ärzte einhergehenden, besonderen Probleme.

1. Verfassungsrecht

Neben der die konkurrierenden Gesetzgebungskompetenz für das Gebiet der künstlichen Befruchtung beim Menschen festlegenden Kompetenznorm des Art. 74 Abs. 1 Ziffer 26 GG, sind die Grundrechte erörterungsbedürftig. Namentlich sind dies die Menschenwürde gem. Art. 1 Abs. 1 GG, der Schutz von Leib und Leben gem. Art. 2 Abs. 2 GG, die allgemeine Handlungsfreiheit gem. Art. 2 Abs. 1 GG, die Forschungsfreiheit gem. Art. 5 Abs. 3 GG sowie der Schutz von Ehe, Familie und nichtehelicher Kinder gem. Art. 6 GG.

2. Einfachgesetzliche Regelungen

Eine zentrale Rolle spielt im vorliegenden Zusammenhang naturgemäß das ESchG. Zu erwähnen sind jedoch auch die §§ 27, 27 a SGB V und das AdVermiG (Adoptionsvermittlungsgesetz) sowie die das Rechtsverhältnis zwischen Eltern und Kindern regelnden Normen des BGB[416].

Besondere, über die allgemeinen, völkerrechtlich verbindlichen Grund- und Menschrechtsquellen hinausgehende, internationale Rechtsnormen auf dem Gebiet der Fortpflanzungsmedizin, die in Deutschland zwingendes Recht kraft Umsetzung gem. Art. 59 Abs. 2 GG darstellen, sind nicht ersichtlich. Namentlich das „Übereinkommen zum Schutz der Menschrechte und der Menschenwürde im Hinblick auf die Anwendung von Biologie und Medizin – Übereinkommen über Menschenrecht und Biomedizin - des Europarates vom 04.04.1997" (sog. Bioethikkonvention)[417] nebst Zusatzprotokoll zum Verbot des Klonens menschlicher Lebewe-

---

[416] Diese werden im Rahmen dieser Arbeit jedoch nur insoweit thematisiert, als sie Einfluss auf die Fragestellung der Zulässigkeit bestimmter medizinischer Methoden haben. Nicht Gegenstand bzw. Hauptfokus der Bearbeitung ist die Frage nach den zivilrechtlichen Folgen bestimmter Methoden der assistierten Reproduktion.
[417] In einer inoffiziellen deutschen Übersetzung zu erlangen im Internet z.B. unter http://www.ruhr-uni-bochum.de/zme/Europarat.htm#dt-0298; verbindlich ist lediglich

sen ist mangels Ratifikation durch die Bundesrepublik Deutschland in Deutschland keine verbindliche Rechtsnorm.[418] Nicht zu vernachlässigen ist jedoch die hiervon ausgehende mittelbare Ausstrahlungswirkung insbesondere auf den politischen Prozess der Rechtsfortbildung. Gleiches gilt für die völkerrechtlich nicht verbindliche sog. „Deklaration von Helsinki des Weltärztebundes" in der Fassung der 52. Generalversammlung des Weltärztebundes[419], die einen gewissen Konsens ärztlicher Standesauffassungen wiedergibt.[420]

3. Standesrecht

Auch standesrechtlich werden die im Rahmen dieser Arbeit zu untersuchenden Methoden normativ erfasst. Heranzuziehen sind insbesondere die *„Richtlinien zur Durchführung der assistierten Reproduktion"*[421] bzw. deren Vorläufer, die *„Richtlinien zur Durchführung des intratubaren Gametentransfers, der In-Vitro-Fertilisation mit Embryotransfer und andere Methoden der künstlichen Befruchtung"*[422], sowie Abschnitt D, IV. Nr. 14, 15 der sog. „Musterberufsordnung" (im folgenden: MBO) bzw. deren Entsprechungen in den Berufsordnungen der Landesärztekammern.

Bereits an dieser Aufzählung wird deutlich, dass zwei Arten standesrechtlicher Rechtsquellen zu unterscheiden sind: die Berufsordnungen einerseits und sog. Richtlinien andererseits. Zum besseren Verständnis des Standesrechts und dessen Einordnung ist das Wesen und damit einhergehender formeller und materieller Probleme beider standesrechtlicher Rechtsquellen erläuterungsbedürftig. Im Rahmen der Untersuchung einzelner Methoden wird auf diese Ausführungen zurückzugreifen sein.

a) Hintergrund der Existenz von Richtlinien und Berufsordnungen als Rechtsnormen

Die zuvor erwähnten Richtlinien sowie auch die Anordnungen in den einzelnen Berufsordnungen wurden von der sog. Bundesärztekammer – auch als „Arbeitsgemeinschaft der deutschen Ärztekammern" bezeichnet[423] –, die durch die Landes-

---

der Wortlaut der Konvention in französischer und englischer Sprache (vgl. Kern MedR 1998, 485, 485).

[418] Vgl. Taupitz NJW 2001, 3433, 3435 und 3439; Kern MedR 1998, 485, 485.
[419] Textversion im Internet unter http://www.bundesaerztekammer.de/30/Auslandsdienst/92Helsinki2000.pdf, am 22.11.2001 zuletzt aufgerufen.
[420] Vgl. Deutsch/Taupitz, MedR 1999, 402, 402.
[421] Veröffentlicht in DÄrzteBl 1998, A-3166 ff.
[422] Veröffentlicht in DÄrzteBl 1996, A-415 ff.
[423] Eine reine privatrechtliche Arbeitsgemeinschaft, der keine Befugnisse einer öffentlichrechtlichen Körperschaft zustehen; vgl. z.B. Laufs NJW 1997, 3071, 3071.

A. Rechtsentwicklung und Rechtsquellen

ärztekammern als Körperschaften des öffentlichen Rechts gebildet wird[424], zum Zwecke der Umsetzung in für die Ärzte verbindliche Rechtsnormen durch die mit satzungsgebender Befugnis ausgestatteten Landesärztekammern vorformuliert.

Die Richtlinien wurden größtenteils als Bestandteile der Berufsordnungen der Landesärztekammern übernommen.[425] Hintergrund dieses Prozederes ist, dass ärztliches Berufs- bzw. Standesrecht – ausgenommen die Zulassung zum ärztlichen Beruf (vgl. Art. 74 Abs. 1 Nr. 19 GG) – Ländersache ist.[426] Infolge dessen haben alle Bundesländer Gesetze[427] erlassen, welche die Ermächtigung zur Gründung von Landesärztekammern als öffentlich-rechtliche Körperschaften mit Satzungsgewalt auf dem Gebiet der ärztlichen Berufsausübung und der Organisation des Berufsstandes enthalten.[428]

Das Streben der einzelnen Landesärztekammern und der Bundesärztekammer nach jeweils übereinstimmenden Berufsordnungen führte ferner im Laufe der Zeit zum Erlass von Musterberufsordnungen (MBO) auf der Ebene der Bundesärztekammer, die mit Erfolg zu nahezu vollständiger Übereinstimmung mit den Berufsordnungen der Landesärztekammern durch Übernahme als Satzungen in das jeweilige Kammerrecht führte.[429] Mangels Rechtsetzungskompetenz der Bundesärztekammer ist folglich sowohl hinsichtlich Regelungen der Berufsordnungen an sich als auch hinsichtlich ergänzender Richtlinien die Transformation von Vorgaben der Bundesärztekammer in Kammerrecht der jeweiligen Landesärztekammer notwendig.

b) Transformation der Richtlinine der Bundesärztekammer im Kammerrecht der Landesärztekammern

Eine Ausnahme von der bisherigen Praxis einer übereinstimmenden Umsetzung von Richtlinienvorgaben der Bundesärztekammer auf dem Gebiet der Fortpflanzungsmedizin[430] betrifft teilweise auch den hier interessierenden Bereich von Richtlinien und Empfehlungen.

---

[424] Vgl. die Selbstdarstellung der Bundesärztekammer auf der Internetseite http://www.bundesaerztekammer.de/05/60Kammern/index.html, zuletzt aufgerufen am 24.08.2001.
[425] Vgl. Taupitz 1991, 840; Neidert MedR 1998, 347, 347 und 348 f.; Vesting MedR 1998, 168; Hess MedR 1986, 240, 241; Ratzel/Heinemann, MedR 1997, 540, 540; Laufs NJW 1997, 3071, 3072.
[426] Vgl. Taupitz 1991, 295.
[427] Sie sind unterschiedlich als Kammer- bzw. Heilberufsgesetze betitelt.
[428] Vgl. z.B. Fn. 424 und Taupitz 1991, 297 ff.
[429] Vgl. zur historischen Entwicklung und vor allem auch zur Darstellung der weitgehenden Übereinstimmungen Taupitz 1991, 299 ff.
[430] Die ursprüngliche Richtlinie der Bundesärztekammer zur Fortpflanzungsmedizin „Richtlinien zur Durchführung von In-vitro-Fertilisation (IVF) und Embryotransfer (ET) als Behandlungsmethode der menschlichen Sterilität" aus dem Jahre 1985 wurde von den Landesärztekammern durch Einfügung eines § 6 a in ihre auf der Musterbe-

Die Landesärztekammer Baden-Württemberg beispielsweise hat in der von ihr erlassenen aktuellen Fassung der Berufsordnung[431] in § 13 Abs. 1 und 2 festgelegt, dass die „Richtlinien zur Durchführung des intratubaren Gametentransfers, der In-Vitro-Fertilisation mit Embryotransfer und andere Methoden der künstlichen Befruchtung" (vorformuliert durch die Bundesärztekammer), die als fester Bestandteil der baden-württembergischen Berufsordnung inkorporiert wurden und als Anlage Nr. 2 zur Berufsordnung abgedruckt sind, von den Ärzten zu beachten sind. Im Unterschied zur Musterberufsordnung der Bundesärztekammer (MBO) formulierte der baden-württembergische Satzungsgeber § 13 Abs. 1 und 2 dergestalt, dass gerade *keine dynamische Verweisung* auf Empfehlungen und Richtlinien der Bundesärztekammer erfolgt, sondern die Richtlinie selbst als Satzung der Landesärztekammer erlassen wurde.

Auch in formeller Hinsicht ist die Anlage Nr. 2 zur Berufsordnung der Landesärztekammer Baden-Württemberg als Satzung erlassen worden. Der Ausfertigungs- und Genehmigungsvermerk[432] umfasst nämlich auch die Anlagen zur Berufsordnung und somit auch die beigefügte Richtlinie. Hervorzuheben ist jedoch, dass die inkorporierten Richtlinien wortgetreu mit den 1996 von der Bundesärztekammer erlassenen „Richtlinien zur Durchführung des intratubaren Gametentransfers, der In-vitro-Fertilisation mit Embryotransfer und anderer verwandter Methoden" übereinstimmen.

In der Konsequenz bedeutet der baden-württembergische Weg, dass in formeller Hinsicht Zweifel an der Verbindlichkeit der Richtlinien und Empfehlungen der Ärztekammern gemäß § 13 Abs. 2 MBO, wo eine bloße Inbezugnahme der existierenden Richtlinien der Bundesärztekammer vorgesehen ist[433], ausgeräumt sind – zumindest soweit es um den notwendigen Erlass als Satzung geht. Der Satzungsgeber selbst hat in diesem Fall verbindliche Regelungen erlassen. Richtlinien und Musterberufsordnung der Bundesärztekammer sind in Baden-Württemberg diesbezüglich zu einer einheitlichen standesrechtlichen Rechtsquelle verschmolzen. Hervorzuheben ist jedoch, dass das baden-württembergische Standesrecht wegen

---

rufsordnung (MBO) basierenden Berufsordnungen übernommen. § 6 a der Berufsordnungen regelte, dass die Ärzte die Richtlinien der Ärztekammer im Rahmen der Anwendung fortpflanzungsmedizinischer Methoden zu beachten habe. 1988 wurde die Richtlinie aktualisiert und unter den Titel „Richtlinien zur Durchführung der In-vitro-Fertilisation mit Embryotransfer und des intratubaren Gameten- und Embryotransfers als Behandlungsmethoden der menschlichen Sterilität" gestellt. Vgl. die Darstellung bei Hülsmann/Koch in Eser 1990, S. 69 und das Kapitel „Materialien" S. 134 ff., wo die zuletzt erwähnte Richtlinie abgedruckt ist; zur Umsetzung der „ersten" Richtlinien auf dem Gebiet der Fortpflanzungsmedizin vgl. auch Fahrenhorst EuGRZ 1988, 125, 127.

[431] Veröffentlicht unter anderem im Internet unter http://laekbw.arzt.de/Homepage/ kammer/Arztrecht/bo.pdf. Die Seite wurde vom Verfasser zuletzt am 12.09.2001 aufgerufen.

[432] Nach § 9 Abs. 3 KammerG von Baden-Württemberg bedürfen Satzungen der Landesärztekammer der Genehmigung durch die Aufsichtsbehörde.

[433] Vgl. Vesting MedR 1998, 168.

A. Rechtsentwicklung und Rechtsquellen

Fehlens einer dynamischen Verweisung auf die jeweils aktuelle Fassung der Richtlinien der Bundesärztekammer, die noch aus dem Jahr 1996 stammenden „Richtlinien zur Durchführung des intratubaren Gametentransfers, der In-Vitro-Fertilisation mit Embryotransfer und andere Methoden der künstlichen Befruchtung" in Kammerrecht umsetzte. Die zwischenzeitlich durch die Bundesärztekammer aktualisierte Fassung der Richtlinien, die nunmehr mit „Richtlinien zur Durchführung der assistierten Reproduktion" überschrieben sind, gelten daher in Baden-Württemberg noch nicht.

In Hamburg und Bayern z.B. stimmt hingegen § 13 Abs. 1 und 2 der Berufsordnung exakt mit der MBO (der Bundesärztekammer) überein. Dort ist lediglich geregelt, dass der Arzt „die Empfehlungen zu beachten hat". In der Fußnote zu § 13 MBO wird zusätzlich noch darauf hingewiesen, dass es sich um die „Richtlinien zur Durchführung der assistierten Reproduktion" der Bundesärztekammer aus dem Jahr 1998 handelt. Es ist zweifelhaft, ob die Richtlinien durch die *dynamische Verweisung* überhaupt dem Bestimmtheitsgebot, dessen Anwendung im Bereich der körperschaftlichen Selbstverwaltung ebenfalls wiederum umstritten ist[434], entsprechen. Darüber hinaus wird bezweifelt, ob Richtlinien, die gar nicht als Satzung von der jeweiligen Kammer selbst erlassen wurden, überhaupt bindendes Recht schaffen. Denn in den einschlägigen Ermächtigungsgrundlagen der einzelnen Ländergesetze bezüglich der Ärztekammern ist geregelt, dass besondere Berufspflichten in der Berufsordnung *als Satzung* zu regeln sind.[435] Vor diesem Hintergrund ist bereits in formeller Hinsicht die Rechtsverbindlichkeit der „Richtlinien zur Durchführung der assistierten Reproduktion" in den Kammern, die den beispielhaft erwähnten bayerischen und hamburgischen Ansätzen gefolgt sind, anzuzweifeln.

Als Zwischenergebnis ist festzuhalten, dass aufgrund zweierlei verschiedener Umsetzungskonzepte, beispielhaft verdeutlicht an der Landesärztekammer Baden-Württemberg einerseits und den Landesärztekammern Hamburg und Bayern andererseits[436], unterschiedliche Ausgangslagen existieren: In Baden-Württemberg beispielsweise finden betreffend die Methoden assistierter Reproduktion nach dem Willen der Kammer die „Richtlinien zur Durchführung des intratubaren Gametentransfers, der In-Vitro-Fertilisation mit Embryotransfer und andere Methoden der künstlichen Befruchtung" der Bundesärztekammer aus dem Jahr 1996 Anwendung; in Bayern und Hamburg hingegen sind es die „Richtlinien zur Durchführung der assistierten Reproduktion" der Bundesärztekammern aus dem Jahr 1998.

---

[434] Vesting MedR 1998, 168.
[435] Vgl. z.B. § 31 Abs. 1 i.V.m. § 9 KammerG von Baden-Württemberg; Vesting MedR 1998, 168, 169.
[436] Eine kursorische Durchsicht weiterer Berufsordnungen anderer Landesärztekammern ergab, dass hinsichtlich der für den Untersuchungsgegenstand relevanten standesrechtlichen Vorgaben die beispielhaft erwähnten Landesärztekammern die beiden in Deutschland gängigen „Umsetzungsmodelle" repräsentieren. Aufgrund ihrer einfachen Zugänglichkeit durch das Internet werden im Zuge dieser Arbeit stellvertretend die drei erläuterten Landesärztekammern beispielhaft herangezogen.

Ob die Richtlinien im Hinblick auf Zweifel an deren formeller und materieller Vereinbarkeit mit höherrangigem Recht tatsächlich verbindliches Standesrecht darstellen, bleibt einer gesonderten Prüfung vorbehalten.[437]

c) Von Richtlinien unabhängiges Standesrecht

Was den Embryonenschutz allgemein anbelangt, ist – soweit ersichtlich – in allen Berufsordnungen der Landesärztekammern in Abschnitt D, IV. Nr. 14 auf Basis der MBO eine einheitliche Regelung geschaffen worden, die fester Bestandteil der Berufsordnungen wurde. Verboten sind demnach u.a. bestimmte Diagnosemaßnahmen am Embryo in vitro sowie seine Erzeugung und Verwendung, die nicht auf die unmittelbare Fortpflanzung abzielen.

Der Vollständigkeit halber verdient in diesem Zusammenhang auch Abschnitt D, IV. Nr. 15 der MBO, der ebenfalls in die jeweiligen Berufsordnungen der Landesärztekammern übernommen wurde, Erwähnung. Demgemäß wird hinsichtlich der IVF und des ET auf die Regelung des § 13 der MBO bzw. der Berufsordnungen verwiesen, der wiederum, je nach Umsetzungskonzept, auf die erwähnten „Richtlinien zur Durchführung der assistierten Reproduktion" verweist (dynamisch) bzw. die Inkorporation der „Richtlinien zur Durchführung des intratubaren Gametentransfers, der In-Vitro-Fertilisation mit Embryotransfer und andere Methoden der künstlichen Befruchtung" feststellt. Soweit Abschnitt D, IV. Nr. 15 selbst Regelungen trifft, sind dies Wiederholungen von Vorgaben, die bereits in den beiden erwähnten Richtlinien enthalten sind. Eine gesonderte Prüfung des Abschnitt D, IV. Nr. 15 im Rahmen einzelner Maßnahmen, die Gegenstand dieser Arbeit sind, erübrigt sich damit, soweit die umfangreicheren und detailreicheren Richtlinien zur Anwendung kommen.

d) Zur Kompetenzüberschreitung der Kammern

Unabhängig von der Frage der Art der Umsetzung der auf der Ebene der Bundesärztekammer erarbeiteten Richtlinien und deren Eingliederung in das Recht der einzelnen Kammern kommt eine Überschreitung der Grenze der öffentlich-rechtlichen Satzungsautonomie in Betracht. Der allgemeine sowie auch spezielle, den einzelnen Grundrechten beigegebene Gesetzesvorbehalt(e) könnten, zumindest hinsichtlich der wesentlichen Grundzüge, eine Regelung des Gesetzgebers selbst und nicht lediglich des Satzungsgebers verlangen. Soweit es sich um Beschränkungen der In-vitro-Fertilisation und des Embryonentransfers im ärztlichen Bereich handelt, ist zu Bedenken, dass die Legislative selbst zumindest eine hinreichend bestimmte und mit dem Wesentlichkeitsprinzip übereinstimmende Ermächtigungsgrundlage für die Landesärztekammern bereitstellen muss.

---

[437] Siehe hierzu nachfolgend unter III.A.3.d).

A. Rechtsentwicklung und Rechtsquellen

Unabhängig von Inhalt und Sachgerechtigkeit der jeweiligen Richtlinie gilt dies zumindest insoweit, als Rechte Außenstehender (nicht zu den Kammermitglieder zählend) definiert und beschränkt werden. Zwar wurde den Selbstverwaltungskörperschaften betreffend sogenannter Berufsausübungsregeln (in Abgrenzung zu Berufswahlregelungen) vom Bundesverfassungsgericht grundsätzlich eine Ermächtigung zur Normgebung zugestanden[438], doch sind von Verfassungs wegen Grenzen jedenfalls zu beachten, soweit Dritte und nicht nur Berufsträger in ihren subjektiven Rechten beeinträchtigt sind. In Betracht zu ziehen sind Beschränkungen des Zugangs zu Methoden der Fortpflanzungsmedizin für „Wunscheltern" (Art. 2 Abs. 2 GG, allgemeine Handlungsfreiheit), die vom Arzt zu beachtende Definition vom Beginn des zu schützenden menschlichen Lebens, was ebenfalls zu einer unmittelbaren oder mittelbaren Wirkung auch für Außenstehende führen kann, sowie auch die Beschränkung der Forschung an Embryonen in vitro (Art. 5 Abs. 3 GG; ein Grundrecht, in das ohne Eingriffsvorbehalt nur im Rahmen verfassungsimmanenter Schranken eingegriffen werden darf !).[439] Gleiches gilt für die Gewinnung embryonaler Stammzellen vom Embryo in vitro. Berufsrechtliche Einschränkungen der Zulässigkeit von Methoden der assistierten Fortpflanzung und bestimmter Forschungsmethoden, die Grundrechte und Interessen Dritter mittelbar oder unmittelbar berühren, können insofern unter Umständen wegen Fehlens einer entsprechenden Ermächtigungsgrundlage verfassungswidrig sein. Dies gilt unabhängig davon, dass die Beschränkungen eventuell im Einklang mit dem materiellen Verfassungsrecht stehen.[440]

Bereits die sog. Benda-Kommission machte auf die Überschreitung der durch höherrangiges Recht gezogenen Grenzen durch das ärztliche Standesrecht aufmerksam:

> „Der Bericht geht bei seiner Empfehlung davon aus, dass es nicht genügt, den ärztlichen Berufsverbänden die Bestimmung der oben erwähnten Grenzen zu überlassen. Wie das Bundesverfassungsgericht in seinem ‚Facharztbeschluss' vom 9. Mai 1972[441] ausgeführt hat, kann der Gesetzgeber zwar Berufsverbänden des öffentlichen Rechts die Befugnis verleihen, mit Wirkung für ihre Mitglieder Angelegenheiten zu regeln, welche die Berufsausübung betreffen und von den Berufsverbänden am sachkundigsten beurteilt werden können. Der Rechtsetzungsautonomie von Berufsverbänden sind jedoch

---

[438] BVerfG NJW 1972, 1504, 1507 (sog. „Facharztbeschluß").
[439] Die Verfassungsmäßigkeit entsprechenden Standesrechts bezweifeln wegen Kompetenzüberschreitung der Kammern z.B. Taupitz 1991, 949 und 840; Schröder VersR 1990, 243, 248 f., der auch darauf aufmerksam macht, dass der Kinderwunsch der Patienten, dessen Verwirklichung durch Standesrecht beschränkt werden könnte, unter Art. 2 Abs. 1 GG zu subsumieren ist; Benda NJW 1985, 1730, 1734; Pap MedR 1986, 229, 236; Günther GA 1987, 433, 438; Fahrenhorst EuGRZ 1988, 125, 128; Deutsch VersR 1985, 1002, 1004; bereits Laufs 1987, 19 und Laufs 1986, 88,91.
[440] So z.B. auch Schröder VersR 1990, 243, 248 f.
[441] BVerfGE 33, 125, 156 ff.

um so engere Grenzen gesetzt, je stärker die Regelung in Grundrechte der Verbandsmitglieder eingreift oder außenstehende Dritte berührt. Regelungen, die den Kreis der eigenen Angelegenheiten der Berufsangehörigen überschreiten, sind vom Gesetzgeber selbst zu treffen; dieser darf insoweit allenfalls Einzelfragen fachlich-technischen Charakters der autonomen Satzungsgewalt überlassen."[442]

Hinsichtlich der Auswirkungen dieser Bedenken auf den Prüfungsumfang in dieser Arbeit ist zunächst zwischen „wiederholenden" Regelungen des Standesrechts und solchen mit eigenständigem Regelungsgehalt zu unterscheiden.

Es ist zu beachten, dass zum Zwecke der Untersuchung der Zulässigkeit der im Rahmen dieser Arbeit betrachteten Methoden die Frage der Verbindlichkeit bzw. der Verfassungsmäßigkeit der Richtlinien nur dann relevant werden kann, soweit sie, die grundsätzliche Zulässigkeit der Maßnahme betreffend, Anforderungen aufstellen, die über die vom Primärgesetzgeber sowieso schon, z.B. im EschG oder anderen einfachgesetzlichen Rechtsnormen, getroffenen Beschränkungen hinausgehen. Soweit das Standesrecht die vom Gesetzgeber selbst getroffenen Entscheidungen wiederholt bzw. lediglich weiter konkretisiert, steht der Gesetzesvorbehalt der Wirksamkeit nicht entgegen.[443] Es handelt sich dann lediglich um eine Überlagerung. Die Frage – die Existenz entsprechender formeller Gesetze vorausgesetzt – nach der Geltung von Richtlinien innerhalb der einzelnen Landesärztekammer ist dann insofern obsolet, da die einfachgesetzlichen Normen (Gesetze im formellen Sinn) unmittelbar gelten.

Für über das EschG und andere formelle Gesetze hinausgehende Beschränkungen wird die Frage nach der Rechtswirksamkeit und des Geltungsanspruches des jeweiligen Standesrechts auf den ersten Blick jedoch relevant. Entgegen Ratzel/Lippert kann unter Verweis auf BVerwG in NJW 1992, 1577 und VGH Mannheim in NJW 1991, 2368 nicht einfach davon ausgegangen werden, dass die Landesärztekammern die Kompetenz zum Erlass von Regelungen mit mittelbarer bzw. unmittelbarer Wirkung auch für außenstehende Dritte haben.[444] Streitgegenständlich waren in diesem Verfahren nämlich nicht die den Zugang zu Fortpflanzungsmethoden an sich beschränkende Regelungen des Standesrechts, sondern nur der Teil der Richtlinien, der an den handelnden Arzt besondere persönliche Voraussetzungen knüpft (Erfahrung in bestimmten Bereichen der Medizin etc.). Nicht von den tragenden Entscheidungsgründen umfasst war die Einschränkung von Rechten außenstehender Dritter, die nicht primärer Adressat des Satzungsrechts sind.

Vor dem Hintergrund einer potenziellen Verfassungswidrigkeit der Standesrichtlinien wegen Kompetenzüberschreitung stellt sich allerdings in einem zweiten Schritt die Frage nach der Rechtswirklichkeit, die es im Rahmen der bloßen Dar-

---

[442] Benda-Kommission, S. 18 f., unter Ziffer 2.1.2.2.1.
[443] Ratzel/Ulsenheimer Reproduktionsmedizin 1999, 428, 429; Ratzel/Lippert 1998, Abschnitt D, IV. Nr. 15 MBO, Rn. 1.
[444] Vgl. Ratzel/Lippert 1998, Abschnitt D, IV. Nr. 15 MBO, Rn. 1 und Fn. 2.

A. Rechtsentwicklung und Rechtsquellen

stellung der Rechtslage zum Zwecke des Rechtsvergleichs in dieser Arbeit zu beschreiben gilt. Nicht zwangsläufig führt die Nichtvereinbarkeit mit höherrangigem Recht nämlich zur Nichtanwendung der Rechtsnormen. Überprüfungs- und Verwerfungskompetenz unterliegen besonderen Regelungen des Verfahrensrechts. Diese Kompetenzen stehen, vorbehaltlich Art. 100 Abs. 1 GG bzw. entsprechender landesverfassungsrechtlicher Normen betreffend Gesetze im formellen Sinn, grundsätzlich den Gerichten zu. Soweit sie der Ansicht sind, dass Rechtsnormen im nicht formellen Sinne mit höherrangigem Recht nicht vereinbar sind, so haben sie diese unangewendet zu lassen.[445] Selbstverständlich steht es dem rechtssetzenden Organ zu, die von ihm erlassene Rechtsnorm wegen der Unvereinbarkeit mit höherrangigem Recht wieder aufzuheben.[446] Den Ärzten selber kann jedoch zumindest keine größere Kompetenz als den ausführenden Behörden und Beamten in der öffentlichen Verwaltung im Rahmen der Anwendung von Satzungen und Rechtsverordnungen zukommen. Diesbezüglich ist die Frage der Prüfungs- und Verwerfungs- bzw. Nichtanwendungskompetenz umstritten und nicht wenige Autoren verneinen eine solche.[447]

Im übrigen ist ein wesentlicher Unterschied zwischen den Berufsordnungen der freien Berufe und den untergesetzlichen Rechtsnormen der Verwaltung oder von anderen Selbstverwaltungskörperschaften, wie sie der Diskussion einer Prüfungs- und Verwerfungskompetenz der öffentlichen Verwaltung unterliegen, festzustellen. Normadressat der Berufsordnung der Landesärztekammern sind die Ärzte selbst und nicht die betroffenen außenstehenden Bürger. Unmittelbar berechtigt und verpflichtet sind damit die Ärzte, denen insofern gerade nicht die „Ausführung" materieller Rechtsnormen zugunsten oder zulasten anderer obliegt, sondern die selbst Ziel der Ausführung der Regelungen der Berufsordnung durch die Landesärztekammern sind. Eine Prüfungs- und Verwerfungskompetenz desjenigen, der gerade durch eine hoheitliche Anordnung verpflichtet werden soll, ist widersinnig und absurd. Ein Vergleich mit der gesetzesausführenden Verwaltung zugunsten oder zulasten des Bürgers scheidet insofern aus.

Da den Ärzten insofern keine Prüfungs- und Verwerfungskompetenz hinsichtlich des sie bindenden Standesrechts zuzubilligen ist, sind sie trotz potenzieller Nichtübereinstimmung des Standesrechts mit höherrangigem Recht auf jeden Fall zu dessen Beachtung verpflichtet. Eine erfolgte Verwerfung der Richtlinien der Ärztekammern durch eine zuständige Stelle ist nicht ersichtlich.

Darüber hinaus ist der einzelne Arzt im Falle der Nichtbeachtung des Standesrechts der Gefahr eines Verfahrens im Rahmen der Berufsgerichtsbarkeit mit der Folge einer nachteiligen Sanktion ausgesetzt[448] (vgl. z.B. §§ 55 ff. Kammergesetz Baden-Württemberg). Er wird insofern die Vorgaben der Berufsordnung und da-

---

[445] Vgl. z.B. Maurer 1999, § 4 Rn. 44 f.
[446] Maurer 1999, § 4 Rn. 47.
[447] Vgl. Maurer 1999, § 4 Rn. 47 m.w.N.
[448] Die in Standesrecht transformierten bzw. originär vom Satzungsgeber erlassenen Richtlinien begründen Berufspflichten, deren Verstoß durch Berufsgerichte geahndet werden können. Vgl. Laufs in Laufs/Uhlenbruck, § 14 Rn. 9 ff. und Rn. 15.

mit auch entsprechender Richtlinien beachten. In Ziffer 4.5 der neueren „Richtlinien zur Durchführung der assistierten Reproduktion" ist sogar ausdrücklich festgehalten, dass die Nichtbeachtung der Richtlinien berufsrechtliche Sanktionen nach sich ziehen kann.

Solange die Berufsordnung nebst Richtlinien vom Satzungsgeber selbst nicht aufgehoben bzw. geändert wird und es an einer verwerfenden Entscheidung durch ein zuständige Stelle fehlt, bleiben die erwähnten Rechtsnormen wirksam und die Androhung von berufsrechtlichen Sanktionen führt zu einer faktischen Entfaltung der berufsrechtlichen Vorgaben. Auch bei Zweifeln an der Vereinbarkeit von Richtlinien als Teil der Berufsordnung mit höherrangigem Recht sind diese Normen folglich im Rahmen der Beschreibung des rechtlichen Status quo beachtlich und maßstabssetzend.[449]

B. Der Rechtstatus des Embryos in vitro – Schutz durch Grundrechte ?

Im Hinblick auf den grundsätzlichen Rechtsstatus des Embryos gilt es zu klären, inwieweit Embryonen in vitro durch die Grundrechtsordnung im Grundgesetz geschützt werden. In Ansehung des frühen Embryo steht insoweit die Frage nach der Einbeziehung in den persönlichen Schutzbereich der Grundrechte im Zentrum der Betrachtung.

Zur Klarstellung ist an dieser Stelle festzuhalten, dass der Terminus „persönlicher Schutzbereich" in diesem Zusammenhang die materiell-rechtliche Reichweite des Schutzes einzelner Grundrechte bedeutet. Abzugrenzen hiervon sind die Begriffe „Grundrechtsträgerschaft" und „Grundrechtsfähigkeit". Die beiden letztgenannten Termini umschreiben die Frage, ob jemand selbst fähig ist, als Rechtssubjekt Träger von Grundrechten zu sein oder ob er lediglich von den sog. objektiven Normen der Verfassung geschützt wird[450]. Der persönliche Schutzbereich ist im Gegensatz hierzu im Rahmen dieser Arbeit als umfassenderer Begriff zu verstehen. Ohne Unterscheidung danach, ob jemand ein eigenes, subjektives (Grund-)Recht im Sinne eines eigenen Abwehranspruchs zugeordnet wird oder lediglich von der objektiven Regelung des (Grund-)Rechts erfasst wird, soll die Frage nach dem persönlichen Schutzbereich klären, ob jemand überhaupt von einem oder mehreren Grundrechten erfaßt wird[451].

Festzuhalten ist ferner, dass insoweit Embryonen in vitro in den Schutzbereich bestimmter Grundrechte fallen, dies noch kein Präjudiz für die Verfassungswidrig-

---

[449] Vgl. z.B. Laufs NJW 1986, 1515, 1516, der die Kompetenzüberschreitung feststellt und folglich auf Genehmigungsbehörden, Gesetzgeber und Gerichte als die Institutionen verweist, die für die Beseitigung des Zustands verantwortlich sind.
[450] Vgl. Pieroth/Schlink 1999, Rn. 147 ff.
[451] Vgl. zu dieser Differenzierung auch Tauoitz NJW 2001, 3433, 3437, Fn. 38 in Bezug auf das sog. Abtreibungsurteil des BVerfG.

B. Der Rechtsstatus des Embryos in vitro – Schutz durch Grundrechte ?

keit jeglicher sie betreffender Maßnahmen bedeutet. Im Laufe der Erörterung der einzelnen Fallkonstellationen wird gegebenenfalls zu untersuchen sein, welche Auswirkungen der grundrechtliche Status des Embryos in vitro auf die IVF/ET, die Keimzellenspenden und die Gewinnung embryonaler Stammzellen vom Embryo in vitro hat.

1. Einbeziehung in den personalen Schutzbereich der Grundrechte

Vornehmlich in Betracht zu ziehende Grundrechte zugunsten des Embryos in vitro sind Art. 2 Abs. 2 S. 1 GG (Recht auf Leben und körperliche Unversehrtheit) sowie die Menschenwürde gemäß Art. 1 Abs. 1 GG. Zwei Prüfungsschritte sind in diesem Zusammenhang auseinanderzuhalten: Die Frage, ob Embryonen in vitro überhaupt in unserer Rechtsordnung von Grundrechten geschützt werden einerseits und gegebenenfalls die Untersuchung, welche Rechtsfolgen sich hieraus ergeben andererseits.

2. Prüfungsmaßstab

Ausgangspunkt der Untersuchung ist die Ausgestaltung der Grundrechte gemäß Art. 2 Abs. 2 S. 1 GG („jeder") und Art. 1 Abs. 1 GG („des Menschen") als Menschenrecht. *Jeder Mensch* steht unter dem Schutz dieser Grundrechte. Zwangsläufig stellt sich somit die Frage, anhand welcher Kriterien die Zugehörigkeit zur „Kategorie Mensch" zu messen ist und insbesondere wann das Menschsein im Sinne des Grundgesetzes und einen daraus ableitbaren objektiven Schutz beginnt.

Hinsichtlich der Auswahl eines bestimmten Zeitpunktes, ab dem das Menschsein beginnt, ist entsprechend der überwiegenden Ansicht in Deutschland die Annahme eines Gleichlaufs von normativem und deskriptivem Begriff des menschlichen Lebens herauszustellen. Dem normativen Begriff Mensch im Sinne des Grundgesetzes ist der naturwissenschaftliche (deskriptive) menschliche Lebensbeginn zugrundezulegen.[452] Die Orientierung an der naturwissenschaftlich-deskriptiven Beschreibung des Beginns menschlichen Lebens sei deshalb notwendig, weil auf diese Weise sozialwissenschaftliche Bewertungen über „lebenswertes und lebensunwertes" Leben ausgeschlossen sei. Vor allem vor dem Hintergrund der Erfahrungen des Nationalsozialismus in Deutschland, worauf Art. 1 Abs. 1 und Art. 2 Abs. 2 GG eine Reaktion darstellen, verbiete sich eine andere, (be)wertende Auslegung.[453] Damit steht und fällt die Aufnahme von Embryonen in vitro in den Schutzbereich dieser Grundrechte mit der jeweiligen Einordnung als Mensch oder „Nochnichtmensch".

---

[452] Murswiek in Sachs, Art. 2 GG, Rn. 144; so im Ergebnis auch Pap MedR 1986, 229, 232; Pap 1987, 203 f.; Dürig in Maunz/Dürig Art. 2 Abs. 2 GG, Rn. 9.

[453] Pap MedR 1986, 229, 232; Pap 1987, 203 f.; Dürig in Maunz/Dürig Art. 2 Abs. 2 GG, Rn. 9-11; Dressler 1992, 11 f.; Vitzthum 1991, S. 72.

3. Die vorherrschende Ansicht

Im Ergebnis ist vorab festzuhalten, dass die herrschende Meinung in Deutschland dem Embryo in vitro den Schutz von Grundrechten, namentlich von den in Art. 2 Abs. 2 S. 1 und Art. 1 Abs. 1 GG verbürgten, zukommen lässt.[454] Vor dem Hintergrund des bereits erläuterten Prüfungsmaßstabs wird von diesen Juristen der Beginn des Menschseins im Sinne des Grundgesetzes durchweg mit der Zeugung angegeben.[455] Unter dem Begriff der Zeugung verstehen sie die Verschmelzung der Kerne der Gametenzellen (Konjugation).[456] Demzufolge wird die menschliche Entwicklung als ein kontinuierlicher Prozess von der Zeugung an angesehen. Alle Merkmale, die in dieser Hinsicht an menschliches Leben zu stellen sind, seien zu diesem frühen Zeitpunkt bereits vorhanden. Mit der Entstehung des diploiden Chromosomensatzes aus den jeweils haploiden Chromosomensätzen von Ei- und Samenzelle sei das genetische Programm des sich entwickelnden Lebens „unverwechselbar, einzigartig und endgültig" festgelegt.[457] Es gäbe nach dem Zeitpunkt der Kernverschmelzung der menschlichen Gametenzellen keine Zäsur, die einen Übergang vom schutzlosen Embryodasein zum grundrechtlich geschützten Menschsein vernünftig begründen könnte. Im Laufe der mit der Konjugation beginnenden Entwicklung seien keine qualitativen Sprünge auszumachen. Von der Zeugung an entwickele sich der Embryo folglich nicht zum Menschen, sondern als Mensch.[458]

Ferner wird angeführt, dass auf der Basis der Rechtsprechung des BVerfG in Zweifelsfällen diejenige weite Auslegung des Merkmals „Mensch" geboten ist, welche die Wirkungskraft der Grundrechtsnormen überhaupt und am stärksten zur Entfaltung bringt. Ansonsten bestehe die Gefahr, per definitionem Zweifel zu

---

[454] Stellvertretend vgl. Rüfner HStR V, § 116, 493 mit Verweis in Fußnote 29 auf einschlägige Literaturstimmen; Taupitz NJW 2001, 3433, 3437 und Taupitz PZ 2001 (34), 21, 25; Herdegen JZ 2001, 773, 774; Murswiek in Sachs, Art. 2 GG, Rn. 145 und 143, i.V.m. Höfling in Sachs, Art. 1 GG, Rn. 49, 50; Dressler 1992, 50, 51; Pap MedR 1986, 229, 233 und 234; Ostendorf 1985, 104-107; Keller in Keller/Günther/Kaiser, § 8 EschG, Rn. 6 und 7; Günther GA 1987, 433, 437; Laufs 1991, 104; Vitzthum 1991, 91; Vitzthum MedR 1985, 249, 252; Keller 1991 (1), 112-114; Starck in von Mangoldt/Klein/Starck, Art. 1 Abs. 1 GG, Rn 18 und Art. 2 Abs. 2 GG Rn. 187; Jarass in Jarass/Pieroth, Art. 1 GG, Rn. 6 m.V.a. Art. 2 GG Rn. 55.
[455] Z.B. Dürig in Maunz/Dürig Art. 1 Abs. 1 GG Rn. 24; Pap MedR 1986, 229, 233; Pap 1987, 243; Frommel 2001, 67; Laufs 1987, 29; Laufs 1992, 43 ff. und 47 f.
[456] Exemplarisch Schröder 1992, 136; Laufs 1992, 44; zum naturwissenschaftlich-medizinischen Hintergrund des genauen Zeitpunkts des Abschlusses der Verschmelzung der Gametenkerne siehe oben unter I.D.2.e)(3).
[457] Pap MedR 1986, 229, 233.
[458] Vgl. z.B. Schröder 1992, 136; Murswiek in Sachs, Art. 2 GG, Rn. 143; Pap MedR 1986, 229, 233; Darstellung bei Losch NJW 1992, 2926, 2927 m.w.N.; Laufs 1991, 104; Vitzthum 1991, 71; Keller 1991 (1), 115 ff.

Lasten des Embryos in vitro in Ansatz zu bringen. Auch insoweit müsse ein Embryo in vitro dem Schutz der Grundrechte unterstellt werden.[459]

Auf Basis dieser Ansicht sind zwangsläufig auch durch Zellkerntransfer, d.h. im Wege der ungeschlechtlichen Vermehrung und nicht durch Zeugung entstandene Embryonen vom Grundrechtsschutz erfasst. Ihre Totipotenz[460] ist zwar nicht durch Zeugung begründet, allerdings deckt sich ihr Potential zur „Entwicklung als Mensch" mit den von den Vertretern dieser Ansicht aufgestellten Prüfungsmaßstäben. Das in der Totipotenz zu findende Programm zur Menschwerdung als kontinuierlicher Prozess ist, diesen Vorgaben folgend, auch bei Herstellung eines Embryos durch Zellkerntransfer vorhanden. Ein Grund für eine Differenzierung „zu Lasten" der nach Zellkerntransfer entstandenen Embryonen, d.h. zwischen ungeschlechtlicher und geschlechtlicher Vermehrung ist auf Basis dieser Sichtweise nicht ersichtlich.[461]

4. Die Rechtsprechung

Das Bundesverfassungsgericht hatte sich in den beiden sogenannten „Abtreibungsentscheidungen" mit Fragen des grundgesetzlichen Embryonenschutzes zu befassen.[462] Naturgemäß entschied dabei das Gericht jeweils lediglich über den Grundrechtsstatus des Embryos in vivo. So wird in der älteren Entscheidung des Bundesverfassungsgericht aus dem Jahre 1975 ausgeführt:

> „Art. 2 Abs. 2 Satz 1 GG schützt auch das sich im Mutterleib entwickelnde Leben als selbständiges Rechtsgut."[463]

Im weiteren Verlauf der Entscheidungsbegründung stellt das Gericht fest, dass auch „das sich entwickelnde Leben" an dem Schutz teilnimmt, den Art. 1 Abs. 1 GG der Menschenwürde gewährt.[464] Ausdrücklich offen gelassen hat das Gericht in dieser Entscheidung die Frage, ob der Embryo in vivo selbst Grundrechtsträger ist oder ob mangels Grundrechtsfähigkeit ein eigenes, subjektives Abwehrrecht des Embryos gegen den Staat nicht besteht. Diese Frage konnte aus Sicht des Gerichts dahingestellt bleiben, da jedenfalls eine objektive und umfassende Schutzpflicht des Staates, „sich schützend und fördernd vor dieses [das sich entwickeln-

---

459 Pap MedR 1986, 229, 232 m.V. auf die st. Rspr., z.B. BVerfGE 6, 55 (72); 32, 54 (71); 39, 1 (38).
460 Vgl. hierzu bereits oben unter I.D.2.j)(2).
461 Von dieser abstrakten Klärung des Verfassungsrechtsstatus unabhängig ist die Frage, ob das ESchG den durch ungeschlechtliche Vermehrung entstandenen Embryo in vitro im biologischen Sinne (Anknüpfungspunkt ist die Totipotenz) dem durch geschlechtliche Vermehrung entstandenen gleichstellt. Vgl. hierzu die Ausführungen unten unter III.L.1. im Rahmen der Erläuterung der Zulässigkeit der Gewinnung embryonaler Stammzellen.
462 BVerGE 39, 1 ff. und BVerfGE 88, 203 ff.
463 BVerGE 39, 1 ff., 36.
464 BVerGE 39, 1 ff., 41.

de] Leben zu stellen" anzunehmen sei.[465] Das bedeute die Verpflichtung des Staates, den Embryo in vivo „vor rechtswidrigen Eingriffen von seiten anderer zu bewahren".[466] Was den Lebensbeginn anbelangt formulierte das Gericht wie folgt:

> „Leben im Sinne der geschichtlichen Existenz eines menschlichen Individuums besteht nach gesicherter biologisch-physiologischer Erkenntnis *jedenfalls* vom 14. Tage nach der Empfängnis (Nidation, Individuation) an."[467] (Hervorhebung durch den Autor.)

Auch die beiden abweichenden Ansichten der Richterin Rupp-v. Brünneck und des Richters Dr. Simon bestätigen die verfassungsrechtliche Pflicht zum Schutz des menschlichen Lebens vor der Geburt.[468]

In der Entscheidung des Bundesverfassungsgerichts zu Fragen des strafrechtlichen Abtreibungsverbots aus dem Jahre 1993 wird ebenfalls die Schutzpflicht des Staates und damit die grundrechtliche Anerkennung des sich entwickelnden, ungeborenen Lebens herausgestellt.[469] Allerdings enthält sich das Gericht abermals einer auf Embryonen in vitro auszudehnenden Aussage:

> „Menschenwürde kommt schon dem ungeborenen menschlichen Leben zu, nicht erst dem menschlichen Leben nach der Geburt oder bei ausgebildeter Personalität [...] Es bedarf im vorliegenden Verfahren keiner Entscheidung, ob, wie es Erkenntnisse der medizinischen Anthropologie nahe legen, menschliches Leben bereits mit der Verschmelzung von Ei und Samenzelle entsteht [...] *Jedenfalls* in der so bestimmten Zeit der Schwangerschaft handelt es sich bei dem Ungeborenen um individuelles, in seiner genetischen Identität und damit in seiner Einmaligkeit und Unverwechselbarkeit bereits festgelegtes, nicht mehr teilbares Leben, das im Prozess des Wachsens und Sichtentfaltens *sich nicht erst zum Menschen, sondern als Mensch entwickelt...*"[470] (Hervorhebungen durch den Autor.)

Beide Bundesverfassungsgerichtsentscheidungen anerkennen den Schutz des Embryos in vivo durch Art. 2 Abs. 2 S.1 GG und Art. 1 Abs. 1 S. 2 GG. Aufgrund der streitgegenständlichen Materien (Abtreibung) enthalten die Urteile keine zwingend bindenden Aussagen über den grundrechtlichen Schutz von Embryonen in vitro. Allerdings ist eine Vorverlagerung des Zeitpunktes der Menschwerdung i.S.d. Grundgesetzes auf den Zeitpunkt der Befruchtung der Eizelle von diesen

---

[465] Vgl. in diesem Zusammenhang bereits oben III.B, wo im Rahmen der Definition des Begriffes „personaler Schutzbereich" festgestellt wurde, dass dieser sowohl den Schutz durch die Grundrechte als objektive Rechtsnormen sowie auch im Sinne einer eigener Grundrechtsträgerschaft umfasst.
[466] BVerGE 39, 1 ff., 41 f.
[467] BVerGE 39, 1 ff., 37.
[468] BVerGE 39, 1 ff., 68 f.
[469] BVerfGE 88, 203 ff., 251.
[470] BVerfGE 88, 203 ff., 251.

Urteilen gerade nicht ausgeschlossen.[471] Im Gegenteil: diverse Autoren deuten die bundesverfassungsgerichtliche Rechtsprechung dahin, dass sie den grundrechtlich relevanten Beginn des Lebens zum Zeitpunkt der Verschmelzung der Gametenzellkerne selbst festschreibt.[472] Da das Gericht den grundrechtlichen Schutz von Beginn der menschlichen Existenz an bejahe, sei damit auch zwangsläufig der Embryo in vitro umfasst, da – so ist wohl den Autoren zu unterstellen – nicht angenommen werden könnte, dass das Gericht den Beginn des menschlichen Lebens im juristischen Sinne auf einen späteren Zeitpunkt als die Verschmelzung der Gametenzellkerne festsetze.[473] In der Tendenz mag diese Interpretation richtig sein, eine Zwangsläufigkeit ist jedoch nicht begründbar. Die Frage, ab wann menschliches Leben im Sinne der Grundrechte zu existieren beginnt, ist vom Gericht durch die Formulierung „jedenfalls ab dem 14. Tag" bewusst offen gelassen worden und enthält folglich keine zwingende Aussage über den Beginn der Existenz menschlichen Lebens.

5. Andere Auffassungen

a) Zeitpunkt der Geburt

Als spätester Zeitpunkt des Beginns menschlichen Lebens vor dem Hintergrund des personalen Schutzbereichs der Grundrechte wird unter Bezug auf § 1 BGB die Geburt genannt.[474] Dieser Ansatz ist an dieser Stelle bereits deshalb zu verwerfen, da der Zeitpunkt, ab wann ein Rechtssubjekt an der Privatrechtsordnung teilnimmt, nichts über seinen verfassungsrechtlichen Status aussagt.[475] Im übrigen würde ein Rückschluss vom Zivilrecht auf das Grundgesetz die zwingende Normenhierarchie zwischen den beiden Rechtsnormen auf den Kopf stellen.[476]

Auch der Ansatz Hoersters führt ihn zur Bestimmung der Geburt als frühesten Beginn der Eröffnung des personalen Schutzbereichs der Art. 1 Abs. 1 und Art. 2 Abs. 2 Satz 1 GG.

In normativer Hinsicht verlangt er eine Begründung dafür, warum das zur biologischen Kategorie Mensch gehörende Wesen auch Mensch im Sinne der Rechtsordnung sein soll, denn es handele sich hier keinesfalls um einen Automatismus. Erst das Vorliegen einer oder mehrerer bestimmter normativer, von der Rechtsge-

---

[471] Ostendorf JZ 1984, 595, 598 im Hinblick auf die Entscheidung BVerfGE 39, 1 ff.
[472] So auch Böckenförde als prominenter Vertreter und ehemaliger Bundesverfassungsrichter; vgl. Böckenförde in SZ v. 16.05.2001.
[473] So z.B. Hirsch MedR 1986, 237, 237.
[474] Vgl. die Darstellung bei Pap MedR 1986, 229, 232, bei Dressler 1992, 29 ff. und bei Dürig in Maunz/Dürig Art. 1 Abs. 1 GG, Rn. 24, dort Fn. 2.
[475] Dürig in Maunz/Dürig Art. 1 Abs. 1, Rn. 24, dort Fn. 2.
[476] Pap MedR 1986, 229, 232; Pap 1987, 205; Dressler 1992, 29 ff. Unter Bezug auf die Geburt als eine willkürliche Zäsur im Entwicklungsprozeß des jungen Menschen wird von beiden Autoren ein weiterer Ablehnungsgrund erläutert.

meinschaft anerkannter Eigenschaften rechtfertige die Zuerkennung von bestimmten Rechten. Erst dann sei ein Menschsein im juristischen Sinne zu bejahen. Für Hoerster ist diese qualifizierende Eigenschaft, die Fähigkeit des Lebewesens, ein Interesse am Weiterleben bzw. Überleben zu besitzen.[477] In Konkretisierung des Begriffes „Überlebensinteresse" verweist Hoerster darauf, dass aufgrund der zwingenden Bindung des „Überlebensinteresses" an zukünftige Wünsche bzw. an bewusstes Streben, das Menschsein im juristischen Sinn die Fähigkeit des Wesens voraussetze, zukunftsbezogene Wünsche zu haben. Er folgert daraus, dass gesichert – nach dem Stand der embryologischen Erkenntnisse – frühestens nach Vollendung der Geburt ein „Überlebensinteresse" in diesem Sinne vorhanden sei und folglich der Menschenrechtsschutz auch erst in diesem Moment beginne.[478]

Mit der Auffassung, dass die Zugehörigkeit zur biologischen Kategorie *homo sapiens* eine notwendige, aber keine hinreichende Bedingung sei, setzt Hoerster sich ausdrücklich in Widerspruch zur bereits erläuterten deskriptiv-naturwissenschaftlichen Herangehensweise.[479] Die Forderung nach einem sog. „Überlebensinteresse", das sich am Innehaben von zukunftsgerichteten Wünschen und dem entsprechenden Streben äußere, widerspricht jedoch als normativ wertende Voraussetzung eines Grundrechtsschutzes der Unterscheidung zwischen *Menschen*rechten und anderen Rechten. Eine wertend-normative Zuerkennung der Menschenrechte ist nach gängiger Auffassung nicht angezeigt, sondern soll gerade vermieden werden. Die bloße Zugehörigkeit zum Menschengeschlecht – die der Autor überhaupt nicht in Abrede stellt – reicht zum Schutz durch die Menschenrechte in Deutschland aus. Da Hoerster den Unterschied zwischen Menschenrechten und „einfachen" Rechten, die u.U. zur Disposition der Rechtsgemeinschaft stehen und hinsichtlich derer ein „Zuerkennen" durch die Rechtsgemeinschaft angenommen werden kann (z.B. Bürgerrechte wie das Wahlrecht o.ä.), nicht berücksichtigt, ist diese Auffassung nicht grundgesetzkonform.[480]

Neben diesen inhaltlichen Ablehnungsgründen stehen dieser Definition vom Beginn des Menschseins die zuvor erläuterten Urteile des Bundesverfassungsgerichts zwingend entgegen, wonach jedenfalls „das sich im Mutterleib entwickelnde Leben als selbständiges Rechtsgut unter dem Schutz der Verfassung" steht (Art 2 Abs. 2 Satz 1, Art. 1 Abs. 1 GG).[481]

---

[477] Hörster NJW 1991, 2540.
[478] Vgl. Hoerster, FAZ v. 24.02.2001.
[479] Vgl. den unter B.2.
[480] So auch Tröndle NJW 1991, 2542, 2542 in einer unmittelbaren Erwiderung auf Hörster NJW 1991, 2540. Zur Begründung und Herleitung des Ausschlusses jeglicher normativ-wertender Überlegungen hinsichtlich der Frage des Menschseins i.S.d. Grundgesetzes vor allem vor dem Hintergrund einer historischen Auslegung, welche die deutsche, nationalsozialistische Vergangenheit und die hiervon geprägte Entstehung des Grundgesetzes berücksichtigt, siehe oben unter III.B.2. und die Quellenangaben in Fn. 452.
[481] BVerGE 39, 1 ff., 1, Leitsatz Ziffer 1 und in etwas anderer Formulierung, jedoch inhaltlich übereinstimmend BVerfGE 88, 203 ff., 203, Leitsatz 1, 4 und 5.

b) Entwicklung des zentralen Nervensystems/ Großhirn

In Analogie bzw. im Umkehrschluss zur Todesdefinition, nach der das Ende der Hirntätigkeit maßgeblich ist, wird von manchen der Lebensbeginn mit Beginn der Entwicklung des zentralen Nervensystems und des Großhirns beim Embryo, also ca. 35 Tage nach der Befruchtung angenommen.[482] Auch diese Ansicht stellt sich vor dem Hintergrund der Verfassungsrechtsprechung in Deutschland als verfassungswidrig dar.[483] Meines Erachtens wird darüber hinaus zu Recht auch auf die

---

Ohne einen eigenen Zeitpunkt bzw. eine relevante Zäsur zu nennen, wendet sich Dreier in diesem Zusammenhang gegen die Rechtsprechung des BVerfG, die er als „biologistisch-naturalistischen" Fehlschluss bezeichnet. Vgl. Dreier in Dreier, Art. 1 GG, Rn. 47 ff und 56 ff.. Er plädiert für eine strikte Trennung zwischen den personalen Schutzbereichen des Art. 1 Abs. 1 GG und des Art. 2 Abs. 2 GG. Der Schutz des ungeborenen Lebens sei nicht anhand von Art. 1 Abs. 1 GG sondern an Art. 2 Abs. 2 GG zu messen. Der Embryo in vitro sei nicht als „Träger" der Menschenwürde heranzuziehen. Begründet wird diese Haltung mit dem fehlenden Ich-Bewusstsein des Embryos, was für die Menschenwürde konstitutiv sei (Dreier in Dreier, Art. 1 Abs. 1 GG, Rn. 49 ff.) und mit den angeblich untragbaren Folgen einer Anerkennung des personalen Schutzbereiches des Art. 1 Abs. 1 GG zugunsten von Embryonen in vitro (vgl. Dreier in Dreier, Art. 1 GG Rn. 56 ff.). Es erscheint meines Erachtens jedoch im Bereich der Menschenrechte überaus problematisch, von ungewünschten Ergebnissen und Folgen der Auslegung einer Rechtsnorm auf deren Ablehnung zu schließen. In den Erläuterungen zu Art. 2 Abs. 2 GG wird im selben Kommentar ohne weitere Begründung davon ausgegangen, dass auch extrakorporal erzeugtes Leben den Lebensschutz gemäß Art. 2 Abs. 2 GG genießt. Vgl. hierzu Schulze-Fielitz in Dreier, Art. 2 Abs. 2 GG, Rn. 24. Eine über die bloße ergebnisgeleitete hinausgehende Begründung wird für die Annahme unterschiedlicher personaler Schutzbereiche hinsichtlich Art. 2 Abs. 2 GG und Art. 1 Abs. 1 GG nicht erwähnt.

Ferner ist die Bejahung des personalen Schutzbereichs der Menschenwürde und des Lebensschutzes, wie bereits betont, nicht gleichbedeutend mit der Unzulässigkeit bestimmter Maßnahmen betreffend den Embryo in vitro. Hierzu bedarf es einer gesonderten Prüfung. Vgl. hierzu insbesondere die konkrete Subsumtion im Rahmen der Erläuterung der Gewinnung von Stammzellen vom Embryo in vitro nachfolgend unter III.L.3.a)(2), die aufzeigt, dass die Bejahung des personalen Schutzbereichs eine konkrete Eingriffsprüfung nicht überflüssig macht und Abstufungen möglich sind. Bereits auf der Ebene des personalen Schutzbereichs zu differenzieren erscheint zumindest dahingehend widersprüchlich, dass der Lebensschutz und die Menschenwürde in personaler Hinsicht am Menschsein anknüpfen und dieses Menschsein kaum im einen Fall angenommen und gleichzeitig im anderen Fall abgelehnt werden kann.

[482] Vgl. Darstellungen bei Pap MedR 1986, 229, 232 und Dressler 1992, 32 ff. sowie Laufs 1992, 45 f.

[483] Vgl. oben unter III.B.4. Aus diesem Grund wird auch auf die extensive Erläuterung weiterer Definitionsversuche im Hinblick auf den Beginn menschlichen Lebens im Sinne des Grundgesetzes, die erst nach der Nidation ansetzen, abgesehen. Diskutiert wurden bzw. werden unter anderem der Zeitpunkt der extrauterinen Überlebensfähigkeit sowie der ersten wahrnehmbaren Körperbewegung. Vgl. die Darstellung bei Pap

Unhaltbarkeit der Gleichsetzung der Kriterien für den definierten Todeszeitpunkt und den Beginn des menschlichen Lebens verwiesen: Zum Zeitpunkt des Hirntodes eines Menschen wird davon ausgegangen, dass die Hirntätigkeit endgültig und irreversibel beendet ist. Im Gegensatz zum Lebensbeginn ist der Hirntod ein unverrückbarer Zeitpunkt, ab dem biomedizinisch das Individualleben sein Ende gefunden hat. Gerade beim frühen Embryo ist ein solcher unverrückbarer Anfangszeitpunkt jedoch nicht feststellbar. Die Aufnahme von Hirntätigkeit ist ein sich entwickelnder Prozess, der lediglich eine Frage der zeitlichen Weiterentwicklung ist, da die Fähigkeit zur Herausbildung menschlicher Gehirnaktivität bereits mit Verschmelzung der Gametenzellkerne angelegt ist.[484]

c) Zeitpunkt der Nidation

Von der bundesverfassungsgerichtlichen Rechtsprechung nicht erfasst und damit grundsätzlich in Betracht zu ziehen, ist jedoch die Annahme des Zeitpunkts der Einnistung des Embryos in der Gebärmutter als die Zäsur, ab der von menschlichem Leben im Sinne des Grundgesetzes auszugehen ist. Für einen späteren – nach der Befruchtung der Eizelle liegenden – Beginn des menschlichen Lebens mit Blick auf den Grundrechtsschutz wird unter anderem argumentiert, dass zum Zeitpunkt der Verschmelzung der Gametenzellkerne zwar *artspezifisches* menschliches Leben, aber noch kein *individuelles* menschliches Leben existiere. Erst mit Erreichen eines bestimmten Differenzierungsgrads der die Zygote bildenden Zellen könne von menschlich-individuellem Leben, das Grundrechtsschutz genießt, gesprochen werden. Solange die Zellen zumindest noch totipotent sind und noch nicht das Blastozystenststadium[485] erreicht haben, stehe die entscheidende Ausdifferenzierung erst noch bevor. Vorher stehe noch nicht einmal fest, welche Zellen sich zum Trophoblast und welche sich zum Embryoblast entwickeln.

Aber auch noch nach Herausbildung des Embryoblasten, seien die ihn konstituierenden Zellen noch nicht hinreichend ausdifferenziert, um von einem menschlichen Individuum ausgehen zu können. Erst der Abschluss der Nidation stelle die entscheidende Zäsur dar, ab wann individuelles menschliches Leben entstehe.[486] Im übrigen sei auch bis zum Zeitpunkt der Einnistung noch eine Teilung der befruchteten Eizelle als Ganzes (im Unterschied zur üblichen Zellteilung) möglich. Dies habe zur Folge, dass bis zur Nidation mehrere Embryonen zur Entstehung

---

1987, 205 ff., der auch unabhängig von der Rechtsprechung des Bundesverfassungsgerichts inhaltliche Ablehnungsgründe anführt.

[484] Laufs 1992, 45 f.; Pap MedR 1986, 229, 232; Pap 1987, 209; auch Fälle der Anenzephalie sind durch das Fehlen und die Degeneration wesentlicher Teile des Gehirns gekennzeichnet, so dass jedoch zumindest ein wenn auch geringer Teil an Gehirnausbildung stattfindet bzw. existiert (vgl. Pschyrembel Stichwort „Anenzephalie").

[485] Zu den Entwicklungsstadien des Embryos und zur Totipotenz siehe oben unter I.D.2.a) und unter I.D.2.j).

[486] Vgl. z.B. Hofmann JZ 1986, 253, 258; Dressler 1992, 46 ff.

gelangen können.⁴⁸⁷ Ferner wird zum Teil von naturwissenschaftlicher Seite hervorgehoben, dass die Kernverschmelzung ein notwendiger aber noch kein hinreichender Schritt auf einem längeren Weg der Menschwerdung sei. Erst mit der Nidation sei bei Säugetieren eine fortlaufende, unabdingbare Ernährung durch die Mutter gesichert. Das „volle Entwicklungsprogramm" des Menschen sei erst an diesem Punkt erreicht.⁴⁸⁸

Deutlich wird die von den Vertretern dieser Ansicht zugrunde gelegte Prämisse: Menschlichem Leben im Sinne des Grundgesetzes müsse ein personales, individuelles Element innewohnen. Anknüpfungspunkt insbesondere für Art. 1 Abs. 1 Satz 1 GG sei die Existenz eines Individuums, was durch die noch mögliche Teilung im Stadium vor der Nidation ausgeschlossen sei. Vollwertiges menschliches Leben sei daher im Frühstadium der menschlichen Entwicklung nicht anzunehmen. Es handele sich um „latentes menschliches Leben".⁴⁸⁹

Kern dieser Argumentation ist die Behauptung der Existenz einer grundrechtsrelevanten Zäsur im Laufe der Entwicklung eines Menschen. An diesem Punkt setzt auch die Kritik der überwiegenden Ansicht an. Die Unterscheidung zwischen artspezifischem und individuellem menschlichen Leben sei genauso willkürlich wie irgendeine andere, zeitlich der Verschmelzung der Gametenkerne nachfolgende Zäsur. Zwar würde nicht geleugnet, dass es im Laufe der menschlichen Entwicklung zu einschneidenden Schritten kommt, doch führen diese allesamt nicht zu einer „'qualitativen' Änderung des Menschseins".⁴⁹⁰ Darüber hinaus wird insbesondere argumentiert, dass es auf die Unterscheidung zwischen lediglich „artspezifischem" und „individuellem" menschlichen Leben gar nicht ankommen könne. Ungeachtet der Personalität und Individualität handele es sich um ein menschliches Wesen, das genetisch völlig abgeschlossen sei. Sämtliche Anlagen, die das Menschsein bedingen, sind im Zeitpunkt der Verschmelzung der Gametenzellkerne vorhanden und müssen nur noch vollständig zur Entfaltung gelangen.⁴⁹¹ Darüber hinaus wäre meines Erachtens vor dem Hintergrund der deutschen Verfassungsgerichtsrechtsprechung, die jedem menschlichen Leben, ungeachtet von Individualitätsmerkmalen, Grundrechtsschutz angedeihen lässt⁴⁹², eine Begründung erforderlich, warum es auf die Individualität im Sinne des Ausschlusses der Entstehung von eineiigen Zwillingen, ankommt. Denn das Vorliegen von menschli-

---

⁴⁸⁷ Vgl. z.B. Coester-Waltjen 1985, 92 und 93. Pap weist darauf hin, dass seines Erachtens eine Mehrlingsteilung (Entstehung eineiiger Zwillinge) auch noch nach der Nidation möglich sei. Nur wegen der ungefähren zeitlichen Übereinstimmung zwischen Ende der Möglichkeit der Entstehung von Mehrlingen und der Nidation, würde zum Teil auf den Einnistungszeitpunkt abgestellt. Vgl. Pap 1987, 215.
⁴⁸⁸ Vgl. Nüsslein-Volhard in FAZ v. 02.10.2001.
⁴⁸⁹ Coester-Waltjen 1985, 93.
⁴⁹⁰ So z.B. Keller 1991 (1), S. 115.
⁴⁹¹ Eser 1991, S. 286; Keller 1991 (1), S. 114.
⁴⁹² Vgl. nur das bekannte Zitat: „Wo menschliches Leben existiert, kommt ihm Menschenwürde zu...". ‚So BVerGE 39, 1 ff., 41. Auf dieses Zitat bezugnehmend BVerfGE 88, 203 ff., 252.

chem Leben wird von den Vertretern dieser Ansicht nicht bestritten, eine entsprechende Begründung für die Existenz darüber hinaus gehender Voraussetzungen fehlt jedoch.[493]

6. Zusammenfassung und Ergebnis

Die Bestandsaufnahme und Analyse von Rechtsprechung und juristischer Literatur ergibt, dass de lege lata in der deutschen Rechtsordnung dem Embryo in vitro von Beginn seiner biologisch-naturwissenschaftlichen Existenz an, d.h. mit Verschmelzung der Kerne von menschlicher Ei- und Samenzelle der objektive Schutz der Menschenrechte zuteil wird. Der Embryo in vitro wird im Sinne des Grundgesetzes bereits als Mensch angesehen. Spätere Zäsuren im Laufe des Entwicklungsprozesses des Embryos sind von keinem ausreichenden Gewicht, einen späteren Beginn des Menschseins mit Blick auf die Grundrechte zu rechtfertigen.

Alternative Ansätze scheitern – neben anderen Argumenten, worunter sich auch die Erfahrung des Nationalsozialismus befindet, die, im Einklang mit einer historischen Auslegung, normativ-wertende Betrachtungsweisen ausschließt – jedenfalls unmittelbar an der ausdrücklichen Rechtsprechung des Bundesverfassungsgerichts einerseits und andererseits wegen der Annahme von Prämissen, die den maßgeblichen bundesverfassungsgerichtlichen Urteilen widersprechen.

Auf Basis der Argumentation der überwiegenden Ansicht, welche eine kontinuierliche Entwicklung des Embryo als Mensch ohne einschneidende, nach seiner Entstehung existierender Zäsuren, in den Mittelpunkt stellt, unterfallen auch durch ungeschlechtliche Vermehrung (Zellkerntransfer) entstandene Embryonen im biologischen Sinne (Totipotenz) dem objektiven Schutz der Grundrechte.

C. Der Rechtsstatus des Embryos in vitro im Vergleich Deutschland-Israel

1. Gegenüberstellung

Ein Vergleich der gefundenen Ergebnisse lässt unschwer erkennen, dass betreffend den Rechtsstatus des Embryos in vitro, sich der israelische und der deutsche Ansatz diametral gegenüberstehen. Während die deutsche Rechtsordnung dem Embryo in vitro die grundrechtliche Menschenwürdegarantie bzw. den Lebensschutz zuteil werden lässt, ist dies in Israel gerade nicht der Fall.

Betrachtet man die verschiedenen Begründungsansätze, die dieser Diskrepanz zugrunde liegen, so ist zunächst eine Gemeinsamkeit festzustellen. Der Ausgangs-

---

[493] Vgl. Coester-Waltjen 1985, 93, die schlicht davon ausgeht, dass menschliches Leben im Sinne des Grundgesetzes ein so verstandenes Individuum voraussetze. Ebenso Hofmann JZ 1986, 253, 258.

C. Der Rechtsstatus des Embryos in vitro im Vergleich

punkt der Beurteilung, von dem aus die Vertreter beider Rechtsordnungen argumentieren, ist naturgemäß identisch: Der objektive Schutz der Grund- und Menschrechte steht jedem zu, der juristisch als Mensch eingeordnet wird. Daraus leitet sich im Hinblick auf den Embryo in vitro fast zwangsläufig die hier wie da identische Frage ab, wann im Rahmen des menschlichen Entwicklungsprozesses von einem Menschen in diesem juristischen Sinn auszugehen ist. An diesem Punkt gehen die beiden Rechtsordnungen bzw. die vorherrschenden Rechtsansichten Deutschlands und Israels dann allerdings auseinander.

Zwar werden auch in Deutschland Argumentationsmuster vertreten, die auf einen späteren Zeitpunkt als die Konjugation der Zellkerne abstellen[494], doch postulieren die überwiegenden Stellungnahmen einen Gleichlauf des deskriptiven, naturwissenschaftlichen, quasi „objektiven" Lebensbeginns mit dem juristischen. Ein außerhalb der durch die Natur vorgegebenen Parameter liegender Maßstab, der andere Wertungen mit berücksichtigt, wird mit Verweis auf die nationalsozialistische Vergangenheit Deutschlands und der damit einhergehenden willkürlichen Unterscheidung zwischen „lebenswert" und „lebensunwert" abgelehnt. Um es in ethisch-philosophischen Kategorien auszudrücken: Das bloße Menschsein ist in Abgrenzung zum Personsein, das die Bejahung zusätzlicher, zum Menschsein hinzutretender aktueller Eigenschaften wie Vernunftgebrauch, Selbstbezug, soziale Anerkennung usw. bedarf[495], demzufolge ausreichend, um in den Genuss des Schutzes von Grund- und Menschenrechten zu kommen.

Gemäss der in Deutschland vorherrschenden Ansicht ist ferner eine Aufspaltung des menschlichen Entwicklungsprozesses in mehrere Phasen juristisch, zumindest hinsichtlich Frage nach dem Embryo in vitro als selbständiges schützenswertes Rechtsgut, ohne Relevanz für den objektiven Schutzbereich der einschlägigen Grundrechte. Das eigenständig schützenswerte Menschsein beginnt mit dem biologischen Lebensbeginn, d.h. mit dem Entstehen des neuen, diploiden Chromosomensatzes im Zuge der Kernverschmelzung bzw. mit der Herstellung der Totipotenz im Rahmen der ungeschlechtlichen Vermehrung. Historische und teleologische Auslegung des Grundrechtskataloges stützen diesen Befund.[496]

Anders zeigt sich hingegen die israelische Diskussion und mehrheitliche Auffassung, die überwiegend auf unterschiedliche Phasen der menschlichen Entwicklung abstellt. Kursorisch seien die Terminologien „Prä-Embryo", „Potenzial zu menschlichem Leben", „der Lebenserzeugung vorgelagerte Phase", „Prozess der Schaffung menschlichen Lebens", „potentielle Personen", „Entwicklung zur Person", „Potenzial, sich in einen Menschen zu entwickeln" usw. nochmals erwähnt.[497] Einigkeit besteht weitestgehend darin, dass die Phase eines Embryo in vitro jedenfalls zu früh sei, um ihm den objektiven Schutz der Grundrechte zuzubilligen. Inklusive einzelner relevanter Begründungen von Richtern in den Nach-

---

[494] Hierzu oben unter III.B.5.
[495] Vgl. hierzu die Abgrenzung oben unter III.B.2, dort insbesondere auch Fn. 452 und III.B.5.a), dort insbesondere auch Fn. 480.
[496] Hierzu oben unter III.B.2.
[497] Siehe hierzu oben unter II.B.

mani-Entscheidungen wurden in der vorliegenden Arbeit 10 israelische Stellungnahmen ausgewertet[498], wovon sich 8 ausdrücklich gegen die Anerkennung einer selbständigen Rechtsposition des Embryos in vitro aussprachen und lediglich 2 Autoren mit der in Deutschland vorherrschenden Rechtsansicht übereinstimmten.[499]

Der früheste Zeitpunkt, ab dem einem Embryo in vitro durch die Autoren der überwiegenden Ansicht ein Grundrechtsschutz zugebilligt wird, ist der der Nidation. Erst ab diesem Moment sei frühestens eine Entwicklungsstufe erreicht, ab der von einer selbständigen Rechtsposition des Embryos ausgegangen werden könne. Allerdings ist festzustellen, dass den 8 Stellungnahmen der überwiegenden Ansicht nur in 4 Fällen[500] ein mehr oder minder ausdrückliches Bekenntnis zur Nidation als dem entscheidenden Einschnitt zu entnehmen ist. Die anderen Stimmen beließen es bei der Feststellung, dass jedenfalls während seiner Entwicklungsphase in vitro dem Embryo kein eigenständiger Rechtsstatus zukommt und ließen daher alle Möglichkeiten offen, wo genau der entscheidende spätere Zeitpunkt verortet ist.

Die jeweiligen Begründungen dieses einheitlichen Ergebnisses sind heterogen. Während Richterin Strasberg-Cohen, Präsident Barak und Prof. Shifman die Frage des Beginns des Menschseins beantworten und dabei zu dem Schluss kommen, dass das Menschsein eines Embryo in vitro noch nicht bejaht werden könne, sprechen sich Prof. Gans und Rabbi Halprin mehr oder minder deutlich für eine wertende Betrachtung aus und stellen auf das Personsein bzw. das Potenzial des Embryos, sich zur Person zu entwickeln ab.[501] Die übrigen Autoren betonen das ausschließlich gemeinsam auszuübende Bestimmungsrecht der genetischen „Eltern" über das Schicksal von Embryonen in vitro und äußern sich zwar nicht ausdrücklich zu einer eigenständigen Rechtsposition der Embryonen, lehnen eine solche jedoch implizit ab, ohne eine vom Bestimmungsrecht der „Eltern" gelöste Begründung hierfür zu geben. Das Bestimmungsrecht der „genetischen Eltern" hat für sie zumindest ein solches Gewicht, dass kategorisch eine eigenständige Rechtsposition abzulehnen ist. Dies zeigt sich an der Ablehnung jeglichen Spannungsfeldes zwischen der elterlichen und der embryonalen Position.[502]

---

[498] 10 Stellungnahmen, die tatsächlich Aussagen über den Rechtsstatus des Embryo in vitro enthalten.
[499] Vgl. oben unter II.B.
[500] Anzuführen sind in diesem Zusammenhang die Stellungnahmen der Richterin Strasberg-Cohen, von Prof. Shifman, von Rabbi Halprin und Richter Kadmi; vgl. oben unter II.B.
[501] Siehe hierzu oben unter II.B. Insofern spiegeln sich in den Begründungen der ablehnenden Haltung die Positionen wieder, die bereits von Biller 1997, 8 ff. als die für die Diskussion um den moralischen Status des Embryos wesentlichen herausgestellt wurden.
[502] Vgl. oben unter II.B.

C. Der Rechtsstatus des Embryos in vitro im Vergleich

Aus der Erläuterung der unterschiedlichen Begründungsmuster der israelischen und der deutschen Rechtsordnung ergeben sich im wesentlichen zwei zentrale Unterscheidungsmerkmale:

- Der „wertenden" Aufspaltung des embryonalen Entwicklungsprozesses in Israel, steht der *Versuch* einer „wertfreien" Betrachtung des embryonalen Entwicklungsprozesses als zäsurloses Kontinuum in Deutschland gegenüber.[503]
- Das besondere Gewicht eines rechtlich geschützten Bestimmungsrechts der genetischen Eltern über den Embryo in vitro verdrängt in Israel jegliche Anerkennung eines eigenständigen Schutzes, wohingegen dieser Aspekt in Deutschland nicht existiert bzw. kaum Gewicht beigemessen wird.

2. Abstraktion und weiterführende Fragestellung

Nur bezogen auf den Embryo in vitro – unter Ausschluss der Frage, wie es um den Rechtsstatus des Embryos nach der Nidation bestellt ist – repräsentieren die sich in Form der Rechtsordnung Israels und Deutschlands gegenüber stehenden Positionen die schon seit längerem andauernde Debatte über den moralischen Status des Embryos in vitro. Polarisierend lässt sich folgende Gegenüberstellung skizzieren: Dem keine eigene Schutzwürdigkeit zukommenden Zellhaufen im Sinne eines bloßen abgetrennten Körperteils[504], der dem Schicksal seiner genetischen „Eltern" unterworfen ist, wird, was die Zuschreibung von Schutzwürdigkeit anbelangt, die Gleichstellung von Embryo und erwachsener Person entgegengehalten und umgekehrt.[505]

Im Kern lassen sich die beiden unterschiedlichen, sich in den beiden Rechtsordnungen widerspiegelnden Ansätze mit dem „klassischen" Subjekt-Objekt-Gegensatz beschreiben. In Deutschland wird von der Subjektqualität des Embryos in vitro ausgegangen, wohingegen in Israel der Objektstatus jedenfalls bis zur Nidation im Vordergrund steht. Letzterer Aspekt vermag auch zu begründen, warum in Israel ein Bestimmungsrecht der genetischen Eltern über das Schicksal der Embryonen in vitro angenommen wird und warum ein solches in Deutschland in der Auseinandersetzung nahezu tabuisiert ist. Nur ein Objekt i.S.e. Sache vermag im Rahmen einer Herrschaftsbeziehung gänzlich der Bestimmung eines oder mehrer Subjekte zugeordnet sein. Erst mit Zuerkennung des Subjektstatus eröffnet sich ein

---

[503] Der Beginn des Menschseins solle möglichst ohne Bewertung und Gewichtung von Entwicklungsphasen und Zäsuren aus den naturgegebenen Abläufen deduziert werden.
[504] Ähnlich der physischen Trennung von Blut und Organen vom Körper eines Menschen im Rahmen einer Blut- bzw. Organspende.
[505] Vgl. hierzu z.B. Bayertz 2001, 81. Soweit in diesem Zusammenhang von „Person" bzw. „Subjekt die Rede ist, soll darunter nicht der als Status eines Rechts*subjekt* im engen Sinne als eigener Träger von Rechten und Pflichten, sondern in philosophischen Termini in Abgrenzung zum Objekt verstanden werden.

Spannungsfeld zwischen dem Schutz des Embryos in vitro und unter Umständen konkurrierender Schutzbereiche anderer Subjekte.

Dieser Befund führt unmittelbar auch zu weiterführenden Fragestellungen mit Blick auf die jeweilige besondere Funktion des Rechts in diesem Zusammenhang. Aufgrund des Fehlens des „Ballasts" eines eigenständigen, moralischen als auch rechtlichen Status als Gegengewicht, müsste das israelische Recht darauf abzielen, die größtmögliche Freiheit der genetischen „Eltern", denen das Objekt Embryo in vitro zugeordnet ist, zu schützen und in den Vordergrund zu stellen. Konsequent weiter verfolgt, müsste dies im Rahmen eines konkret zu regelnden Sachverhalts, der die Existenz des Embryos in vitro gefährdet (z.B. die Stammzellengewinnung vom Embryo in vitro) zu folgender Fragestellung führen: Gibt es Gründe bzw. Umstände, die dem umfassenden Bestimmungsrecht der genetischen Eltern, das grundsätzlich auch erlaubt, den Embryo in vitro einer existenzvernichtenden Behandlung auszusetzen, Grenzen zu setzen ?

Ganz anders hingegen müsste die Fragestellung innerhalb der deutschen Rechtsordnung lauten: Ausgehend von einem objektiven Schutz des Embryos in vitro durch Grundrechte ist im Einzelfall zu fragen, ob ein Eingriff in die Rechtsposition aufgrund bestimmter Umstände zu rechtfertigen ist.

Wie den Fragestellungen zu entnehmen ist, bedeutet die jeweilige Einordnung des Embryos in vitro keineswegs, dass zwangsläufig sämtliche Fragen der Zulässigkeit bestimmter Maßnahmen der assistierten Reproduktion und der Gewinnung embryonaler Stammzellen präjudiziert sind. Ob die unterschiedlichen Auffassungen zum grundsätzlichen Status des Embryos in vitro bei der Überprüfung konkreter Fallgestaltungen, in denen der Embryo in vitro in seinem in Deutschland grundsätzlich anerkannten Rechtsstatus tangiert ist, zwangsläufig auch zu unterschiedlichen Ergebnissen führt, ist damit noch nicht geklärt. Es wird im Rahmen der nachfolgenden rechtsvergleichenden Überprüfung der einzelnen Methoden, die Untersuchungsgegenstand dieser Arbeit sind – insbesondere im Rahmen der Erörterung der Gewinnung embryonaler Stammzellen vom Embryo in vitro, welche die Vernichtung des Embryos in vitro zur Folge hat – zu klären sein, wie sich die beiden unterschiedlichen Konzepte eines bzw. keines Rechtsstatus des Embryos in vitro in den Fallgestaltungen wiederspiegeln.[506] Es ist durchaus denkbar, dass die Subjekt-Objektbeziehung zwischen den genetischen Eltern und dem Em-

---

[506] Auf diesen Umstand wurde oben unter III.B. und Fn. 481 bereits hingewiesen. Vor dem Hintergrund der oftmaligen Nichtbeachtung der einzelnen Prüfungsschritte im Rahmen der Diskussion einzelner, den Embryo in vitro betreffender Maßnahmen ist diese wiederholende Feststellung allerdings angebracht. Eine systematische Trennung der einzelnen Prüfungsschritte in Schutzumfang des Grundrechts und Rechtfertigung einer Beeinträchtigung von Grundrechten (im Rahmen des objektiven Schutzgehalts der Grundrechte als Teil der grundgesetzlichen objektiven Wertordnung stellt sich die Frage der „Rechtfertigung" im Zuge der Überlegung, ob den Gesetzgeber eine Schutzverpflichtung trifft oder nicht und nicht als Rechtfertigung für einen Eingriff in ein subjektives Recht) wird nachfolgend z.B. unter III.B. der Subsumtion der Gewinnung embryonaler Stammzellen von sog. überzähligen Embryonen zugrunde gelegt.

bryo in vitro in ihrer konkreten rechtlichen Ausgestaltung im Einzelfall dahingehend ausgeformt ist, dass das umfassende Bestimmungsrecht der genetischen Eltern aufgrund anderweitiger Werte und Interessen beschränkt wird. Ebenfalls ist hinsichtlich Deutschlands zu überprüfen, wie ein möglicher Konflikt zwischen dem rechtlichen Schutz des Embryo in vitro und anderer unter dem Schutz der Grundrechte stehender Subjekte und Interessen gelöst wird.

3. Erklärungsansätze für die Existenz der unterschiedlichen Schutzkonzepte

Die komplizierte Wirkweise und gegenseitige Abhängigkeit von Recht und Kultur ist nicht Gegenstand dieser Betrachtung. Dennoch sollen an dieser Stelle, ohne den Anspruch zu erheben, umfassend und abschließend erklären zu können, warum es zur Herausbildung der verschiedenen Ansätze bezüglich des Rechtsstatus' von Embryonen in vitro in Israel und Deutschland kam, drei Aspekte hervorgehoben werden, die sich aus den erläuterten Begründungen selbst ergeben.

Im Hinblick auf die in Israel vorherrschende Ablehnung eines eigenständigen Rechtstatus des Embryos in vitro, bedarf das jüdisch-religiöse und jüdisch-kulturelle Fundament des Staates Israel der Betonung. Nach der in der Unabhängigkeitserklärung vom 14. Mai 1948 enthaltenen Selbstdefinition ist Israel ein jüdischer und demokratischer Staat.[507] Obwohl bis heute die genaue Implikation des jüdischen Fundaments innerhalb und außerhalb Israels umstritten und in seinen Grenzen unklar ist, basiert die israelische Gesellschaft mehrheitlich auf jüdischen Mitgliedern.[508] Richterin Strasberg-Cohen betont in ihrer Begründung der Nachmani-Entscheidung von 1995 im Hinblick auf die Ablehnung eines eigenen Rechtsstatus des Embryos in vitro ausdrücklich, dass diese Sichtweise im Einklang mit der jüdisch-religiösen Ansicht stehe, wonach dem Embryo in vitro jedenfalls kein eigenständiger (Recht-)Schutz zugestanden wird.[509] Ein Einfluss jüdisch-kulturellen Erbes wird insoweit deutlich. Dieses Erbe wirkt – wenn, wie geschehen, zur Begründung von Rechtsansichten mit herangezogen – in bestimmten Maße zumindest unterstützend.

Das deutsche Verständnis vom Embryo in vitro, der als selbständiges Rechtsgut von den einschlägigen Grundrechten geschützt wird, ist in Abgrenzung zu Israel unter anderem vor dem Hintergrund zweier besonderer Aspekte zu sehen: die deutsche nationalsozialistische Vergangenheit einerseits und der christlich-kulturelle Hintergrund andererseits. Die unbedingte Koppelung des juristischen Lebensbeginns an das naturwissenschaftliche Lebenskonzept, was vor dem Hintergrund einer eigenständigen juristischen Begriffsbildung, die sich lediglich an em-

---

[507] Vgl. stellvertretend Kretzmer 1995, 39.
[508] Kretzmer 1995, 40; vgl. überblicksartig zum jüdischen Fundament Israels Loewy in Universitas 1997, 919, 920 f.; eine ausführliche Darstellung des jüdischen Fundaments im Wechsel der Zeitläufte findet sich bei Eisenstadt 1992.
[509] Vgl. oben unter II.B.1.

pirischen Fakten zu orientieren hat, keine Selbstverständlichkeit ist, entzieht die Menschseinsdefinition jeglicher „sozialwissenschaftlicher" Wertungen. Dieser Entzug vermag damit auch den Einfall von (Be)Wertungen menschlichen Lebens als lebenswert oder lebensunwert verhindern, was von den Vätern des Grundgesetzes als Reaktion auf nationalsozialistische Verbrechen durch die Formulierung von Art. 1 Abs. 1 und Art. 2 Abs. 2 GG auch so intendiert war.[510]

Der zweite Aspekt bezieht sich auf den christlich-kulturellen Hintergrund der deutschen Rechtsordnung, der im Bereich von Grundsatzfragen der Gesellschaft, wie z.B. nach dem Beginn des menschlichen Lebens im juristischen Sinne, nicht ohne Einfluss auf juristisch zu beurteilende Sachverhalte ist.[511] Aufgrund wissenschaftlich neuer Erkenntnisse erfolgte eine Abkehr des Christentums von der Theorie der sog. Sukzessivbeseelung, die davon ausging, dass erst sukzessive bzw. zu bestimmten späteren, der Zeugung nachfolgenden Zeitpunkten im Rahmen der Schwangerschaft die vollumfängliche Beseelung und damit Personwerdung erfolgt. Nur nach erfolgter bzw. abgeschlossener Beseelung war demzufolge ein Stadium erreicht, der dem Fötus eine schützenswerte Position zukommen ließ.[512] Vor dem Beseelungszeitpunkt wurde der Fötus lediglich als Teil des mütterlichen Körpers gesehen.[513] Dieser Ansatz blieb im „kirchlichen Gesetzbuch" bis 1869 verankert[514], wurde jedoch schon 1679 durch Papst Innozenz XI. durch das heilige Officium aufgehoben.[515]

---

[510] Vgl. bereits oben unter III.B.2. und z.B. die Darstellung bei Pap MedR 1986, 229, 232. Auch das BVerfG verweist in seiner „ersten Abtreibungsentscheidung" (BVerfGE 39, 1 ff.) auf den historischen Hintergrund, der zur Aufnahme „des an sich selbstverständlichen Rechts auf Leben in das Grundgesetz" führte: „[Die Aufnahme] erklärt sich hauptsächlich als Reaktion auf die ‚Vernichtung lebensunwerten Lebens', auf ‚Endlösung' und ‚Liquidierung', die vom nationalsozialistischen Regime als staatliche Maßnahmen durchgeführt wurden. Art. 2 Abs. 2 Satz 1 GG enthält ebenso wie die Abschaffung der Todesstrafe durch Art. 102 GG ‚ein Bekenntnis zum grundsätzlichen Wert des Menschenlebens und zu einer Staatsauffassung, die sich in betontem Gegensatz zu den Anschauungen eines politischen Regimes stellt, dem das einzelne Leben wenig bedeutete und das deshalb mit dem angemaßten Recht über Leben und Tod des Bürgers schrankenlosen Missbrauch trieb' (BVerfGE 18, 112, 117)".

[511] Vgl. z.B. die Ausführungen von Benda NJW 2001, 2147, 2148; so auch Schockenhoff in Die Tagespost v. 24.02.2001, der u.a. ausführt, dass der biblischen Offenbarung im Rahmen der Anerkennung der Menschenwürde, des Tötungsverbots und des Gleichbehandlungsgrundsatzes in unserem Kulturkreis besondere Bedeutung zukommt.

[512] Vgl. den Überblick bei Jerouschek Lexikon Spalte 688 ff.; Körner 1992, 296 f.; Körner 1999, 13 und 17 ff.; Beckmann ZRP 1987, 80, 84 und Böckenförde in SZ v. 16.05.2001.

[513] Körner 1999, 18.

[514] Vgl. Schockenhoff in Die Tagespost v. 24.02.2001; Jerouschek Lexikon Spalte 689 f., der den Wandel auf einen noch späteren Zeitpunkt legt.

[515] Schockenhoff in Die Tagespost v. 24.02.2001.

In der Folge bezog das katholische Lehramt klar Position und stellte die Zygote von der Zeugung an unter den Schutz, den man dem menschlichen Wesen in seiner leiblichen und geistigen Ganzheitlichkeit sittlich schuldet.[516] Biologischer und schutzwürdiger Lebensbeginn waren fortan nach dem päpstlichen Lehramt nicht zu trennen (sog. Simultanbeseelung).[517] Im biologischen menschlichen Sein verkörpert sich demzufolge das Göttliche von Anbeginn. Dieser Standpunkt wurde und wird auch von einem Großteil der evangelischen Kirche eingenommen.[518]

Die Sichtweise von dem mit der Verschmelzung der Zellkerne beginnenden Menschsein förderte und unterstützte im Sinne eines entsprechenden kulturellen Hintergrundes das für Deutschland dargestellte Ergebnis.

D. Die Zulässigkeit der IVF im homologen System mit nachfolgendem autologem ET

Parallel zur Darstellung der Rechtslage in Israel oben unter II.C. ist Untersuchungsgegenstand dieses Kapitels die Frage nach der grundsätzlichen rechtlichen Zulässigkeit der Herstellung eines Embryos in vitro, d.h. der Methode der IVF mit anschließendem ET im homologen und autologen System[519].

1. Einfachgesetzliche Zulässigkeit

a) ESchG

Das ESchG enthält kein grundsätzliches Verbot der IVF mit anschließendem ET solange und soweit der Transfer im homologen System erfolgt, d.h. die Eizelle von der Frau stammt, auf welche die Zelle nach erfolgter Befruchtung auch übertragen wird. Strafbewehrte Vorgaben, welche die Modalitäten der grundsätzlich zugelassenen Ausführung einer IVF und eines ET betreffen, sind jedoch existent:

(1) Arztvorbehalt

Nach § 9 ESchG ist die Durchführung der IVF sowie des ET einem Arzt vorbehalten. Mit Ausnahme der Gametengeber selbst, drohen „Nichtärzten" bei Vornahme einer entsprechenden Handlung strafrechtliche Sanktionen (§ 11 ESchG).

---

[516] Körner 1999, 18 mit Verweis auf die Kongregation für die Glaubenslehre.
[517] Vgl. stellvertretend Lehmann 2001.
[518] Für die Evangelische Kirche vgl. z.B. Schlögel 2001, der auf das Dokument „Gott ist ein Freund des Lebens – Herausforderungen und Aufgaben beim Schutz des Lebens" der Evangelischen Kirche Deutschlands und der Deutschen Bischofskonferenz Bezug nimmt.
[519] Zu den Begriffsdefinitionen siehe oben unter I.D.2.h).

(2) Quantitative Beschränkung

Innerhalb eines (Menustrations-)Zyklus[520] ist die Anzahl der zulässigerweise zu übertragenden Embryonen auf drei begrenzt (§ 1 Abs. 1 Ziffer 3 ESchG).

Ebenso ist die Anzahl der zum Zwecke des Transfers zu befruchtenden Eizellen auf die Anzahl der befruchteten Eizellen beschränkt, die tatsächlich innerhalb eines Zyklus übertragen werden sollen, d.h. folglich ebenfalls maximal drei (§ 1 Abs. 1 Ziffer 5 ESchG).

(3) Einverständnisvorbehalte

Nach § 4 Abs. 1 Ziffer 1 ESchG ist zwingende Voraussetzung einer IVF die Einwilligung der *beiden* Gametengeber. Das Einverständnis muss bei Beginn der Befruchtung der Eizelle vorliegen und kann bis dahin frei zurückgenommen werden.[521] Das Einverständnis des Samengebers reicht jedoch nicht über seinen Tod hinaus. Nach § 4 Abs. 1 Ziffer 3 ESchG ist – vor allem vor dem Hintergrund einer entsprechenden „Vorratshaltung" durch Kryokonservierung von Sperma – die Befruchtung nach dem Tod des Samenspenders verboten.[522] Die Möglichkeit einer Kryokonservierung der Eizelle im Hinblick auf den Tod der Eizellgeberin fand keine ausdrückliche Regelung. Eine solche ist meines Erachtens auch nicht notwendig, da eine nachfolgende Befruchtung dieser Eizelle nur zu einem Zweck erfolgen kann, der nicht den Transfer auf die Eizellengeberin selbst vorsieht und somit bereits nach § 1 Abs. 1 Ziffer 2 ESchG untersagt ist.

§ 4 Abs. 1 Ziffer 1 ESchG verlangt hinsichtlich des ET im Rahmen eines eigenen Straftatbestandes das Vorliegen des Einverständnisses *der Patientin*, auf die der Embryo übertragen werden soll. Besondere Hervorhebung verdient der Umstand, dass ein fortfallendes Einverständnis des Mannes zwischen dem Befruchtungs- und dem Transferzeitpunkt dem Lebensschutz des Embryos nachgeordnet wird. Auf sein Einverständnis kommt es nicht mehr an.[523] Ebenfalls keiner Einschränkung durch das ESchG ist der ET nach dem Tod des Samengebers unterworfen.

(4) Verbotene Geschlechtswahl

Grundsätzlich verboten ist im Rahmen einer IVF die Selektion des verwendeten Spermas nach den in der Samenzelle enthaltenen Geschlechtschromosomen und damit eine Vorbestimmung des Geschlechts des entstehenden Menschen (§ 3 Satz 1 ESchG).[524] Im Wege einer Tatbestandseinschränkung hat der Gesetzgeber je-

---

[520] Vgl. Keller in Keller/Günther/Kaiser § 1 Abs. 1 Nr. 3 ESchG, Rn. 8.
[521] Keller in Keller/Günther/Kaiser § 4 Abs. 1 Nr. 1 ESchG Rn. 9.
[522] Keller in Keller/Günther/Kaiser § 4 Abs. 1 Nr. 3 ESchG Rn. 28.
[523] Keller in Keller/Günther/Kaiser § 4 Abs. 1 Nr. 2 ESchG Rn. 23.
[524] Zum naturwissenschaftlich-medizinischen Hintergrund vgl. die Ausführungen oben unter I.D.2.e)(3).

doch eine Geschlechtsauswahl dann nicht strafrechtlich verboten[525], wenn das (potentielle) Kind vor schwerwiegenden geschlechtsgebundenen Erbkrankheiten von der Art einer Muskeldystrophie vom Typ Duchenne bewahrt werden soll.[526]

b) SGB V

Einfachgesetzlichen Niederschlag fand die Zulässigkeit der IVF mit anschließendem ET im homologen System im Rahmen einer Ehe auch im SGB V, das die gesetzliche Krankenversicherung regelt.[527] Nach § 27 a SGB V i.V.m. § 27 SGB V haben gesetzlich Versicherte Anspruch auf Krankenbehandlung, worunter grundsätzlich auch Maßnahmen zur Herbeiführung einer Schwangerschaft im Rahmen einer Ehe nach entsprechender Erforderlichkeitsfeststellung durch einen Arzt (§ 27 a Abs. 1 SGB V) fallen. In Konkretisierung des Begriffes ärztliche Maßnahme hat der Bundesausschuss der Ärzte und Krankenkassen in seiner Sitzung am 14.08.1990 gem. § 27 a Abs. 4 i.V.m. § 92 Abs. 1 Satz 2 Nr. 10 SGB V Richtlinien über Maßnahmen zur künstlichen Befruchtung erlassen.[528] Unter Ziffer 10.3 ist dort die „In-vitro-Fertilisation (IVF) mit Embryo-Transfer (ET), ggf. als Zygoten-Transfer oder als intratubarer Embryo-Transfer (EIFT)"[529] als Methode genannt, die bei Vorliegen der Leistungsvoraussetzungen einen Anspruch auf Krankenbehandlung im Rahmen der gesetzlichen Versicherung begründen können.

Auch die Rechtsprechung hat die Zulässigkeit der IVF mit anschließendem ET anerkannt und bestätigt. Mit Urteil vom 08.03.1990 entschied das BSG, dass im Gegensatz zur IVF im heterologen System, die IVF im homologen System anerkannt ist.[530] In einer aktuelleren Entscheidung vom 03.04.2001 bestätigte das BSG abermals diesen Befund und ergänzte die rechtliche Anerkennung der IVF insbesondere durch die extrakorporale Befruchtung durch ICSI.[531] Der Beschluss des Bundesausschusses der Ärzte und Krankenkassen vom Oktober 1997 in Ziffer 10.5 der Richtlinien über ärztliche Maßnahmen zur künstlichen Befruchtung, die Befruchtung mittels ICSI aus der vertragsärztlichen Versorgung auszunehmen, sei nämlich mit höherrangigem Recht (§ 27 a SBG V) nicht vereinbar.

---

[525] Ob der Gesetzgeber damit einer Rechtmäßigkeit der Maßnahme Ausdruck verleihen wollte oder von einem Unrecht ausgehend, lediglich die Strafbewehrung aufheben wollte, ist unklar. Vgl. hierzu Keller in Keller/Günther/Kaiser § 3 ESchG Rn. 11 ff.

[526] Andere Krankheiten als die Muskeldystrophie vom Typ Duchenne müssen von einer nach Landesrecht zuständigen Stelle als entsprechend anerkannt werden. Zu den Problemen des Tatbestands im Einzelnen vgl. Keller in Keller/Günther/Kaiser § 3 ESchG Rn. 25 ff.

[527] Vgl. hierzu auch Lippert 2000, 74, 79.

[528] Veröffentlicht unter anderem im Internet unter http://www.medizinfo.com/annasusanna/steriliaet/richtlinie2.htm, vom Autor am 11.09.2001 zuletzt aufgerufen.

[529] Siehe zu den einzelnen Fachtermini die Ausführungen oben unter I.D.2.f).

[530] BSG NJW 1990, 2959.

[531] Urteil des BSG v. 03.04.2001, Az. B 1 KR 40/00 R.

c) § 33 Abs. 1 EStG

Mit Urteil vom 18.06.1997 anerkannte auch der Bundesfinanzhof mittelbar die Zulässigkeit der IVF mit anschließendem ET, da das Gericht allgemein die künstliche Insemination im homologen System als Heilbehandlung und damit als außergewöhnliche Belastung im Sinne von § 33 Abs. 1 EStG einordnete.[532]

2. Standesrecht

Auch standesrechtlich ist die Zulässigkeit der IVF mit anschließendem ET im homologen System erlaubt. Heranzuziehen sind die Berufsordnungen im allgemeinen und die „Richtlinien zur Durchführung der assistierten Reproduktion"[533] bzw. deren Vorläufer die „Richtlinien zur Durchführung des intratubaren Gametentransfers, der In-Vitro-Fertilisation mit Embryotransfer und andere Methoden der künstlichen Befruchtung"[534] im besonderen.

Mit Blickrichtung auf die „Richtlinien zur Durchführung des intratubaren Gametentransfers, der In-vitro-Fertilisation mit Embryotransfer und anderer verwandter Methoden" sind an die gemäß § 9 ESchG ausschließlich zur Durchführung der IVF und des ET befugten Ärzte adressierte Berufsausübungsregelungen getroffen worden. Was die Zulässigkeit bzw. die Beschränkungen der Maßnahme anbelangt, ist festzustellen, dass gemäß dieser Richtlinien

- die IVF mit anschließendem ET bei Vorliegen einer entsprechenden medizinischen Indikation im homologen System grundsätzlich zulässig ist (vgl. 2., 3.1. und 3.2.3. der Richtlinien);
- eine schriftliche Einwilligung des Ehepaares mit der Maßnahme notwendig ist (Ziffer 3.4. der Richtlinien);
- nur drei Embryonen pro Zyklus erzeugt und transferiert werden dürfen (Ziffer 4.1 der Richtlinien).

Die genannten Bedingungen und Voraussetzungen spiegeln die Anforderungen des ESchG wieder. Materiellrechtlich sind keine weitergehenden Beschränkungen zu erkennen, so dass es insoweit auf die tatsächliche Rechtsverbindlichkeit der Richtlinien[535] bereits aus diesem Grund nicht ankommt. Berufsrechtliche Voraussetzungen wie eine Anzeigepflicht an die Kammer (Ziffer 3.1 der Richtlinien), Anforderungen an die medizinische Indikation und Diagnose (Ziffer 3.2 und 3.3 der Richtlinien) sowie fachliche, personelle und technische Voraussetzungen auf Seiten der Ärzte (Ziffer 3.5 der Richtlinien) beschränken die grundsätzliche Zulässigkeit der Maßnahme nicht, sondern konkretisieren lediglich die tatsächliche,

---

[532] Pressemitteilung Nr. 16 des BFH vom 27.11.1997, abgedruckt in MedR 1998, 175.
[533] Veröffentlicht in DtÄrztebl. 1998, A-3166 ff., dem Umsetzungsmodell der Landesärztekammer Baden-Württemberg folgend; vgl. hierzu oben unter III.A.3.b).
[534] Veröffentlicht in DtÄrztebl. 1996, A-415 ff., dem Umsetzungsmodell der Landesärztekammern Bayern bzw. Hamburg folgend; vgl. hierzu oben unter III.A.3.b).
[535] Vgl. hierzu die Ausführungen oben unter III.A.3.d).

D. Die Zulässigkeit der IVF im homologen System mit nachfolgender autologem ET   141

von den Richtlinien ermöglichte Durchführung. Sie wirken daher auf die hier interessierende Untersuchung der Zulässigkeit der *homologen* IVF mit anschließendem *autologen* ET nicht beschränkend.

Die „Richtlinien zur Durchführung der assistierten Reproduktion" stimmen, was die grundsätzliche Zulässigkeit bzw. die Beschränkung der *homologen* IVF mit anschließendem ET im *autologen* System betrifft, mit dem EschG und den zuvor erläuterten „Richtlinien zur Durchführung des intratubaren Gametentransfers, der In-vitro-Fertilisation mit Embryotransfer und anderer verwandter Methoden" überein.[536]

Im Ergebnis ist festzuhalten, dass auch nach dem Standesrecht der Ärzte in Deutschland die IVF mit ET im homo- und autologen System grundsätzlich zulässig ist.

3. Verfassungsrecht

Ausgehend vom Schutzbereich der im Grundrechtskatalog des Grundgesetzes enthaltenen Menschrechte des Lebensschutzes gemäß Art. 2 Abs. 2 Satz 1 und der Menschwürde gemäß Art. 1 Abs. 1 GG scheint auf den ersten Blick die Methode der IVF mit ET als lebensschaffende Maßnahme nicht in Konflikt mit den Grundrechten zu geraten. Als verfassungsrechtlich unproblematisch wird dementsprechend auch die „Künstlichkeit" der Fortpflanzung bzw. der Befruchtung angesehen, was insbesondere auch durch die obergerichtliche Rechtsprechung des BFH und des BSG deutlich wird.[537]

Problematisch ist jedoch die Praxis, zwei bis drei befruchtete Eizellen auf die Patientin zu übertragen, um die Chancen einer erfolgreichen Einnistung wenigstens eines Embryos zu erhöhen.[538] Es wird vom sog. „helping-effect" gesprochen.[539] Aufgrund der Tatsache, dass sich regelmäßig nicht alle befruchteten Eizellen einnisten und somit am Leben bleiben, ist fraglich, ob nicht der Menschenwürde- und Lebensschutz der in der Folge absterbenden Embryonen verletzt ist.

Argumentiert wird von den Kritikern unter anderem dahingehend, dass die gesetzliche Vorgabe in § 1 Abs. 1 Ziffer 3 und 5 EschG zwar für einen Gleichlauf der Anzahl erzeugter und transferierter Embryonen (je maximal drei) sorgt, dass der Arzt jedoch trotzdem „menschliches Leben aufs Spiel" setzt, „um den Kinder-

---

[536] Neu eingefügt wurde unter Ziffer 4.1 dieser Richtlinien die Regelung, dass vor dem Hintergrund des Mehrlingsrisikos bei Patientinnen unter 35 Jahren „grundsätzlich" nur zwei Eizellen befruchtet und transferiert werden sollen. Allerdings schränken die Richtlinien die Vorgaben nach § 1 Abs. 1 Ziffer 3 und 5 EschG nicht zwingend weiter ein, da nach entsprechender Aufklärung der Patienten die Möglichkeit der Herstellung und Übertragung von bis zu drei Embryonen möglich bleibt.
[537] Vgl. hierzu die Ausführungen oben unter III.D.1.b) und III.D.1.c).
[538] Vgl. zu dieser Praxis bereits die Ausführungen oben unter I.D.2.e)(4).
[539] Pap MedR 1986, 229, 235; Laufs 1987, 30; Laufs JZ 1986, 769, 774.

wunsch der Patientin zu erfüllen"⁵⁴⁰. Das Gesetz will zwar die sog. „Überschussproduktion" von vornherein verhindern. Dennoch werden Embryonen – auch bei vollständigem Transfer aller im Rahmen eines Behandlungszyklus hergestellter Embryonen – in eine Lage versetzt, in der sie mit einer bestimmten Wahrscheinlichkeit wegen Nichteinnistung absterben. Dies sei ein Verstoß gegen das Recht auf Leben gemäß Art. 2 Abs. 2 GG. Embryonen würde außerdem folglich zu einem „Zweck außerhalb ihrer selbst" eingesetzt, was ein Verstoß gegen den Menschenwürdeschutz gemäß Art. 1 Abs. 1 GG darstelle.⁵⁴¹ Durch die Regelung im ESchG habe der Gesetzgeber selbst deutlich gemacht, dass Keimlinge zugunsten des erfüllten Kinderwunsches geopfert werden. Auf den natürlichen Verlauf des Beginns einer Schwangerschaft, der oft ebenfalls mit dem Verlust durch Absterben von Embryonen verbunden ist, weil auch dort Einnistungen fehlschlagen, könne als Rechtfertigung nicht zurückgegriffen werden. Im Unterschied zum natürlichen Lauf des Beginns einer Schwangerschaft, liege im Rahmen der IVF mit ET das Verfahren bis zur Einnistung in der Hand des Menschen, der insoweit auch Verantwortung zu übernehmen habe.⁵⁴²

Dagegen wird vorgebracht, dass es entscheidend auf die subjektive Seite der handelnden Personen während des Prozedere ankomme: Werden menschliche Embryonen erzeugt, deren späterer Transfer beabsichtigt ist, dann bestünden keine Bedenken gegen die Methode des Mehrfachtransfers. Jedem Embryo werde die Chance einer Einnistung gegeben, „so dass jede Befruchtung zugleich der Erzeugung menschlichen Lebens dienen soll."⁵⁴³ Es komme in diesem Fall sehr wohl darauf an, dass auch im natürlichen Prozess nicht jede Möglichkeit einer Einnistung von Erfolg gekrönt ist. Verfassungsrechtlich bedenklich sei lediglich die Erzeugung menschlicher Embryonen, ohne deren Transfer zu beabsichtigen. Von Grundrechts wegen müsse lediglich darauf abgestellt werden, dass genau so viele Embryonen erzeugt würden wie auch transferiert werden.⁵⁴⁴ Ein Eingriff in den grundrechtlichen Lebens- und Würdeschutz liege in Ermangelung einer die Überlebenschancen reduzierenden Handlung gerade nicht vor. Komme es zu einer Nichteinnistung so wird das Absterben des Embryos nicht dem menschlichen Verhalten, sondern vielmehr den natürlichen Prozessen zugeschrieben.

Auch in dem der Verabschiedung des ESchG vorausgehendem Gesetzgebungsverfahren wurde das Problem durchaus erkannt. Aus der Begründung des ursprünglichen Gesetzentwurfs der Bundesregierung geht hervor, dass man sich der

---

540 So Laufs 1992, 79 f.
541 Laufs JZ 1986, 769, 774.
542 Vgl. Bonelli in Bydlinski 1992, S. 18 und 26; Laufs 1992, 79 f.; Laufs 1987, 30; einen Eingriff in den Grundrechtsstatus des Embryos nehmen u.a. auch Ratzel/Ulsenheimer Reproduktionsmedizin 1999, 428, 430 an; Pap 1987, 157 spricht von einer „Aufopferung" der übrigen Embryonen; Schröder 1992, 41 beschreibt den Sachverhalt als ungeklärt bzw. umstritten.
543 Benda-Kommission, 10 (Ziffer 2.1.1.2).
544 Benda-Kommission, 10 f. (Ziffer 2.1.1.2); Benda NJW 1985, 1730, 1733; Koch in MedR 1986, 259, 261, Fn. 37.

D. Die Zulässigkeit der IVF im homologen System mit nachfolgender autologem ET

Tatsache bewusst ist, dass mehrere Embryonen auf die Mutter transferiert werden können. Als regelungsbedürftig sah man jedoch lediglich die Verhinderung von sog. „überzähligen Embryonen", d.h. von Embryonen, die in einem Behandlungszyklus hergestellt, aber innerhalb dessen nicht auf die Mutter transferiert werden, an.[545] In diese Richtung ging auch der Änderungsvorschlag des Bundesrates. Bezüglich der Frage, ob der Tod sich nicht einnistender Embryonen in Kauf zu nehmen ist oder nicht, wurde - im Gegensatz zur Frage des Fetozids, falls sich mehr als ein Embryo einnistet - als nicht regelungsbedürftig angesehen.[546] Nach Ansicht des Rechtsausschusses des Deutschen Bundestages ist es lediglich notwendig, die Zahl der hergestellten und zu transferierenden Embryonen auf drei zu beschränken, da dies ausreiche, um die Einnistungsmöglichkeiten zu optimieren.[547]

Zum Zwecke der Darstellung der Rechtswirklichkeit kann man sich in Ermangelung einer verfassungsgerichtlichen Unwirksamkeitserklärung des ESchG im Hinblick auf dessen Zulassung des Mehrfachtransfers und der entsprechend gängigen Praxis in Deutschland berufen. Somit ist de lege lata der umstrittene Mehrfachtransfer erlaubt. Ferner wird zwar wie erwähnt von vielen Autoren die Inkaufnahme der Nichteinnistung und damit das Absterben von Embryonen bei Mehrfachtransfer kritisch thematisiert, doch wird von kaum jemandem die Konsequenz gezogen, dass § 1 Abs. 1 Ziffer 3 und 5 ESchG demgemäss verfassungswidrig ist.[548] Es scheint, dass seitens der Juristen die in § 1 Abs. 1 Ziffer 3 und 5 ESchG enthaltene Abwägung zwischen Inkaufnahme der Nichtnidation und Erhöhung der Nidationschancen und damit Erreichen des Behandlungszieles überwiegend akzeptiert wird. Selbst wenn man jedoch annähme, dass die durch die Grundrechte gezogene Grenze überschritten ist, bleibt die Methode an sich dennoch rechtlich zulässig, da konsequenterweise dann – wie Pap dies vorschlägt[549] – eben nur ein Embryo hergestellt und transferiert werden darf.

Das Phänomen der bereits angesprochenen „überzähligen Embryonen", die nicht zum Transfer gelangen[550], stellt sich vor dem tatsächlichen Hintergrund als verfassungsrechtlich unproblematischer dar. Zum Zeitpunkt der Imprägnation der Samenzelle in die weibliche Eizelle – sog. Vorkernstadium[551] –, da die Entstehung einer neuen genetischen Information noch nicht abgeschlossen ist, besteht die

---

[545] BT-DS 11/5460, S. 9.
[546] BT-DS 11/5460, S. 14.
[547] BT-DS 11/8057, S. 14.
[548] Allein Bonelli in Bydlinski 1992, S. 26 ff. tritt konsequenterweise für einen Verzicht der IVF mit ET auch im homologen/autologen System ein, solange der Verlust von Embryonen in Kauf genommen wird; in diesem Sinne auch Pap MedR 1986, 229, 235, der für die Fertilisierung jeweils nur einer Eizelle und Transfer dieses einen Keimlings eintritt.
[549] Siehe Fn. 548.
[550] Das kann daran liegen, dass sich zwischenzeitlich der Willen der Patientin geändert hat oder sie aus anderen Gründen wie z.B. Tod oder Krankheit faktisch nicht in der Lage ist, einen transferierten Embryo aufzunehmen.
[551] Vgl. oben unter I.D.2.e)(3) zur Embryonalentwicklung.

rechtlich zulässige Möglichkeit, eine Überzahl an Embryonen durch Vernichtung oder Kryokonservierung zu verhindern.[552] Vor dem Abschluss der Verschmelzung der Zellkerne der beiden Gametenzellen steht der grundrechtliche Lebens- und Würdeschutz der Maßnahme nicht entgegen.[553] Außerdem hat der Gesetzgeber versucht, die Existenz überzähliger Embryonen bestmöglich zu verhindern, indem er einen zahlenmäßigen Gleichlauf von hergestellten und transferierten Embryonen anstrebt und sich sogar strafrechtlicher Sanktionen bedient (vgl. § 1 Abs. 1 Nr. 3 und 5 ESchG).

Das Verbot der vorsätzlichen Erzeugung „überzähliger Embryonen" ist allerdings auch verfassungsrechtlich geboten. In diesem Fall wird dem Embryo in vitro die Chance auf ein Überleben und eine Weiterentwicklung bis hin zur Geburt bewusst, vollumfänglich und endgültig genommen, was ein finaler Eingriff in den objektiven Schutzbereich des Art. 2 Abs. 2 GG darstellt, der – ohne Heranziehung besonderer Umstände wie die Gewinnung embryonaler Stammzellen zu Forschungszwecken – nicht zu rechtfertigen ist.[554] Aufgrund des strafbewehrten Verbots gem. § 1 Abs. 1 Ziffer 5 ESchG ist in diesem Fall der IVF/ET jedenfalls ein harmonischer Gleichlauf von Grundgesetz und einfachem Recht anzunehmen.

Sollte es trotz der Möglichkeit der Intervention im Vorkernstadium zu einer unvorhergesehenen Unmöglichkeit des Transfers nach der eigentlichen Verschmelzung der Zellkerne kommen, dann ist jedenfalls ein finaler Eingriff in grundrechtlich geschützte Positionen abzulehnen. In diesem Fall ist nämlich Ziel und Zweck der Embryonenerzeugung deren Einnistung und die Herbeiführung der Schwangerschaft der Patientin. Es besteht demzufolge keine grundrechtlich unterfütterte Pflicht, allein wegen der Möglichkeit einer unvorhergesehenen Nichttransferierbarkeit, die IVF zu untersagen. Das wird selbst von den Kritikern des Mehrfachtransfers so gesehen.[555]

4. Zusammenfassung

Festzuhalten ist, dass die IVF im homologen System mit anschließendem autologem Embryotransfer nach dem ESchG ausdrücklich zulässig und rechtlich anerkannt ist. Beschränkungen bestehen hinsichtlich der Durchführung durch Einverständniserfordernisse, den Arztvorbehalt und Beschränkung der Anzahl der befruchteten und transferierten Eizellen auf drei.

---

[552] Vgl. z.B. Diedrich/Ludwig 2001, 34; Krebs Lexikon Spalte 566.
[553] Vgl. hierzu die Ausführungen oben unter III.B.3.
[554] Hierzu nachfolgend eine ausführlichere Darstellung im Rahmen der Erläuterung der Stammzellengewinnung vom Embryo in vitro unter III.L.3.a)(1).
[555] Vgl. z.B. Laufs JZ 1986, 769, 774, der ebenfalls auf die subjektive Seite des Handelnden abstellt („zur Einpflanzung vorgesehen"); in diesem Sinne auch Benda-Kommission, S. 10, 2.1.1.2 („Menschwerdung zu beabsichtigen") und Benda 1986, S. 61 („bewusst mehr Eizellen zu befruchten"); Pap MedR 1986, 229, 234 („zu dem Zweck").

Standes- und Verfassungsrecht enthalten bzw. erfordern keine über diese einfachgesetzlich bereits normierten Beschränkungen hinaus gehenden Regelungen.

Die Inkaufnahme des Absterbens einer oder mehrerer Embryonen beim Mehrfachtransfer ist verfassungsrechtlich umstritten, hat allerdings in der deutschen Rechtswirklichkeit keinen beschränkenden Einfluss.

E. Die Zulässigkeit der IVF im homologen System mit nachfolgendem autologem ET im Vergleich Deutschland-Israel

Im wesentlichen stimmen die rechtlichen Rahmenbedingungen in Israel mit denen in Deutschland betreffend die IVF im homologen System mit nachfolgendem autologem ET überein. Grundsätzlich ist eine solche Fertilisation demzufolge zulässig, solange dem Arztvorbehalt Rechnung getragen wird und das Einverständnis nach ärztlicher Aufklärung beider Ehegatten zur Durchführung der Maßnahme vorliegt.

Entscheidende Unterschiede sind allerdings die in Deutschland durch das ESchG vorgesehene strafbewehrte quantitative Begrenzung der befruchteten und übertragenen Eizellen pro Behandlungszyklus sowie ein ausdrückliches Verbot der Geschlechtswahl. Während in Deutschland nur maximal drei Eizellen befruchtet und transferiert werden dürfen, ist es in Israel hingegen möglich so viele Eizelle wie möglich zu befruchten, um sie kryozukonservieren und sie für etwaige spätere Behandlungszyklen zu verwenden oder vor dem Transfer einer morphologischen oder genetischen Untersuchung zu unterziehen. Die *bewusste* Herstellung von sog. überzähligen Embryonen wird dabei in Kauf genommen, was in Deutschland gerade verhindert werden soll.

Ferner verbietet das ESchG zum Zwecke des Ausschlusses eines Einstiegs in die „Eugenik" eine mögliche Selektion des Embryos in vitro vor dem Transfer entsprechend den Geschlechtskategorien. In Israel hingegen ist das Thema der Geschlechtswahl normativ nicht geregelt, von der Aloni-Kommission nicht angesprochen und auch von der übrigen gesichteten Literatur kaum thematisiert worden. Ein Verbot auf Basis eines Verstoßes gegen die guten Sitten wäre denkbar, konnte jedoch nicht verifiziert werden.

Kern dieser unterschiedlichen Handhabung der IVF mit anschließendem ET ist der bereits erörterte unterschiedliche Rechtsstatus des Embryos in vitro.[556] Dementsprechend wird in Israel die Kryokonservierung von befruchteten Eizellen, soweit sich die genetischen Eltern damit einverstanden zeigen, nicht besonders problematisiert. Es sind lediglich medizinische Kriterien, die entscheidend sind. Deshalb können mehrere befruchtete Eizellen hergestellt werden, um sie unter Umständen später erst zu transferieren, wenn ein früherer Zyklus fruchtlos blieb. Der

---

[556] Vgl. hierzu die vergleichende Analyse oben unter III.C.

Patientin wird auf diese Art und Weise ein weiterer Eingriff erspart, der auf die Erlangung weiterer Eizellen abzielt.[557] In Ermangelung eines eigenständigen rechtlichen Schutzes des Embryos in vitro kommt es lediglich auf Nützlichkeitserwägungen der zur Bestimmung berufenen genetischen Eltern an. Die oben unter C.2. aufgeworfene Frage, ob denn die israelische Rechtsordnung die Zuordnung und Unterordnung des Embryos in vitro als Objekt zu einem oder mehreren anderen Subjekten, denen eine umfassende Bestimmungsrecht über das Objekt zukommt, konsequent weiterverfolgt, kann am hier thematisierten konkreten Fallbeispiel des Mehrfachtransfers und der zugelassenen „Vorratshaltung" betreffend den ET bejaht werden. Der Embryo in vitro untersteht umfänglich den Nützlichkeitserwägungen und der Entscheidungsgewalt der Personen, von denen die den Embryo konstituierenden Gameten abstammen.

In Deutschland hingegen wird die geplante Konservierung und bewusste Herstellung sog. überzähliger Embryonen als Verstoß gegen die Menschenwürde und den Lebensschutz des Embryos in vitro gewertet.[558] Insofern kann die oben unter C.2. gestellte Frage, ob denn die grundsätzliche Einordnung des Embryos in vitro als Mensch, dem zumindest objektiver Grundrechtsschutz zuteil wird, sich im Rahmen der Regelung konkreter Fallbeispiele konsequent fortsetzt, für den Fall der homologen IVF mit autologem ET bejaht werden. Die unvorhergesehene Existenz sog. überzähligen Embryonen ist allerdings auch in Deutschland unvermeidbar, da im Laufe eines Behandlungszyklus die Transferierbarkeit der erzeugten Embryonen unmöglich werden kann.

Ferner gilt die konsequente Anwendung des Grundsatzes eines grundrechtlichen Schutzes von Embryonen in vitro auch für die umstrittene Fallgestaltung des Mehrfachtransfers. Die im ESchG verkörperte Zulässigkeit des Mehrfachtransfers im Rahmen der IVF basiert nämlich auf der – allerdings umstrittenen – Annahme, dass hierin gar kein Eingriff in grundrechtlich geschützte Bereiche vorliegt.

---

[557] In diesem Zusammenhang weist Keller in Keller/Günther/Kaiser § 1 Abs. 1 Nr. 5 ESchG Rn. 4 darauf hin, dass die Kryokonservierung von Eizellen, was diese Problematik ausschließen könnte, nur sporadisch erfolgreich war.
[558] Vgl. z.B. ergänzend die Darstellungen bei Ratzel/Ulsenheimer Reproduktionsmedizin 1999, 428, 430; Laufs 1992, 79; Dressler 1992, 59 ff.

F. Die Zulässigkeit assistierter Fortpflanzungsmethoden bei heterologer bzw. quasi-homologer Befruchtung (Samenspende)

1. Einfachgesetzliche Zulässigkeit

a) ESchG

Im Gegensatz zu Herkunft und Übertragung der Eizelle[559] enthält das ESchG keine Regelung, die der Verwendung von Samenzellen, welche nicht vom Ehemann der Frau stammen, von der die zu befruchtende Eizelle stammt, entgegensteht. Auf Grundlage des ESchG ist daher die Samenspende – im quasi-homologen wie auch heterologen System – erlaubt.[560] Aufgrund der Gesetzgebungsgeschichte sind diese Regelungsgegenstände nicht schlicht vergessen worden, sondern aufgrund unterschiedlicher Ansichten diverser Gruppen wurde auf eine Regelung der nicht-homologen Methoden der assistierten Reproduktion verzichtet.[561] So fand z.B. im Rechtsausschuss des Deutschen Bundestages im Rahmen der Beratungen über den Entwurf der Bundesregierung des ESchG ein entsprechender Antrag der Fraktion der SPD keine Mehrheit. Der Antrag zielte u.a. auf folgende Gesetzesergänzung:

> „...
>
> Verbotene Samenübertragung
>
> Wer auf eine Frau Samen eines Mannes, der *nicht* mit dieser Frau *verheiratet* ist, oder der *nicht* mit ihr in einer auf *Dauer* angelegten *Lebensgemeinschaft* lebt, künstlich überträgt, wird mit Freiheitsstrafe bis zu einem Jahr oder mit Geldstrafe bestraft.
>
> Missbrauch der extrakorporalen Befruchtung und des intratubaren Gametentransfers
>
> ....
>
> wird bestraft, wer es unternimmt, extrakorporal oder durch Übertragung einer Ei- oder einer Samenzelle auf eine Frau
>
> 1....

---

[559] Dazu nachfolgend unten unter III.H. im Rahmen der Erörterung der Eizellen- bzw. Embryonenspende und unter III.J. hinsichtlich der Surrogatmutterschaft.

[560] Vgl. auch Ratzel/Ulsenheimer Reproduktionsmedizin 1999, 428, 429; Zumstein 2001, 134, 134; Günther in Keller/Günther/Kaiser, Einführung B.V., Rn. 5 und 12; Laufs 1992, 81 f.; aus diesem Grund fordert Neidert MedR 1998, 347, 352 eine gesetzliche Regelung der Samenspende.

[561] Vgl. Günther in Keller/Günther/Kaiser, Einführung B.V., Rn. 14 und B.III., Rn. 31 und 32.

2. die Eizelle einer Frau mit einer Samenzelle zu befruchten, die *nicht* von deren Ehemann oder dem Mann stammt, mit dem sie in einer auf *Dauer* angelegten *Lebensgemeinschaft* lebt."[562] (Hervorhebung durch den Autor.)

Parallel zur Fertilisation im homologen System gelten, soweit die Befruchtung extrakorporal erfolgt, die gleichen Anforderungen: Gemäß § 4 Abs. 1 Ziffer 1 ESchG ist die Einwilligung des Mannes, dessen Samenzelle für die Befruchtung verwendet wird, als allgemeine Vorgabe zu beachten; Selbstverständlich gilt dies auch für die Einwilligung der Frau, deren Eizelle befruchtet wird. Auch die Befruchtung mit Spendersamen sowie der sich anschließende ET steht unter einem Arztvorbehalt (§ 9 Ziffer 1 und 2 ESchG), die sogenannte Befruchtung post mortem ist verboten (§ 4 Abs. 1 Nr. 3 ESchG) und die Geschlechtswahl des zukünftigen Kindes ist grundsätzlich untersagt.[563]

b) SGB V

In § 27 a Abs. 1 Ziffer 3 und 4 SGB V ist im Hinblick auf die heterologe und quasi-homologe Befruchtung folgende Regelung getroffen worden:

„Die Leistungen der Krankenbehandlung umfassen auch medizinische Maßnahmen zur Herbeiführung einer Schwangerschaft, wenn

...

die Personen, die diese Maßnahmen in Anspruch nehmen wollen, miteinander verheiratet sind,

ausschließlich Ei- und Samenzellen der Ehegatten verwendet werden und..."

Damit ist ein ausdrückliches Votum gegen die heterologe wie auch die quasi-homologe Befruchtung verankert worden. Allerdings statuiert die Normierung lediglich den Ausschluss vom Leistungskatalog der gesetzlichen Krankenversicherung und kein allgemeines Verbot entsprechender Maßnahmen. Eine entsprechende Regelung findet sich auch in den Richtlinien des Bundesausschusses der Ärzte und Krankenkassen über ärztliche Maßnahmen zur künstlichen Befruchtung, dort unter Ziffer 2[564].

c) § 33 Abs. 1 EStG

Gemäß einem Urteil des BFH vom 18.05.1999 ist eine Befruchtung im heterologen System im Gegensatz zum homologen (siehe hierzu oben unter D.1.c)) nicht

---

[562] BT-DS 11/8057, S. 13; zur bewussten Ausklammerung der Fragen der heterologen bzw. quasi-homologen Befruchtung im ESchG vgl. auch Günther/Schmid-Didczuhn, MedR 1990, 167, 168.
[563] Günther in Keller/Günther/Kaiser, Einführung B.V., Rn. 13.
[564] Die entsprechende Fundstelle ist oben Fn. 528 zu entnehmen.

als außergewöhnliche Belastung im Rahmen der Einkommensteuerermittlung anzuerkennen.[565] Wesentlicher Entscheidungsgrund war die Annahme, dass die Sterilität eines Ehemanns nicht durch die Befruchtung der Eizelle seiner Ehefrau mit Fremdsamen geheilt bzw. therapiert würde. Die Eheleute haben sich freiwillig zu diesem Schritt entschlossen und eine krankheitsbedingte Zwangslage sei daher ausgeschlossen. Damit ist zwar nichts über die Unzulässigkeit der Methode ausgesagt, doch versagt das Steuerrecht der heterologen und quasi-homologen Befruchtung zumindest die positive, ausdrückliche staatliche Anerkennung.

2. Standesrecht

Heranzuziehen sind wiederum die „Richtlinien zur Durchführung der assistierten Reproduktion" (beispielsweise für den Bereich der Landesärztekammern Bayern und Hamburg[566]) und die „Richtlinien zur Durchführung des intratubaren Gametentransfers, der In-vitro-Fertilisation mit Embryotransfer und anderer Methoden der künstlichen Befruchtung" (z.B. für den Bereich der Landesärztekammer Baden-Württemberg[567]).

a) Familienstand der Patientin

Beide Richtlinien sind in der Postulierung des Grundsatzes in ihren Ziffern 3.2.3. wortgleich:

> „Grundsätzlich darf nur Samen des Ehepartners zur Anwendung kommen (homologes System)."

Neben der Herkunft des Samens wird damit grundsätzlich die Ehe als Voraussetzung für die Durchführung der assistierten Reproduktionsmethoden festgeschrieben. Außerhalb einer Ehe sind die standesrechtlichen Einschränkungen betreffend die Seite der „Wunschmutter bzw. der Wunscheltern" zu beachten. Eine klare Regelung ist diesbezüglich in einem in Ziffer 3.2.3 neu (im Vergleich zur Vorgängerrichtlinie) eingefügten Absatz der „Richtlinien zur Durchführung der assistierten Reproduktion" (Bayern und Hamburg) enthalten:

> „Die Anwendung der Methoden [der Unfruchtbarkeitsbehandlung] bei alleinstehenden Frauen und in gleichgeschlechtlichen Beziehungen ist nicht zulässig."

Die „Richtlinien zur Durchführung des intratubaren Gametentransfers, der In-vitro-Fertilisation mit Embryotransfer und anderer Methoden der künstlichen Befruchtung" (die der „Richtlinien zur Durchführung der assistierten Reproduktion" vorangegangenen Richtlinien, geltend z.B. im Bereich der Landesärztekammer Baden-Württemberg) enthalten diese Einschränkung noch nicht. In Ziffer 2 des

---

[565] BFH vom 18.05.1999, Aktenzeichen III R 46/97.
[566] Siehe hierzu oben unter III.A.3.b).
[567] Siehe hierzu oben unter III.A.3.b).

Anhangs zu dieser Richtlinie, der mit „Vermeidung sozialer und rechtlicher Nachteile für ein durch IVF gezeugtes Kind" überschrieben ist und der z.B. in Baden-Württemberg zusammen mit der Richtlinie als Teil der Berufsordnung transformiert wurde, findet sich jedoch eine inhaltsgleiche Regelung:

„Bei alleinstehenden Frauen ist die Durchführung der GIFT, EIFT, IVF/ET oder ZIFT grundsätzlich nicht vertretbar."

Das insoweit standesrechtlich geregelte Verbot der Befruchtung außerhalb einer festen Beziehung stößt wegen Kompetenzüberschreitung der Landesärztekammern auf verfassungsrechtliche Bedenken. Aufgrund des Arztvorbehalts ist alleinstehenden Frauen nämlich der Zugang zur IVF unter Rückgriff auf die Samenspende verwehrt. Dennoch ist dies Teil der Rechtswirklichkeit und für die Ärzte bindendes, geltendes Recht.[568] Gerechtfertigt wird diese Beschränkung mit dem Verweis auf das Kindeswohl bzw. die „gedeihliche Entwicklung des Kindes".[569]

Nur ausnahmsweise ist die Anwendung von Methoden assistierter Reproduktion im Rahmen einer bestehenden nichtehelichen Lebensgemeinschaft zulässig. Voraussetzung ist nach beiden Richtlinien in diesem Fall die vorherige Anrufung einer bei den Ärztekammern eingerichteten Kommission (jeweils Ziffer 3.2.3 der Richtlinien[570]).

b) Beschränkungen der heterologen Befruchtung

Einer weiteren standesrechtlichen Regelung unterworfen ist die Zulässigkeit der Verwendung von sog. fremden Samenzellen, d.h. solchen, die nicht vom Wunschvater (Ehegatte oder Partner in fester, nichtehelicher Lebensgemeinschaft) stammen. Im Hinblick auf diese heterologe Befruchtung sind die Normierungen in den beiden zugrundezulegenden Richtlinien zwar nicht wort-, jedoch inhaltsgleich (vgl. jeweils Ziffern 3.2.3 der Richtlinien). Sollen ausnahmsweise „fremde Samenzellen" zur Anwendung kommen, so bedarf dies wie im Falle der Samenspende an eine Patientin in nichtehelicher Lebensgemeinschaft der Zustimmung einer bei der Ärztekammer eingerichteten Kommission. Ein zwingendes Verbot ist damit in der Regelung genauso wenig enthalten wie eine grundsätzliche Erlaubnis. Lediglich der Entscheidungsträger ist vorgegeben: Nicht der Arzt soll im Einzel-

---

[568] Vgl. zur Kompetenzüberschreitung der Landesärztekammern und den Auswirkungen bereits die Ausführungen oben unter III.A.3.d).
[569] Vgl. die Anhänge zu den beiden herangezogen Richtlinien.
[570] In den „Richtlinien zur Durchführung der assistierten Reproduktion" wird von „nicht verheirateten Paaren in stabiler Partnerschaft" gesprochen. Die „Richtlinien zur Durchführung des intratubaren Gametentransfers, der In-vitro-Fertilisation mit Embryotransfer und anderer Methoden der künstlichen Befruchtung" sprechen allgemein nur von Ausnahmen vom Grundsatz, dass Samen des Ehepartners verwendet wird, worunter dann auch der Samen des nicht ehelichen Lebenspartners fällt.

fall entscheidungsbefugt sein, sondern ein besonders sachverständiges Gremium (bei der Ärztekammer eingerichtete Kommission).[571]

Die Kriterien für eine Entscheidung durch die bei der Ärztekammer eingerichteten Kommission sind nicht eindeutig und ausdrücklich in den Richtlinien niedergelegt. Beide im Rahmen dieser Arbeit herangezogenen Richtlinien verfügen jedoch jeweils über einen Anhang. Diese Anhänge enthalten jeweils eine Kommentierung der einzelnen Vorgaben der Richtlinien. Daraus kann zumindest mittelbar geschlossen werden, dass Entscheidungen der Kommissionen über die Zulässigkeit von Samenspenden die Interessen der Wunscheltern an einem Kind einerseits und das zukünftige, zu prognostizierende Wohl des Kindes andererseits in Ausgleich zu bringen und abzuwägen haben (Kommentar zu Ziffer 3.2.3. der Richtlinien).[572]

Die Beschränkungen der heterologen assistierten Befruchtung werden mit den schwierigen sich daraus ergebenden Rechtsfolgen begründet.[573] Bei Verwendung von Fremdsamen im Falle miteinander verheirateter Wunscheltern besteht die Gefahr einer Vaterschaftsanfechtung des Ehemanns oder des Kindes (§§ 1599 ff. BGB) mit Folgen für Unterhalts- und Erbersatzansprüche. Ebenfalls problematisch und unter Umständen mit Rechtsunsicherheit belastet ist das Einverständnis des Ehemanns mit der Maßnahme. Nur bei entsprechend wirksamem Einverständnis kann sich der Ehemann seiner Unterhaltspflicht nicht entziehen.[574] Bei Verwendung von Fremdsamen innerhalb einer nicht ehelichen Lebensgemeinschaft fehlt dem Kind – bei Nichtermittlung des biologischen Vaters – ein Elternteil, womit wiederum eine Beschränkung von Erb- und Unterhaltsansprüchen einhergehen kann. De lege lata wäre es jedoch denkbar, dass die Vaterschaft des Samenspenders gemäß § 1600d BGB festgestellt wird.[575]

Zusammenfassend kann also festgehalten werden, dass das Standesrecht die Zulässigkeit der nicht rein homologen Befruchtung einschränkt:

Die Befruchtung im Rahmen einer nichtehelichen Lebensgemeinschaft bzw. stabilen Partnerschaft ist bei Verwendung von Samen des Lebenspartners (quasihomologes System) nur ausnahmsweise nach Einschaltung einer besonderen Kommission zulässig.

---

[571] Vgl. hierzu auch die Darstellung bei Laufs 1992, 82.
[572] Im Ergebnis so auch Laufs 1992, 82.
[573] Vgl. die jeweiligen Anhänge zu den Richtlinien.
[574] Vgl. BGH in NJW 1995, 2028; Deutsch 1999, Rn. 425.
[575] Vgl. Deutsch 1999, Rn. 425; Bernat MedR 1986, 245, 248. Auf die detailreichen zivilrechtlichen Folgeprobleme wird im Rahmen dieser Arbeit nicht weiter eingegangen, da vorliegend nur die Frage nach der eigentlichen Zulässigkeit bzw. Beschränkung der Methoden von Interesse ist. Die Problematik der zivilrechtlichen Vaterschaft im Rahmen der Samenspende, die Motivation für die Bundesärztekammer bzw. die Landesärztekammern war, durch die Richtlinien beschränkende Regelungen aufzustellen, wird an den Ausführungen jedoch deutlich. Zu weiteren Details vgl. z.B. Marian 1998; Hager 1997; Lurger 2000, 100, 129 ff.

Die Befruchtung mit Samen eines unbekannten oder bekannten Dritten (heterologes System) außerhalb einer Ehe bzw. einer stabilen, nichtehelichen Lebensgemeinschaft auf Seiten der Patientin ist unzulässig.

Die Befruchtung mit Samen Dritter (heterologes System) innerhalb einer Ehe bzw. einer festen, nichtehelichen Lebensgemeinschaft ist nur ausnahmsweise nach Einschaltung einer besonderen Kommission bei der Landesärztekammer zulässig.

c) Inkurs: Anonymität des Samenspenders

(1) Verfassungsrechtliche Beschränkung der Spenderanonymität

Zu überprüfen ist, ob die heterologe Befruchtung bei Anonymität des Spenders in allen zulässigen bzw. denkbaren Fällen gegen Art. 1 Abs. 1 GG (Menschenwürde) und Art. 2 Abs. 1 GG (freie Entfaltung der Persönlichkeit) verstößt. Zumindest bei gewollter Anonymität wird von der Mehrheit der Rechtskundigen in Deutschland sowie auch vom Bundesverfassungsgericht eine Verletzung des allgemeinen Persönlichkeitsrechts des (zukünftigen) Kindes angenommen.[576] Eine Beeinträchtigung der Menschenwürde sei darin zu sehen, dass bei staatlich vorgegebener bzw. unterstützter Anonymität des Spenders das erzeugte Kind der Möglichkeit beraubt werde, seinen genetischen Vater in Erfahrung zu bringen. Damit werde ein Teil der Identität eines Menschen ausgeklammert und seine Existenz als geschichtliches Wesen mit dem Wissen um einen konkreten genetischen Vater sei beeinträchtigt.[577] Das BVerfG bestätigte in einer grundlegenden Entscheidung diesen Zusammenhang zwischen allgemeinem Persönlichkeitsrecht (Art. 1 Abs. 1, Art. 2

---

[576] Indirekt in BVerfG in NJW 1988, 3010; ausdrücklich in BVerfG in NJW 1989, 891 ff.; vgl. Bernat MedR 1986, 245, 249; Enders NJW 1989, 881; Deichfuß NJW 1988, 113, 114 (selbst wohl anderer Auffassung) mit Verweis auf den Mehrheitsbeschluss der zivilrechtlichen Abteilung des 56. Deutschen Juristentags; Giesen in FamRZ 1981, 413, 416 und 417; bereits Laufs 1987, 26 und Laufs 1992, 102; Hirsch 1986, 63, 65; Seibert 1986 (I), 62, 64; gegen eine Verletzung des allgemeinen Persönlichkeitsrechts argumentiert Zippelius in Bonner Kommentar, Art. 1 Abs. 1 und 2 GG Rn. 91 mit Verweis auf den natürlichen Lauf der Menschheitsgeschichte, in der es oft zu Unkenntnis über den genetischen Vater kommt. Die heterologe Befruchtung entspreche nur dem Mehrverkehr. Er sieht keinen Grund, bei der heterologen Befruchtung einen besonderen Maßstab anzulegen. Außerdem sei es doch verwunderlich, bei zu prognostizierender Unkenntnis des zu Zeugenden, dem (zukünftigen) Menschen seine Entstehungsmöglichkeit zu nehmen. Laufs weist das Beispiel des auch in der „Natur vorkommenden Mehrverkehrs" zurück, da ein grundsätzlicher Unterschied zwischen dem persönlichen Schicksal der Erzeuger und einer bewussten ärztlichen Manipulation bestehe. Vgl. Laufs 1991, 101; so auch Pap 1987, 323.

[577] Laufs 1991, 101 f.; Darstellung bei Deutsch 1999, Rn. 432; eine ausführliche Analyse und Begründung des Zusammenhangs zwischen der Kenntnis der eigenen Abstammung für die Identitäts- und Persönlichkeitsentwicklung vor dem Hintergrund des allgemeinen Persönlichkeitsrechts bei Marian 1998, 99 ff.; vgl. auch Seibert 1986 (I), 62, 70.

Abs. 1 GG) und genetischem Code:[578] Eine Persönlichkeitsentfaltung sei an die Wahrung und Entwicklung der Individualität gekoppelt. Letztere erfordere eine Kenntnis der die Individualität konstituierenden Faktoren, worunter auch die Abstammung falle. Die Abstammungskenntnis wiederum berge zwei wesentliche Faktoren, welche die Individualität begründen. Die biologisch-genetische Ausstattung einerseits und das Bewusstsein des Einzelnen über sein Selbstverständnis andererseits.

Ausdrücklich betont das BVerfG, dass

„Art. 2 I i.V. mit Art. 1 I GG [...] kein Recht auf Verschaffung von Kenntnissen der eigenen Abstammung [verleiht], sondern [...] nur vor der Vorenthaltung erlangbarer Information schützen [kann]."[579]

Beim Transfer auf den Sachverhalt einer heterologen Befruchtung scheint die Forderung damit klar zu sein: Zumindest eine gesetzliche Regelung, welche die Anonymität des Spenders absichert, ist vor diesem Hintergrund als verfassungswidrig abzulehnen.[580] Verfassungsrechtlich geschützte Interessen des Spenders an seiner Anonymität, die einen Eingriff in das allgemeine Persönlichkeitsrecht des Erzeugten unter Umständen rechtfertigen, werden nicht anerkannt.[581] Ob, über diese verfassungsrechtlichen Vorgaben hinaus, auch ein aktives einfachgesetzliches Verbot zur Anonymisierung zu fordern ist, bedarf weiterer Betrachtung.

Einerseits wird schlicht ein aus dem allgemeinen Persönlichkeitsrecht abgeleitetes Verbot assistierter Befruchtungsmaßnahmen mit anonymisierten Gameten oder Samengemischen behauptet.[582] Fraglich ist jedoch, ob über den klassischen Abwehrcharakter der Grundrechte hinaus (das allgemeine Persönlichkeitsrecht ist als ein solches, abgeleitet aus Art. 2 Abs. 1 und Art. 1 Abs. 1 GG, anerkannt[583]), im vorliegenden Fall eine unmittelbare Anwendung des Grundrechts im Rahmen des Behandlungsverhältnisses oder gar eine Handlungspflicht des Gesetzgebers besteht. Einige Autoren sind in diesem Punkt unklar und fordern lediglich eine „arztrechtliche Klärung" des Problems.[584] Pap z.B. legt sich hingegen eindeutig fest und folgert ein Verbot der anonymen Samenspende direkt aus dem allgemeinen Persönlichkeitsrecht.[585] Andere schließen aus der potenziellen Persönlichkeitsrechtsverletzung, dass nur über eine gesetzlich geregelte Dokumentation eine Kenntnisverschaffung des Kindes ermöglicht werde und folgern insoweit eine ge-

---

[578] BVerfG in NJW 1989, 891.
[579] BVerfG in NJW 1989, 891, 892.
[580] So schon Benda-Kommission, S. 24 unter Ziffer 2.2.1.1.2.; Seibert 1986 (I), 62, 70 f.
[581] Giesen in FamRZ 1981, 413, 417.
[582] Günther GA 1987, 433, 450.
[583] Vgl. nur BVerfG in NJW 1989, 891.
[584] So Günther in Keller/Günther/Kaiser, Einführung B.V., Rn. 17; Katzorke Reproduktionsmedizin 2000, 373, 128 (Formulierungen wie z.B. „die Frage der Anonymität muss geregelt werden" bzw. „Aktivität seitens des Gesetzgebers bzw. der Standesorganisationen").
[585] Pap 1987, 324 und 327.

setzgeberische Handlungspflicht.[586] Bezüglich der heterologen Befruchtung einer ledigen Patientin wird unter anderem auch auf Art. 6 Abs. 5 GG zurückgegriffen, wonach es dem Gesetzgeber verwehrt wäre, Unterhaltsansprüche des Kindes gegen den genetischen Vater auszuschließen. Dies umfasse auch die Möglichkeit der Kenntnisnahme des Kindes von seinem genetischen Vater. Die Legislative sei gehalten unehelichen Kindern die gleichen Bedingungen für die leibliche und seelische Entwicklung zu gewähren wie den ehelichen Kindern.[587]

Laufs scheint unmittelbar aus der Menschenwürde Handlungspflichten von Ärzten und Krankenhäusern sowie Standesbeamten abzuleiten, die eine entsprechende Auskunftsmöglichkeit bezüglich der Spenderidentität vorzuhalten hätten.[588] Letztlich kann dahinstehen, ob unmittelbar aus dem allgemeinen Persönlichkeitsrecht ein Verbot der Spenderanonymität folgt oder ob die Normgeber handeln müssen oder sollen. Die Ärztekammern haben nämlich vor dem erläuterten verfassungsrechtlichen Hintergrund für eine bindende Normierung gesorgt:

(2) Standesrechtliche Regelung

Zumindest das ärztliche Standesrecht regelt ausdrücklich ein Verbot des Ausschlusses der Anonymität des Samenspenders und nimmt damit in der Rechtswirklichkeit die Brisanz aus der Diskussion nach einer gesetzgeberischen Handlungspflicht. Pap spricht von einer Regelung, welche die heterologe Befruchtung verfassungskonform (inhaltlich) regele.[589] Natürlich stellt sich auch an diesem Punkt die im Rahmen des Untersuchungsganges schon öfters aufgeworfene Frage nach der Kompetenzüberschreitung der Ärztekammern bei der Übernahme von Richtlinien, deren Regelungen von Verfassungs wegen unter Umständen formellen Gesetzen vorbehalten sind. Gleichwohl binden die Richtlinien auch hinsichtlich der Regelung der Spenderanonymität die handelnden Ärzte.[590]

Unter Verweis unter anderem auf die zuvor erläuterte Entscheidung des Bundesverfassungsgerichts in NJW 1989, 891 treffen beide im vorliegenden Zusammenhang herangezogenen Richtlinien (geltend für Bayern und Hamburg einerseits und Baden-Württemberg andererseits)[591] in ihren rechtsverbindlichen Anhängen, jeweils unter Ziffer 4, folgende Regelung:

- Verbot der Verwendung von Mischsperma (sog. Samencocktail), da hierdurch die spätere Identifikation des Spenders erschwert würde,

---

[586] Z.B. Zumstein 2001, 134, 134 f.; Seibert 1986 (I), 62, 70.
[587] In diesem Sinne z.B. Seibert 1986 (I), 62, 74.
[588] Laufs 1991, 102; ausdrücklich hinsichtlich der Pflicht für Ärzte, die Spenderidentität zu dokumentieren Laufs 1992, 82.
[589] Pap 1987, 347.
[590] Vgl. hierzu oben unter III.A.3.d).
[591] Die „Richtlinien zur Durchführung des intratubaren Gametentransfers, der In-vitro-Fertilisation mit Embryotransfer und anderer Methoden der künstlichen Befruchtung" und die „Richtlinien zur Durchführung der assistierten Reproduktion".

- zwingendes Erfordernis einer Einverständniserklärung des Samenspenders, die dem Arzt erlaubt, im Falle eines entsprechenden Auskunftsersuchens die Spenderidentität bekannt zu geben,
- zwingendes Aufklärungserfordernis gegenüber den Wunscheltern und dem Samenspender für den Fall der Samenspende an miteinander verheiratete Wunscheltern, dass die Möglichkeit der Ehelichkeitsanfechtung besteht und unabhängig davon dem Kind ein Recht auf Nennung des Spendernamens zusteht.

Der Ausschluss der anonymen Samenspende ist damit normativ festgelegt worden.

3. Verfassungsrecht

a) Heterologe Befruchtung kein Verstoß gegen die Menschwürdegarantie (Art. 1 Abs. 1 GG)

Vor allem in älteren Publikationen wurde die Fertilisation mit Samen eines Nichtehemanns als ein Verstoß gegen Art. 1 Abs. 1 GG gewertet.[592] Begründet wurde dies unter anderem damit, dass „durch die Naturwidrigkeit als System [...] das Kind zum ‚Retortenkind', zum ‚Homunculus'[...] degradiert [werde]"[593]. Eine genauere Erläuterung worin genau die Verletzung der Menschenwürde gegenüber dem Kind zu erblicken sei, erfolgt nicht. Die heutige überwiegende Auffassung vermag folglich in der heterologen Befruchtung an sich keinen Eingriff in die Menschwürde des so Gezeugten und auch keinen Verstoß gegen die objektive Wertordnung der Grundrechte zu erkennen.[594]

Darüber hinaus bestehen grundsätzliche Zweifel daran, ob überhaupt die Erzeugung von menschlichem Leben tatsächlich durch die Menschenwürde beschränkt wird. Die oben unter B. erläuterte überwiegende Ansicht in Deutschland, die dem Embryo in vitro Grundrechtsschutz beimisst, setzt zumindest gezeugtes Leben voraus. Aus der Menschenwürde als Schutzrecht des nach Samenspende erzeugten und später geborenen Kindes kann folglich kein grundsätzliches Zeugungsverbot abgeleitet werden.[595] Eine verfassungsrechtliche Beurteilung des Zeugungsvorganges an sich kann daher nur auf Basis der objektiven Wertordnung der Grundrechte hergeleitet werden.[596] Eine solche, der heterologen Insemination ent-

---

[592] Darstellung bei Bernat 1989, 91 f., m.w.N. in Fn. 47; Darstellungen bei Zippelius in Bonner Kommentar Art. 1 Abs. 1 und 2 GG, Pap 1987, 320 und Seibert 1986 (I), 62, 64; Giesen in FamRZ 1981, 413, 413 und 416; Dürig AöR 1956, 117, 130.
[593] So Dürig AöR 1956, 117, 130. Zu den historischen Wurzeln und Hintergründen der „Schaffung" menschlichen Lebens und zu den diesbezüglichen mythisch-literarischen Seiten im Spiegel der Zeitläufte vgl. Wetzstein in ZME 2001, 313ff.
[594] Kunig in Kunig/von Münch, Art. 1 GG, Rn. 36 Stichwort „Künstliche Befruchtung"; Seibert 1986 (I), 62, 70; Schlag 1992, 77.
[595] Lanz-Zumstein 1986, 93, 105; Seibert 1986 (II).
[596] Lanz-Zumstein 1986, 93, 105; Seibert 1986 (I), 62, 64.

gegenstehende Auslegung wird jedoch – wie eingangs bereits festgestellt – abgelehnt.

b) Sicherstellung der sozialen Vaterschaft

Das standesrechtlich normierte Verbot der heterologen Befruchtung bei alleinstehenden Frauen ist nach überwiegender Ansicht in Deutschland verfassungsrechtlich legitimiert. Die Gefährdung des verfassungsrechtlich verankerten Kindeswohls begründe eine entsprechende Untersagung. So stellte Deutsch bereits 1985 fest:

> „Die artifizielle Schaffung eines Menschen sollte nur dort möglich sein, wo sein Wohl nach menschlichem Ermessen gesichert ist."[597]

Im Ergebnis wird von diversen Autoren darauf verwiesen, dass Voraussetzung für die rechtliche Zulässigkeit einer Methode der assistierter Fortpflanzung ist, dass das zukünftige Kind in einer „bekömmlichen sozialen Umwelt aufwächst"[598] und insoweit die gleichen Maßstäbe anzulegen seien, wie an die Beurteilung bzw. die Prognose des Kindeswohls im Rahmen der Adoption.[599] Allerdings ist die Heranziehung des „Wohls des zukünftigen Kindes" zum Zwecke der Beschränkung der Anwendung assistierter Fortpflanzungstechniken nicht unumstritten.

Eine Ansicht, die sich bisher de lege lata nicht durchsetzen konnte, geht dahin, dass man dem noch nicht gezeugten Kind nicht auf Basis des Kindeswohls die Entstehung versagen könne. Wenn, dann sei das Wohl des Kindes darin zu sehen, tatsächlich erst einmal geboren zu werden. Es sei gerade verfassungswidrig, „einen Menschen vor seiner eigenen Existenz schützen zu wollen".[600] Vor diesem Hintergrund sei eine die Fortpflanzungstechniken begrenzende Funktion des Kindeswohls nicht möglich.[601] Insofern handele es sich nicht um eine rechtlich geschützte Position, sondern lediglich um „einen Gesichtspunkt", der die Fortpflanzung als solche und damit den Zugang zu den verschiedenen Methoden assistierter Fortpflanzung nicht zu verhindern vermag. Ein Eingriff in die grundrechtlich geschützte allgemeine Handlungsfreiheit der Wunscheltern bzw. der Wunschmutter sei nicht zu rechtfertigen.[602] Sämtliche „Fortpflanzungsverbote", insbesondere ein Verbot der künstlichen Befruchtung bei alleinstehenden Frauen, seien deshalb verfassungswidrig.[603] Auch aus Art. 6 GG (hierzu sogleich) könnte insoweit keine Rechtfertigung für den Eingriff in die Freiheitsrechte der Wunschmutter abgeleitet werden.

---

[597] Deutsch VersR 1985, 1002, 1002.
[598] Deutsch MDR 1985, 177, 178.
[599] Vgl. Deutsch MDR 1985, 177, 178; Derleder 2001, 154, 156.
[600] Coester-Waltjen 2001, 158, 158; Bernat 1989, 93 und 177; vgl. auch die Darstellung bei Keller 1989, 714 und Coester-Waltjen Lexikon Fpm Spalte 362.
[601] Vgl. die Darstellungen bei Seibert 1986 (I), 62, 66 und Coester-Waltjen 2001, 158, 158.
[602] Coester-Waltjen 2001, 158, 158 f. und 161.
[603] So Coester-Waltjen 2001, 158, 160.

F. Die Zulässigkeit assistierter Fortpflanzungsmethoden

Anders stellt sich allerdings die Sichtweise der wohl überwiegenden Ansicht, die der Situation de lege lata entspricht, dar. Das Kindeswohl sei durchaus von einer Natur bzw. Qualität, dass es Beschränkungen des Zugangs zu Methoden der assistierten Reproduktion zu legitimieren vermag.[604] Das Kindeswohl sei aus der durch die im Grundrechtskatalog des Grundgesetzes zum Ausdruck kommende objektive Wertordnung abzuleiten. Art. 6 Abs. 1-3 GG und Art. 2 Abs. 1 i.V.m. Art. 1 Abs. 1 GG (allgemeines Persönlichkeitsrecht) sei die verfassungsrechtliche Verankerung des Kindeswohls als Grenze der Zulässigkeit möglicher Fertilisationsmethoden.[605] Hieraus sei unter anderem die objektive Wertentscheidung des Grundgesetzes zu entnehmen, dass das Kind nicht vaterlos aufwachsen soll. Die Bedingungen für die Entwicklung des zukünftigen Kindes ohne sozialen Vater seien nämlich schwieriger. Es bestehe also eine abstrakte Gefahr für eine Beeinträchtigung des Kindeswohls.[606]

Im Einzelnen:

(1) Verfassungsrechtlicher Hintergrund

Auszugehen ist vom Grundgesetz als objektive Wertordnung, die als verfassungsrechtliche Grundentscheidung für alle Bereiche des Rechts gilt.[607] Über die ursprüngliche subjektiv-rechtliche Schutz- und Abwehrfunktion der Grundrechte hinaus spiegeln sie ein Wertsystem wider.[608] In diesem Zusammenhang kommt dem Wertsystem in allen Bereichen des Rechts eine ordnende Wirkung zu, so z.B. auch bei der Beschränkung von Freiheitsrechten (verfassungsimmanente Schranke), bei der Interpretation und Auslegung von Rechtsnormen, bei der Ausgestaltung von Organisation und Verfahren usw..[609] Von besonderer Bedeutung für den vorliegenden Zusammenhang ist die Annahme, dass die Wertordnung durch ihre Verkörperung im Grundgesetz den Rang eines Verfassungsguts erhält.[610] Sogar für vorbehaltlos gewährte Grundrechte ist anerkannt, dass sie durch die Wertordnung beschränkt bzw. beschränkbar sind:

„Nur kollidierende Grundrechte Dritter und andere mit Verfassungsrang ausgestattete Rechtswerte sind mit Rücksicht auf die Einheit

---

[604] Vgl. Seibert 1986 (I), 62, 66 f.; im Ergebnis auch Derleder 2001, 154, 156.
[605] Stellvertretend Kunig in Kunig/von Münch Art. 1 GG Rn. 36 Stichwort „künstliche Befruchtung".
[606] Vgl. z.B. Seibert 1986 (I), 62, 66 f. i.V.m. 70 ff.; so im Ergebnis auch: Zippelius in Bonner Kommentar Art. 1 Abs. 1 und 2 GG, Rn. 91; Keller 1989, 721; Benda-Kommission, S. 45 f. unter Ziffer 2.3.2.1.1; Laufs JZ 1986, 769, 772; Selb 1987, 69.
[607] Vgl. statt vieler Badura in Maunz/Dürig Art. Art. 6 GG Rn. 6 mit Verweis auf BVerfGE 7, 198, 204 ff. und 50, 290,336 ff.
[608] Vgl. in diesem Zusammenhang BVerfGE 7, 198 (sog. Lüth-Urteil).
[609] Vgl. z.B. Sachs in Sachs Vor Art. 1 GG Rn. 32 ff., der allerdings darauf hinweist, dass die genaue Abgrenzung im Einzelnen und die Begriffsbildung sich noch im Fluss befindet; Pieroth/Schlink 1999, Rn. 93.
[610] Vgl. z.B. Badura in Maunz/Dürig Art. 6 GG Rn. 6 und Rn. 67 bereits mit Blickrichtung auf Art. 6 GG.

der Verfassung und die von ihr geschützte gesamte Wertordnung ausnahmsweise imstande, auch uneinschränkbare Grundrechte in einzelnen Beziehungen zu begrenzen."[611]

Ist dem Grundgesetz folglich ein Wert zu entnehmen, der einer heterologen Befruchtung einer alleinstehenden Frau entgegensteht, dann kann materiellrechtlich die Versagung des Zugangs zur Fortpflanzungsmethode gerechtfertigt sein.

(2) Auf die konkrete Sachverhaltskonstellation bezogene inhaltliche Ausgestaltung
Das besondere Wesen von Art. 6 GG ist, dass diese Norm vorpositive Gegebenheiten aufnimmt und Sachverhalte betrifft, die vom Grundgesetz vorgefunden wurden. Die Begriffe „Familie" und „Eltern" in Art. 6 Abs. 1-3 GG beziehen sich auf die in der sozialen Wirklichkeit vorfindbaren Lebensverhältnisse.[612] Inhaltlich – so einige Autoren – orientieren sich Art. 6 Abs. 1 aber auch Abs. 2 und 3 GG unter anderem an einem Leitbild zugunsten der vollständigen Familie als Lebens- und Erziehungsgemeinschaft für das noch junge Kind.[613] Was den objektiv-rechtlichen Gehalt des Art. 6 Abs. 1 GG betrifft, zielt er insbesondere auch auf den überindividuellen Schutz des Erhalts der Familie im Sinne einer umfassenden Gemeinschaft von Eltern und Kindern, die für Gesellschaft, Staatsvolk und staatlich verfasste Gemeinschaft bedeutsam sind.[614]

In diesem Sinne fand das Grundgesetz die soziologische Einheit Familie vor, nahm sie in Art. 6 GG auf und bewertet sie als sinnvolle, wertvolle und besonders zu schützende Lebens- und Daseinsform.

„In ihrer verfassungsrechtlichen Zusammenführung zeichnet das Grundgesetz ein Leitbild gelingender und rechtlich anzustrebender

---

[611] So BVerfGE 28, 243, 261.
[612] Badura in Maunz/Dürig Art. Art. 6 GG Rn. 4.
[613] Vgl. Koch in MedR 1986, 259, 264; Robbers in von Mangoldt/Klein/Starck Art. 6 Abs. 1 GG Rn. 82.
[614] Vgl. Robbers in von Mangoldt/Klein/Starck Art. 6 Abs. 1 GG Rn 13 f. und 77; Badura in Maunz/Dürig Art. Art. 6 GG Rn. 1. In Abgrenzung zur besonderen Schutzpflicht von Ehe und Familie durch den Staat ist hervorzuheben, dass die rechtsdogmatische Einordnung im vorliegenden Fall außerhalb der speziellen Schutz- und Institutionsgarantie des Art. 6 Abs. 1 GG liegt. Es liegt keine Vermengung vor wie sie Dreier in Dreier Vorbemerkung vor Art. 1 GG Rn. 65 anspricht. Die in Art. 6 Abs. 1 GG enthaltene besondere Schutzpflicht des Gesetzgebers gegenüber Ehe und Familie ist von der aus der objektiv-rechtlichen Dimension der Freiheitsrechte folgenden Schutzpflicht vor Eingriffen Dritter abzugrenzen. Im vorliegenden Fall geht es jedoch um keinen dieser Fälle. Völlig losgelöst von einer konkreten Gefahr für ein subjektives Recht des zukünftigen Kindes wird auf das in der Wertordnung des Grundgesetzes – der dargestellten Ansicht folgend – enthaltene Leitbild der Familie als Verfassungswert abgestellt.

F. Die Zulässigkeit assistierter Fortpflanzungsmethoden

personaler Entfaltung. Das Grundgesetz schützt und fördert mit Ehe und Familie das Leben positiv empfundener Normalität"[615]

In der konkreten Ausfüllung des Familienbegriffs geht das Grundgesetz von Funktion und Zweck der Familie aus. Danach ist die Familie zuvörderst Lebens- und Erziehungsgemeinschaft, wobei vor allem der leiblichen und seelischen Entwicklung des Kindes entscheidende Bedeutung zukommt.[616] So verstanden erfasst das Grundgesetz mit Art. 6 GG die Gemeinschaft, die durch die Eltern-Kind-Beziehung entsteht, aber nicht zwangsläufig ausschließlich an die biologische Verbundenheit zum Kind anknüpft.[617] Es ist an dieser Stelle eine exakte Differenzierung geboten: Über die biologische Abstammung hinaus erfasst das Leitbild Familie auch andere Konstellationen. Das nach heterologer Befruchtung entstandene Kind ist genauso Mitglied der Familie der verheirateten Mutter wie Adoptiv- und Pflegekinder. Insoweit wird auf die soziologische bzw. funktionale Komponente der Familie abgestellt.[618]

Die grundgesetzliche Vorstellung von Familie ist insofern für die Methoden der artifiziellen Reproduktion durchaus offen. Davon zu unterscheiden ist die im vorliegenden Zusammenhang interessierende Feststellung, dass das Grundgesetz in seinem Familienbild von einem *Elternpaar* und *nicht* von einer *Einzelperson* ausgehe. Die Voraussetzung eines Elternpaares wird mittelbar von der Literatur dadurch herausgestellt, dass sie die Befruchtung mit Samen eines verstorbenen Mannes unter Rückgriff insbesondere auf Art. 6 Abs. 2 GG ablehnen. Von vornherein wird in diesem Fall nämlich die Existenz eines Eltern*paares* ausgeschlossen.[619]

Diese Vorstellung von Familie bildet insofern einen Wert als Teil der objektiven Wertordnung der Grundrechte. Bezüglich der Auswirkung dieser Wertvorstellung auf das Recht wird unter anderem angenommen, dass es sich insofern zwar nicht um eine vom Grundgesetz dem Gesetzgeber aufgegebene Handlungspflicht handelt, die Lebensgemeinschaft, bestehend aus einem Elternpaar und dem Kind bzw. den Kindern zwingend und verabsolutierend durchzusetzen, doch sei zumindest von einem legitimen staatlichen und vom Grundgesetz als Wert erfassten Interesse, das einen verhältnismäßigen Eingriff in subjektive Rechte anderer (Spender, Wunschmutter) rechtfertigt, auszugehen.[620]

---

[615] Vgl. Robbers in von Mangoldt/Klein/Starck Art. 6 Abs. 1 GG Rn. 17.
[616] Vgl. Robbers in von Mangoldt/Klein/Starck Art. 6 Abs. 1 GG Rn. 82.
[617] Robbers in von Mangoldt/Klein/Starck Art. 6 Abs. 1 GG Rn. 82 ff. und 79; anders Badura in Maunz/Dürig Art. Art. 6 GG Rn. 3.
[618] Vgl. Robbers in von Mangoldt/Klein/Starck, Art. 6 Abs. 1 GG Rn. 77 ff.
[619] Vgl. stellvertretend Püttner/Brühl JZ 1987, 529, 532; Laufs 1987, 25.
[620] So Seibert 1986 (I), 62, 66 f. i.V.m. 70 ff; für einen generellen Vorrang der Verhinderung der abstrakten Gefährdung des Kindeswohls vor den Freiheitsrechen der Patientin vor dem Hintergrund des Art. 6 Abs. 2 GG Benda-Kommission, S. 45 f. unter Ziffer 2.3.2.1.1. und Laufs JZ 1986, 769, 772, der ausdrücklich hervorhebt, dass die Mitwirkung eines Arztes an der Erzeugung eines Kindes, das von vornherein keinen [sozia-

Vor diesem Hintergrund ist hinsichtlich der soeben erläuterten Ansicht ergänzend hervorzuheben, dass zwar bei natürlicher Zeugung die Entscheidung für ein Kind, das wahrscheinlich ohne sozialen Vater aufwächst, ausschließlich im geschützten Intim- und Freiheitsbereich der Wunschmutter anzusiedeln und selbstverständlich staatlicher Reglementierung entzogen sei. Es sei jedoch eine andere Beurteilung bei der heterologen Befruchtung unter Mitwirkung eines Arztes angezeigt. In diesem Fall komme der Mitwirkung des Arztes gerade der entscheidende qualitative Unterschied zu.[621] Insoweit treffe nämlich den Arzt als „ursächlich Schöpfenden" eine Garantenstellung, die nicht nur den Kinderwunsch berücksichtigen darf, sondern auch das Wohl des zukünftigen Kindes zu beachten habe.[622] Vor diesem Hintergrund ist es also verfassungsrechtlich legitim, dass in Fällen, in denen der Befruchtungsvorgang den Intimbereich verlässt, die Rechtsordnung sich an der Wertvorstellung des Grundgesetzes im Hinblick auf die erwünschte Struktur der Familie orientiert.

Es ist ferner festzuhalten, dass die geschilderte Ansicht einer objektiven Wertordnung des Grundgesetzes zugunsten eines Familienbildes, mit dem Begriff Kindeswohl in diesem Zusammenhang eine gemeinsame Schnittmenge bildet. In der Literatur werden beide Begrifflichkeiten zur Begründung eines Verbots der heterologen Befruchtung bei alleinstehenden Patientinnen herangezogen.[623] Die hier vorliegende Analyse ergab, dass kein substantieller Unterschied zwischen beiden Kategorien in ihrer Anwendung auf den hier interessierenden Sachverhalt besteht. Der Verzicht auf den sozialen Vater wird von den Befürwortern des Verbots als ein Verstoß gegen das Kindeswohl angesehen. Das Kindeswohl wiederum ist in rechtlichen Kategorien unter anderem auch in Art. 6 Abs. 2 und Abs. 1 GG verortet und dort Teil des vom Grundgesetz – nach dieser Ansicht - aufgenommenen Familienbildes bestehend aus einem Elternpaar (Partner unterschiedlichen Geschlechts). Entsprechend stellt die Nichtbeachtung des Leitbildes grundsätzlich immer einen, wenn auch abstrakten, Verstoß gegen das Wohl des Kindes dar.

Hervorzuheben ist jedoch, dass das bestehende Verbot der heterologen Befruchtung bei alleinstehenden Patientinnen nicht durch ein formelles Gesetz durch den Bundestag normiert, sondern nur durch Standesrecht festgelegt ist. In formeller Hinsicht ist diesbezüglich anzumerken, dass das Standesrecht zwar auf Basis der zuvor erläuterten Ansicht nur die vom Grundgesetz vorgegebene Wertentscheidung des Grundgesetzes nachzeichnet. Dennoch ist dem Gesetzesvorbehalt in formeller Hinsicht nicht Genüge getan. Es handelt sich um eine wesentliche Entscheidung, die eine Beschränkung grundrechtlich geschützter Positionen der Wunschmutter bedeutet.[624]

---

len] Vater hätte, der die Pflicht aus Art. 6 Abs. 2 GG wahrnehmen könnte, ausgeschlossen sein sollte.
[621] Vgl. Keller 1989, 715.
[622] So Püttner/Brühl JZ 1987, 529, 533.
[623] Vgl. z.B. Seibert 1986 (I), 62, 72 und Coester-Waltjen 2001, 158, 160.
[624] So ausdrücklich auch Schröder 1992, 185 f.

c) Finanzielle Leistungen an den Spender

Besonderer Betonung bedarf die Tatsache, dass auch in Deutschland für Spermaspenden bezahlt wird. Zwar handelt es sich nicht um eine Gegenleistung im engen Sinne, so dass von einem „Verkauf" des Spermas ausgegangen werden kann, sondern um eine Aufwandsentschädigung für Arbeitsausfall, Fahrkosten etc.. Sie beläuft sich im Schnitt auf ca. € 50,00. Eine gesetzliche Regelung fehlt.[625]

4. Zusammenfassung

Assistierte Fortpflanzungsmethoden im *heterologen* System bei *verheirateten* Patientinnen sind nach Zustimmung des Ehemannes und einer bei den Ärztekammern zu bildenden Kommission nur ausnahmsweise zulässig. Im Grundsatz ist die Samenspende nicht erwünscht.

Die Befruchtung bei *ledigen* Patientinnen in *nichtehelicher Lebensgemeinschaft* unter Verwendung des Samens des festen Lebenspartners (*quasi-homolog*) ist nach Zustimmung des Lebenspartners und einer bei den Ärztekammern zu bildenden Kommission nur ausnahmsweise zulässig.

Bei alleinstehenden Patientinnen außerhalb einer festen Beziehung ist die Anwendung heterologer Befruchtungsmethoden generell unzulässig. Dieses Verbot entspricht nach überwiegender Ansicht in materieller Hinsicht den Vorgaben des Grundgesetzes als objektive Wertordnung (Sicherstellung der sozialen Vaterschaft).

Die aktive Wahrung der Anonymität des Samenspenders ist unter Bezugnahme auf die Grundrechte zwingend verboten. Ohne automatisch selbst und aktiv Informationen herausgeben zu müssen, haben die Ärzte alles zu unterlassen, was eine Nachforschung der Identität des Spenders erschweren würde. Insoweit sind sie verpflichtet, die Spendersamen nicht zu vermischen (Samencocktail), die Wunscheltern über mögliche Folgen der Identitätspreisgabe (z.B. Ehelichkeitsanfechtungen und Vaterschaftsfeststellungen) aufzuklären und das Einverständnis des Spenders einzuholen, bei entsprechender Nachfrage seine Identität preisgeben zu dürfen.

Sämtliche Beschränkungen sind durch ärztliches Standesrecht, d.h. Binnenrecht normiert. Unabhängig von einer ausreichenden Ermächtigung der Ärztekammern entfaltet die aktuelle Rechtslage Außenwirkung für und gegen die Beteiligten (Patienten, Spender, zukünftige Kinder), da aufgrund möglicher berufsrechtlicher Sanktionen gegenüber den tätigen Ärzten die Normen Durchsetzungskraft erlangen.

---

[625] Vgl. Günther/Fritzsche Reproduktionsmedizin 2000, 249, 251.

G. Die Zulässigkeit assistierter Fortpflanzungsmethoden bei heterologer bzw. quasi-homologer Befruchtung (Samenspende) im Vergleich Deutschland-Israel

1. Allgemeines

Bereits die grundsätzlich unterschiedliche normative Herangehensweise an die Problematik der Samenspende zeigt, dass sich Israels und Deutschlands Rechtsordnungen, auch den Sachverhalt der Samenspende betreffend, nahezu diametral gegenüberstehen. Während in Israel die Verwendung von fremdem Samen zur Befruchtung grundsätzlich zulässig ist, wird dies in Deutschland als nur unter besonderen Bedingungen zuzulassende Ausnahme angesehen. Regel und Ausnahme im Regel-Ausnahmeverhältnis sind in den beiden Rechtsordnungen jeweils genau umgekehrt.

Auf Basis des jeweiligen Regel-Ausnahmeverhältnisses sind sowohl in Israel als auch in Deutschland in Ansehung des Familienstands auf Seiten der Patientin, die Ehe und die nichteheliche Lebensgemeinschaft gleichgestellt. Freizügiger stellt sich jedoch die israelische Rechtslage im Hinblick auf die Samenspende an alleinstehende Patientinnen dar. Der Unzulässigkeit in Deutschland steht die Zulässigkeit in Israel, wo allerdings zu diesem Zwecke das Vorliegen entsprechend positiver Stellungnahmen eines Psychiaters und eines Sozialarbeiters notwendig sind, gegenüber.

Die Gegensätzlichkeit beider Rechtsordnungen in diesem Zusammenhang setzt sich bei der Regelung der Anonymität des Samenspenders fort. Auch diesbezüglich unterstützt die israelische Rechtslage die Samenspende, indem die strikte Wahrung der Anonymität des Samenspenders normativ festgeschrieben wurde. Die mit einem anonymen Samenspender einhergehenden Rechtsfolgen im Verhältnis zum zukünftigen Kind (aus der Vaterschaft entspringende materielle Rechte und Pflichten gegenüber dem Kind) werden in der Praxis gerade durch die Sicherstellung der Anonymität des Spenders einer Lösung zugunsten des Spenders zugeführt. Der Spender ist weitgehend vor der Geltendmachung materieller Ansprüche gegen ihn geschützt.

In Deutschland hingegen wäre eine solche normative Lösung verfassungswidrig. Ärzte und der Gesetzgeber sind daher verpflichtet, sich zumindest „neutral" zu verhalten und auf Antrag bzw. Wunsch des Kindes die Identität des Samensspenders preiszugeben. Neben der zugunsten des zukünftigen Kindes grundrechtlich abgesicherten Möglichkeit, sich Kenntnis über seine eigene genetische Abstammung zu verschaffen, gibt es auch praktische, bisweilen ungelöste zivilrechtliche Probleme im Zusammenhang mit der Stellung des Samensspenders gegenüber dem zukünftigen Kind (Vaterschaft, Vaterschaftsanfechtung etc.). Beides steht zur Zeit einer Adaption des an Pragmatismus orientierten israelischen Models der Anonymitätswahrung entgegen. Dem Samenspender kann gerade kein Schutz vor Inanspruchnahme durch das zukünftige Kind geboten werden.

G. Die Zulässigkeit assistierter Fortpflanzungsmethoden im Vergleich

Aus diesem Vergleich bestimmter Problemfelder der heterologen Befruchtung werden bereits zwei Strömungen deutlich, die sich auch im weiteren Fortgang der Untersuchung nochmals zeigen werden[626]: Die israelische Rechtsordnung weist in allen Belangen weniger Restriktionen im Hinblick auf die Zulässigkeit der heterologen Befruchtung auf und räumt dem Ziel der Erlangung eines „eigenen" Kindes größere Priorität ein.

2. Detailanalyse

a) Allgemein

Aus den tatsächlich von den Rechtsordnungen geregelten Sachverhalten lassen sich die wesentlichen Beteiligten mit ihren jeweiligen, u.U. rechtlich geschützten Interessen herausarbeiten. Auf diese Weise lässt sich darstellen, welchen Interessen und rechtlichen Positionen in den beiden Rechtsordnungen jeweils Priorität vor anderen eingeräumt wurden.

Ohne Anspruch auf „objektive Vollständigkeit" sind dies zumindest die Aspekte, die von den Normgebern – und nur hierauf kommt es auf dieser Prüfungsebene an – als regelungsbedürftig und damit relevant eingestuft wurden. Zu nennen sind:

- Die Patientin, unter Umständen mit ihrem Ehemann bzw. Partner, deren Interesse es ist, möglichst einfachen Zugang zur Methode der assistierten Reproduktion zu erlangen. Sie kann sich hierbei auf ihre jeweils grundrechtlich geschützten Rechte der allgemeinen Handlungsfreiheit und des Persönlichkeitsschutzes in intimen Angelegenheiten der Fortpflanzung berufen.

- Das zukünftige Kind, dessen Wohl darin bestehen kann, seine eigene genetische Abstammung zu erfahren (soweit die Mutter bzw. u.U. der Vater es über die Umstände seiner Entstehung aufklärt), möglichst umfassende, werthaltige und durchsetzbare materielle Ansprüche zu erhalten und/ oder in einer Familie mit einem Elternpaar bzw. in einem funktionierenden sozialen Umfeld aufzuwachsen.

- Der Samenspender, dessen Interesse darauf gerichtet sein kann, möglichst anonym zu bleiben und sich keinen materiellen Ansprüchen gegenüberzusehen.

In diesem Dreiecksverhältnis sind die Prioritäten in Israel so gesetzt, dass weitestgehend die Interessen des Samenspenders und der Patientin „auf Kosten" derer[627] des zukünftigen Kindes durchgesetzt werden. Nur in Fällen einer alleinstehenden Mutter werden aufgrund des Zustimmungserfordernisses von Psychiater und Sozialarbeiter Kindesinteressen berücksichtigt. In Deutschland hingegen wird auf

---

[626] Vgl. hierzu die Ausführungen zur Zulässigkeit der Eizell- und Embryonenspende im Vergleich unten unter III.I.
[627] Der angenommenen Interessen.

Kosten der Interessen des Spenders und damit auch auf Kosten der Interessen der Patientin dem angenommenen Wohl und den postulierten Interessen des zukünftigen Kindes große Priorität eingeräumt. Die Wunschmutter bzw. die Wunscheltern sind nämlich zwangsläufig an Spenden interessiert, die bei nicht zu garantierender Anonymität des Spenders u.U. ausbleiben. Darüber hinaus wird das Fehlen eines sozialen Vaters von vornherein als ein Verstoß gegen die Kindesinteressen bewertet und folglich normativ verboten.[628] Als entscheidender Differenzierungsgrund kristallisiert sich damit die Gewichtung der Interessen bzw. das angenommene Wohl des zukünftigen Kindes heraus.

b) Kindeswohl

(1) Soziale Vaterschaft

Bereits oben unter F.3.b) wurde die Einwirkung des Kindeswohls auf die deutsche Rechtsordnung herausgearbeitet. Dieser Umstand fand auch in Israel Niederschlag:

Die Aloni-Kommission z.B. stellte fest, dass das Kindeswohl in Extremfällen durchaus dazu führen kann, dass der Zugang zu Methoden der assistierten Fortpflanzung verwehrt werden kann. Allerdings sollten gesellschaftliche Erwägungen in diesem Zusammenhang strikt außen vor bleiben. Die Beurteilung des Kindeswohls könne nicht allein deshalb anders ausfallen, weil das Kind nicht auf natürlichem Weg gezeugt wurde. Es bedarf einer besonderen, über die bloße Achtung der „soziologischen Einheit Familie" hinausgehenden Begründung (im Sinne einer konkreten und wahrscheinlichen Gefahr für Leib und/oder Seele des zukünftigen Kindes).[629] Aus dieser Sicht kann alleine die Tatsache einer zukünftigen Halbwaisenschaft nicht ausreichen, um eine hinreichende Gefahr für das Kindeswohl zu begründen. Dies würde allenfalls eine abstrakte Gefahr bedeuten, die keinen Rechtfertigungsgrund für einen Eingriff in die grundrechtlich geschützten Freiheitsrechte der Patientin auf Zugang zu Methoden der assistierten Fortpflanzung darstellt. Vor diesem Hintergrund ist die israelische Situation de lege lata konsequent. Die deutsche Regelung, die der Patientin den Zugang zu Methoden der assistierten Reproduktion bereits aus Statusgründen versagt, ist insoweit mit der israelischen Rechtsordnung vor diesem Hintergrund nicht kompatibel.

Zieht man nun die oben unter F.3.b) erläuterte mehrheitliche Ansicht in Deutschland zur Verortung des Kindeswohls in der objektiven Wertordnung der Grundrechte heran, so kann der Unterschied zwischen Deutschland und Israel in diesem Zusammenhang noch präziser gefasst werden. Während in Israel lediglich

---

[628] Vgl. z.B. die Ausführungen im Anhang zu den „Richtlinien zur Durchführung des intratubaren Gametentransfers, der In-vitro-Fertilisation mit Embryotransfer und anderer Methoden der künstlichen Befruchtung", dort unter I.2. und im Anhang zu den „Richtlinien zur Durchführung der assistierten Reproduktion", dort unter I.3. sowie die Ausführungen oben unter III.F.3.b).

[629] Aloni-Kommission, S. 14, unter Ziffer 1.4. und 1.5.

eine konkrete Gefahr für Leib, Leben und Psyche des zukünftigen Kindes eine Beschränkung der heterologen Befruchtung zu begründen vermag, wird in Deutschland von einer abstrakten Gefahr für das Kindeswohl in Fällen planmäßiger Halbwaisenschaft ausgegangen. Das Kindeswohl wird mit dem abstrakten Leitbild einer Familie, das dadurch charakterisiert ist, dass einem Kind zumindest zwei verantwortliche Elternteile zustehen, ausgefüllt. Dieses Leitbild ist nicht nur soziologischer oder politischer Art, sondern nach überwiegender Ansicht in Deutschland auch rechtlich gefasst. Art. 6 Abs. 2 GG kommt diese alles entscheidende Funktion zu, dem Familienbild eine juristische Kategorie zu verleihen, die eine Abwägung mit und eine Beschränkung von anderen geschützten Rechtspositionen ermöglicht. Diese normative Kategorie beinhaltet im wesentlichen das Recht und die Pflicht „der Eltern[630]" (i.S.e. Elternpaares) zu Pflege und Erziehung der Kinder.

Der israelischen Rechtsordnung hingegen ist ein rechtlich unterfüttertes Leitbild der Familie fremd. Es existiert kein Rechtssatz, der die Familie im Rahmen einer bestimmten Definition für wertvoll erachtet. Ohne eine Verankerung in einer verfassungsrechtlichen Wertentscheidung ist daher das Recht in diesem Fall auf die konkrete Gefahrenabwehr beschränkt. Das Kindeswohl ist insofern als subjektives Abwehrrecht zu deuten, das nur bei konkreter Gefahr einen Eingriff in die rechtlich geschützte Freiheit Dritter erlaubt. Abstrakter formuliert ist die israelische Rechtsordnung im Zusammenhang mit Fragen der Fortpflanzungsmedizin ein eher wertneutrales System, das vorfindliche Ideen und Bewertungen – im Gegensatz zur deutschen Grundrechtsordnung – möglichst ausschließt. Dies gilt zumindest insoweit, als nicht das besondere jüdische Wertefundament der israelischen Gesellschaft bzw. ihrer Rechtsordnung betroffen ist.[631]

(2) Anonymität

Wie aus den Ausführungen der Aloni-Kommisson hervorgeht[632], wird ein Recht auf Kenntnis der eigenen Abstammung mangels Gefährdung des Kindeswohls abgelehnt. Das Bestehen eines Zusammenhangs zwischen Identitätsklärung und seelischem Wohlbefinden wird nicht angenommen. Ungleich der deutschen Rechtslage existiert kein über die konkrete Gefahr für den Leib und die Seele des Kindes hinausgehender Anspruch auf Kenntnisnahme. Da bereits auf tatsächlicher Ebene ein Gefahrzusammenhang nicht gesehen wird, entfällt auch ein entsprechendes Informationsrecht. Angenommen wird, dass das Kind zu seinem Wohlergehen keine genaue Kenntnis seiner genetischen Abstammung braucht.

In Deutschland hingegen wird zwischen dem Kindeswohl im Sinne einer positiven seelischen Entwicklung und dem Recht auf Kenntnis seiner eigenen Abstammung unterschieden. Völlig losgelöst von der Frage, ob das zukünftige Kind bei

---

[630] „Eltern" in diesem Sinne ist nicht mit genetischer Elternschaft gleichzusetzen, was bereits auch aus § 1592 Ziffer 1 BGB geschlossen werden kann. Vgl. z.B. Coester-Waltjen 2001, 158, 161.
[631] Zu diesem Aspekt siehe insbesondere nachfolgend unter III.K.2.b).
[632] Vgl. hierzu oben unter II.D.1.c)(3).

bewusster Unkenntnis der eigenen Abstammung in seiner seelischen Entwicklung gestört ist oder nicht, existiert ein entsprechender grundrechtlicher Schutz unter dem Mantel des allgemeinen Persönlichkeitsrechts gem. Art. 2 Abs. 2 i.V.m. Art. 1 Abs. 1 GG. Unabhängig vom Nachweis oder der Wahrscheinlichkeit einer Gefahr, die in Deutschland im übrigen mehrheitlich als vorliegend angenommen wird, billigt das allgemeine Persönlichkeitsrecht dem Kind ein Informationsrecht allein um der prinzipiellen Möglichkeit und Entscheidungsfreiheit wegen zu. Dem Kind soll im entsprechenden Alter seitens des Staates nicht die Option genommen werden, selbst darüber bestimmen zu können, was gut für es ist und was nicht.

3. Fazit

Die Detailbetrachtung ergab im hier interessierenden Zusammenhang, dass Zweck der israelischen Rechtsordnung die größtmögliche Verwirklichung der Freiheitsrechte der Wunschmutter ist. Beschränkungen des Zugangs zur heterologen Befruchtung ergeben sich nur aus ganz konkreten und wahrscheinlichen Gefahren für das zukünftige Kind. Alle anderen Gründe und rechtlichen Kategorien, die in Deutschland zur Legitimation beschränkender Regelungen herangezogen werden, werden von der israelischen Rechtsordnung nicht aufgenommen bzw. sind dort unbekannt. Diesbezüglich vermag wiederum nur ein multikausaler, hier nicht zu leistender Begründungsansatz die Unterschiede zu erklären.

Herauszuheben ist jedoch der Aspekt einer „wertneutraleren" im Gegensatz zu einer bewusst Wertungen umfassenden Rechtsordnung. Das Grundgesetz und seine Interpretation setzen dem Bild eines „Nachtwächterstaates", dessen Aufgabe es ist, nur auf die Verletzungen der Grenzen der einzelnen Freiheitsrechte zu reagieren, bewusst ein Wertmodell gegenüber. Die Rechtskultur in Deutschland berücksichtigt daher bewusst in gewissen Grenzen überindividuelle Interessen, die über die klassische Abwehrfunktion und individuelle Freiheitsgarantie der Grundrechte hinaus gehen. Die im hier zu beurteilenden Sachverhalt zum Ausdruck kommende Betonung der individuellen Freiheit des Individuums in Israel, verdeutlicht – beschränkt auf bestimmte Sachverhalte der assistierten Reproduktion[633] – ein Grundrechtsverständnis, das wertende, überindividuelle Betrachtungen bewusst ausschließt und dem Staat eine viel zurückhaltendere Rolle zuweist. Die Besonderheit des unter anderem durch das deutsche Bundesverfassungsgericht behutsam entwickelten Systems einer Verfassung als Wertordnung wird im Kontrast hierzu überaus plastisch.

---

[633] Insbesondere im Bekenntnis der israelischen Rechtsordnung als Teil eines jüdischen Staates sind Konstellationen denkbar, in denen überindividuelle Wertungen durchaus Platz greifen. Hierzu insbesondere nachfolgend im Zusammenhang mit der Surrogatmutterschaft unten unter III.K.2.b). Siehe in diesem Zusammenhang auch bereits oben unter III.G.2.b)(1) und Fn. 631.

4. Rechtspolitische Anmerkung

Bezüglich des Rechts auf Kenntnis der eigenen Abstammung ist die deutsche Rechtslage nur schwer änderbar. Die bundesverfassungsgerichtliche Rechtsprechung zum allgemeinen Persönlichkeitsrecht bietet keinen Handlungsspielraum für den Gesetzgeber, Regelungen zum Zwecke der Anonymitätswahrung, wie sie die israelische Rechtsordnung kennt, zu erlassen.

Vom Standpunkt der zwar bestrittenen, aber überwiegenden Ansicht aus ist die Beschränkung der Freiheit des Zugangs zur Methode der heterologen Befruchtung durch einen Arzt für alleinstehende Patientinnen schlüssig und nachvollziehbar. Die Prämisse der objektiven Wertordnung der Grundrechte zugrundegelegt, die ein Leitbild der Familie und damit eine Wertung vorgibt, was für ein Kind und dessen Wohl „gut" ist, lässt allerdings gesetzgeberischen Handlungsspielraum für eine Änderung der bestehenden Rechtslage bzw. zur erstmaligen Regelungen durch formelles Gesetz.

Eine aus der objektiven Wertordnung der Grundrechte entspringende Handlungspflicht i.S.e. Schutzpflicht des Staates gegenüber dem angenommenen Kindeswohl ist in der hier interessierenden Fallkonstellation abzulehnen. Das Kindeswohl an sich ist zwar als ein auch in Art. 6 GG verkörperter Wert mit Verfassungsrang nicht zulässigerweise vom Gesetzgeber zu ignorieren, doch lässt die Beurteilung des konkreten Gefährdungszusammenhangs zwischen der heterologen Befruchtung einer alleinstehenden Frau einerseits und dem Kindeswohl andererseits einen breiten Spielraum. Dem Parlament steht eine Einschätzungsprärogative zu. Da im vorliegenden Fall nicht die Garantie des Instituts „Familie" gem. Art. 6 Abs. 1 GG in Frage steht, sondern der grundgesetzliche Wert des Leitbildes einer bestimmten Familienstruktur, die vom Grundgesetz als für Kinder positives Umfeld erachtet wird, kann von einer Handlungspflicht des Gesetzgebers nicht gesprochen werden. Das mit Verfassungsrang ausgestattete Familienbild des Grundgesetzes ermöglicht es dem Gesetzgeber zwar, die Gefahren für das Kindeswohl und die Gesellschaft einzuschätzen und entsprechend zu reagieren. Eine in einem Maße qualifizierte Gefahr für die Gesellschaft und das Kind, dass eine Reduzierung der Parlamentsprärogative auf Null und damit eine Schutzpflicht des Staates anzunehmen wäre, ist dagegen nicht erkennbar und wird selbst von Befürwortern des Verbots nicht vertreten.[634] Es obliegt somit dem Gesetzgeber und dem politischen Willensbildungsprozess die Grenzen des Einsatzes der heterologen Befruchtung bei unverheirateten Frauen entsprechend der Gefahreinschätzung festzulegen.

Unmittelbar im Zusammenhang mit der Freiheit des Gesetzgebers, innerhalb gewisser Grenzen seine Gefahreinschätzung im vorliegenden Sachverhalt mit Mehrheit Ausdruck zu verleihen, gibt der Vergleich mit Israel darüber hinaus Anlass zu überprüfen, ob die objektive Wertordnung des Grundgesetzes betreffend das Kindeswohl i.V.m. dem Leitbild Familie, das dem Wandel unterworfen sein

---

[634] Vgl. z.B. Keller 1989, 721 hinsichtlich einer strafrechtlichen Sanktionierungspflicht; Benda-Kommission, S. 45 f. unter Ziffer 2.3.2.1.1. („in aller Regel").

kann, noch zutreffend ist. Die vom Grundgesetz vorgefundene Familie, bestehend aus zwei sozialen Eltern, wurde zum Verfassungsgehalt.[635] Es ist durchaus anerkannt, dass die dem Grundgesetz innewohnende Wertordnung bzw. insbesondere die in Art. 6 Abs. 1 GG genannten Institute Ehe und Familie auch in ihrer rechtlichen Dimension dem sozialen Wandel unterworfen sind. In diesem Zusammenhang wird insbesondere auch auf Fortpflanzungs- und Reproduktionstechniken verwiesen.[636] Ob davon gesprochen werden kann, dass die Wirklichkeit sich von der Wertordnung wie sie in der oben unter F.3.b) erläuterten mehrheitlichen Ansicht zugrunde gelegt wird, bereits so weit entfernt hat, dass das Leitbild von den bestehenden Tatsachen überholt wurde, vermag an dieser Stelle nicht geklärt werden. Allerdings kann die gesellschaftliche Wirklichkeit, die einen hohen Prozentsatz an Alleinerziehenden in Deutschland aufweist, nicht ignoriert werden. Dies kann Anlass sein, einerseits gerade gegen diese Entwicklung anzukämpfen und die heterologe Befruchtung Alleinstehender zu untersagen oder sie als Faktum hinzunehmen und das vorgegebene grundgesetzliche Leitbild geringer zu gewichten und gegebenenfalls den oben ausgeführten Gefahrzusammenhang anders einzuschätzen. Der Gesetzgeber hätte zumindest den Handlungsspielraum, durch eine gesetzliche Regelung, die Problematik einer durch die Mehrheit legitimierten Lösung zuzuführen.[637]

Betreffend die Feststellung der fehlenden Primärgesetzgebung stimmen beide Rechtsordnungen jedoch überein:

Beiden ist gemeinsam, dass betreffend die heterologe Befruchtung das juristische Mittel zur Erreichung der zuvor erläuterten Regelungsziele, d.h. zur Fixierung des angestrebten Punktes innerhalb des Kräftedreiecks Patientin-Spender-zukünftiges Kind nur durch untergesetzliche Normen als Regelungsmittel umgesetzt wurden. Deren Rechtswirksamkeit ist in beiden Fällen umstritten. In beiden Fällen fehlt es an einer primärgesetzlichen Ordnung, die zumindest die grundsätzliche und wesentliche Entscheidung, wo der angestrebte Regelungspunkt innerhalb des Kräftedreiecks liegen soll, trifft. Letztlich fehlt es in beiden Rechtsordnungen an demokratischer Legitimation. Besonders in Deutschland ist aufgrund der oben erläuterten Gesetzgebungsgeschichte zum Embryonenschutzgesetz deutlich gewor-

---

[635] Vgl. zum Problemkreis der Aufnahme vorfindlicher Gegebenheiten ins Grundgesetz und zum Wandel der ursprünglich vorausgesetzter Tatsachen Lerche HStR V, § 121 Rn. 15.

[636] Vgl. z.B. Badura in Maunz/Dürig Art. 6 GG Rn. 9.

[637] Um Missverständnisse zu vermeiden, sei an dieser Stelle betont, dass im Rahmen dieser juristischen Arbeit lediglich juristische, existierende Grenzlinien und verfassungsrechtlich mögliche Spielräume für Alternativregelungen aufgezeigt werden. Ob die Situation de lege lata beibehalten bleibt oder ob der Gesetzgeber sich – eventuell auch durch andere Rechtsordnungen wie die israelische angeregt – zur Veränderung im Sinne einer Liberalisierung entscheidet, ist eine Frage die das Juristische verlässt und dem Bereich der politischen Willensbildung angehört.

H. Die Zulässigkeit der nicht autologen Übertragung von Eizellen

den, dass der Gesetzgeber sich in Ermangelung eines Konsenses für eine „Nichtentscheidung entschieden" hat.[638] Es wäre wünschenswert, wenn der vom Grundgesetz bereit gestellte Rahmen, der vom Verbot der heterologen Befruchtung bei alleinstehenden Frauen bis hin zur ausdrücklichen Erlaubnis reichen kann, genutzt würde. Gerade in einer Situation, in der zu befürchten ist, dass das vorgestellte Familienbild des Grundgesetzes nicht zum Grundkonsens der Bevölkerung gehört, wäre eine Wertentscheidung der Legislative und nicht ein Rückgriff auf allgemeine und unsichtbare Wertentscheidungen des Grundgesetzes erstrebenswert.

H. Die Zulässigkeit der nicht autologen Übertragung unbefruchteter bzw. homolog befruchteter Eizellen (Eizellspende) und heterolog befruchteter Eizellen (Embryonenspende)

1. Eizellspende

a) Einfachgesetzliche Zulässigkeit gemäß dem ESchG

Die Übertragung einer unbefruchteten Eizelle auf eine Frau, von der diese Eizelle nicht stammt, ist in Deutschland vornehmlich einem Regelungsziel unterstellt: Verhinderung der sog. „gespaltenen Mutterschaft", die durch ein Auseinanderfallen von genetischer und austragender Mutter definiert ist.[639]

Sämtliche Methoden der assistierten Reproduktion sind gemäß dem ESchG auf das sog. autologe System begrenzt. D.h. im Gegensatz zu den Verfahren einer heterologen bzw. quasi-heterologen Befruchtung ist bereits auf bundesgesetzlicher Ebene der Transfer von Eizellen auf Dritte untersagt: Unter Strafandrohung verboten ist die Übertragung einer *un*befruchteten Eizelle auf eine *fremde* Frau (§ 1 Abs. 1 Ziff. 1 EschG). Hinzu tritt das Verbot gemäß § 1 Abs. 1 Ziffer 2 EschG, eine künstliche Befruchtung einer Eizelle mit dem Ziel der Schwangerschaft einer Frau, von der die Eizelle nicht stammt, herbeizuführen.[640] Fremd in diesem Sinne ist jede Eizelle die nicht von der Frau stammt, auf die sie übertragen wird.[641]

Unmissverständlich verboten ist somit die sog. Eizellspende, da nach dem EschG, im Gegensatz zur bundesgesetzlich nicht geregelten und somit auch nicht verbotenen heterologen Befruchtung nach Samenspende, keine legale Möglichkeit der Zurverfügungstellung von Eizellen mit dem Ziel der Herbeiführung einer

---

[638] Vgl. Neidert MedR 1998, 347, 352, der herausstellt, dass der Gesetzgeber im Bereich der Samenspende gefordert ist.
[639] Vgl. Keller in Keller/Günther/Kaiser, Einführung B II, Rn. 9.
[640] Zu diesem allgemeinen Verbot der Eizellspende vgl. Katzorke Reproduktionsmedizin 2000, 373.
[641] Keller in Keller/Günther/Kaiser, § 1 Abs. 1 Nr. 1 EschG, Rn. 13.

Schwangerschaft bei einer anderen Person besteht.[642] Wie bereits angedeutet, ist Hintergrund dieser Regelung das Ziel der Verhinderung „gespaltener Mutterschaften", die durch die Eizellenübertragung auf eine fremde Frau bzw. eine Eizellenbefruchtung zum Zwecke des nachfolgenden Transfers auf eine fremde Frau verursacht werden kann.[643]

b) Standesrecht

Beide bereits oben unter A.3. näher erläuterten, heranzuziehenden Richtlinien der verschiedenen Landesärztekammern enthalten im Hinblick auf die Eizellspende eine klare, abschließende und einheitliche Regelung: Jeweils gemäß Ziffer 3.2.3 dürfen

> „beim Einsatz der genannten Methoden [der assistierten Reproduktion] [....] nur die Eizellen der Frau befruchtet werden, von der die Eizelle stammt und bei der die Schwangerschaft herbeigeführt werden soll."

In Ergänzung enthalten die älteren „Richtlinien zur Durchführung des intratubaren Gametentransfers, der In-vitro-Fertilisation mit Embryotransfer und anderer verwandter Methoden" (Baden-Württemberg) in Ziffer 3.1 eine weitere, sich inhaltlich jedoch mit den vorstehend erläuterten standesrechtlichen Vorgaben überschneidende zusätzliche Regelung:

> „Die Verwendung fremder Eizellen (Eizellspende) ist beim Einsatz der Verfahren verboten."

Damit ist standesrechtlich dem Arzt die Mitwirkung bei jeglicher Form der Eizellspende unmissverständlich verboten. Da die Richtlinien sich im vorliegenden Fall mit den Vorgaben des ESchG decken und insoweit lediglich die einfachgesetzlichen Regelungen wiederholt, stellt sich an diesem Punkt das oben unter A.3.d) erläuterte Problem der Wirksamkeit der Richtlinien nicht. Die Richtlinien sehen keine weiterreichende, über die Vorgaben eines formellen Gesetzes hinausreichende, auf außenstehende Dritte wirkende Einschränkungen vor.

c) Verfassungsrecht

(1) Allgemein

Verfassungsrechtliche Einwände gegen die Eizellspende werden von einigen Juristen bereits dadurch zurückgewiesen, dass die in Betracht zu ziehende Menschenwürde (Art. 1 Abs. 1 GG) und der Lebensschutz (Art. 2 Abs. 2 GG) die Existenz eines Menschen voraussetzen. Keinesfalls ableitbar sei aus den Grund-

---

[642] Zu diesem Ergebnis vgl. z.B. auch Zumstein 2001, 134, 138 und Berg 2001, 143, 143.
[643] Vgl. die Begründung des Gesetzentwurfs der Bundesregierung, BT-DS 11/5460, S. 7 f. Der Entwurf wurde betreffend § 1 Abs. 1 Nr. 1 ESchG vom Gesetzgeber übernommen.

rechten folglich eine Pflicht zur Verhinderung der Entstehung menschlichen Lebens. Im Gegenteil sei zu bedenken, dass ein Verbot der Eizellspende „die Freiheit der Fortpflanzung als wesentlicher Bestandteil der persönlichen Freiheit" gemäß Art. 2 Abs. 1 GG verletzen könnte.[644] Diese Argumentation wurde für die Fallkonstellation einer heterologen Befruchtung einer alleinstehenden Patientin bereits erläutert.[645] Auch sei in dem Verbot im Hinblick auf die Zulässigkeit der Samenspende ein Verstoß gegen das Gleichberechtigungspostulat des Art. 3 Abs. 2 GG zu sehen.[646] Im Rahmen der Eizellspende an ein verheiratetes Paar gebe es kein die Ungleichbehandlung von Mann und Frau rechtfertigendes Argument. Insbesondere eine mögliche Gefährdung des Kindeswohles sei – soweit überhaupt existent[647] – in beiden Fällen der Gametenspende von gleicher Intensität und Qualität.[648] Zumindest sei ein Verbot der Eizellspende „nicht weiter gerechtfertigt"[649].

Keiner der Gegner des deutschen Verbots der Eizellspende konnte sich jedoch dazu durchringen, klar und unmissverständlich die Grundrechtswidrigkeit einer solchen Regelung festzustellen. Eine Lockerung des bestehenden Verbots ist – diesen Autoren folgend – verfassungsrechtlich allerdings nicht zu beanstanden.

Andererseits wird von anderen Autoren mit den unmittelbaren faktischen Folgen einer Eizellspende argumentiert: Ein Auseinanderfallen der genetischen und der plazentaren Mutterschaft sei eine „Denaturierung der menschlichen Fortpflanzung" und verletze die Menschenwürde des nach einer Eizellspende geborenen Kindes.[650] In diesem Falle könne ungleich der Samenspende gerade nicht mit dem Vorkommen in der Natur argumentiert werden, da eine Trennung in genetische und gebärende Mutter in der Natur nicht vorkomme. Es entspreche den natürlichen Erfahrungen, dass der genetische Vater oftmals unbekannt bzw. vom sozialen Vater verschieden ist, wohingegen die Natur eine Trennung von gebärender und genetischer Mutter nicht vorgesehen habe (mater semper certa est).[651] Genau in dieser Widernatürlichkeit liege eine Verzerrung des eigenen Ebenbildes wie es durch Art. 1 Abs. 1 GG geschützt ist.[652] Gerechtfertigt wird das Verbot insofern letztendlich mit dem Kindeswohl, das durch eine gespaltene Mutterschaft und durch die damit verbundenen Schwierigkeiten der Identitätsfindung des zukünfti-

---

[644] Zumstein 2001, 134, 139; vgl. Darstellung bei Laufs JZ 1986, 769, 775, der selbst anderer Ansicht ist; ebenso Bernat 1989, 221 aus österreichischer Sicht; im Ergebnis so auch Baumann 1991, 184.
[645] Vgl. oben III.F.3.
[646] Vgl. Katzorke Reproduktionsmedizin 2000, 373, 130; Zumstein 2001, 134, 139.
[647] Bernat 1989, 220 f., der keine Gefährdung des Kindeswohles als begründet ansieht.
[648] Zumstein 2001, 134, 139.
[649] Katzorke Reproduktionsmedizin 2000, 373, 130; so im Ergebnis auch die Forderung diverser medizinischer Fachgesellschaften aus dem Bereich Fortpflanzungsmedizin, vgl. Mitteilung in der Ärzte Zeitung Online vom 16.06. 2000, unter http://www2.aerztezeitung.de/archiv/docs/2000/024/110a1104.asp, zuletzt aufgerufen am 16.08.2000.
[650] Pap 1987, 351.
[651] Keller in Keller/Günther/Kaiser, B.V. Rn. 16.
[652] Pap 1987, 351.

gen Kindes gefährdet sei.[653] Im Zusammenhang mit der Gefährdung des Kindeswohls wird ferner auf die fehlende genetische Verbindung Bezug genommen, welche die Gefahr beinhalte, dass das zukünftige Kind wegen „Nichtgefallens" sanktioniert bzw. sogar verstoßen wird.[654] Außerdem sorge, anders als bei der Samenspende, die Tatsache, dass gebärende Mutter wie auch die genetische Mutter gleichermaßen Anteil an der Existenz des Kindes haben, für eine Verschärfung der Problematik. Das Kind müsse seine biologische Existenz auf 3 Menschen zurückführen, von denen keiner hinweggedacht werden kann. Die Identitätsfindung des Kindes werde dadurch im Vergleich zur Samenspende noch zusätzlich erschwert.[655]

Im übrigen sei auch der Vorwurf eines Verstoßes gegen Art. 3 Abs. 2 GG zurückzuweisen. Wie beim Schwangerschaftsabbruch werde lediglich die bereits erläuterte besondere Beziehung des Kindes zur Gebärenden bzw. die natürliche Mutter-Kind-Beziehung während der Schwangerschaft betont und insoweit den natürlichen Gegebenheiten Rechnung getragen. Dies reiche für eine differenzierte Behandlung dieses Sachverhalts aus.[656]

Anders als im Falle der heterologen Befruchtung bei alleinstehenden Patientinnen wird nicht auf das Leitbild einer Familie im Sinne des Grundgesetzes zurückgegriffen. Völlig unabhängig von der Tatsache, ob dem zukünftigen Kind ein Elternpaar oder nur eine Einzelperson als soziale Bezugsperson zur Verfügung stehen wird, ist der zentrale Anknüpfungspunkt die Widernatürlichkeit – so die mit dem einfachen Recht übereinstimmende Ansicht – der gespaltenen Mutterschaft, d.h. die Spende der Eizelle an sich. In ihr liege die abstrakte Gefahr für das Kindeswohl. Im Vergleich zur heterologen Befruchtung alleinstehender Patientinnen wird in diesem Fall auf einer anderen, vorgelagerten Ebene mit der Argumentation angesetzt: Bereits die Fortpflanzungsmethode an sich wird untersagt und nicht erst die Anwendung der Fortpflanzungsmethode in einer bestimmten tatsächlichen Situation. Die Frage des familiären Umfelds stellt sich erst gar nicht.

Betreffend die Argumentation hinsichtlich der Gefahrenqualität besteht wiederum ein Gleichlauf mit der bereits erläuterten wertenden Betrachtung, dass, losgelöst von konkreten Umständen, eine abstrakte Gefahr für das Kindeswohl bestehe.[657] Bereits der Zweifel an der Ab- oder Zuträglichkeit der gespaltenen Mutter-

---

[653] Keller in Keller/Günther/Kaiser, § 1 Abs. 1 Nr. 1, Rn. 7; im Ergebnis auch Laufs 1992, 82 f., der das Verbot der gespaltenen Mutterschaft vor dem Hintergrund des Schicksals des Kindes ebenfalls als gut begründet ansieht.
[654] Vgl. Darstellung bei Zumstein 2001, 134, 138.
[655] Benda-Kommission, S. 31 unter Ziffer 2.2.2.1.2; BT-DS 11/5460, Begründung des Gesetzentwurfs zum EschG, dort unter B. zu § 1. Pap zitiert in diesem Zusammenhang die Aussage von einem Auseinanderfallen der „Dreieinigkeit von genetischer, gebärender und sozialer Mutterschaft" (Pap 1987, 347).
[656] Keller in Keller/Günther/Kaiser, B V Rn. 16.
[657] Vgl. oben unter III.F.3.b) zur heterologen Befruchtung bei alleinstehenden Patientinnen.

schaft sei Grund genug, die gespaltene Mutterschaft zu untersagen.[658] In diesem Zusammenhang wird also wiederum auf eine konkrete Gefährdung des Kindeswohls, die an bestehenden Umständen (im Umkreis der Spenderin oder der Empfängerin z.B.) festgemacht werden müsste, verzichtet. Der Bundesrat sprach in einer Stellungnahme vom „objektiven Wohl des Kindes"[659], was nichts anderes als die Umschreibung des Begriffs abstrakte Gefahr bedeutet. Es wird nicht auf die subjektive Situation des konkreten Kindes, sondern auf das objektivierte, allgemeingültige Wohl abgestellt.

Dogmatisch wird das Kindeswohl von den Anhängern der die Situation de lege lata stützenden Ansicht – obwohl oftmals genaue Ausführungen hierzu fehlen – in diesem Fall in der objektiven Wertentscheidung des Grundgesetzes in Art. 1 Abs. 1 GG lokalisiert. Pap führt in diesem Zusammenhang aus:

„Die darin [in der gespaltenen Mutterschaft] liegende Denaturierung der menschlichen Fortpflanzung überschreitet die Grenzen, die Art. 1 Abs. 1 GG als objektive Wertentscheidung der willkürlichen Verzerrung und Entfremdung des eigenen Ebenbildes setzt."[660]

Die Einheitlichkeit der Mutterschaft wird folglich als mit Verfassungsrang ausgestattet gedeutet, so dass wiederum ein verfassungsimmanenter Wert anzunehmen ist, der Eingriffe in subjektive, ebenfalls durch Grundrechte abgesicherte Positionen ermöglicht.[661]

Ferner wird das oben erläuterte Argument, dass die Grundrechte keinesfalls die Verhinderung der Erzeugung eines Menschen verlangten, entkräftet. Es gehe nämlich bei der Frage nach der Zulässigkeit bestimmter Fortpflanzungsmethoden nicht um Lebensschutz, da noch gar kein zu schützendes Rechtssubjekt besteht. Vielmehr wird darauf abgestellt, dass eine zu prognostizierende Gefährdung des Kindeswohles eine Begrenzung der vom Menschen geschaffenen, bestimmten „künstlichen" Fortpflanzungsmethoden erfordere. Im Mittelpunkt steht also nicht die Verhinderung der Lebensentstehung, sondern die Frage des „wie" seiner Entstehung außerhalb der natürlichen Fortpflanzung.[662]

(2) Anonymität

Wie bereits für die heterologen bzw. quasi-homologen Befruchtungen nach Samenspende ausgeführt, wäre von Verfassungs wegen das Recht des Kindes auf Kenntnis seiner eigenen Abstammung zu berücksichtigen. Eine anonyme Eizellen- bzw. Embryonenspende müsste demgemäss unterbunden werden. Da jedoch be-

---

[658] Keller in Keller/Günther/Kaiser, § 1 Abs. 1 Nr. 1, Rn. 8 und Keller 1989, 720, der in diesem Beitrag von einem „Rechtsgut der ‚Eindeutigkeit der Mutterschaft' mit Blick auf das Kindeswohl" spricht und ein strafbewehrtes Verbot unterstützt.
[659] Vgl. die Wiedergabe bei Keller 1991 (2), 202.
[660] Pap 1987, S.351.
[661] Vgl. in diesem Zusammenhang bereits die Ausführungen oben unter III.F.3.b).
[662] Keller in Keller/Günther/Kaiser, § 1 Abs. 1 Nr. 1, Rn. 8.

reits die hier in Rede stehende Methode der assistierten Fortpflanzung an sich unzulässig ist, hat diese Anforderung keine (Aus)Wirkung.

2. Embryonenspende

a) Einfachgesetzliche Zulässigkeit

Eine Regelung erfuhr die Embryonenspende einerseits in § 1 Abs. 1 Ziffer 6 und andererseits in § 1 Abs. 1 Ziffer 7 ESchG. § 1 Abs. 1 Ziffer 6 ESchG betrifft das strafrechtliche Verbot der Entnahme eines Embryos von einer Frau unter anderem zum Zwecke der Übertragung auf eine andere Frau. Untersagt ist somit bereits die Möglichkeit der Spende durch Entnahme und Übertragung bereits *in vivo* entstandener Embryonen.

Darüber hinaus ist im ESchG ausdrücklich ein Verbot der Übertragung einer *in vitro* befruchteten Eizelle, d.h. eines Embryos, auf eine *fremde* Frau (Embryonenspende), die bereit ist, „ihr" Kind nach der Geburt Dritten auf Dauer zu überlassen, geregelt (§ 1 Abs. 1 Ziffer 7 ESchG). Der gesetzliche Tatbestand ist bezogen auf die Embryonenspende als Bestandteil der Surrogatmutterschaft[663] damit einerseits weit gefasst und umfasst jegliche Übertragung eines Embryos auf eine Frau, die zur späteren Überlassung des Kindes bereit ist, unabhängig von der Frage der Fremdheit der Eizelle. Erfasst ist damit auch die Embryoübertragung auf Frauen, von denen die den Embryo mitkonstituierende Eizelle selbst stammt.

Andererseits umfasst die Regelung nicht die schlichte Übertragung einer befruchteten Eizelle auf eine fremde Frau, solange und soweit diese nicht beabsichtigt, das Kind nach der Geburt herauszugeben, d.h. selbst Mutter sein möchte. Ausgehend vom Wortlaut der Norm könnte hieraus die Konsequenz gezogen werden, dass auf einfachgesetzlicher Ebene in diesen Fällen die Embryonenspende erlaubt sei. Dem ist jedoch nicht so. Der Gesetzgeber sah keine Notwendigkeit für ein strafgesetzliches Verbot der nicht autologen (Herkunft und Zielbestimmung der Eizelle betreffend) Embryonenübertragung, solange die den Embryo empfangende Frau zur Mutterschaft bereit ist. Die Legislative wollte das Problem schon zu einem früheren Zeitpunkt behandelt wissen: Bereits die Befruchtung einer Eizelle mit dem Ziel der anschließenden Übertragung auf eine fremde Mutter ist gemäß § 1 Abs. 1 Ziffer 2 ESchG strafgesetzlich verboten. Bereits das Entstehen von Embryonen zu diesem Zwecke soll unterbunden werden und nicht erst ihre Übertragung.[664] Auf ein generelles und allumfassendes strafrechtliches Verbot der Embryonenspende wurde allerdings verzichtet, da der Gesetzgeber dies in den Fallkonstellationen für bedenklich hielt, in denen ein Embryo existiert und nur

---

[663] Hierzu vertiefend unten unter III.J.
[664] Vgl. die Begründung des Gesetzentwurfs der Bundesregierung, BT-DS 11/5460, S. 8, wo ausgeführt wird, dass ein Regelungsziel von § 1 Abs. 1 Nr. 2 ESchG u.a. die Verhinderung von Embryonenspenden bereits im Vorfeld ist.; Keller in Keller/Günther/Kaiser, § 1 Abs. 1 Nr. 1 ESchG, Rn. 9 f.

durch einen Transfer vor dem Absterben bewahrt werden kann. Praktisch vorkommen wird dies z.b. dann, wenn nach erfolgter IVF und vor der Embryoübertragung die genetische Mutter stirbt oder aus medizinischen Gründen eine Übertragung auf sie wegen ihrer Gesundheit ausscheidet (sog. überzählige Embryonen).[665]

Festzuhalten ist folglich, dass die *zielgerichtete* Embryonenspende in Deutschland verboten ist. Lediglich in Ansehung von ungewollt und außerplanmäßig existierenden Embryonen in vitro lässt die einfachgesetzliche Ebene Raum für eine Übertragung derselben auf eine Frau, die zur Mutterschaft bereit ist.

b) Standesrecht

Standesrechtlich ist auf die bereits oben unter 1.b) zitierte Ziffer 3.2.3 der beiden herangezogenen Richtlinien[666] zurückzugreifen. Parallel zu den Vorgaben des ESchG soll von vornherein die Möglichkeit einer Embryonenspende und damit einer gespaltenen Mutterschaft ausgeschlossen werden. Hierzu wird die Anwendung jeglicher Methoden der Fortpflanzungsmedizin auf die Befruchtung von Eizellen beschränkt, die von der Frau stammen, bei der die Schwangerschaft herbeigeführt werden soll. Somit sind von dieser Regelung die Eizellspende und die Embryonenspende gleichermaßen erfasst, da bereits an der Befruchtung selbst angesetzt wird. Eine planmäßige, finale Embryonenspende ist damit auch standesrechtlich unzulässig. Keiner Regelung unterworfen ist die Möglichkeit der Übertragbarkeit außerplanmäßigen hergestellter Embryonen auf Frauen, von denen die die Embryonen konstituierenden Eizellen nicht stammen. Auch die Standesrichtlinien lassen in Übereinstimmung mit dem Embryonenschutzgesetz zumindest Raum für Fälle, in denen aufgrund unvorhergesehener, außerplanmäßiger Ereignisse die Embryonenspende die einzig verbleibende Maßnahme zum Lebenserhalt der Embryonen darstellt.

c) Verfassungsrecht

In verfassungsrechtlicher Hinsicht stimmen die Argumente für und gegen die Methode mit denen des Für und Wider hinsichtlich der Eizellspende überein, da diese

---

[665] Vgl. die Begründung des Gesetzentwurfs der Bundesregierung, BT-DS 11/5460, S. 8, wo ausgeführt wird, dass ein Regelungsziel von § 1 Abs. 1 Nr. 2 EschG u.a. die Verhinderung von Embryonenspenden bereits im Vorfeld ist.; Keller in Keller/Günther/Kaiser, § 1 Abs. 1 Nr. 1 EschG, Rn. 9 f.; der Bundesgesetzgeber stimmte insofern mit wesentlichen Teilen der juristischen und gesellschaftlichen Stimmen überein: vgl. z.B. Benda-Kommission, S. 35 f., wo dargelegt ist, dass die Embryonenspende in Fällen sog. „überzähliger" Embryonen auch Lebensschutz bedeuten kann, aber *allenfalls* in diesen Fällen *nicht* verboten werden sollte; so auch die Darstellung bei Zumstein 2001, 134, 139, die von einer *Tolerierung* der Übertragung eines Embryos spricht.

[666] Die „Richtlinien zur Durchführung des intratubaren Gametentransfers, der In-vitro-Fertilisation mit Embrotransfer und anderer Methoden der künstlichen Befruchtung" und die „Richtlinien zur Durchführung der assistierten Reproduktion".

notwendig in der Embryonenspende enthalten ist.[667] Auch die Embryonenspende führt zu einer gespaltenen Mutterschaft, so dass Kindeswohl- und Menschenwürdeargumente nach der überwiegenden Ansicht dafür sprechen[668], dass der Gesetzgeber mit dem ESchG eine verfassungsmäßige Verbotsregelung getroffen hat. Auch zur Anonymität bzw. zum Recht auf Kenntnis der eigenen Abstammung gilt das oben unter 1.c)(2) zur Eizellspende bereits Erwähnte.

3. Zusammenfassung

Zusammenfassend kann festgehalten werden, dass die Deutsche Rechtsordnung auf Basis des Grundgesetzes davon geprägt ist, den Grundsatz „mater semper certa est"[669] aufrechtzuerhalten und folglich gespaltene Mutterschaften zu unterbinden versucht. Im Einzelnen stellt sich die rechtliche Situation im Ergebnis wie folgt dar:

Die Spende von Eizellen (unbefruchtet) ist einfachgesetzlich durch Strafgesetz (ESchG) sowie auch standesrechtlich verboten. Das Verbot der Eizellspende ist vor dem Hintergrund der objektiven Wertentscheidung des Grundgesetzes für eine „einheitliche Mutterschaft" als verfassungsrechtlich geboten anzusehen. Ganz überwiegend wird die Verfassungsmäßigkeit des Verbotsgesetzes vertreten.

Die Embryonenspende ist als zielgerichtet eingesetzte Methode strafrechtlich wie auch standesrechtlich verboten. In verfassungsrechtlicher Hinsicht gilt das zur Eizellspende ausgeführte.

ESchG und Standesrecht lassen in Ausnahmesituationen Raum für die Übertragung eines sog. überzähligen Embryos auf eine fremde, zur Austragung bereite Frau.

I. Die Zulässigkeit der nicht autologen Übertragung unbefruchteter bzw. homolog befruchteter Eizellen (Eizellspende) und heterolog befruchteter Eizellen (Embryonenspende) im Vergleich Deutschland-Israel

1. Allgemeines

Ungleich der zuvor erläuterten Varianten der Samenspende und der dort im Rahmen des Rechtsvergleichs zu Tage getretenen Überschneidungen und Unterschiede, gibt es betreffend die Eizellen- und Embryonenspende ausschließlich Unter-

---

[667] Benda-Kommission, S. 36 unter Ziffer 2.2.3.2.1.; Selb 1987, 94.
[668] Vgl. Pap 1987, 277 f. i.V.m. 350 f.; Darstellung bei Zumstein 2001, 134, 140; Vitzthum 1991, 75 f.
[669] Laufs 1991, 106.

I. Die Zulässigkeit der nicht autologen Übertragung von Eizellen im Vergleich

schiede festzustellen. In allen Belangen stehen sich die Regelungen diametral gegenüber. Während in Deutschland die Eizellen- und die finale Embryonenspende strafbewehrt verboten sind, sind beide Methoden in Israel grundsätzlich anerkannt und zulässig.

Die Beschränkungen in Israel beziehen sich nahezu ausschließlich auf die Ausgestaltung des grundsätzlich freien Zugangs einer Patientin bzw. eines Paares zur Eizellen- und Embryonenspende. Nennenswerte ausgestaltende Regelungen sind die Durchsetzung der strikten Anonymität der Spenderin und die Voraussetzung, dass nur eine sich gerade in Behandlung befindliche Frau sich als Spenderin zur Verfügung stellen kann. Die einzige, den Zugang zu den beiden Methoden assistierter Reproduktion tatsächlich verwehrende Bestimmung ist die Beschränkung auf verheiratete Patientinnen.

2. Detailanalyse

Wie schon zur heterologen Befruchtung bei alleinstehenden Frauen erläutert (vgl. oben unter G.2.b)), ist die Handhabung der Eizellen- und Embryonenspende ein weiterer Beleg für das unterschiedliche Verständnis der Grundrechts- bzw. Verfassungsrechtsordnungen beider Länder. Während in Deutschland unter Rückgriff auf eine dem Grundgesetz und insbesondere Art. 1 Abs. 1 GG innewohnende Wertordnung ein Eingriff in die allgemeine Handlungsfreiheit gerechtfertigt wird, hat in Israel die grundrechtlich abgesicherte Freiheit, sich den Wunsch nach „eigenen" Kindern zu erfüllen, Priorität. Diesbezüglich werden in Israel Schwierigkeiten bei der Bestimmung der Mutterschaft in Kauf genommen. Die Annahme, dass bezüglich moderner Fortpflanzungstechniken die Verfassungswirklichkeit auch Wertungen betreffend das Kindeswohl für ein bestimmtes Modell der Elternschaft vorgebe, ist in Israel – abgesehen von jüdisch-religiösen Einflüssen, die sich allerdings hinsichtlich der Eizell- und Embryonenspende in der israelischen Rechtsordnung nicht wiederspiegeln[670] – nicht existent. Wiederum wären es nur konkrete Gefahren für subjektive Rechte anderer, die einen Eingriff in die allgemeine Handlungsfreiheit und das allgemeine Persönlichkeitsrecht der Frau bzw. des Paares rechtfertigen würden. Eine konkrete Gefahr für das Wohl des Kindes wird in Israel im vorliegenden Zusammenhang nicht angenommen und auch nicht thematisiert, so dass in der Konsequenz die Zurückhaltung des Staates augenscheinlich wird (Nachtwächterstaat[671]).

An diesem krassen Gegensatz der beiden Rechtsordnungen vermag auch die formal in Israel noch existierende Beschränkung der Eizellen- und Embryonenspende auf verheiratete Frauen nichts zu ändern. In diesem Fall handelt es sich

---

[670] Vgl. hierzu bereits Fn. 633 mit den Verweisen auf den jüdisch-religiösen Einfluss auf die Regelung der Surrogatmutterschaft, dargestellt nachfolgend im Rahmen des Rechtsvergleichs unter III.K.2.b) und die Ausführungen oben unter III.G.2.b)(1).
[671] Vgl. hierzu bereits die Ausführungen oben unter III.G.3 im Rahmen des Vergleichs der Rechtslage betreffend die Samenspende.

meines Erachtens ebenfalls nicht um einen Ausnahmefall, in dem sich die israelische Rechtsordnung zu dem Wert der Ehe als Voraussetzung für eine dem Kind zugute kommende, positive Elternschaft bekennt und diesen unter Inkaufnahme einer Beschränkung der Freiheit der Wunschmutter durchsetzt. Dagegen spricht bereits die zuvor oben unter II.D.1.b)(2)(c) erläuterte Analyse hinsichtlich der heterologen Befruchtung. Israel hat in diesem Zusammenhang de lege lata die nichteheliche Lebensgemeinschaft der Ehe gleichgestellt und anerkennt auch grundsätzlich das Recht einer alleinstehenden Wunschmutter auf Zugang zu Maßnahmen der assistierten Reproduktion. Es spricht auch vieles dafür – wie nachfolgend näher ausgeführt –, dass es sich hier nicht um einen bewusst akzeptierten und offenen Wertungswiderspruch handelt.

Vielmehr ist die Erklärung für die beschränkende Bestimmung des Art. 8 (a) der IVF-Verordnung mit der Aloni-Kommission darin zu erblicken, dass sie Teil des vormaligen Totalverbots der Embryonenspende ist und formal noch nicht aufgehoben wurde. Wie dargelegt[672], ist das Totalverbot der Embryonenspende mittlerweile aufgehoben. Allerdings ist Art. 8 (b) der IVF-Verordnung formal noch in Kraft, während der in diesem Zusammenhang ebenfalls einschlägige Art. 13 der IVF-Verordnung vom Obersten Gerichtshof kassiert wurde. Insofern ging es nicht darum, die Embryonenspende an eine ledige Patientin gerade wegen ihrem Personenstandes zu untersagen, sondern damit sollte dem ursprünglich umfassenden Verbot der Embryonenspende, das gem. Art. 13 auch für verheiratete Patientinnen galt, auch auf ledige Frauen erstreckt werden. Motivation für das frühere generelle Verbot der Embryonenspende war im übrigen ebenfalls nicht die Durchsetzung eines bestimmten vorgefundenen Verfassungswertes, sondern die konkrete Befürchtung, dass dadurch die Abstammung vertuscht und eine eigentlich notwendige Adoption umgangen würde.[673] Es waren also die konkreten Befürchtungen einer nicht geregelten Elternschaftsbestimmung (eine Parallelregelung zu § 1591 BGB existiert in Israel nicht[674]) und nicht die Befürchtung einer Gefährdung des Kindeswohls, die zum Verbot der Embryonenspende führten. Gerade diese Befürchtung wurde ferner schließlich nicht als ausreichend erachtet, den Wunscheltern bzw. der Wunschmutter den Zugang zur Methode der Embryonenspende zu verweigern.

Besondere Hervorhebung verdient der Umstand, dass die deutsche Rechtsordnung dem Konzept des grundrechtlichen Lebens- und Würdeschutzes des Embryos in vitro, wie es oben unter C.2 herausgearbeitet und als weiterführende Fragestellung formuliert wurde, treu bleibt. Kommt es aufgrund nicht hervorsehbarer Umstände zu überzähligen Embryonen, dann wäre theoretisch von Rechts wegen die Möglichkeit gegeben, diese auf eine Dritte Person, die zur Mutterschaft und zur Schwangerschaft bereit ist, zu übertragen. Der Lebensschutz wird – zumindest theoretisch – über den rechtlich anerkannten Wert der Verhinderung von gespaltenen Mutterschaften gestellt. In Israel hingegen stehen auf Basis der Einordnung

---

[672] Vgl. oben unter II.E.2.a).
[673] Vgl. Aloni-Kommission, S. 31 unter Ziffer 5.9.
[674] Vgl. oben unter II.E.1.b) zur Mutterschaft.

des Embryos in vitro als Objekt seiner genetischen Eltern lediglich die entsprechenden Willenserklärungen der genetischen Eltern im Vordergrund. Ein Regelungsbedürfnis hinsichtlich überzähliger Embryonen besteht folglich in Israel in diesem Zusammenhang nicht und wird auch nicht thematisiert.

3. Fazit und rechtspolitische Erläuterung

Insgesamt ist daher festzuhalten, dass die Zulässigkeit der Eizellspende und die Embryonenspende einmal mehr ein Ausdruck der „wertneutralen", lediglich auf Eingriffsabwehr gegenüber dem Staat basierenden Grundrechtsordnung Israels ist. Auf dieser Basis wurde vom israelischen Normgeber den Belangen der Wunscheltern bzw. Wunschmütter sowie auch den Spendern von Eizellen und Embryonen gegenüber möglichen Kindeswohlgefährdungen Priotität eingeräumt (abstrakte Verortung der israelischen Regelung im Dreieck Patientin- zukünftiges Kind- Spender; vgl. hierzu bereits oben G.2.a)). In Israel wäre eine solche Einschränkung, basierend auf der objektiven Wertordnung von Grundrechten unmöglich, da sie nicht vom israelischen Freiheitsverständnis der Grundrechte gedeckt wäre.

In Deutschland hingegen ist, wie bereits oben betreffend die Samenspende an Alleinstehende erläutert wurde, ein entsprechender Handlungsspielraum des Gesetzgebers anzunehmen. Eine aus der objektiven Wertordnung der Grundrechte entspringende Handlungspflicht i.S.e. Schutzpflicht des Staates gegenüber dem angenommenen Kindeswohl ist auch in diesem Fall nicht festzustellen. Das Kindeswohl an sich kann zwar als ein auch in Art. 1 Abs. 1 GG verkörperter Wert mit Verfassungsrang vom Gesetzgeber nicht umgangen werden, doch lässt die Beurteilung des Gefährdungszusammenhangs zwischen Eizellen- und Embryonenspende einerseits und dem Kindeswohl andererseits wiederum einen breiten Spielraum des Parlaments (Einschätzungsprärogative) zu.[675]

Auf Basis des Kindeswohls als objektiv im Grundgesetz zum Ausdruck gebrachter Wert erscheint die bisher de lege lata den Ärzten drohende strafrechtliche Sanktion im Falle der Mitwirkung bei Embryonen- und Eizellspenden verfassungsrechtlich unbedenklich. Ebenfalls unbedenklich wäre allerdings die mit parlamentarischer Mehrheit zum Ausdruck gebrachte Einschätzung, dass nicht grundsätzlich in Fällen gespaltener Mutterschaft eine Gefahr für das Kindeswohl anzunehmen ist. Durch ein bestimmtes Verfahren sicherzustellen wäre jedoch, dass

---

[675] Der Gefahrzusammenhang weist auch bezüglich der gespaltenen Mutterschaft nicht die Qualität auf, dass er die legislatorische Freiheit einschränken und sich zu einer gesetzgeberischen Handlungspflicht verdichten könnte. Zur Gefahr vgl. Coester-Waltjen 2001, 158, 160; Zumstein 2001, 134, 138 f.; Katzorke Reproduktionsmedizin 2000, 373, 130 f.; andere Einschätzung z.B. Keller 1989, 721, der sich für ein strafbewehrtes Verbot ausspricht, jedoch nicht unterstellt werden kann, dass er eine Handlungspflicht des Gesetzgebers annimmt, denn auch ohne Handlungspflicht ist der Gesetzgeber berechtigt, bei entsprechender Gefahr für Rechtsgüter strafbewehrte Verbote auszusprechen. Das Strafgesetz ist der Legislative nicht durch das Grundgesetz in allen Tatbeständen vorgegeben.

von der Wunschmutter bzw. den Wunscheltern und ihrem jeweiligen Umfeld keine konkreten Gefahren für Leib, Leben und Psyche des zukünftigen Kindes ausgeht. Letzterenfalls handelt es sich um einen Kernbereich des Rechtsgüterschutzes und der Gefahrenabwehr, der – unter Umständen durch die behandelnden Ärzte – einer besonderen Regelung bedürfte.[676]

J. Die Zulässigkeit der für jemand anderen übernommenen Mutterschaft (Surrogatmutterschaft)

1. Einfachgesetzliche Zulässigkeit

a) ESchG

Das bereits zuvor erwähnte legislative Ziel der Verhinderung gespaltener Mutterschaften führt zwangsläufig zu einem generellen Verbot der Surrogatmutterschaft. Zentrale Rechtsnorm ist § 1 Abs. 1 Ziffer 7 ESchG, wonach die Durchführung einer künstlichen Befruchtung bei einer Frau, die bereit ist, „ihr" Kind nach der Geburt Dritten auf Dauer zu überlassen oder die Übertragung eines Embryos auf solche Frauen verboten ist. Flankiert wird dieses Verbot durch § 1 Abs. 1 Ziffer 2 ESchG, wonach auch bereits die künstliche Befruchtung einer Eizelle verboten ist, soweit das Ziel nicht die Herbeiführung einer Schwangerschaft bei der Person, von der die Eizelle stammt, ist.

Verboten ist somit jegliche Art der Herbeiführung einer Surrogatmutterschaft; sei es in Kombination mit einer Eizellen- bzw. Embryonenspende oder sei es durch bloße Zurverfügungstellung des Körpers bzw. Uterus als Austrägerin.

b) Adoptionsvermittlungsgesetz

Zur umfassenden Darstellung der Ablehnung einer Zulässigkeit der Surrogatmutterschaft durch die deutsche Rechtsordnung gehört auch die Erwähnung von §§ 13 a – 13 d, 14 und 14 b AdVermiG. Die sechs Paragraphen setzen bereits am frühest möglichen Zeitpunkt im Vorfeld einer geplanten Surrogatmutterschaft an. Sie verbieten einerseits, strafrechtlich sanktioniert, die Vermittlung sog. „Ersatzmütter" wie sie in § 13 a AdVermiG legal definiert sind, und andererseits, bußgeldbewehrt, das öffentliche Suchen oder Anbieten von Ersatzmüttern bzw. Wunschel-

---

[676] Es sei nochmals (vgl. bereits oben unter III.I.3) darauf hingewiesen, dass diese Arbeit sich nicht als rechtspolitische versteht, sondern nur juristische Grenzlinien ziehen will. Es obliegt auch in diesem Zusammenhang dem Gesetzgeber das existierende strafbewehrte Verbot beizubehalten, aufzuheben oder abzuändern. Der Handlungsspielraum ist weit.

tern. Ziel des Gesetzes ist es, bereits die Anbahnung eines Kontakts zwischen möglichen Parteien einer auf eine Surrogatmutterschaft abzielenden Vereinbarung zu verhindern, um die Ausübung der Surrogatmutterschaft als solche mittelbar zu unterbinden.[677]

Besondere Erwähnung verdient die umfassende Legaldefinition der „Ersatzmutterschaft" (so die Terminologie des Gesetzes) bzw. der Surrogatmutterschaft entsprechend der dieser Arbeit zugrundegelegten Terminologie[678] in § 13 a AdVermiG: Die in vivo Befruchtung der Austragenden mit dem Ziel der Schwangeren, das Kind nach der Geburt Dritten zur Annahme als deren Kind zu überlassen, ist genauso erfasst wie die Übertragung eines fremden Embryos auf eine lediglich zur Austragung und Geburt bereiten Frau, die das Kind nach der Geburt Dritten zur Annahme als deren Kind überlassen möchte.

Bemerkenswert und auch für die nachfolgende verfassungsrechtliche Beurteilung von Relevanz ist die Motivation des Gesetzgebers, die hinter der Einführung der §§ 13 a – 13 d, 14 und 14 b AdVermiG stand. Ausweislich der Begründung des entsprechenden Gesetzentwurfes durch die Bundesregierung waren es vornehmlich auch verfassungsrechtliche Bedenken gegen die Surrogatmutterschaft. Das Kind werde zum Objekt einer Vereinbarung zwischen den Parteien einer Surrogatmutterschaftsvereinbarung gemacht, was bereits gegen die objektive Wertordnung des Grundgesetzes verstoße und vor dem Hintergrund der Menschwürde gemäß Art. 1 Abs. 1 GG somit verfassungsrechtlich intolerabel sei. Gleiches gelte für die Herabwürdigung der Schwangerschaft als Dienstleistung. Die aus einer Surrogatmutterschaft entstehenden Konflikte zwischen den Beteiligten werden als „menschenunwürdig" bezeichnet.[679]

2. Standesrecht

Was die Surrogatmutterschaft anbelangt, sind beide dieser Untersuchung zugrundegelegten Richtlinien übereinstimmend. Unter Ziffer 3.2.3 der Richtlinien ist folgendes festgehalten:

„Die Anwendung der Methoden ist unzulässig, wenn erkennbar ist, dass die Frau, bei der die Schwangerschaft herbeigeführt werden soll, ihr Kind nach der Geburt auf Dauer Dritten überlassen will (Ersatzmutterschaft)."

Damit ist dem Arzt umfassend und prägnant jegliche Form der Mitwirkung an der Herbeiführung einer Surrogatmutterschaft untersagt. Wie im Falle der Eizellen- bzw. Embryonenspende kommt es auf die Legitimation der berufsrechtlichen Regelung, die in diesem Punkt de facto den Zugang außenstehender Dritter zu einer

---

[677] Goeldel 1994, 132, die auf den S. 130 ff. ausführlich die Gesetzgebungsgeschichte sowie das politische und internationale Umfeld erläutert.
[678] Vgl. hierzu bereits oben unter I.D.2.i).
[679] BT-DS 11/4154 S. 6 f.

Methode der Fortpflanzungsmedizin einschränkt und damit deutlich über eine bloße Regelung der ärztlichen Berufsausübung hinausreicht, nicht an. Das Berufsrecht wiederholt lediglich, was durch das Embryonenschutzgesetz und das AdVermiG bereits durch die Legislative selbst festgelegt wurde.

3. Verfassungsrecht

a) Kindeswohl

Auf der Basis des Arguments einer gespaltenen Mutterschaft, die das Kindeswohl gefährden könne, wird von vielen Juristen folglich ebenfalls angenommen, dass ein Verbot jeglicher Form der Surrogatmutterschaft auch verfassungsrechtlich geboten ist.[680] Pap formulierte seine Ansicht plastisch:

> „Aus Art. 1 Abs. 1 GG folgt auch ein grundsätzliches Recht des Menschen, von ‚seiner Mutter', die nach der Geburt auch die soziale Mutterrolle übernehmen wird, geboren zu werden."[681]

Parallel zum Verbot der Embryonenspende und zur Eizellspende, die in der Konsequenz ebenfalls zur gespaltenen Mutterschaft führen[682], werden die Schwierigkeiten der Identitätsfindung des Kindes und die Verzerrung des eigenen Ebenbildes als Menschenwürdeverstoß und damit als Legitimationsgrundlage für ein Verbot herangezogen. Selbst wenn eine Anonymität der austragenden Mutter verhindert wird, könne dem Kind die Frage, wer denn nun seine Mutter sei, nicht beantwortet werden.[683] Auch der Verweis auf die bzw. der Vergleich mit der Zulässigkeit der Adoption entkräfte diese verfassungsrechtliche Konsequenz nicht. Die Adoption sei eine Notlösung und unterscheide sich vom gezielten, planmäßigen und von vornherein beabsichtigten Auseinanderreißen der Mutter-Kindbeziehung.[684]

Es ist insofern festzuhalten, dass, soweit mit der „gespaltenen Mutterschaft" in verfassungsrechtlicher Hinsicht argumentiert wird, vollumfänglich auf die Ausführungen oben unter H.1.c) zu den verfassungsrechtlichen Aspekten hinsichtlich der Eizellspende verwiesen werden kann. Auch diesbezüglich wird beim Auseinanderfallen von plazentarer und genetischer Mutterschaft eine abstrakte Gefahr für den Wert des Kindeswohles festgestellt. Auf Basis der objektiven Wertordnung des Grundgesetzes ist, dieser Ansicht folgend, das einfachgesetzliche Verbot verfassungsrechtlich gerechtfertigt.

---

[680] Vgl. z.B. Benda-Kommission, S. 40 unter Ziffer 2.2.4.2.1.1; Darstellung bei Goeldel 1994, 144 f. und 156 ff.
[681] Pap 1987, 363.
[682] Keller 1991 (2), 206.
[683] Vgl. bereits oben unter III.H.1.c) zur Eizellspende; Pap MedR 1986, 229, 235; Keller 1991 (2), 202.
[684] Pap 1987, 363.

J. Die Zulässigkeit der für jemand anderen übernommenen Mutterschaft

Darüber hinaus wird von Autoren darauf hingewiesen, dass, ausgehend von der „Verfassungswidrigkeit" der Ei- bzw. Embryonenspende wegen Herbeiführung einer gespaltenen Mutterschaft, in Fällen der Surrogatmutterschaft sogar noch intensivierend hinzukomme, dass die austragende und gebärende Frau nicht einmal mehr die soziale Mutter sein wird. Vor dem Hintergrund einer besonderen „biopsychosozialen" Bindung zwischen Schwangeren bzw. Gebärenden und dem Kind sei das Kindeswohl noch in höherem Maße gefährdet.[685]

Ferner sei im Bewusstsein der austragenden Frau die bevorstehende Herausgabe des Kindes verankert. Deshalb bestehe die Gefahr einer den Nasciturus gefährdenden Lebensweise während der Schwangerschaft. Darüber hinaus gehe man bewusst das Risiko ein, das Kind zum Gegenstand von „Herausgabestreitigkeiten" zu machen, falls die Gebärende aufgrund einer intensiven Beziehung zum Kind nicht mehr herausgabebereit sei.[686] Außerdem wird auf die Gefahren der Entgeltlichkeit solcher Surrogatmutterschaftsabreden, die zur Herausgabe des Kindes verpflichten, abgestellt. Man mache ein zukünftiges Kind in solchen Fällen zum Gegenstand eines Geschäfts und degradiere es zur Handelsware, was mit Art. 1 Abs. 1 GG nicht in Einklang zu bringen sei[687] und nehme im Gegensatz zu altruistisch übernommenen Surrogatmutterschaften sogar eine noch höhere Wahrscheinlichkeit eines distanzierten Verhältnis zwischen Austragender und Ausgetragenem in Kauf.[688]

Ob aus diesen zusätzlichen Umständen allerdings eine Verdichtung der gesetzgeberischen Einschätzungsprärogative, wie sie oben unter I.3 erläutert wurde, hin zu einer „Handlungspflicht" i.S.e. „Verbotspflicht" für den Gesetzgeber resultiert, wird von den Autoren nicht ausdrücklich ausgeführt.[689] Mittelbar ist jedoch auch im Zusammenhang mit der Surrogatmutterschaft aus den Stellungnahmen zu schließen, dass es bei der Prärogative des Parlaments bleibt, die Gefahren für das Wohl des zukünftigen Kindes einzuschätzen. So verweist Keller z.B. auf einen Bundesratsbeschluss aus dem Jahre 1986, der einen „Verstoß" gegen das „objektive Wohl" des zukünftigen Kindes annimmt und fordert, dass wenigstens die entgeltliche Surrogatmutterschaft zu verbieten sei.[690] Von einer Verbotspflicht ist nicht die Rede. Darüber hinaus wird auch bezüglich der Surrogatmutterschaft betont, dass das „objektiv-normative" Element des Kindeswohls sowie auch das subjektive Wohlbefinden des zukünftigen Kindes *zu beurteilen* seien.[691] Hieraus ist zu

---

685 Pap 1987, 363; in diesem Sinne z.B. auch Laufs 1991, 106 f.; Laufs 1987, 32.
686 Vgl. Benda-Kommission, S. 38 f.; Laufs 1987, 32; Laufs 1991, 106.
687 Laufs 1987, 32.
688 Benda-Kommission, 39 f. unter Ziffer 2.2.4.1.2.
689 Auch Eberbach MedR 1986, 253, 258 f. verlangte vor Verkündung des ESchG zwar ein Verbot der Surrogatmutterschaft, relativierte jedoch durch seine Ausführungen, dass es Aufgabe des Gesetzgebers sei, „die grundlegenden Wertungen darzulegen und zu sagen, was richtig ist und was falsch" die Annahme einer Schutzpflicht bzw. Verbotspflicht des Gesetzgebers.
690 Keller in Keller/Günther/Kaiser, § 1 Abs. 1 Nr. 7 ESchG Rn. 2.
691 Vgl. Keller in Keller/Günther/Kaiser, § 1 Abs. 1 Nr. 1 ESchG Rn. 5.

entnehmen, dass von einem Beurteilungsspielraum und nicht von einer Verbotspflicht des Gesetzgebers ausgegangen wird. Dies gilt zumindest insoweit, als der Gesetzgeber den Wert des Kindeswohls nicht völlig vernachlässigt bzw. ignoriert, sondern mit guten Gründen vom strafrechtlichen Verbot Abstand nehmen würde.

b) Grundrechte der Surrogatmutter

Vertreten wird über die bisher mit Blick auf das Kind erläuterten verfassungs- bzw. grundrechtlichen Bedenken hinaus ein Verstoß gegen die Menschenwürde der Surrogatmutter. Sie werde zur Gebärmaschine degradiert und lediglich zur Befriedigung von Drittinteressen benutzt.[692] Da dem Menschen versagt sei, über seine Würde zu disponieren, könne die Freiwilligkeit der Surrogatmutter kein Gegenargument sein.[693] Eine Verletzung der Menschenwürde der Surrogatmutter wird jedoch wiederum mit dem Verweis auf ihre Freiheit, das Kind nicht herauszugeben, zurückgewiesen. Selbst wenn man auf Basis der diesbezüglich umstrittenen Rechtsprechung[694] eine Dispositionsfreiheit über die Menschenwürde ablehnt[695], sei die Surrogatmutter berechtigt, bis zur tatsächlichen „Abgabe des Kindes" an die Wunscheltern von ihrem ursprünglichen Plan abzuweichen.[696]

4. Ablehnung einer Beschränkung auf Basis des Kindeswohls

Von der zuvor erläuterten, mit der einfachgesetzlichen Rechtslage übereinstimmenden Ansicht abweichende Meinungen werden jedoch ebenfalls vertreten. Vor Inkrafttreten des ESchG wurde die verfassungsrechtliche Zulässigkeit zumeist im Rahmen des § 138 Abs. 1 BGB und der Frage nach der Sittenwidrigkeit von auf Surrogatmutterschaften abzielenden Vereinbarungen zwischen Privatrechtssubjekten diskutiert. Da § 138 Abs. 1 BGB insbesondere das im Grundgesetz verkörperte Wertsystem in das Privatrecht einbindet[697], kann aus diesen Beiträgen auch auf die verfassungsrechtliche Bewertung des Sachverhalts rückgeschlossen werden. Soweit der Ersatzmutter kein Honorar zugesichert wird, das die Höhe einer bloßen Entschädigung für die Beeinträchtigungen der Schwangerschaft übersteigt, sei die Zusage einer Herausgabe des Kindes nach der Geburt nicht als Verstoß gegen den in der Menschenwürde enthaltenen objektiven Verfassungswert des Wohls des zukünftigen Kindes anzusehen und daher nicht sittenwidrig. Auch die Befürworter der Zulässigkeit einer Surrogatmutterschaft scheinen sich jedoch darüber einig zu sein, dass eine entsprechende Honorarvereinbarung das Kind zum Handelsobjekt herabwürdige und gegen die Menschenwürde verstoße.[698] Die bloße Weggabe des

---

[692] Vgl. die Darstellung bei Goeldel 1994, 155.
[693] Vitzthum MedR 1985, 249, 255.
[694] Vgl. z.B. BVerwGE 64, 274, 280.
[695] Vgl. z.B. auch Dürig in Maunz/Dürig Art. Art. 1 Abs. 1 GG Rn. 22.
[696] Vitzthum 1991, 76.
[697] Palandt-Heinrichs, § 138 BGB Rn. 3 ff.
[698] Bernat 1989, 245 ff.; Goeldel 1994, 159.

Kinds nach der Geburt sei vom Grundgesetz grundsätzlich toleriert. Solange das Recht des Kindes auf Kenntnis seiner Abstammung gewahrt wird[699], könne ein Verstoß gegen die grundgesetzliche Wertordnung nicht festgestellt werden. Insbesondere die „Technisierung" des Zeugungsvorgangs sei in unserer Rechtsordnung auch in sonstigen Verfahren der Fortpflanzungsmedizin rechtlich akzeptiert und begründe keinen Grundrechtsverstoß.[700] Die Spaltung der Mutterschaft an sich reiche nicht aus, um einen Kindeswohlverstoß anzunehmen.[701] Unter Hinweis auf die allgemeine Handlungsfreiheit (Art. 2 Abs. 1 GG) der Wuscheltern und die gleichzeitige Zurückweisung einer Beeinträchtigung des Kindeswohles wird von den Vertretern dieser Ansicht die Leihmutterschaft mit den bereits zur Eizellspende erläuterten Argumenten gerechtfertigt:

- die psychologische Schwierigkeit des Kindes, später zu erfahren „zwei Mütter zu haben", sei für das Kind überwindbar;
- angesichts der entstehenden Kosten für die Wunscheltern und deren Mühen sei ein „Leihmutterkind" grundsätzlich ein Wunschkind;
- eine Beeinträchtigung der Entwicklung des Kindes durch Wechsel des „biologischen Milieus" seien nicht nachgewiesen;
- die Störung der pränatalen Mutter-Kind-Beziehung sei kein durchschlagendes Argument, da eine störungsfreie Mutter-Kind-Beziehung nie garantiert werden könne.[702]

5. Zusammenfassung

Zusammenfassend ist festzuhalten, dass nach der derzeitigen Rechtslage in Deutschland sämtliche Spielarten einer geplanten gespaltenen Mutterschaft durch das EschG strafbewehrt verboten sind. Das ärztliche Standesrecht stimmt mit dem seitens des EschG vorgegebenen Verbot der Herbeiführung von Surrogatmutterschaften überein.

Bereits im Vorfeld einer möglichen Surrogatmutterschaft ist jegliche Art von auf die Zusammenführung von Wunscheltern mit einer potentiellen Surrogatmutter durch das AdVermiG straf- bzw. bußgeldbewehrt verboten.

Die überwiegende Ansicht sieht in den einfachgesetzlichen Verboten der Surrogatmutterschaft eine verfassungs- bzw. grundrechtskonforme Einschränkung, da das Kindeswohl und letztendlich die Menschenwürde der gezielten Herbeiführung einer Surrogatmutterschaft entgegenstehe. Einzelne Stellungnahmen allerdings sehen vor dem Hintergrund der Grundrechte ein Verbot der Surrogatmutterschaft als einen Eingriff in die allgemeine Handlungsfreiheit der Beteiligten, der nicht durch entgegenstehende Rechte des Kindes gerechtfertigt werden könne.

---

[699] Zum Verbot der staatliche unterstützten Wahrung der Anonymität vgl. bereits oben unter III.F.2.c).
[700] Coester-Waltjen NJW 1982, 2528, 2532.
[701] Kunig in Kunig/von Münch, Art. 1 GG, Rn. 36, Stichwort „Künstliche Befruchtung".
[702] So Fechner JZ 1986, 653, 662; Fechner 1991, 54 ff.; Goeldel 1994, 158.

K. Die Zulässigkeit der für jemand anderen übernommenen Mutterschaft (Surrogatmutterschaft) im Vergleich Deutschland-Israel

1. Allgemeines

Im Hinblick auf die bisher gefundenen Ergebnisse insbesondere hinsichtlich der Eizellen- und Embryonenspende verwundert es nicht, dass die Surrogatmutterschaft in Deutschland verboten und in Israel grundsätzlich erlaubt ist. Dem strikten, strafbewehrten Verbot in Deutschland steht ein detailreiches, die Surrogatmutterschaft grundsätzlich erlaubendes Gesetz in Israel gegenüber. Die einzige Gemeinsamkeit ist, dass beide Rechtsordnungen den Sachverhalt durch formelles Parlamentsgesetz geregelt haben und insoweit kein Legitimationsproblem, wie es zuvor schon für andere Regelungsbereiche aufgezeigt wurde (insbesondere hinsichtlich der Methoden der heterologen Befruchtung), besteht.

2. Detailanalyse

a) Übereinstimmung mit den bisher gefundenen Ergebnissen

Mit Blick auf die deutsche Rechtsordnung ist von einem verfassungsrechtlich zulässigen Verbot der Surrogatmutterschaft auszugehen. Vor dem Hintergrund der Annahme einer objektiven Wertordnung der Grundrechte, die mit Art. 1 Abs. 1 GG dem Wert des Kindeswohles Verfassungsrang einräumt, ist, parallel zur Eizellen- und Embryonenspende[703], der Weg für den Gesetzgeber frei, eine Regelung der Surrogatmutterschaft zu treffen. Unabhängig vom Vorliegen konkreter Gefahren für Leib, Leben oder Psyche des zukünftigen Kindes – die von vielen Autoren tatsächlich angenommen werden – war und ist es der Legislative unbenommen, bereits die Möglichkeit einer Gefährdung des Kindeswohles bzw. eine „nur" abstrakte Gefahr aufgrund der Gespaltenheit der Mutterschaft zum Anlass eines Verbots der Surrogatmutterschaft zu nehmen.

Die israelische Rechtsordnung, die im Bereich der assistierten Reproduktion bzw. des Kindeswohls einen „objektiven Verfassungswert" des Kindeswohles nicht kennt, beschränkt sich wiederum auf den ersten Blick konsequenterweise auf Ausübungsregelungen und Beschränkungen der grundsätzlich zugelassenen Methode der Surrogatmutterschaft. Zentraler Unterschied zur deutschen Rechtsordnung ist folglich, wie bereits bezüglich der Keimzellenspenden herausgearbeitet, die „Neutralität" der israelischen Grundrechtsordnung im Vergleich zum deutschen Grundgesetz, das, unter anderem auch als Wertordnung verstanden, ermöglicht, auch ohne konkrete Gefahr für ein subjektives Recht einschränkend tätig zu

---

[703] Vgl. hierzu oben unter III.F.3.b).

werden. Allerdings wird die so verstandene Neutralität gerade im Zusammenhang mit dem Surrogatmutterschaftsgesetz relativiert (hierzu nachfolgend unter b)).

Bemerkenswert ist, dass der israelische Primärgesetzgeber in diesem Zusammenhang aktiv wurde und das Feld nicht der Sekundärgesetzgebung der Exekutive überlassen hat wie dies hinsichtlich der Keimzellenspende der Fall ist. Ausgehend von der Vertragsfreiheit, der allgemeinen Handlungsfreiheit und des Schutzes der Privatsphäre der Beteiligten wird der auf eine Surrogatmutterschaft abzielende Vertrag lediglich einer hoheitlichen Kontrolle unterzogen, um grobe Missverhältnisse zu verhindern. Die Ausfüllung des auf diese Weise vorgegebenen Rahmens obliegt den Parteien. Auf diese Weise wurde eine Regelung geschaffen, die im Vergleich zum deutschen Verbot für größtmögliche Freiheit der Beteiligten sorgt. Der Staat greift nur im Falle des Überschreitens des äußersten Rahmens ein (Nachtwächterstaat[704]). Den einzelnen Bedenken, insbesondere das Wohl des zukünftigen Kindes betreffend, soll durch den Genehmigungsvorbehalt, den Einsatz eines sog. „Wohlfahrtsbeamten" und durch eine zwingende gerichtliche Mutterschaftsfeststellung Rechnung getragen werden.

b) Besonderheit der israelischen Rechtsordnung

Aus diesem in sich schlüssigen Konzept ragen allerdings Regelungen heraus, die – entgegen der liberalen Vorgabe der Aloni-Kommission[705] – Eingriffe in die Freiheitsrechte der Beteiligten bedeuten. Zu nennen sind der Ausschluss alleinstehender Patientinnen von der Surrogatmutterschaft, das Verbot der Embryonenspende im Rahmen der Surrogatmutterschaft, das Erfordernis der genetische Verbundenheit zwischen Wunschvater und zukünftigem Kind, das Erfordernis der übereinstimmenden Religion von Wunsch- und Surrogatmutter, soweit es sich um Juden handelt, und das Nichtverheiratetsein der Surrogatmutter. In allen Fällen werden, losgelöst von konkreten Gefahren für subjektive Abwehrrechte Beteiligter, Dritter oder des zukünftigen Kindes, vom Gesetzgeber Beschränkungen angeordnet, die in die grundrechtlich abgesicherten Freiheiten der Wunsch- und der Surrogatmutter eingreifen.

Diese Abweichungen vom bisher herausgearbeiteten liberalen, „wertneutralen" Fundament der israelischen Rechtsordnung, das die Freiheitsrechte der Beteiligten in den Vordergrund stellt, ist allerdings nicht systemfremd oder gar verfassungswidrig, sondern mit der Besonderheit Israels als *demokratischer und* zugleich *jü-*

---

[704] Vgl. hierzu bereits die Ausführungen oben unter III.I.2 und III.G.3 zum Vergleich der Rechtsordnungen hinsichtlich Samen- bzw. Eizell- und Embryonenspende.

[705] Vgl. oben unter II.F.3. Wie dort ausgeführt, betonte die Kommissionsmehrheit die Freiheitsrechte von Surrogatmutter und Wunscheltern. Ihre normativen Vorschläge zielten lediglich darauf ab, sicher zu stellen, dass die Beteiligten in ihrer Entscheidung tatsächlich frei sind und dass bereits erkennbare konkrete Gefahren für das Kindeswohl ausgeschlossen werden. Die inhaltliche Ausgestaltung des Surrogatmutterschaftsvertrages sollte gemäß der Kommissionsmehrheit – auch hinsichtlich religiöser Konsequenzen – gänzlich der Vertragsfreiheit der Beteiligten unterliegen.

discher Staat zu erklären.⁷⁰⁶ Wie bereits oben unter G.3.⁷⁰⁷ im Rahmen der Erörterung des Freiheitsverständnisses der israelischen Rechtsordnung im Zusammenhang mit der Samenspende angedeutet, können Individualfreiheiten an überindividuellen Werten und Interessen, die dem jüdischen Charakter des Staates entspringen, ihre Grenze finden. Im „Grundgesetz: Menschenwürde und allgemeine Handlungsfreiheit"⁷⁰⁸ ist in Art. 8 folgendes festgelegt:

> „Eingriffe in Freiheitsrechte dieses Grundgesetzes sind ausgeschlossen, es sei denn sie erfolgen durch ein verhältnismäßiges Gesetz, das den Werten des Staates Israel entspricht und einem legitimen Zweck dient..."⁷⁰⁹

Aufgrund der Eigenheit Israels als jüdischer Staat ist die jüdische Tradition Teil des Wertefundaments, auf dem der israelische Staat sowie seine Rechtsordnung aufgebaut ist. Der jüdischen Tradition wird insofern u.a. durch vorstehend zitierten Art. 8 ein normativer Rang eingeräumt, der auf einer Ebene mit den Grundrechten liegt. Ähnlich der Dogmatik von der objektiven Wertordnung der Grundrechte in Deutschland ist es in Israel dogmatisch möglich, zum Zwecke der verhältnismäßigen Durchsetzung des Werts eines jüdisch geprägten Gemeinwesens, Freiheitsrechte zu beschneiden. Über dieses „Einfallstor" ist es insofern möglich, Werte und Traditionen, die der israelischen Rechtsordnung vorgelagert sind („Vorfindliches") in die Grundrechtssystematik zu integrieren. Auf diese Weise lassen sich bis zu einem bestimmten Grad auch mit Blick auf die Fortpflanzungsmedizin bestimmte Vorstellungen von Fortpflanzung, Familie und erwartetem Kindeswohl juristisch durchsetzen. Im Einzelnen sind die zuvor benannten Beschränkungen wie folgt in einem Zusammenhang mit der jüdisch-religiösen Tradition zu verstehen:

- Die Einschränkung der Surrogatmutterschaft auf nichtverheiratete Frauen hat ihren jüdisch-religiösen Hintergrund in den Folgen für ein Kind, das von einer verheirateten Surrogatmutter geboren wird. Nach jüdischem Recht gilt ein Kind, das von einer verheirateten Mutter geboren wird, aber nicht vom Ehemann, abstammt als unehelich. Dies hat zur Folge, dass das Kind nur andere uneheliche Kinder oder zum Judentum Konvertierte heiraten darf.⁷¹⁰ Zwar ist unter den religiösen Autoritäten nicht unumstritten, ob im Rahmen einer IVF wegen Fehlens des Geschlechtsverkehrs tatsächlich von einer Unehelichkeit auszugehen ist, doch setzte sich

---

⁷⁰⁶ Vgl. hierzu mit Bezug zur Grundrechtsordnung Kretzmer in Zamir/Zysblat, 151 ff.; Asher 1995, 33 ff.
⁷⁰⁷ Vgl. dort auch Fn. 633.
⁷⁰⁸ Vgl. hierzu auch oben unter II.A.1.
⁷⁰⁹ Vgl. hierzu Asher 1995, 35.
⁷¹⁰ In Israel ist das Eherecht exklusiv dem religiösen Recht und der Justiz der Religionsgemeinschaften unterworfen. Vgl. z.B. Bin-Nun 1990, 144.

im Gesetzgebungsverfahren eine auf „Vorsicht" bedachte Ansicht durch.[711]

- Ebenfalls auf Basis der Gefahr der Entstehung eines unehelichen Kindes nach jüdischem Recht, wurde das Verbot verwandtschaftlicher Beziehungen zwischen Surrogatmutter und den Wunscheltern in das Gesetz aufgenommen. Nach jüdischer Tradition gilt auch das Kind als „Bastard", das aus einer Ehebeziehung hervorgeht, deren Heirat wegen Inzest und familiärer Bindung eigentlich unersagt ist.[712]

- Das Erfordernis einer Übereinstimmung der Religionen von Surrogat- und Wunschmutter, jedenfalls soweit es sich um Juden handelt, hat seine Wurzeln in der jüdischen Tradition, die denjenigen als Juden ansieht, der von einer jüdischen Mutter geboren wurde.[713]

- Die normative Vorgabe, zwingend das Sperma des Wunschvaters zu verwenden, ist naturgemäß von der Vorgabe, dass es überhaupt einen Wunschvater gibt und insofern die Anwendung der Surrogatmutterschaft zugunsten alleinstehender Frauen ausgeschlossen ist, nicht zu trennen. Beide Anordnungen sind vom Gesetzgeber nicht ausdrücklich in der offiziellen Gesetzesbegründung erläutert worden.[714] Trotzdem ist ein Bezug zur jüdischen Tradition unverkennbar. Es besteht ein Bedürfnis nach Bestimmbarkeit des genetischen Vaters, was bei einer anonymen Samenspende nicht der Fall wäre. Nur die Kenntnis des genetischen Vaters erlaubt es dem Kind später ohne Beschränkungen zu heiraten, denn nur so kann ausgeschlossen werden, dass vom jüdischen Recht verbotene verwandtschaftliche Beziehungen zum Ehepartner des zukünftigen Kindes bestehen. Ferner kann auf diese Weise verhindert werden, dass bereits die Befruchtung mit Spendersamen, dessen Herkunft aufgrund der Anonymität nicht geklärt ist, zu inzestuösen Verwandtschaftsverhältnissen führt.[715]

Hinsichtlich des zuletzt erläuterten Verbots der Verwendung unbekannten Fremdspermas wird der Unterschied zur bestehenden Rechtslage hinsichtlich der Samenspende außerhalb einer Surrogatmutterschaft[716] offensichtlich. Die Zulässigkeit der Samenspende durch unbekannte Dritte wäre nur durch Parlamentsgesetz beschränkbar, wie dies im Rahmen des Leihmutterschaftsgesetzes geschehen ist. Samenbank- sowie IVF-Verordnung beschränken sich insoweit konsequent auf die Abwehr konkreter Gefahren für Rechtsgüter und setzen jüdisch-religiöse Werte weitestgehend nicht durch. Hierin mag auch der Grund liegen, den in der Samen-

---

[711] Shalev Israel Law Review 1998, 51, 65.
[712] Shalev Israel Law Review 1998, 51, 66.
[713] Shalev Israel Law Review 1998, 51, 66 f.
[714] Shalev Israel Law Review 1998, 51, 67 f.
[715] Shalev Israel Law Review 1998, 51, 68; zu diesem jüdisch-religiösen Zusammenhang auch Shifman N.Y.L.Sch.Hum.Rts. Ann. 1987, 555, 559 f.
[716] Vgl. hierzu oben unter II.D.1.a) und dort insbesondere auch die Ausführungen zur Spenderanonymität unter II.D.1.b)(2)(d).

bank- sowie in der IVF-Verordnung wiedergegebenen liberalen Rechtsrahmen nicht durch formelles Gesetz zu regeln. In diesem Fall müsste die Legislative sich im Rahmen des politischen Willensbildungsprozess mit den im Parlament vertretenen jüdisch-religiösen Parteien und u.U. entgegenstehenden jüdisch-religiösen Vorgaben auseinandersetzen.

3. Fazit

Die Detailbetrachtung ergab, dass das Verbot der Surrogatmutterschaft in Deutschland konsequent und ausnahmslos eine Weiterführung des politischen Willens einer Verhinderung der gespaltenen Mutterschaft darstellt. Der Gesetzgeber nutzte insoweit seine Einschätzungsprärogative in Bezug auf mögliche Gefährdungen des Kindeswohls als im Grundgesetz verkörperter Wert mit Verfassungsrang.

Die Surrogatmutterschaft ist der einzige Sachverhaltskomplex in Israel aus dem Bereich der assistierten Reproduktion, der durch formelles Parlamentsgesetz geregelt ist. Grundsätzlich bestätigt das Leihmutterschaftsgesetz die in den vorangegangenen Betrachtungen gewonnene Erkenntnis, dass Israel von einer grundsätzlichen Erlaubnis der Anwendung der Fortpflanzungsmethoden ausgeht. Die Entscheidung hierüber obliegt den Beteiligten, deren grundrechtlich geschützte Freiheiten im Vordergrund stehen. Allerdings wird am Leihmutterschaftsgesetz deutlich, dass die israelische Rechtsordnung keineswegs eine im Vergleich zu Deutschland ausschließlich und durchgängig „neutrale" ist, die lediglich zum Zwecke der Eingriffsabwehr in subjektive Rechte eingreift. Über das „Einfallstor" des mit den Grundrechten auf einer Stufe stehenden Wertes eines jüdischen Staats hat der israelische Gesetzgeber von der Möglichkeit Gebrauch gemacht, entsprechend überindividuelle Interessen unter Inkaufnahme der Einschränkung der Grundrechte der Beteiligten durchzusetzen.

Letztendlich stehen sich jedoch die israelische und die deutsche Rechtsordnung beim Thema Surrogatmutterschaft unvereinbar gegenüber. Die gesetzlichen Beschränkungen in Israel ändern nichts an dem Befund der grundsätzlichen Zulässigkeit der Surrogatmutterschaft, die der Staat durch Zurverfügungstellung eines hoheitlichen Systems der Überwachung und Gestaltung sogar fördert. Dem steht das ausnahmslose Verbot in Deutschland gegenüber.

4. Rechtspolitische Anmerkung

Im Unterschied zu den vorangegangen Betrachtungen ist kein mahnender Ruf nach dem Parlament als Gesetzgeber angebracht. Beide Rechtsordnungen haben den Sachverhalt der Surrogatmutterschaft durch formelle Gesetze geregelt. Insofern wurden die wesentlichen Wertentscheidungen selbst getroffen.

Beiden Rechtsordnungen ist die Möglichkeit der Anpassung an die jeweils anderen Rechtsordnung verfassungsrechtlich möglich. Im Rahmen eines entsprechenden politischen Willensbildungsprozess wäre es dem deutschen Gesetzgeber unbenommen, vom Verbot der Surrogatmutterschaft abzurücken.[717] Die weltweit meines Erachtens in diesem Ausmaß und dieser Differenziertheit noch singuläre israelische Gesetzgebung kann jedoch ein Beispiel dafür sein, dass der Gesetzgeber naturwissenschaftlich-medizinisch möglichen Sachverhalten nicht nur mit Verboten oder Erlaubnissen, sondern auch mit gestaltenden, differenzierten Regelungen begegnen kann. Insbesondere die Möglichkeit der Einschaltung sachnaher Überwachungs- und Genehmigungskommissionen sind als Alternativen in Betracht zu ziehen.[718]

L. Die rechtliche Zulässigkeit der Gewinnung von Stammzellen vom Embryo in vitro

1. Einfachgesetzliche Zulässigkeit gemäß dem ESchG

Das ESchG verbietet in § 1 Abs. 1 Ziffer 2 nicht nur die fremdnützige, d.h. nicht zur Herbeiführung einer Schwangerschaft dienende Herstellung eines Embryos in vitro durch künstliche Befruchtung, sondern postuliert in § 2 Abs. 1 auch ein Verbot der Verwendung eines Embryos in vitro zu einem nicht seiner Erhaltung dienenden Zweck. Strafbewehrt verboten ist somit die Herstellung eines Embryos in vitro zum Zwecke der Stammzellenentnahme ebenso wie die Stammzellenentnahme von sog. überzähligen Embryonen, die aufgrund nicht voraussehbarer Umstände im Rahmen einer IVF-Behandlung nicht planmäßig auf die Wunschmutter transferiert werden konnten. Auch diese oftmals als „ohnehin todgeweiht" charakterisierten Embryonen[719] sind einem fremdnützigen – nicht seiner Erhaltung bzw. der Fortpflanzung dienenden – Zugriff jeglicher Art entzogen. Damit ist nach der derzeitigen Rechtslage in Deutschland die Gewinnung von Stammzellen vom Em-

---

[717] Vgl. oben unter III.J.3.a) die Ausführungen zur Ablehnung einer verfassungsrechtlichen Handlungs- bzw. Verbotspflicht des deutschen Gesetzgebers und dessen Einschätzungsprärogative.

[718] Vgl. zu diesem Thema bereits umfassend Schröder 1992.

[719] Dies ist zumindest dann zutreffend, wenn sog. überzählige Embryonen nicht auf eine zur Austragung bereite Frau übertragen werden. Solche werden sich in der Praxis zur Zeit wohl selten finden lassen. Vgl. in diesem Zusammenhang die Ausführungen oben unter III.H.2.a), wo festgestellt wurde, dass zwar die gespaltene Mutterschaft bereits im Ansatz verhindert werden soll, dass der Gesetzgeber den Umgang mit unvorhergesehen überzähligen Embryonen nicht regeln wollte bzw. deren Transfer nicht untersagen wollte, da sonst ein Widerspruch zum grundrechtlichen Lebensschutz des Embryos in vitro bestehe.

bryo in vitro, der durch extrakorporale Befruchtung entstanden ist, *nicht zulässig*.[720]

Auch das sog. therapeutische Klonen ist nach überwiegender Ansicht gem. § 6 Abs. 1 ESchG (Klonierungsverbot) verboten. Wie bereits oben unter I.D.2.j)(4)(c) ausgeführt, entsteht durch Transfer eines menschlichen Zellkerns in eine zuvor enukleierte menschliche Eizelle eine totipotente menschliche Zelle. Diese weist nach herkömmlicher Auffassung die gleiche Erbinformation auf wie der Mensch, von dem der transferierte Zellkern abstammt.[721] Zu beachten ist jedoch, dass sich die entstandene humane, totipotente Zelle zwar im Falle eines Transfers zu einem Menschen entwickeln könnte und daher biologisch ein Embryo darstellt, aber von der Legaldefinition des Embryos in § 8 Abs. 1 ESchG nicht erfasst wird. Im Rahmen des Zellkerntransfers entsteht die totipotente Zelle weder – wie in § 8 Abs. 1 ESchG vom Tatbestand umschrieben – durch Befruchtung, noch durch Entnahme totipotenter Zellen von einem Embryo.[722] Insofern ist das sog. therapeutische Klonen als Fall der ungeschlechtlichen Vermehrung nur vom Klonierungsverbot und nicht auch von den Verboten gem. §§ 1 und 2 ESchG erfasst. Wird in den nachfolgenden Ausführungen der Begriff des Embryos in vitro verwendet, so sollen hiervon Embryonen im biologischen Sinne, d.h. unabhängig von ihrer Art der Entstehung durch geschlechtliche oder ungeschlechtliche Vermehrung verstanden werden.

Hintergrund dieses kategorischen Verbots der Gewinnung embryonaler Stammzellen vom Embryo in vitro als auch durch therapeutisches Klonen ist der objektive Menschenwürdeschutz[723], der nach der überwiegenden Ansicht in der deutschen Rechtsordnung auch bereits der befruchteten Eizelle sowie dem sich entwickelnden Leben zukommt.[724] In der Begründung zum gleichlautenden Gesetzentwurf ist diesbezüglich ausgeführt:

„§ 2 Abs. 1 will die fremdnützige Verwendung extrakorporal erzeugter oder einer Frau vor deren Einnistung entnommener Embryonen verhindern [...] Dahinter steht die Erwägung, dass menschliches Leben grundsätzlich nicht zum Objekt fremdnütziger Zwecke ge-

---

[720] Soweit ersichtlich unstrittig; vgl. exemplarisch DFG-Stellungnahme v. 03.05.2001 unter Ziffer 7; Wolfrum 2001, 235, 236; Höfling ZME 2001, 277, 278; Lilie/Albrecht NJW 2001, 2774, 2775.

[721] Nach neuen wissenschaftlichen Erkenntnissen wird die Erbinformation allerdings nicht ausschließlich durch die im transferierten Zellkern enthaltenen genetischen Informationen bestimmt. Das Zytoplasma der zuvor enukleierten Eizelle hat mit der darin enthaltenen miochondrialen DNA ebenfalls einen noch nicht näher erforschten Einfluss auf den weiteren Entwicklungsprozess und die Erbinformation der totipotenten Zelle. Vgl. in diesem Zusammenhang Taupitz PZ 2001 (34), 21, 22.

[722] Vgl. hierzu stellvertretend Beier Reproduktionsmedizin 1998, 41, 42 f., der auch sprachlich auf den bereits oben unter I.D.2.j erläuterten Unterschied zwischen der Totipotenz von Zellkernen und der Toitpotenz einer Zelle hinweist.

[723] Günther in Keller/Günther/Kaiser, § 2 ESchG Rn. 4 f.; Losch NJW 1992, 2926, 2928.

[724] Siehe oben unter zum Grundrechtsschutz des Embryos in vitro.

macht werden darf. Dies muss auch für menschliches Leben im Stadium frühester embryonaler Entwicklung gelten."[725]

Ob der verfassungsrechtliche Menschenwürdeschutz in absoluter Weise der Gewinnung von Stammzellen vom Embryo in vitro entgegensteht oder ob der Gesetzgeber im Rahmen seiner Normgebungskompetenz von Verfassung wegen differenzieren könnte (man denke insbesondere an die Fälle der Verwendung sog. überzähliger bzw. todgeweihter Embryonen), wird im Rahmen der verfassungsrechtlichen Überprüfung noch zu untersuchen sein. Einfachgesetzlich ist jegliche Art der Gewinnung von Stammzellen vom Embryo in vitro strafrechtlich verboten.

Nicht vom EschG erfasst und insoweit nicht verboten ist allerdings die Forschung an existenten embryonalen Stammzellen. Wie oben unter I.D.2.j)(4)(a) erläutert, werden die ES-Zellen im Blastozystenstadium dem Embryo entnommen, was zur Folge hat, dass eine Totipotenz ausgeschlossen werden kann. Damit handelt es sich nach der Definition des § 8 Abs. 1 EschG bei den gewonnenen Zellen nicht mehr um Embryonen, sondern lediglich um pluripotente Zellen mit der Folge, dass die Beschränkungen des EschG nicht gelten. Gleiches galt für den Import embryonaler, pluripotenter Stammzellen aus Israel. Dieser unterlag in Ermangelung eines entsprechenden Verbots zur Zeit der Erstellung dieser Arbeit ebenfalls keinen legalen Beschränkungen.[726]

2. Standesrecht bzw. Sekundärgesetzgebung

Einheitliche standesrechtliche Vorgaben hinsichtlich der Gewinnung von Stammzellen vom Embryo in vitro enthalten die Berufsordnungen der Landesärztekammern sowie auch an gleicher Stelle die Musterberufsordnung (MBO). Unter D. III. Nr.14 der Berufsordnungen sowie der MBO ist in Übereinstimmung mit dem Embryonenschutzgesetz folgendes geregelt:

> „Die Erzeugung [und Abgabe][727] von menschlichen Embryonen zu Forschungszwecken sowie der Gentransfer in Embryonen und die Forschung an menschlichen Embryonen und totipotenten Zellen sind verboten."

---

[725] BT-DS 11/5460, S. 10.
[726] Vgl. z.B. Lilie/Albrecht NJW 2001, 2774, 2776. Dieser Sachverhalt ist mittlerweile durch das Stammzellgesetz (StZG) vom 28.06.2002 geregelt. Danach ist der Import embryonaler Stammzellen grundsätzlich verboten (§ 4 Abs. 1 StZG). Der Import und die Verwendung von Stammzellen kann jedoch in bestimmten Fällen erlaubt werden (Verbot mit Erlaubnisvorbehalt); vgl. § 4 Abs. 2 StZG.
[727] Der Klammerzusatz „[und Abgabe]" entspricht einer Ergänzung in der Berufsordnung der Landesärztekammer Baden-Württemberg, veröffentlicht unter http://laekbw.arzt. de/Homepage/kammer/Arztrecht/bo.pdf, die in der MBO nicht enthalten ist.

Untersagt ist nach ärztlichem Standesrecht folglich jegliche Art der Herstellung von Embryonen in vitro zum Zwecke der Gewinnung embryonaler Stammzellen. Vom Wortlaut der Norm nicht erfasst ist allerdings die Gewinnung embryonaler Stammzellen von sog. überzähligen Embryonen, die aufgrund nicht voraussehbarer und anerkennenswerter Gründe nicht mehr auf die Wunschmutter übertragen werden (können). Insofern besteht keine vollständige Kongruenz mit dem EschG, in welchem durch die sprachliche Wendung in § 2 Abs. 1 des „nicht der Erhaltung des Embryos dienenden Zwecks" auch die Gewinnung embryonaler Stammzellen von sog. überzähligen Embryonen verboten ist.[728]

3. Verfassungsrecht

In verfassungsrechtlicher Hinsicht wurde bereits vor Kenntniserlangung und Bewusstsein vom Potenzial embryonaler Stammzellen, von der Technik ihrer Gewinnung und von ihrem Therapiepotenzial die Zulässigkeit der Forschung an Embryonen in vitro thematisiert. Im Zuge des Gesetzgebungsverfahrens zum EschG meldete sich eine Vielzahl von Juristen zu Wort und äußerten sich in diesem Zusammenhang zur verfassungsrechtlichen Grundlage der Forschung an Embryonen in vitro. Die Gewinnung embryonaler Stammzellen vom Embryo in vitro unter Inkaufnahme seines Absterbens zu Forschungszwecken ist insofern nicht anders zu bewerten als die unmittelbare Forschung am Embryo selbst, soweit hierbei ebenfalls sein Absterben in Kauf genommen wird. Beiden Sachverhalten ist die Inanspruchnahme des Lebens der Embryonen für Drittinteressen gemeinsam. Insofern kann im Rahmen dieser Erörterung allgemein auch auf Stellungnahmen zum Bereich „Forschung an Embryonen" Bezug genommen werden. Eine Differenzierung zwischen der Stammzellengewinnung von sog. überzähligen Embryonen einerseits und eigens zu diesem Zweck hergestellter Embryonen andererseits, ist vor dem Hintergrund einer unter Umständen unterschiedlichen verfassungsrechtlichen Bewertung der beiden Sachverhalte geboten. Unter das finale Herstellen von Embryonen in vitro zum Zwecke der Stammzellengewinnung fällt auch unter diesem Blickwinkel das sog. therapeutische Klonen. Lediglich die Art der Entstehung des Embryos im biologischen Sinne durch ungeschlechtliche Vermehrung unterscheidet den so enstandenen „Klon" vom Embryo in vitro wie er durch geschlechtliche Vermehrung entstanden ist.[729]

---

[728] Siehe oben unter III.L.1.

[729] Die besonderen verfassungsrechtlichen Umstände und Implikationen der Duplikation des Erbguts (zur naturwissenschaftlich umstrittenen Frage der genetischen Identität zwischen „Klon" und genetischem Ausgangsmaterial vgl. bereits oben unter III.L.1) im Zuge der Erzeugung mittels sog. therapeutischen Klonens bleiben in dieser Betrachtung aussen vor.

a) Die vorherrschenden Ansichten in der Literatur

(1) Verbot der Erzeugung menschlicher Embryonen zum Zwecke der Stammzellengewinnung auf Basis von Art. 1 Abs. 1 GG

Die Mitglieder der Benda-Kommission hielten mehrheitlich *die Erzeugung menschlicher Embryonen zu Forschungszwecken* vor dem Hintergrund des Menschenwürdeschutzes (Art. 1 Abs. 1 GG) und des Lebensschutzes (Art. 2 Abs. 2 GG) für verfassungswidrig. In Ansehung des bereits erläuterten objektiven Grundrechtsschutzes, dem in Deutschland Embryonen in vitro unterstellt sind[730], sei Forschung mit und an ihnen eine Einsetzung als Mittel zum Zweck und folglich menschenunwürdig. Daraus sei zumindest, so die Mehrheitsmeinung, zu folgern, dass die Herstellung humaner Embryonen zu Forschungszwecken von Verfassung wegen zu untersagen sei.[731]

Diese Auffassung entspricht der wohl herrschenden Ansicht in Deutschland. Günther formulierte es vor dem Hintergrund des Gesetzgebungsverfahrens zum Erlass des EschG wie folgt:

> „Handelt es sich aber beim menschlichen Embryo um einen ‚Menschen' im Sinne des Art. 1 Abs. 1 GG und kommt ihm die Würdegarantie dieser Verfassungsnorm zu, dann stellt die gezielte Erzeugung menschlicher Embryonen ausschließlich zum Zwecke, sie für Drittinteressen zu ‚benutzen', geradezu den klassischen Fall einer Menschenwürdeverletzung dar: Die Existenzberechtigung solcher Art erzeugter menschlicher Keimlinge erschöpfte sich darin, als (Forschungs-)Objekt für andere zu dienen."[732]

Aufgrund der Bedeutung einer – der überwiegenden Ansicht folgend – Verletzung der Menschenwürde (Art. 1 Abs. 1) habe die vom Grundgesetz sogar eingriffsvorbehaltlos gewährleistete Forschungsfreiheit gemäß Art. 5 Abs. 3 S.1 GG zurückzustehen. Es handelt sich um eine Einschränkung der Forschungsfreiheit aufgrund sog. verfassungsimmanenter Schranken. Die Verpflichtung zum Schutz der Menschenwürde und des menschlichen Lebens sind bereits im Grundgesetz angelegte Beschränkungen der Forschungsfreiheit.[733] Auch die berechtigte Hoffnung auf lebensrettende bzw. lebenserleichternde klinische Anwendungen bzw. Therapien als

---

[730] Siehe hierzu die Ausführungen oben unter III.B.
[731] Benda-Kommission, S. 49 unter 2.4.1.2.; allerdings sprachen sich *einzelne* Mitglieder in Fällen „besonders hochrangige[r] Forschungsziele" für die verfassungsrechtliche Zulässigkeit der Erzeugung humaner Embryonen zu Forschungszwecken aus.
[732] Günther MedR 1990, 161, 162; im Ergebnis so auch Vitzthum MedR 1985, 249, 256; Laufs NJW 2000, 2716, 2717; Höfling in FAZ v. 10. Juli 2001, S. 8; Böckenförde in SZ v. 16.05.2001; Eser 1991, 288; Schreiber 1991, 127 mit Hinweis darauf, dass in dieser Frage die meiste Einigkeit besteht; Selb 1987, 124.
[733] Vgl. Benda-Kommission, S. 49 unter 2.4.2.1.1; vgl. zu diesem Mechanismus des Einklangs mit anderen Verfassungspositionen auch Oppermann HStR VI, § 145, Rn. 27; Ostendorf JZ 1984, 595, 599.

Folge der Gewinnung *von* und Forschung *an* embryonalen Stammzellen[734] vermag nach dem dargelegten Verständnis der Mehrheitsmeinung eine gezielte Erzeugung von Embryonen nicht zu rechtfertigen.[735]

Als Begründung der Menschenwürdeverletzung durch bewusste Embryonenerzeugung zum Zwecke der Stammzellengewinnung wird häufig auf die „Dürigsche Objektformel zurückgegriffen, wonach die Menschenwürde verletzt ist, „wenn der konkrete Mensch zum Objekt, zu einem bloßen Mittel bzw. zur vertretbaren Größe herabgewürdigt wird"[736]. Diese Formel – verschiedentlich als bloße nicht weiter hilfreiche Floskel relativiert[737] – basiert auf der Erkenntnis, dass eine positive Definition des Rechtsbegriffs „Menschenwürde", dem ein sachlich geprägter Normbereich fehlt[738], nicht möglich ist und folglich nur negativ von Seiten des Verletzungsvorgangs her beschrieben werden kann. Sie ist auch vom BVerfG anerkannt und ist zwar zur Begründung einer Menschenwürdeverletzung nicht hinreichend, doch zumindest als erstes Unterscheidungskriterium hilfreich. Letztendlich ist die Verletzung der Menschenwürde am konkreten Einzelfall zu bestimmen.[739] Im Hinblick auf die Erzeugung von menschlichen Embryonen zum Zwecke einer sie „verbrauchenden" Forschung besteht – unter denjenigen, die dem Embryo in vitro Grundrechtsschutz zukommen lassen[740] – nahezu Einigkeit, dass auch über die Kriterien der Objektformel hinaus, die Überprüfung des konkreten Sachverhalts einen Verstoß gegen die Menschenwürde begründet:

> „Im Dienste wissenschaftlicher Erkenntnis werden Embryonen zum bloßen Experimentiermaterial degradiert. Indem man das in ihnen angelegte Lebensprogramm von vorneherein an seiner Entfaltung hindert, wird ihnen jede Entwicklungschance genommen. Dadurch wird ihre potentielle – und damit im Rahmen des Art. 1 I GG bereits aktuelle – Subjektqualität *bewusst vollständig negiert*."[741] (Hervorhebungen des Autors.)

Die Absolutheit dieses Ergebnisses wird vor dem Hintergrund des gemeinen Verständnisses der Struktur des grundgesetzlichen Menschenwürdeschutzes verständlich:

---

[734] Vgl. hierzu die Erläuterungen oben unter I.D.2.k); vgl. zusammenfassend auch Schroeder-Kurth 2001, 228, 231.

[735] Vgl. Benda-Kommission, S. 49 f. unter 2.4.2.1.1.

[736] So bereits Dürig AöR 1956, 117, 127; vgl. auch Dürig in Maunz/Dürig Art. 1 Abs. 1 GG, Rn. 28.

[737] Vgl. die Darstellung nebst Verweisen bei Kunig in Kunig/von Münch, Art. 1 GG, Rn. 23.

[738] Höfling in Sachs, Art. 1 GG, Rn. 7.

[739] Vgl. Kunig in Kunig/von Münch, Art. 1 GG, Rn. 22 f. mit Verweis auf BVerfGE 30, 1, 25; Höfling in Sachs, Art. 1 GG, Rn. 12 ff.

[740] Was dieser Darstellung, entsprechend den Erläuterungen oben unter III.B, zugrunde gelegt wird.

[741] So Pap MedR 1986, 229, 234; vgl. auch Pap 1987, 258; Laufs 1987, 29 f.; Vitzthum 1991, 73 f.; Herdegen JZ 2001, 773, 776; Taupitz NJW 2001, 3433, 3438.

L. Die rechtliche Zulässigkeit der Gewinnung embryonaler Stammzellen in vitro   197

Das Grundgesetz hält im Rahmen von Art. 2 Abs. 2 GG einen Eingriffsvorbehalt bereit, der dazu führt, dass bei Vorliegen einer Rechtfertigung eine Beschränkung des Lebensrechts möglich ist.[742] Die Menschwürde nach Art. 1 Abs. 1 GG hingegen „ist unantastbar". Bewertet man einen Sachverhalt, der einer grundrechtsverpflichteten Person zugerechnet werden kann als „menschenunwürdig", dann ist er grundgesetzlich nicht zu rechtfertigen. Bereits mit der Einordnung unter den Begriff „Menschenwürdeverletzung" fällt folglich die Entscheidung über die Zulässigkeit eines Sachverhalts. Art. 1 Abs. 1 GG legt die Grenzen einer zweckrationalen Abwägung fest.[743] Dies gilt auch für den hier vorliegenden Fall, dass nur ein objektivrechtlicher Schutz durch Art. 1 Abs. 1 GG angenommen wird. Zwar mag in diesem konkreten Fall die Entscheidung über eine Menschenwürdeverletzung aufgrund der umfassenden Einzelfallbewertung anders ausfallen als beim geborenen oder toten Menschen (postmortaler Lebensschutz), doch lässt sich das „Unantasbarkeitspostulat" auch im Rahmen des objektiven Grundrechtsschutzes nicht umgehen.

Wer für die rechtliche Zulässigkeit der Erzeugung menschlicher Embryonen zum Zwecke der Gewinnung embryonaler Stammzellen vor dem Hintergrund des Art. 1 Abs. 1 GG argumentieren möchte, dem bleiben folglich zwei Ansatzpunkte: Einerseits könte angezweifelt werden, dass dem Embryo in vitro überhaupt der Schutz der Menschenwürde zuteil wird[744] und andererseits könnte die finale Erzeugung von Embryonen in vitro zur Gewinnung embryonaler Stammzellen als menschenwürdig eingestuft werden.[745] Diese Ansätze spielen meines Erachtens innerhalb der deutschen Rechtsordnung zur Zeit allerdings – was die Zahl der Vertreter solcher Ansichten betrifft – eine im Rahmen der Darstellung der Rechtswirklichkeit zu vernachlässigende Außenseiterrolle.[746]

---

[742] Lorenz HStR VI, § 128, Rn. 13 f. kommt jedoch auch im Rahmen einer Verletzung von Art. 2 Abs. 1 Satz 1 GG zu dem Schluss, dass das Verbot der Erzeugung menschlichen Lebens, zum Zwecke der späteren Tötung von Verfassungs wegen begründet ist.

[743] Vgl. z.B. Losch NJW 1992, 2926, 2930; Kunig in Kunig/von Münch, Art. 1 GG, Rn. 26; Höfling in Sachs, Art. 1 GG, Rn. 6, 10 und 11; Vitzthum 1991, 73.

[744] Eine Ansicht, die nicht der Rechtswirklichkeit in Deutschland entspricht; dazu siehe oben unter III.B.

[745] In diesem Sinne wohl Losch NJW 1992, 2926, der beide Ansatzpunkte zur Anwendung bringt: Einerseits sei bereits keine unwürdige Behandlung in der Forschung am Embryo zu erblicken solange lebenswichtige Forschungsgrundlagen in Rede stehen. Lediglich die sinnlose Vergeudung menschlichen Lebens sei als Verstoß gegen Art. 1 Abs. 1 GG zu bewerten (vgl. S. 2930). Andererseits sei auch das Maß des grundrechtlichen Schutzes von Embryonen in vitro eingeschränkt. Erst die „Erscheinung des Lebens in menschlicher Gestalt" (S. 2930) begründe eine volle Schutzintensität. So ebenfalls auch Merkel, Die Zeit 5/2001, 37, 38.. Eine Ablehnung des Schutzes von Embryonen in vitro durch die Menschenwürdegarantie vertritt Dreier in Dreier, Art. 1 I GG, Rn. 58 f.; ähnlich auch Zippelius in Bonner Kommentar, Art. 1 Abs. 1 u. 2 GG, Rn. 76.

[746] Was die Einstufung der gezielten Erzeugung von Embryonen zum Zwecke der Stammzellengewinnung – bei gleichzeitiger Zubilligung des Schutzes der Grundrechte

(2) Die Gewinnung embryonaler Stammzellen von sog. überzähligen Embryonen

Kein abschließendes Mehrheitsvotum fand die „Benda-Kommission" allerdings in Ansehung der Forschung an sog. überzähligen Embryonen nach unvorhergesehener Nichttransferierbarkeit der befruchteten Eizellen auf die Wunschmutter.[747] Diese Möglichkeit der Gewinnung embryonaler Stammzellen wird von einigen als verfassungsrechtlich nicht per se verboten angesehen. Dem Gesetzgeber wäre es insofern auch verfassungsrechtlich unbenommen, das im ESchG verankerte Verbot entsprechend zu lockern.[748] Hintergrund der Differenzierung zwischen der Gewinnung embryonaler Stammzellen vom sog. überzähligen Embryo in vitro einerseits und von gezielt zu diesem Zwecke hergestellter Embryonen ist die Wertung, dass der Verbrauch ohnehin todgeweihter Embryonen unter bestimmten Voraussetzungen kein Menschenwürdeverstoß darstelle und aus diesem Grund nicht zwingend mit dem Menschenwürde- und Lebensschutz in Konflikt trete.[749]

Auch der Diskussionsentwurf eines Gesetzes zum Schutz von Embryonen des Bundesministeriums der Justiz vom 29.04.1986[750] sah noch die Möglichkeit einer Verwendung überzähliger Embryonen[751] zu anderen Zwecken als der Übertragung auf die Mutter vor, soweit die Zustimmung derjenigen, aus deren Gameten der Embryo entstanden ist und soweit darüber hinaus eine entsprechende öffentlich-rechtliche Genehmigung vorliegt (§ 4 Abs. 2 Nr. 1 und § 2 Abs. 2 des Entwurfs).[752]

    – als menschenwürdig anbelangt, sind außer den zuvor in Fn. 746 bereits zitierten Autoren keine anderweitigen entsprechenden Stellungnahmen bekannt. Diese Feststellung beinhaltet allerdings keine inhaltliche Bewertung, sondern soll nur die für den Rechtsvergleich heranzuziehenden Rechtsauffassungen wiedergeben und die Gegebenheiten in der deutschen Rechtsordnung wiederspiegeln.

[747] Benda-Kommission, S. 49 unter 2.4.1.2. Die Mehrheitsmeinung beschränkte sich ausdrücklich auf die bewusste, zielgerichtete Herstellung von Embryonen zu Forschungszwecken. Auf S. 50 unter 2.4.2.1.1 des Berichts der „Benda-Kommission" ist ausdrücklich hervorgehoben, dass, insoweit ein Embryotransfer auf die Mutter unmöglich geworden ist, bei Vorliegen weiterer Kriterien eine Forschung an diesen „überzähligen" Embryonen zulässig sein kann.

[748] So z.B. DFG-Stellungnahme v. 03.05.2001 unter Ziffern 9, 10 i.V.m. 14; Taupitz in Die Zeit v. 05.07.2001; Eser Lexikon Spalte 511 f.; Eser 1991, 288; diese Möglichkeit auch andeutend Merz, Reproduktionsmedizin 2000, 295, 296.

[749] Vgl. Bernat 1989, 75-77; Deutsch MDR 1985, 177, 180; Fechner JZ 1986, 653, 659, der ausdrücklich betont, „daß hoffnungsvoll verlorenes Leben noch einem humanen Zweck zu dienen vermag, [...] sich vielmehr als ein letzter Erweis von Würde dar[stellt], wenn es noch Verständnis dafür gibt, daß Opfer und Dienst etwas mit Würde zu tun haben".

[750] Abgedruckt z.B. bei Eser/Koch/Wiesenbart Bd. 1, 90 ff.

[751] Auch der Diskussionsentwurf sah bereits die Pönalisierung der gezielten Embryonenherstellung zu anderen als zu Fortpflanzungszwecken vor. Vgl. § 2 des Entwurfs (Fundstellennachweis in Fn. 750).

[752] Vgl. auch Jung, JuS 1991, 431 ff., 432.

Vor dem Hintergrund, dass die „Dürigsche Objektformel" allein nicht genüge, um eine Verletzung der Menschenwürde zu begründen, ziehen die Vertreter, die einen Menschenwürdeverstoß in diesem Zusammenhang nicht annehmen, die Rahmenumstände einer verbrauchenden Stammzellengewinnung von bzw. einer verbrauchenden Forschung an Embryonen in vitro heran. Besonderer Bedeutung wird dabei den Umständen beigemessen, dass der „überzählige" Embryo keine Möglichkeit hat, jemals geboren zu werden[753], und dass eine „Degradierung zum Forschungsobjekt durch hochrangige medizinische Erkenntnisziele" aufgewogen wird.[754] Den Embryonen würde kein Nachteil zugefügt, da sie „so oder so alsbald zerfallen". Dem „Absterbenlassen" stehe das „Verbrauchen" zu entsprechend hochrangigen Zwecken gleichwertig gegenüber. Beides weiche qualitativ bei gegebenen Voraussetzungen nicht voneinander ab.[755] Der ursprüngliche Zweck ihrer (der Embryonen) Herstellung, der in der Schaffung und Erzeugung menschlichen Lebens mittels assistierter Reproduktion lag, decke im Falle der Nichttransferierbarkeit auch den Zweck des Verbrauchs für Zielsetzungen, „die einen definitiven Beitrag zur Erhaltung von Leben und Gesundheit konkreter und konkretisierbarer Individuen leisten" [756]. Die Weiterentwicklung der Embryonen zum Kind und – wenn dies zwischenzeitlich wegen eingetretener Schwangerschaft oder Tod bzw. Erkrankung der Wunschmutter nicht mehr möglich ist – sein Absterbenlassen seien als Alternativen gleichermaßen bereits vom Zweck der Herstellung umfasst. Das Absterbenlassen sei mit dem Fall von Forschungsvorhaben für hochrangige Interessen zugunsten Leben und Gesundheit konkreter bzw. konkretisierbarer Individuen vergleichbar und daher nach einer Gesamtwürdigung nicht als Menschenwürdeverstoß anzusehen.[757] Eine staatlich zugelassene Entscheidung über lebenswert oder lebensunwert finde in diesem Fall nicht statt, da gerade die Fortentwicklung des Embryos bereits aufgrund dieser besonderen Umstände ausgeschlossen sei.

Den Befürwortern einer Forschung an sog. überzähligen Embryonen in vitro, was auch die Gewinnung embryonaler Stammzellen umfasst, ist folglich gemeinsam, dass sie im Rahmen ihrer Beurteilung – neben der Tatsache der „Überzähligkeit" – großen Wert auf die Unterscheidung der Forschungsziele legen. Grob kann in diesem Zusammenhang zwischen der Forschung zum Zwecke der Befriedigung der Neugier und des Forscherdranges einerseits und dem Zweck einer anwendungsbezogenen, auf die Gesundheit und das Leben der Individuen bezogenen

---

[753] Es sei denn er würde auf eine zur Aufnahme bereite Empfängerin übertragen, was nach dem Wortlaut des EschG und der Standesrichtlinien möglich (vgl. hierzu die Ausführungen oben unter III.H.2) ist. Aus der Praxis sind keine entsprechenden Fälle bekannt.
[754] Vgl. z.B. bereits JuMi Baden-Württemberg 1984, S. 142, Diskussionsbeitrag von Ltd. MR D. Schäfer, S. 130 ff. Diskussionsbeitrag von Herrn MR von Bülow sowie S. 148 von Frau Dr. Neumeister; Eser 1989, 112, 126 f.
[755] Hofmann JZ 1986, 253, 258.
[756] So Vitzthum 1991, 74 f., der weiter ausführt, dass seines Erachtens lediglich abstrakte Forschungsinteressen oder das Interesse der Allgemeinheit für eine Legitimation nicht ausreichen.
[757] Vitzthum 1991, 74 f.

Forschung andererseits unterschieden werden. Obwohl die Trennlinie fließend ist und Grundlagenforschung erst die Beurteilung ermöglicht, ob konkrete Forschungsziele überhaupt absehbar und in Betracht zu ziehen sind, wird ein Menschenwürdeverstoß nur in den Fällen abgelehnt, da zugunsten der Forschungsfreiheit gleichzeitig das Leben und die Gesundheit anderer in die Waagschale geworfen werden könne.[758] Mit Blick auf die Gewinnung embryonaler Stammzellen und dem oben unter I.D.2.k) beispielhaft erläuterten, durchaus konkreten Forschungsziel zugunsten zukünftiger Patienten, sehen die Vertreter dieser Ansicht dieses Kriterium als erfüllt an.[759]

Andererseits wird – insoweit der geltenden Fassung des ESchG folgend – eine kategorische, verfassungsrechtliche Ablehnung der Methode einer Gewinnung embryonaler Stammzellen auch von sog. überzähligen Embryonen vertreten. Die Tötung von Embryonen wird – unabhängig von möglichen hochrangigen Forschungszwecken zum Wohle der Menschheit – abgelehnt.[760] Die oben betreffend die gezielte Herstellung menschlicher Embryonen zum Zwecke der verbrauchenden Forschung bzw. der Stammzellengewinnung erläuterten, durch die Menschenwürde gezogenen Schranken gälten auch für sog. überzählige Embryonen. Der Menschenwürdeschutze verbiete eine Abwägung zwischen „Nutzen" für die Allgemeinheit einerseits und dem einzelnen menschlichen Leben.[761] Auch selbst unter Anerkennung eines bestehenden Wertekonflikts zwischen dem „sowieso todgeweihten" Leben und hochrangigen Forschungszielen – so einige Autoren – verbiete es sich, einen Embryonenverbrauch zuzulassen. Die Unmöglichkeit einer objektiven Bewertung, was überhaupt anerkennenswerte Forschungsziele sein sollen und die Gefahr eines „Dammbruchs" mit Blick auf zukünftige Technologien, die dann nur noch schwer und mit viel höherem Argumentationsaufwand zu verbieten seien, verlangen nach einem generellen Verbot auch sog. überzählige Embryonen betreffend.[762]

---

[758] Vgl. die in den Fn. 754 - 757 zitierten Autoren und insbesondere die Darstellung bei Püttner 1991, 82 ff.

[759] Vgl. stellvertretend Schroeder-Kurth 2001, 228, 231. Ohne Kenntnis von den Möglichkeiten der Forschung an und des Potenzials von embryonalen Stammzellen, verneinte Günther MedR 1990, 161, 164 noch das Vorliegen konkreter und hochrangiger Forschungsziele.

[760] Vgl. z.B. Günther GA 1987, 433, 438 und 439 sowie 452 und 453, wo deutlich wird, das diese Ablehnung auch für die Forschung an „todgeweihten" Embryonen gilt; Pap MedR 1986, 229, 234; Vitzthum MedR 1985, 249, 256; Selb 1987, 122.

[761] Born Jura 1988, 225, 228; so auch Laufs 1987, 31 soweit das Leben des Embryos in Frage steht; Günther MedR 1990, 161, 164; Pap 1987, 248 ff., der sich ausführlich mit allen in die Diskussion eingebrachten Rechtfertigungsargumenten auseinandersetzt und unter anderem auch ausführt, dass das Konstrukt einer mutmaßlichen Einwilligung über die Eltern nur dann eingreifen könnte, wenn die Forschung am Embryo ihm selbst zugute kommen würde. Bei „verbrauchenden" Methoden sei dies bereits ausgeschlossen. Vgl. auch Beckmann ZRP 1987, 80, 85; Selb 1987, 123.

[762] Laufs 1992, 78 f.; Born Jura 1988, 225, 228; Günther 1991, 122; Keller 1991 (2), 199 f.; Eberbach ZRP 1990, 217, 220 spricht mit Blick auf die Kriterien „Hochrangigkeit"

b) Systematische Einordnung der Rechtsansichten

Im folgenden werden die erläuterten, insbesondere die sich widersprechenden Ansichten einer genauen, systematischen verfassungsrechtlichen Überprüfung unterzogen. Insbesondere vor dem Hintergrund der zu erläuternden Rechtsprechung des BVerfG zum Lebensschutz des ungeborenen Lebens in den beiden bereits erwähnten sog. Abtreibungsurteilen gilt es zu überprüfen, ob eine verfassungsrechtliche Zulässigkeit der Gewinnung embryonaler Stammzellen auch von sog. überzähligen Embryonen in vitro überhaupt denkbar ist.

(1) Verfassungsrechtlicher Prüfungsmaßstab und dogmatische Grundlagen

Zum Zwecke der Bewertung der zuvor erläuterten Argumente gilt es, diese zunächst rechtsdogmatisch einzuordnen. Von beiden Ansichten wird grundsätzlich nicht in Frage gestellt, dass dem Embryo in vitro zumindest der grundgesetzliche objektive Lebens- und Würdeschutz zusteht. Insofern kann an das oben unter B. gefundene Ergebnis zum grundsätzlichen Rechtsstatus des Embryos in vitro angeknüpft werden.[763] Dort wurde allerdings bereits festgehalten, dass die grundsätzliche Zubilligung des objektiven Grundrechtsschutzes noch kein Präjudiz für die Grundrechtswidrigkeit bestimmter Maßnahmen ist. Nunmehr ist der Punkt erreicht, an dem zu klären ist, *ob* die untersuchten Maßnahmen eine Grundrechtsverletzung bedeuten oder nicht.[764]

(a) Menschenwürde

Der Schutzbereich der Menschenwürde ist nicht positiv definiert. Eine Menschenwürdeverletzung ist gemäß der Rechtsprechung des Bundesverfassungsgerichts

---

und „dem Leben zu dienen" von „praxisuntauglichen Leerformeln"; er befürchtet, dass der Begriff „Hochrangigkeit" zum „Sesam-öffne-Dich beliebiger Embryonen-Forschung" wird (S. 221).

[763] Unberücksichtigt bleiben naturgemäß die bereits oben unter III.B.5 dargestellten Ansichten, die einen objektiven Schutz von Embryonen in vitro durch die Grundrechte ablehnen. Die Vertreter dieser Ansicht haben in Übereinstimmung mit der hinsichtlich Israel erläuterten Rechtslage kein Problem die verfassungsrechtliche Zulässigkeit der Stammzellengewinnung vom Embryo in vitro anzunehmen.

[764] Zwar stehen sich bei oberflächlicher Betrachtung mit dem Embryo und dem Forscher zwei „private" Rechtssubjekte (der Embryo ist nicht zwingend Träger der Menschenwürde, sonder nimmt jedenfalls am objektiv-rechtlichen Grundrechtsschutz teil) gegenüber, so dass man versucht sein könnte anzunehmen, die Achtung der Menschenwürde spiele keine Rolle, da sich Art. 1 Abs. 1 GG nur an den Staat richte („staatliche Gewalt"). Die Achtung der Menschenwürde ist allerdings nach deutschem Grundrechtsverständnis auch eine objektive Rechtsnorm, die nicht nur im Verhältnis Bürger – Staat zum Tragen kommt, sondern über die Ausstrahlungswirkung sogar zu einer Handlungspflicht bzw. Schutzpflicht des Staates zugunsten eines Grundrechtsträgers gegenüber rechtswidrigen Eingriffen Dritter werden kann. Vgl. z.B. Dreier in Dreier Vorbemerkung vor Art. 1 GG Rn. 55 ff.

lediglich einzelfallbezogen festzustellen.[765] Die unmittelbare Folge hieraus ist, dass nicht nach einer abstrakten Definition der Menschenwürde zu suchen ist, sondern danach zu fragen ist, welche Umstände einen Vorgang zu einem würdeverletzenden machen.[766] In dieser Hinsicht ergibt sich aus der „Dürigschen Objektformel" tatsächlich nur eine notwendige, aber noch keine hinreichende Bedingung für die Feststellung einer Menschenwürdeverletzung.[767] Hinreichende Voraussetzung ist gemäß dem BVerfG,

> „dass er [der Mensch] einer Behandlung ausgesetzt wird, die seine Subjektqualität prinzipiell in Frage stellt, oder dass in der Behandlung im konkreten Fall eine willkürliche Missachtung der Würde des Menschen liegt"[768].

Soll die Menschenwürde berührt sein, so muss die in Frage stehende Maßnahme

> „Ausdruck der Verachtung des Wertes, der dem Menschen kraft seines Personseins zukommt, also in diesem Sinne eine verächtliche Behandlung sein."[769]

Auf Basis dieses Menschenwürdekonzepts wird deutlich, dass man sich einer Subsumtion des konkreten Sachverhalts unter den unbestimmten Rechtsbegriff trotz dessen Unschärfe nicht entziehen kann und dass im Zuge dieser Subsumtion eine Maßnahme nur in ihrem Kontext auf eine Menschenwürdeverletzung hin überprüft werden kann. Erst das Ziel der Zulassung einer bisher verbotenen Maßnahme und der Vergleich mit ähnlich gelagerten Sachverhalten gibt Aufschluss darüber, ob ein Fall der Willkür vorliegt, ob zulässige Differenzierungskriterien vorhanden sind und ob der potenzielle Verletzungsvorgang sich überhaupt als ein solcher darstellt.[770]

(b) Lebensschutz

Das BVerfG legte in der sog. zweiten Abtreibungsentscheidung dar, dass dem Staat in bestimmten Grenzen eine Pflicht zum Schutz des menschlichen Lebens

---

[765] Vgl. z.B. die Darstellung bei Taupitz NJW 2001, 3433, 3436; Kunig in Kunig/von Münch Art. 1 GG Rn. 22; beide Autoren mit Verweis auf BVerfGE 30, 1, 25.

[766] Kunig in Kunig/von Münch Art. 1 GG Rn. 22; Dürig in Maunz/Dürig Art. Art. 1 Abs. 1 GG Rn.23; Sachs in Sachs Art. 1 GG Rn. 12 ff.

[767] So das BVerfG in BVerfGE 30, 1 25: „Allgemeine Formeln wie die, der Mensch dürfe nicht zum bloßen Objekt der Staatsgewalt herabgewürdigt werden, können lediglich die Richtung andeuten, in der Fälle der Verletzung der Menschenwürde gefunden werden können. Der Mensch ist nicht selten bloßes Objekt nicht nur der Verhältnisse und der gesellschaftlichen Entwicklung, sondern auch des Rechts, insofern er ohne Rücksicht auf seine Interessen sich fügen muss. Eine Verletzung der Menschenwürde kann darin allein nicht gefunden werden."

[768] BVerfGE 30, 1, 26.

[769] BVerfGE 30, 1, 26.

[770] In diesem Sinne auch Taupitz NJW 2001, 3433, 3436.

L. Die rechtliche Zulässigkeit der Gewinnung embryonaler Stammzellen in vitro

vom Grundgesetz auferlegt ist.[771] Ausgehend von den Darlegungen unter B., dass auch der Embryo in vitro unter den durch die objektive Wertordnung der Grundrechte konstituierten Schutzbereich des Art. 2 Abs. 2 GG und des Art. 1 Abs. 1 GG fällt, ist der Staat folglich u.U. auch zum Schutz des Lebens des Embryos in vitro verpflichtet. Dogmatisch verortet ist diese staatliche Schutzpflicht in Art. 1 Abs. I GG, der dem Staat ausdrücklich eine Pflicht zum Schutz der Menschenwürde auferlegt. In ihr enthalten ist auch das Recht auf Leben als unabdingbarer Teil der Menschenwürde.[772]

Was die materielle Reichweite betrifft, wurde vom BVerfG weiter ausgeführt, dass der Lebensschutz und damit auch die Schutzpflicht des Staates allerdings nicht absolut gilt (vgl. den Eingriffsvorbehalt in Art. 2 Abs. 2 GG), sondern die Reichweite mit Blick auf andere, kollidierende Rechtsgüter zu bestimmen ist.[773]

Bei der Umsetzung des gebotenen Lebensschutzes im Verhältnis zu kollidierenden Verfassungswerten und Rechtsgütern mit Verfassungsrang stehe dem Gesetzgeber eine Einschätzungsprärogative zu, die allerdings ihre Grenze im sog. Untermaßverbot findet.[774] Das Untermaßverbot markiert folglich die Grenze, innerhalb derer der Gesetzgeber z.B. den durch das ESchG bestehenden Lebensschutz des Embryos reduzieren darf.

Für den Schwangerschaftsabbruch stellte das Gericht ausdrücklich fest, dass für die Dauer der Schwangerschaft eine Abtreibung rechtlich zu verbieten sei. Es dürfe keine *freie* Entscheidung darüber geben, ob abgetrieben wird oder nicht. Andere Verfassungsgüter (in diesem Fall die allgemeine Handlungsfreiheit und das allgemeine Persönlichkeitsrecht der Mutter) griffen insoweit nicht durch. Das Untermaßverbot versage es dem Gesetzgeber also über das Abtreibungsverbot *an sich* zu disponieren und es durch die *Entscheidungsfreiheit* der Schwangeren zu relativieren.[775] Soweit die Schutzpflicht reicht, ist zur Regelung der Abtreibungsfälle lediglich Platz für eine Entscheidung des Gesetzgebers, wie er das Verbot ausgestaltet, wobei ihm diesbezüglich wegen der elementaren Schutzaufgabe „Lebensschutz" sogar die Pflicht auferlegt ist, in bestimmten Konstellationen strafrechtliche Sanktionen zu verhängen.[776] In Fällen der *Unzumutbarkeit* für die Schwangere ist der Gesetzgeber allerdings berechtigt, von einer strafbewehrten Austragungspflicht zu Lasten der Mutter abzusehen. Dies bedeute zwar keine Abkehr vom grundsätzlichen Verbot des Schwangerschaftsabbruchs, doch reiche das Untermaßverbot nicht soweit, den Gesetzgeber zu verpflichten, außerordentliche Konfliktlagen nicht zu respektieren und der Schwangeren eine unzumutbare Austra-

---

[771] BVerfGE 88, 203, 251.
[772] BVerfGE 88, 203, 251.
[773] BVerfGE 88, 203, 254; naheliegende, kollidierende Rechtsgüter sind in der hier zu überprüfenden Fallkonstellation die Forschungsfreiheit und der objektive Wert des Rechts auf Gesundheit und Leben Dritter, die unter Umständen von der Forschung profitieren.
[774] BVerfGE 88, 203, 254.
[775] BVerfGE 88, 203, 255.
[776] BVerfGE 88, 203, 257.

gungspflicht aufzuerlegen.⁷⁷⁷ Unzumutbar sind nach Auffassung des Gerichts Konfliktlagen, die nicht nur in der Gefahr für Leib und Leben der Schwangeren bestehen müssen, sondern in Einzelfällen auch solche Belastungen, die über die Normalsituation einer Schwangerschaft hinausreichen.⁷⁷⁸ Das Gericht betonte insofern also den Unterschied zwischen der Entscheidungsfreiheit der Schwangeren einerseits, die für eine Relativierung des Schutzes des Embryos in vivo nicht ausreicht und hinzutretenden Gefahren für andere Rechtsgüter, die zu einer Unzumutbarkeit der Austragungspflicht führen.

(c) Das Verhältnis von Menschenwürde und Lebensschutz

Aus den obigen Ausführungen wurde deutlich, dass das BVerfG, soweit es um die Schutzpflicht des Gesetzgebers geht, den Würdeschutz in Fällen, in denen das Leben des Schutzsubjekts in Frage steht, mit der Frage des Lebensschutzes gemäß Art. 2 Abs. 2 GG verbindet. Insbesondere prüfte das BVerfG den Lebensschutz und bemühte die Menschenwürde lediglich zur Begründung der gesetzgeberischen Schutzverpflichtung.

Es ist besonders hervorzuheben, dass Lebensschutz nicht zwingend mit der Menschenwürde gleichzusetzen ist. Es sind Fälle bekannt und denkbar, in denen staatlicherseits aufgrund einer Abwägung verschiedener Rechtsgüter rechtmäßig in das Recht auf Leben eingegriffen wird⁷⁷⁹, was aufgrund der „Unantastbarkeit" der Menschenwürde nicht möglich wäre, wenn es sich gleichzeitig um einen Menschenwürdeverstoß handeln würde. Diese Feststellung impliziert auch der Gesetzesvorbehalt in Art. 2 Abs. 2 GG.⁷⁸⁰ Insoweit sind die beiden Grundrechte dogmatisch auseinander zuhalten.⁷⁸¹ Nicht jeder Eingriff in das Recht auf Leben ist zwingend auch ein Verstoß gegen die Menschenwürde.

Allerdings ist unverkennbar, dass auf Basis der Rechtsprechung des BVerfG sowie auch der ganz überwiegenden Ansicht das Leben an sich eine der grundsätzlichsten Bedingungen einer menschenwürdigen Existenz ist. Ohne Leben keine Menschenwürde.

Auf Basis dieser Erkenntnis empfiehlt sich daher meines Erachtens folgende dogmatische Struktur, die eine undeutliche Vermischung der beiden Grundrechte beseitigt und dem anerkannten Aufbau einer Grundrechtsprüfung, unabhängig von der Existenz eines subjektiven Rechts oder einer objektiven Schutzrichtung, Rechnung trägt:

---

[777] BVerfGE 88, 203, 256.
[778] BVerfGE 88, 203, 256 f.
[779] Man denke z.B. an polizeirechtliche Gefahrenabwehrmaßnahmen, welche die finale Tötung vorsehen (z.B. § 54 Abs. 2 PolG von Baden-Württemberg).
[780] So auch Taupitz NJW 2001, 3433, 3437 und BVerfGE 88, 203, 253 f.
[781] Zur dogmatischen Verknüpfung der beiden Grundrechte sogleich im weiteren Verlauf diese Gliederungspunktes.

L. Die rechtliche Zulässigkeit der Gewinnung embryonaler Stammzellen in vitro

Konkrete Einzelfälle, die das Leben eines unter den Schutzbereich des Art. 2 Abs. 2 GG fallenden Subjekts betreffen, sind zuvörderst an Art. 2 Abs. 2 GG zu messen, wobei eine Überprüfung der Menschenwürdeverletzung in die Prüfung der Rechtfertigung des Eingriffs auf Ebene der Verhältnismäßigkeit im engen Sinne in das Recht auf Leben zu integrieren ist. Auf diese Weise ist der in Art. 2 Abs. 2 GG enthaltene Menschenwürdegehalt zum Tragen zu bringen. Dieser Prüfungsablauf wird von der Rechtsprechung nahegelegt. Dem liegt die folgende Erkenntnis zugrunde:

Stellt man auf Basis der zuvor oben unter (a) ausgeführten Maßstäbe *isoliert* auf den *Menschenwürdeschutz (Art. 1 Abs. 1 GG)* ab, so liegt die Möglichkeit der Differenzierung in der Natur des Verständnis dieses Grundrechts. Aufgrund Fehlens positiver Definitionen des Schutzbereichs und der Notwendigkeit der Einzelfallprüfung am Maßstab der Willkür, der Absprechung der Subjektqualität in prinzipieller Hinsicht und der zielgerichteten Verachtung menschlichen Lebens[782], ist eine differenzierende Sichtweise möglich und geboten. Im Rahmen der Prüfung der Menschenwürde ist wegen Fehlens eines positiv umschriebenen Schutzbereiches, wie dargelegt, nur negativ, mit Fokus auf den konkreten Eingriff, eine Beurteilung möglich. Vor diesem Hintergrund wäre eine Differenzierung der untersuchten Sachverhalte möglich. Es könnte angenommen werden, dass die zielgerichtete Herstellung menschlichen Lebens zum Zwecke seiner unmittelbar nachfolgenden Vernichtung eine Instrumentalisierung darstellt, welche die Subjektqualität eines Embryos in vitro per se negiert und den Embryo der willkürlichen Wertentscheidung der Gesellschaft, des Forschers und der genetischen Eltern unterstellt. Die Benutzung sog. überzähliger Embryonen in vitro hingegen, deren Existenz zwar von der Rechtsordnung nicht gewollt ist, die aber faktisch dennoch existieren und die dem Tod bzw. der dauerhaften Kryokonservierung geweiht sind, könnten hingegen juristisch nicht zwingend als eine finale Menschenwürdeverletzung zu bewerten sein.

Zieht man nunmehr auf Basis der Abtreibungsrechtsprechung des BVerfG darüber hinaus in Betracht, dass unterhalb des Untermaßverbots ein entwicklungsunabhängiger *absoluter Lebensschutz (Art. 2 Abs. 2 GG)* besteht, dann stellt sich die Frage, ob der Sachverhalt der Gewinnung embryonaler Stammzellen vom Embryo in vitro unterhalb oder oberhalb des Untermaßverbots verortet ist. Je nach Beurteilung ist eine Eingriffsrechtfertigung durch den Gesetzgeber per se ausgeschlossen oder denkbar. Es ist folglich der Inhalt des Untermaßverbots festzustellen.

Eine genaue Analyse der Rechtsprechung und der Grundrechtsdogmatik führt beide vorgenannten Elemente des „absoluten Lebensschutzes" bzw. des „Untermaßverbots" einerseits und des „unantastbaren Menschenwürdeschutzes" zusammen. Meines Erachtens ist der der Dispositionsbefugnis des Gesetzgebers entzogene Bereich (absoluter Lebensschutz) mit dem Bereich der absolut geschützten Menschenwürde identisch. Nur unter Rückgriff auf Art. 1 Abs. 1 GG und damit auf die Unantastbarkeit war es dem BVerfG möglich, ein Untermaßverbot im Be-

---

[782] Zum Inhalt der Menschenwürde siehe oben unter III.L.3.b)(1)(a).

reich des Lebensschutzes zu postulieren und dem Gesetzgeber eine entsprechende Schutzpflicht aufzuerlegen. Dies wird ferner auch durch weitere Aspekte der Grundrechtsdogmatik nahe gelegt:

Das BVerfG hat ausgeführt, dass zahlreiche Normen des Grundgesetzes, darunter die Grundrechte, die Menschenwürde weiter ausformen und konkretisieren. Die Menschenwürde ist insofern als dem Grundgesetz innewohnende Schranke der Eingriffsbefugnis des Art. 2 Abs. 2 GG zu betrachten (sog. Schranken-Schranke). Der Menschenwürdegehalt, der in Art. 2 Abs. 2 GG enthalten ist, stellt insofern den unantastbaren Wesensgehalt des Grundrechts im Sinne des Art. 19 Abs. 2 GG dar.[783] Insbesondere in den beiden Abtreibungsurteilen wurde vom Gericht zum Ausdruck gebracht, dass bei der Beurteilung des Konflikts zwischen Lebensschutz und Selbstbestimmung der Schwangeren die beiden Rechtsgüter in ihrer Beziehung zur Menschenwürde zu bewerten sind.[784] Solange der Menschenwürdegehalt des Art. 2 Abs. 2 GG nicht angetastet wird, wäre der Gesetzgeber folglich frei, im Rahmen der üblichen Eingriffsvorbehalte und Schranken das bestehende Verbot der Gewinnung embryonaler Stammzellen aufzuheben bzw. abzuändern.

Hieraus folgt eine zweistufige Prüfung bezüglich der hier zu beurteilenden Sachverhalte. Zunächst ist zu erläutern, ob ein Eingriff in Art. 2 Abs. 2 GG vorliegt, um sodann mit Blick auf die sog. Schranken-Schranke des Wesensgehalts des Grundrechts auf Leben auf der Ebene der Eingriffsrechtfertigung zu überprüfen, ob sich die Tötung aufgrund der konkreten Umstände des Einzelfalls als Menschenwürdeverletzung darstellt oder nicht. Dies führt zwingend zu einer Einzelfallbetrachtung der jeweils zu untersuchenden Sachverhalte, denn aufgrund der nur negativ, vom Eingriff her zu beurteilenden Menschenwürdeverletzung verbietet sich jegliche pauschale und positive Definition des Untermaßverbotes bzw. des Bereichs eines absoluten Lebensschutzes.

Daher ist für die Beurteilung der verfassungsrechtlichen Zulässigkeit der Gewinnung embryonaler Stammzellen vom Embryo in vitro entscheidend, dass nicht notwendigerweise das in den erläuterten Bundesverfassungsgerichtsentscheidungen zum Ausdruck kommende konkrete Ausmaß an Grundrechtsschutz betreffend Embryonen in vivo im Zusammenhang mit deren Abtreibung pauschal und ohne Subsumtion auf Embryonen in vitro zu übertragen ist.

Die zentrale Feststellung des BVerfG war – wie aufgezeigt[785] –, dass der Lebensschutz des Ungeborenen durch die allgemeine Handlungs- bzw. Entscheidungsfreiheit der Schwangeren grundsätzlich nicht beschränkt wird. Erst im Falle der Prognose, dass im konkreten Einzelfall die Gefahr einer schweren, über den Rahmen einer Normalsituation hinausgehenden, Konfliktsituation besteht, ist wegen Unzumutbarkeit dem Lebensrecht nicht zwingend der Vorrang zu geben. Die hier vorgeschlagene Herangehensweise und Argumentation führt dazu, dass an der Abtreibungsrechtsprechung des BVerfG und dem dort für diese Fälle postulierten

---

[783] Vgl. Pieroth/Schlink 1999, Rn. 458.
[784] BVerfGE 39, 1, 43 und BVerfGE 88, 203, 251.
[785] Vgl. hierzu oben unter III.L.3.b)(1)(b).

L. Die rechtliche Zulässigkeit der Gewinnung embryonaler Stammzellen in vitro 207

Lebensschutz festzuhalten ist. Denn aus den Urteilen geht ausdrücklich hervor, dass der Lebensschutz gem. Art. 2 Abs. 2 GG nicht generell, also sämtliche Lebenssachverhalt betreffend absolut gewährt wird.[786] Für den konkreten Fall, dass sich das Recht auf Leben des Ungeborenen und das Selbstbestimmungsrecht der Schwangeren gegenüber stehen, hat das Gericht ein Tötungsverbot für die Dauer der Schwangerschaft verlangt. Die Fallkonstellation z.B., dass sog. überzählige Embryonen in vitro vorhanden sind und dass die Forschung an embryonalen Stammzellen erste verheißungsvolle Ergebnisse im Hinblick auf die Heilung Dritter aufweist, bietet – zumindest juristisch – genügend Ansatzpunkte für eine denkbare, anderslautende Subsumtion unter die Kriterien der Menschenwürdeverletzung und deren Ablehnung, ohne dass die Rechtsprechung zur Abtreibung entgegensteht.

Vor diesem Hintergrund bedarf jeder Sachverhalt der konkreten Überprüfung daraufhin, ob die Inkaufnahme der Tötung des Embryos ein zu rechtfertigender oder ein nicht zu rechtfertigender Eingriff in das Recht auf Leben des Embryos darstellt und inwieweit die Dispositionsbefugnis des Gesetzgebers eingeschränkt wird oder nicht.[787]

(2) Transfer auf die zu beurteilenden Sachverhalte

Die Gewinnung embryonaler Stammzellen vom Embryo in vitro bedeutet unstrittig eine Beeinträchtigung des grundrechtlichen Lebensschutzes (Art. 2 Abs. 2 GG).[788]

Folgt man dem zuvor ausgeführten Prüfungsaufbau, so ist nunmehr zu überprüfen, ob diese Beeinträchtigung zulässig, d.h. unter Umständen gerechtfertigt sein kann. In dieser Hinsicht besteht nunmehr die Möglichkeit, auf die oben zu Beginn des Gliederungspunktes a) dargestellten Auffassungen zurückzugreifen.

(a) Erzeugung menschlicher Embryonen zum Zwecke der Stammzellengewinnung

Insofern ist also festzuhalten, dass es dem Gesetzgeber nach der überwiegenden Ansicht[789] verwehrt ist, das Verbot der gezielten Erzeugung menschlichen Lebens

---
[786] Z.B. BVerfGE 88, 203, 253 f.
[787] Die eingangs hinsichtlich der Stammzellengewinnung von sog. überzähligen Embryonen in vitro erläuterten, sich ausschließenden Rechtsansichten können nunmehr systematisch eingeordnet werden: Auf Basis der Rechtsprechung des BVerfG zur Abtreibungsproblematik, gibt es für die Befürworter eines verfassungsrechtlich gebotenen Verbots, keine Möglichkeit der Differenzierung zwischen dem Embryo in vitro und in vivo. Konsequent kommt es bewusst oder unbewusst zur Anwendung des zur Abtreibung entwickelten Schutzmaßstabes. Die Befürworter einer differenzierenden Lösung hingegen sehen keine Notwendigkeit, den zur Abtreibung entwickelten Schutzmaßstab auf den Embryo in vitro zu übertragen. Konsequent folgen sie einer unabhängigen Betrachtung des gegebenen Sachverhalts betreffend den Embryo in vitro und der jeweiligen Maßnahme.
[788] Zur einhergehenden Tötung vgl. oben unter I.D.2.j)(4)(a).
[789] Vgl. die Ausführungen oben unter III.L.3.a)(1).

zum Zwecke der Gewinnung embryonaler Stammzellen wegen des damit verbundenen Menschenwürdeverstoßes aufzuheben.[790] Diese Maßnahme unterfällt insofern dem „Untermaßverbot" bzw. dem „absoluten Lebensschutz". Der Würde- und Lebensschutz des Embryos verbietet in diesem konkreten Einzelfall insofern auch auf Basis des hier vertretenen dogmatischen Ansatzes eines „abgestuften Lebensschutzes" auf Basis einer Einzelfallprüfung der sog. „Schranken-Schranke" einer Menschenwürdeverletzung die finale Herstellung von Embryonen zum Zwecke der Stammzellengewinnung.[791]

(b) Die Gewinnung embryonaler Stammzellen von sog. überzähligen Embryonen

Eine differenzierte Regelung hinsichtlich der Gewinnung embryonaler Stammzellen von sog. überzähligen Embryonen zum Zwecke hochrangiger Forschungsziele ist jedoch zumindest *verfassungsrechtlich denkbar*, wenn man – wie oben unter a)(2) mit guten Gründen dargelegt – in dieser Maßnahme keinen Menschenwürdeverstoß sieht.[792]

Der bloße Verweis auf das Lebensrecht des Embryos in vitro und auf die Rechtsprechung des BVerfG in den beiden Abtreibungsentscheidungen reicht nämlich nicht aus, um bereits einen rechtswidrigen Eingriff in Art. 2 Abs. 2 GG anzunehmen. Insofern müssten die Vertreter der Ansicht, welche die Gewinnung embryonaler Stammzellen von sog. überzähligen Embryonen in vitro von Grundrechts wegen ablehnen, allerdings darlegen und begründen, dass in der konkreten Maßnahme der Menschenwürdegehalt als wesentlicher Gehalt des Rechts auf Leben verletzt ist. Die pauschale Feststellung, dass jeder Eingriff in das Recht auf Leben ein Würdeverstoß darstelle, ist vor dem Hintergrund der hier vertretenen Dogmatik nicht möglich.

Im Zentrum steht in diesem Zusammenhang ein Argument, das sich ohne weitere Begründung gegen die hier vertretene Abstufung des Schutzes auf Basis der Feststellung einzelfallbezogener Menschenwürdeverletzungen wendet: Wenn man dem Embryo in vitro einen grundsätzlichen Grundrechtsschutz zubillige, dann sei der Schutzumfang und das Schutzmaß generell nicht weiter differenzierbar. „Entweder ganz oder gar nicht" könnte man salopp formulieren.[793] Dies wird meines Erachtens allerdings – wie dargelegt – bereits durch das Fehlen eines positiv abgegrenzten Schutzbereichs der Menschenwürde konterkariert.

Die Annahme der verfassungsrechtlichen Zulässigkeit der Gewinnung embryonaler Stammzellen von sog. überzähligen Embryonen verlangt jedoch auch die Wahrung des Verhältnismäßigkeitsgrundsatzes als sog. Schranken-Schranke für

---

[790] Siehe hierzu oben die überwiegende Ansicht unter III.L.3.a)(1).
[791] Vgl. im Ergebnis übereinstimmend auch Taupitz NJW 2001, 3433, 3438 f.; Herdegen JZ 2001, 773, 776.
[792] Vgl. hierzu die Ausführungen oben unter III.L.3.a)(2).
[793] Vgl. oben III.B. zum Grundrechtsstatus des Embryo in vitro; vgl. auch Herdegen JZ 2001, 773, 775.

Eingriffe in den „objektiven" Schutzbereich[794] von Art. 2 Abs. 2 GG. Insofern muss die Inkaufnahme des Absterbens der sog. überzähligen Embryonen geeignet sein, die hochrangigen Forschungsinteressen und medizinischen Heilungsziele herbeizuführen und es darf kein milderes Mittel zur Erreichung dieses Zwecks zur Verfügung stehen (Notwendigkeit).[795]

Nach dem derzeitigen Stand der Wissenschaft bestehen berechtigte Hoffnungen, dass die Forschung an humanen embryonalen Stammzellen zukünftig zu klinisch bedeutsamen Anwendungen führen. Fernziel ist „der klinische Einsatz für die aus den ES-Zellkulturen zu gewinnenden Körperzellen".[796] Eine hundertprozentige Sicherheit der Entwicklung entsprechender medizinischer Anwendungen ist damit nicht festzustellen. Nicht zurückgewiesen werden kann allerdings, dass wissenschaftlich begründete Aussichten auf einen entsprechenden Erfolg bestehen. Insofern ist derzeit ein Urteil über die Geeignetheit oder die Ungeeignetheit der Maßnahme nicht zu fällen. Allerdings ist mit guten Gründen vertretbar, dass in komplexen bzw. ungeklärten Fallgestaltungen, die Beurteilung der empirischen Vorgänge der gesetzgeberischen Einschätzungsprärogative unterliegen.[797]

Ähnliches gilt im Rahmen der Beurteilung, ob bei gleicher Eignung zur Verfolgung eines bestimmten Ziels dem Mittel der Vorzug zu geben ist, das mit keinen bzw. geringeren rechtlichen bzw. ethischen Problemen verbunden ist (Notwendigkeit bzw. Erforderlichkeit). In diesem Zusammenhang wird insbesondere auf mögliche Alternativen zur Gewinnung und Forschung an embryonalen Stammzellen hingewiesen. Es sei nämlich möglich, die Forschungsziele auch durch Gewinnung von und Forschung an Stammzellen aus abgetriebenen Föten bzw. Nabelschnurblut oder sog. adulten Stammzellen[798] zu erreichen, was ethisch und rechtlich unbedenklicher sei. Wie bereits oben unter I.D.2.j) ausgeführt, wird jedoch in dieser Hinsicht von naturwissenschaftlich-medizinischer Seite auch vertreten, dass eine Forschung an embryonalen Stammzellen unabdingbar sei und das eine Aussage über die Vergleichbarkeit des Entwicklungspotenzials verschiedener Arten von Stammzellen im Hinblick auf die verfolgten medizinischen Therapieziele eine Gewinnung von und Forschung an embryonalen Stammzellen unabdingbar mache.[799] Insofern ist auch diesbezüglich mit guten Gründen dem Gesetzgeber eine Einschätzungsprärogative hinsichtlich der Erforderlichkeitsprüfung zuzubilligen.

---

[794] Diese Formulierung soll deutlich machen, dass lediglich die materiellrechtliche Reichweite des Lebensschutzes zur Diskussion steht und nicht die Frage, ob der Embryo in vitro selbst fähig ist, als Rechtssubjekt Träger von Grundrechten zu sein. Vgl. hierzu bereits die Ausführungen oben in Fn. 465.
[795] Vgl. Pieroth/Schlink 1999,Rn. 318 ff.
[796] So z.B. Schroeder-Kurth 2001, 228, 231 und die Ausführungen oben unter I.D.2.k).
[797] Vgl. Pieroth/Schlink 1999, Rn. 322 ff., der u.a. auch darauf hinweist, dass sich in diesem Punkt die Einschätzungsprärogative zugunsten des Gesetzgebers von der Sachverhaltsbeurteilung der gefahrenabwehrenden Verwaltung unterscheidet, der keine Bewertung zu Lasten des Einzelnen zugebilligt wird.
[798] Zu den einzelnen Arten von Stammzellen vgl. die Ausführungen oben unter I.D.2.j).
[799] Vgl. z.B. auch die Darstellung bei Taupitz PZ 2001 (34), 21, 26.

Folgt man der oben unter a)(2) dargelegten, allerdings umstrittenen Ansicht, dass im *konkreten Einzelfall* der Gewinnung embryonaler Stammzellen vom sog. überzähligen Embryo in vitro keine Menschenwürdeverletzung zu erblicken sei und insofern nach der hier vertretenen Dogmatik der Wesensgehalt des Schutzes von Art. 2 Abs. 2 GG nicht berührt ist, so müssten dann jedoch vom Gesetzgeber im Falle einer entsprechenden Abänderung des ESchG Mittel und Wege gefunden werden, im *konkreten Einzelfall* mögliche Menschenwürdeverstöße auszuschließen, denn insoweit ist eine Schutzpflicht des Gesetzgebers vor dem Hintergrund der Abtreibungsrechtsprechung gegeben. Demzufolge reicht der Würde- und Lebensschutz des Embryos in vitro nicht so weit, dass bei nicht von vornherein beabsichtigter Nichttransferierung (Überzähligkeit), die Gewinnung embryonaler Stammzellen verfassungsrechtlich verboten sein muss. Zum Absterben geweihte Embryonen sind in diesem Fall verfassungsrechtlich nicht vor einer Stammzellenentnahme zum Zwecke der Forschung mit dem Ziel der Krankheitstherapie geschützt. Der Gesetzgeber könnte lediglich, müsste demzufolge jedoch nicht Eingriffe dieser Art verbieten.[800]

Ferner ist festzuhalten, dass dem hier vertretenen Ergebnis gerade nicht der Makel der Ergebnisorientiertheit anhaftet wie dies der Fall wäre, wenn man zum Zwecke der Legitimierung einer verfassungsrechtlichen Zulässigkeit der Stammzellengewinnung vom Embryo in vitro versucht, einen eigenständigen Rechtsstatus des Embryos in vitro abzulehnen oder zum Zwecke des Verbots dieser Maßnahme unter pauschalem Verweis auf die Unantastbarkeit des Lebens, ohne weitere Begründung einen Menschenwürdeverstoß annimmt. Die bestehende Grenze der Unantastbarkeit der Menschenwürde ist der Maßstab. Sie muss m.E. auch zwingend aufrechterhalten bleiben, denn sie markiert die Grenze, um einen „Dammbruch"[801] zu vermeiden. Die konsequente Anwendung bestehender Prinzipien und verfassungsrechtlicher Vorgaben ist der einzige, dogmatisch saubere Weg, zu einem Judiz zu gelangen. Sei es zugunsten der Forschung oder sei es zugunsten des Embryos in vitro.

4. Zusammenfassung

Die Stammzellengewinnung vom Embryo in vitro ist einfachgesetzlich, ohne Differenzierung zwischen „überzähligen Embryonen" einerseits und zum Zwecke der Stammzellengewinnung hergestellter Embryonen andererseits unter Androhung von Strafe verboten. Die Gewinnung embryonaler Stammzellen mittels unge-

---

[800] Zu den einzelnen Erwägungen siehe oben zu Beginn dieses Gliederungspunktes III.L.3.a)(2); vgl. auch Taupitz NJW 2001, 3433, 5437 f. und Herdegen JZ 2001, 773, 776. Letztendlich würde im Falle einer Aufhebung des bestehenden Verbots der Gewinnung embryonaler Stammzellen vom sog. überzähligen Embryo in vitro das BVerfG verbindlich über die Verfassungsmäßigkeit und über das Bestehen einer Schutzpflicht des Gesetzgebers gegenüber den Embryonen in vitro zu entscheiden haben.

[801] Siehe hierzu bereits oben unter III.L.3.a)(2).

schlechtlicher Vermehrung (Zellkerntransfer, sog. therapeutisches Klonen) ist ebenfalls duch das strafbewehrte Klonierungsverbot untersagt.

Gemäß dem ärztlichen Standesrecht ist die Mitwirkung eines Arztes bei der Herstellung von Embryonen zum Zweck der Gewinnung embryonaler Stammzellen verboten. Die Mitwirkung eines Arztes bei der Gewinnung embryonalen Stammzellen von sog. überzähligen Embryonen ist standesrechtlich nicht ausdrücklich geregelt.

Die überwiegende Mehrheit der Stimmen in der Literatur bewertet die Herstellung von Embryonen in vitro zum Zwecke der Stammzellengewinnung als Verstoß gegen die Menschenwürde. Ein Verbot dieser Methode ist verfassungsrechtlich auch geboten. Äußerst umstritten ist jedoch, ob die Gewinnung embryonaler Stammzellen von sog. überzähligen Embryonen einen Verstoß gegen die Menschenwürde bzw. einen rechtswidrigen Eingriff in das Recht auf Leben des Embryos darstellt. Meines Erachtens ist mit guten Gründen davon auszugehen, dass die Grundrechte dieser Methode im Einzelfall nicht grundsätzlich, auch bei Berücksichtigung der geltenden Dogmatik und der bundesverfassungsgerichtlichen Rechtsprechung zur Abtreibung, entgegenstehen.

M. Die rechtliche Zulässigkeit der Gewinnung embryonaler Stammzellen vom Embryo in vitro im Vergleich Deutschland-Israel

1. Allgemeines

Die bisher im Rahmen der rechtsvergleichenden Erörterung dargestellten Unterschiede zwischen der israelischen und der deutschen Rechtsordnung setzen sich auch beim Thema der Gewinnung embryonaler Stammzellen fort. Israel zeichnet sich durch eine vergleichsweise freizügige Regelung bzw. eine fehlende Regelungsdichte aus, wohingegen in Deutschland strikte, strafbewehrte Verbote bestehen. Ein gemeinsamer Anknüpfungspunkt ist allerdings, dass in beiden Rechtsordnungen bestehende Verbot der gezielten Herstellung von Embryonen in vitro zum Zwecke der anschließenden Stammzellengewinnung. Israel bedient sich zu diesem Zweck des Mittels der Verordnung, was wiederum zu einem auch in Israel kritisch betrachteten Legitimationsdefizit führt.

Es kann somit hervorgehoben werden, dass einer differenzierenden Regelung in Israel ein pauschales Verbot in Deutschland gegenübersteht. Deutschland weist im Gegenzug eine klare und unmissverständliche Regelung durch das ESchG auf. Das ESchG zielt auf einen umfassenden Schutz des dem Zugriff Dritter preisgegebener Embryonen in vitro ab. In Israel hingegen kann auf eine Verordnung, deren Regelungszweck vornehmlich die assistierte Reproduktion ist, zurückgegriffen werden. Darüber hinaus ist die Zulässigkeit der Stammzellengewinnung von sog. überzähligen Embryonen nicht durch eine klare und deutliche Parlamentsentscheidung legitimiert, sondern muss erst mittelbar aus dem Fehlen einer Verbotsnorm geschlossen werden. Allerdings ist zu betonen, dass die insoweit geringe Regelungsdichte durch Sekundärgesetzgebung flankiert wird. Die Tatsache, dass in der alltäglichen Praxis Israels Forschungsprojekte, welche die Gewinnung embryonaler Stammzellen von sog. überzähligen Embryonen in vitro vorsehen, einem Zustimmungsvorbehalt eines hoheitlichen Gremiums unterliegen (Helsinki-Kommissionen), ist nicht zu vernachlässigen und steht einer pauschalen Beurteilung der israelischen Rechtsordnung als defizitär entgegen.

2. Detailanalyse

Vergegenwärtigt man sich die obigen Ausführungen zur israelischen und deutschen Rechtslage betreffend die Stammzellengewinnung[802] und den grundsätzlichen Rechtsstatus des Embryos in vitro[803], dann wird deutlich, dass zwischen beiden Themenkomplexen eine Korrelation besteht, die maßgeblichen Einfluss auf die Situation de lege lata in beiden Ländern hat.

Da dem Embryo in vitro von der israelischen Rechtsordnung kein eigenständiger Schutz durch die Grundrechte zugebilligt wird, ist der Gesetz- bzw. Verordnungsgeber in materieller Hinsicht weitestgehend frei, dem Forschungsdrang Grenzen zu ziehen. Nur in formeller Hinsicht ist äußerst problematisch, dass der Eingriff in die grundrechtlich geschützte Forschungsfreiheit zumindest im wesentlichen nicht durch formelles Gesetz der Knesset erfolgte. Materiell allerdings ist das durch die IVF-Verordnung und die Verordnung über Humanexperimente herbeigeführte Regelungsergebnis durchaus konsequent. Aufgrund ethischer Erwägungen wird die von der Grundrechtsordnung nicht eingeschränkte Möglichkeit wahrgenommen, Grenzen zu ziehen, verbietet infolgedessen die gezielte Herstellung von Embryonen in vitro zum Zwecke der Stammzellengewinnung und überantwortet die Entscheidung über die Zulässigkeit der Gewinnung embryonaler Stammzellen von sog. überzähligen Embryonen einem sachverständigen und sachnahen Gremium, das insbesondere fähig ist, konkrete Forschungsaussichten und Umstände des Einzelfalles einzubeziehen.

Auf den ersten Blick scheint die deutsche Rechtslage ebenfalls vollumfänglich mit dem im Rahmen der Darstellung des grundsätzlichen Rechtsstatus des Embryos in vitro gefundenen Ergebnis zu korrelieren. Der einfache Gedankengang wäre, dass der Embryo in vitro unter den grundrechtlichen Lebens- und Würdeschutz falle und deshalb das bestehende strafbewehrte Verbot eine juristische Zwangsläufigkeit darstellt. Diese zwar „griffige" und plastische Aussage ist in dieser Pauschalität jedoch nicht haltbar. Der Gesetzgeber zielte mit dem ESchG darauf ab, den Embryo in vitro umfassend zu schützen und hat dies mit dem strafbewehrten Verbot jeglicher Stammzellengewinnung vom Embryo in vitro auch getan. Dies stellt allerdings keine verfassungsrechtliche Zwangsläufigkeit dar. Wie

---

[802] Vgl. oben unter II.G bzw. III.L.
[803] Vgl. oben unter II.B bzw. III.B.

oben unter L.3.b) aufgezeigt, ist es vertretbar, ohne Preisgabe der deutschen Grundrechtsdogmatik und unter Respektierung der bundesverfassungsgerichtlichen Rechtsprechung zum Lebensschutz Ungeborener, anzunehmen, dass die Gewinnung embryonaler Stammzellen von sog. überzähligen Embryonen in vitro bei Vorliegen bestimmter Umstände verfassungsrechtlich zulässig und nicht von vornherein ausgeschlossen ist.

Gerade der Vergleich mit der israelischen Rechtsordnung, zeigt, dass innerhalb der deutschen Jurisprudenz eine saubere Trennung zwischen rein juristischen und ethischen bzw. politischen Argumenten einzufordern und zu beachten ist. Eine solche Trennung ist in Israel nicht notwendig. Der dem Embryo in vitro in Deutschland zugebilligte Würde- und Lebensschutz entbindet gerade nicht von einer präzisen dogmatischen Begründung sowie genauer Subsumtion der einzelnen Sachverhalte. Allzu oft wird in Diskussionen mit dem unbestimmten Rechtsbegriff der Menschenwürde undifferenziert argumentiert, um Tabuzonen zu errichten („Todschlagargument").[804] Auf diese Weise wird man dem Rechtsbegriff Menschenwürde und dem dogmatischen Zusammenspiel zwischen Menschenwürde und Lebensschutz nicht gerecht. Der Kontrast mit der israelischen Rechtsordnung fordert zu einer exakten Begründung heraus.

Deutlich wird allerdings, dass der Embryo in vitro – im Gegensatz zur israelischen Rechtslage – aufgrund der Zubilligung des Grundrechtsschutzes in Grenzfällen wahrhaftig geschützt wird. Eine Tolerierung der gezielten Herstellung von Embryonen in vitro zum Zwecke der Stammzellengewinnung z.B. wäre in Deutschland – insoweit besteht nahezu Einigkeit in der juristischen Literatur – verfassungsrechtlich nicht zulässig. In Israel hingegen ist der Embryo nur durch den politischen Willensbildungsprozess geschützt und eine Garantie für die Aufrechterhaltung des rechtlichen Status quo besteht nicht. Israel hat sich in diesem Zusammenhang insbesondere mit dem Argument des Dammbruchs auseinander zu setzen. Die Gefahr, dass der Gesetz- bzw. Verordnungsgeber auf den Druck aus Wirtschaft und Forschung reagiert und der bestehende Schutz immer weiter verwässert wird, ist nicht zu leugnen. Einem solchen Dammbruch sind in Deutschland durch die Unterstellung von Embryonen in vitro unter den Schutz der Grundrechte verfassungsrechtliche Grenzen gesetzt.

3. Fazit und rechtspolitische Erläuterung

Unabhängig vom Fehlen eines Grundrechtsschutzes zugunsten des Embryos in vitro in Israel ist interessanterweise herauszustellen, dass die Situation de lege lata dort exakt mit der – nach hier vertretenen Auffassung – verfassungsrechtlich möglichen in Deutschland übereinstimmt. Sollte der deutsche Gesetzgeber eine Veränderung der bestehenden Rechtslage hinsichtlich der Stammzellengewinnung beabsichtigen, so ist dies vor dem geschilderten verfassungsrechtlichen Hintergrund kein leichtes Unterfangen. Der Gesetzgeber müsste jedenfalls Regelungen und

---

[804] Auf diesen Umstand aufmerksam machend Taupitz NJW 2001, 3433, 3436.

Verfahren bereitstellen, die sicherstellen, dass ein ungerechtfertigter Eingriff in den Menschenwürdegehalt des grundrechtlichen Lebensschutzes ausgeschlossen werden kann. Dazu ist mit Blick auf die Stammzellenforschung notwendig, dass keine generelle und pauschale Erlaubnis zur Gewinnung embryonaler Stammzellen auch von sog. überzähligen Embryonen erteilt wird. Notwendig ist vielmehr die Sicherstellung, dass z.B. konkrete Forschungsvorhaben überhaupt dem Zweck hochrangiger Forschungsinteressen zugunsten der Gesundheit und des Lebens anderer Menschen dienen und die betroffenen Embryonen tatsächlich nicht gezielt „hergestellt" werden, sondern aufgrund besonderer Umstände des Einzelfalls nicht mehr zum Transfer auf die Wunschmutter eingesetzt werden können. Nur dann kann ggf. angenommen werden, dass der Wesensgehalt des grundrechtlichen Lebensschutzes nicht angetastet wird.

Um eine solche Einzelfallprüfung sicherzustellen, bietet das israelische System durchaus verwertbare Anregungen. Die Etablierung einer fachlich qualifizierten, mit Personen verschiedenster Fachrichtungen besetzten Prüfungs- bzw. Genehmigungskommission wäre ein denkbarer Weg. Einhergehend mit einer entsprechenden Erlaubnis müsste zum Zwecke einer umfassenden Prüfung ein grundsätzliches Verbot mit Erlaubnisvorbehalt etabliert werden. Ferner müsste die Einwilligung der genetischen Eltern des zu verwendenden Embryos sicher gestellt werden.

In Abgrenzung zu den israelischen „Helsinki-Kommissionen" wäre zu überlegen, ob einem Prüfungsgremium ein umfassender, zwingender Prüfungskatalog aufgegeben wird. Damit würde der weite Ermessens- und Beurteilungsspielraum, den die „Helsinki-Kommissionen" aufgrund der unbestimmten Vorgaben der Deklaration von Helsinki des Weltärztebundes genießen, eingeschränkt. Zu denken wäre des weiteren an die Etablierung eines außenstehenden „Kontrolleurs", dem neben Auskunfts- und Einsichtsrechten ein Recht zur Klage gegen die Prüfungsentscheidung eines Gremiums zusteht.

Neben dem bereits im Rahmen der Erörterung des grundsätzlichen Rechtsstatus des Embryos in vitro angesprochenen jüdisch-religiösen Hintergründen, die selbst keine Anerkennung eines besonderen Schutzes des Embryos in vitro voraussetzen, ist hinsichtlich der Stammzellengewinnung in Israel ein weiterer Aspekt zu nennen, der eine von sicherlich zahlreichen Begründungen für die freizügige Regelung in Israel darstellt. Das Bewusstsein der israelischen Gesellschaft, dass der einzige „Rohstoff" ihres Gemeinwesen die Intelligenz ist, was bereits die Gründerväter des Staates postulierten, hat für ein effizientes und freizügiges Wissenschaftssystem gesorgt.[805] Große Teile der israelischen Gesellschaft stehen daher der Wissenschaft aufgeschlossen gegenüber und tendieren – zumindest zu einem anderen Grade als die Deutschen – eher dazu, mögliche ethische Bedenken zurückzustellen. Damit ist jedoch nur ein Teilaspekt eines multikausalen Systems benannt, das mit dem Begriff „Rechtskultur" am treffendsten umschrieben ist.

Hinsichtlich der insgesamt vergleichsweise restriktiveren deutschen Rechtsordnung wurde bereits oben unter C.3. auf den Einfluss der christlichen Kirchen, die

---

[805] Vgl. z.B. Schnabel in Die Zeit v. 07.06.2001.

einen starken Schutz der Embryonen in vitro fordern, und auf die von der Nazivergangenheit geprägte, besondere Sensibilität in Fragen des Menschenwürde- und Lebensschutzes hingewiesen.

IV. Rechtsvergleichende Gesamtbetrachtung und Zusammenfassung

A. Die Herstellung und Verwendung von Embryonen in vitro im Rahmen der untersuchten Methoden der assistierten Reproduktion

1. Allgemein

Versucht man den Rechtsvergleich zwischen Deutschland und Israel hinsichtlich der einzelnen untersuchten Methoden der assistierten Reproduktion (Samenspende, Eizellen- und Embryonenspende, Surrogatmutterschaft) zusammenzufassen, so ist festzustellen, dass die israelische Rechtsordnung im Ergebnis darauf abzielt, Wuscheltern bzw. Wunschmüttern die biologische bzw. genetische Elternschaft zu ermöglichen. Die Samen, Eizellen- und Embryonenspende sowie sogar die Surrogatmutterschaft werden grundsätzlich ausdrücklich erlaubt. Ausgehend von der allgemeinen Handlungsfreiheit, einem Recht auf Privatsphäre im Bereich der Fortpflanzungsmedizin und einem Recht auf freien Zugang zu den verschiedenen Methoden der assistierten Reproduktion seitens der Wunscheltern bzw. der Wunschmutter rechtfertigen lediglich bei konkreten Gefahren für das zukünftige Kind Beschränkungen des freien Zugangs zu den untersuchten Methoden der assistierten Reproduktion.

In Deutschland hingegen zielen die einzelnen Regelungen im Ergebnis darauf ab, die untersuchten Methoden der assistierten Reproduktion grundsätzlich zu unterbinden. Die Samenspende ist lediglich als Ausnahme zulässig; die gezielte Eizellen- und Embryonenspende sowie die Surrogatmutterschaft sind strafbewehrt verboten. In Deutschland wird sehr genau zwischen der Folge einer gespaltenen Vaterschaft und einer gespaltenen Mutterschaft unterschieden. Während erstere – wenn auch nur als Ausnahme – rechtlich toleriert wird, ist letztere rechtlich tabuisiert und zieht somit zwangsläufig das Verbot der Eizellen- und Embryonenspende sowie der Surrogatmutterschaft nach sich. Die Verhinderung einer gespaltenen Mutterschaft wird mit verfassungsrechtlichen Argumenten gerechtfertigt. Die objektive Wertordnung der Grundrechte geht von einem natürlichen Mutter-Kind-Verhältnis aus, das insofern als Teil des Kindeswohls einen Wert mit Verfassungsrang darstellt. Das in der Natur nicht existierende Auseinanderfallen von genetischer und plazentarer Mutterschaft sei ein Verstoß gegen diese von der Natur vorgegebene Prämisse, die ein Verstoß gegen das so verstandene Kindeswohl darstelle und daher ein Verbot zu rechtfertigen vermag. Dem Gesetzgeber steht jedoch eine Einschätzungsprärogative hinsichtlich der Gefahren für die von der objektiven Wertordnung des Grundgesetzes vorgesehenen natürlichen Mutterschaft zu, so dass der Gesetzgeber nicht zur Aufrechterhaltung der bestehenden Verbote verpflichtet ist.

2. Planmäßige Halbwaisenschaft und Beschränkungen der Surrogatmutterschaft

Beide Rechtsordnungen stellen, soweit der Zugang zu den Methoden der assistierten Reproduktion möglich ist (in Deutschland also heterologe Befruchtung bzw. Samenspende), die nichteheliche Lebensgemeinschaft der ehelichen gleich. Allerdings ist in Israel die Samenspende an alleinstehende Patientinnen erlaubt, was in Deutschland unter Rückgriff auf das Familienbild des Grundgesetzes (Elternpaar und keine Halbwaisenschaft) als Teil der objektiven Wertordnung verboten ist.

Verboten ist in Israel jedoch die Surrogatmutterschaft zugunsten einer alleinstehenden Wunschmutter, verbunden mit dem zwingenden Erfordernis einer genetischen Verbundenheit zwischen Wunschvater und dem Kind sowie dem Nichtverheiratetsein der Surrogatmutter. Diese Beschränkungen unterliegen der Einschätzungsprärogative des Parlaments und sind unmittelbarer Ausdruck der Vermeidung von Kollisionen mit dem jüdisch-religiösen Recht.

3. Anonymität

Alle Fälle der Keimzellenspende sind in Israel von einem strikten System der Anonymität geprägt, die letztendlich die Inanspruchnahme des Spenders oder der Spenderin wegen Unterhaltspflichten, erbrechtlichen Ansprüchen und dergleichen vermeiden soll. Der Schutz der Spender bzw. der Spenderinnen soll für große Spendenbereitschaft sorgen. Die Anonymitätsregelungen stehen zur Disposition des Verordnungs- bzw. Gesetzgebers, da sie keiner grundrechtlichen bzw. verfassungsrechtlichen Vorgabe entsprechen.

In Deutschland hingegen ist das Gegenteil der Fall: Aus dem Schutz des allgemeinen Persönlichkeitsrechts (Art. 1 Abs. 1 i.V.m. Art. 2 Abs. 2 GG) zugunsten des zukünftigen Kindes wird ein zukünftiger Anspruch des Kindes abgeleitet, gegebenenfalls (soweit die sozialen Eltern das Kind über die Keimzellenspende informieren) die Identität der genetischen Eltern zu erfahren, da die genetische Herkunft ein wesentlicher Teil der Identität eines Menschen darstelle. Das Verbot zu Lasten des Staates, in irgendeiner Form aktiv die Kenntnisnahmemöglichkeit zu vereiteln steht wegen der zwingenden verfassungsrechtlichen Vorgabe nicht zur Disposition des Gesetzgebers.

4. Leitlinien

Überschaut man die zuvor ausgeführte Zusammenfassung der wesentlichen Ergebnisse wird folgendes deutlich:

Israel zeigt im Vergleich zu Deutschland eine in allen Belangen liberalere, an der Dispositionsfreiheit der Wunscheltern und der Keimzellenspender orientierte Regelung der assistierten Reproduktion. Die in Deutschland existierenden Restriktionen werden sämtlichst aus dem Grundgesetz abgeleitet. Aufgrund des Verständnisses des Grundgesetzes als objektive Wertordnung werden entsprechende Vorgaben, die sich auf Erwägungen, die das Wohl des zukünftigen Kindes betreffen, beziehen, diesem entnommen. In allen Fällen von Beschränkungen im Bereich der assistierten Reproduktion in Deutschland zeigt sich eine Zurückdrängung der Interessen von Wuncheltern und Spendern hinter dem angenomenen Wohl des Kindes.

Die wenigen in Israel festgelegten Beschränkungen haben nur in wenigen Ausnahmefällen unmittelbar das Kindeswohl zum Ziel (z.B. bei Bestehen einer konkreten Gefahr für Leib, Leben und Psyche des Kindes), sondern beabsichtigen die Vermeidung von Kollisionen mit Vorgaben der jüdisch-religiösen Rechtsordnung. Immer dann, wenn die Gefahr droht, gegen religiöse Vorgabe zu verstoßen, wird das Selbstbestimmungsrecht und die Autonomie der Wunschmütter, der Wuncheltern bzw. der Spender und Surrogatmütter zurückgedrängt.[806] Die Gefahr z.B., dass das zukünftige Kind von einer verheirateten Mutter abstammt, jedoch keine genetische Verbundenheit zum Ehemann aufweist und insofern als „uneheliches" Kind im Sinne der jüdisch-religiösen Rechtsordnung gelten könnte – mit der Konsequenz einer nur eingeschränkten Heiratsfähigkeit des zukünftigen Kindes nach religiösem Recht – motivierte den Gesetzgeber im Leihmutterschaftsgesetz zu entsprechenden Restriktionen.

Ansonsten verbleibt es in Israel beim Ansatz, den Kinderwunsch mittels Methoden der assistierten Reproduktion möglichst nicht zu beschränken:

> „Befruchtung, Schwangerschaft und Geburt sind intime Vorgänge, die in den Bereich der Privatsphäre fallen. Der Staat greift in diesen Bereich nur ein, wenn es dafür gewichtige Gründe gibt, die ihren Grund im Schutz individueller Rechte Anderer oder ernsten Gefahren für das Allgemeinwohl und des öffentlichen Interesses haben."[807]

Dieses bereits zuvor als „neutrale" Ordnung im Vergleich zur „objektiven Wertordnung" des Grundgesetzes bezeichnete Verständnis staatlicher Regelungsbefugnis wird ergänzt durch den jüdisch-religiösen Hintergrund Israels. Die religiöse Pflicht zur Fruchtbarkeit und Vermehrung[808] ist nicht hinwegzudenken aus einer Kultur, die außerordentlich großen Wert auf die eigene Nachkommenschaft legt.[809] Es bestätigt sich auch insofern die These von einer Wechselwirkung zwischen Kultur und Recht bzw. dem jüdisch-religiösen Hintergrund der israelischen Rechtskultur. Der Wert der biologischen Elternschaft hat in Israel ein solches Ge-

---

[806] So auch die Grundthese von Shapira Hastings Center Report 1987, 12, 14.
[807] So Richter Ben-Ito in der Entscheidung des Obersten Gerichtshofs in Sachen Ploni gegen Ploni, Piskei Din Bd. 57, S. 81. Im Ergebnis so auch Shifman N.Y.L.Sch.Hum.Rts. Ann. 1987, 555, 562.
[808] Vgl. Genesis I, 28.
[809] Vgl. z.B. Shifman N.Y.L.Sch.Hum.Rts. Ann. 1987, 555, 558 f.; Sinai in Ha-Aretz vom 02.02.2000; eingehend Sinai in Ha-Aretz vom 09.05.2000.

wicht, dass so gut wie alle Bedenken gegen bestimmte Methoden der assistierten Reproduktion zurückgewiesen werden.[810]

Generalisierend lässt sich im Vergleich beider Rechtsordnungen folglich festhalten: Israel verfolgt im Bereich der Methoden der assistierten Reproduktion einen Ansatz, der grundsätzlich von einer Freiheit des Zugangs zu den Methoden ausgeht und erst in einem zweiten Schritt nach Einschränkungen oder Verboten gefragt wird. In Deutschland hingegen zeigt sich ein grundsätzlich restriktiver Ansatz. Die unterschiedlichen Ansätze haben ihren Ursprung in den unterschiedlichen Rechtskulturen. Vorgaben durch die objektive Wertordnung der Grundrechte im Bereich Fortpflanzung und Familie haben maßgeblichen Einfluss auf die legislatorische Herangehensweise in Deutschland. Demgegenüber steht ein „neutraleres" Grundrechts- und Verfassungsrechtsverständnis Israels, das durch religiöse Einflüsse ergänzt wird, die den Wert, „eigene" Kinder zu haben, fördert.

Abgesehen von dem Verbot der Anonymitätswahrung zugunsten der Keimzellenspender ist der deutsche Gesetzgeber innerhalb eines großen Einschätzungsspielraumes frei, bestehende Restriktionen zu verändern. Auffällig ist in beiden Rechtsordnungen, dass bestimmte Entscheidungen zu Beschränkungen nicht vom Primärgesetzgeber gefällt wurden. Während sämtliche Aspekte des Verbots der gespaltenen Mutterschaft in Deutschland durch das ESchG geregelt werden, gilt dies in Israel nur für die Surrogatmutterschaft. Allerdings ist zu konstatieren, dass Israel wegen Fehlens einschneidender Restriktionen außerhalb der Surrogatmutterschaft einfacher und ohne besondere Begründung auf eine primärgesetzliche Regelung verzichten kann. In Deutschland hingegen sind sämtliche Restriktionen des Zugangs zur Methode der heterologen Befruchtung außerhalb einer Ehe durch Standesrecht und damit durch Binnenrecht von Selbstverwaltungskörperschaften geregelt, ohne dass eine hinreichende Ermächtigung hierfür besteht. Im Hinblick auf grundrechtsrelevante Wertentscheidungen zu Gunsten und zu Lasten der Beteiligten besteht in diesem Punkt ein akuter Handlungsbedarf des Gesetzgebers.

B. Die Verwendung des Embryos in vitro zur Stammzellengewinnung

Die Struktur der soeben erläuterten Gesamtergebnisse zu den untersuchten Methoden der assistierten Reproduktion findet sich parallel auch bei der Untersuchung der Gewinnung embryonaler Stammzellen vom Embryo in vitro wieder. Während in Deutschland von einem generellen Verbot ausgegangen wird, das auch einfachgesetzlich umgesetzt wurde, steht in Israel die generelle Zulässigkeit der Methode im Vordergrund. Letztere manifestiert sich vor allem im Fehlen einschlägiger Verbotsvorschriften. Erst in einem zweiten Schritt wird in Israel danach gefragt, ob

---

[810] So auch die Analyse von Shalev Israel Law Review 1998, 51, 53.

B. Die Verwendung des Embryos in vitro zur Stammzellengewinnung

abweichend von der grundsätzlichen Zulässigkeit unter Umständen Restriktionen angezeigt sind.

Zieht man die sich diametral gegenüberstehenden Feststellungen hinsichtlich des grundsätzlichen Rechtsstatus von Embryonen in vitro in Betracht, so scheint auf den ersten Blick der wesentliche durch den Rechtsvergleich ans Tageslicht beförderte, unüberwindbare Unterschied beider Rechtsordnungen aufgezeigt: Soweit dem Embryo in vitro der Schutz von Grundrechten zuteil wird, sei konsequenterweise die Gewinnung von Stammzellen vom Embryo in vitro unter Inkaufnahme seiner Tötung verboten, da das Recht auf Leben und die Menschenwürde einer Tolerierung seitens des Staates entgegensteht. In Israel hingegen sei grundsätzlich jegliche Art der Gewinnung von und Forschung an Stammzellen vom Embryo in vitro erlaubt, da dem Embryo in vitro ein eigenständiger Rechtsstatus nicht zuteil wird.

Eine genauere Betrachtung im Rahmen des Vergleichs spiegelte allerdings ein differenzierendes System wider. In Israel ist – obwohl Gegenteiliges von Grundrechts bzw. Verfassungs wegen her durchaus möglich wäre – die gezielte Erzeugung menschlicher Embryonen zu anderen als Fortpflanzungszwecken verboten, so dass zum Zwecke der Stammzellengewinnung nur sog. überzählige Embryonen herangezogen werden dürfen. In Deutschland wiederum gebieten bei genauer Betrachtung die herrschende Rechtsprechung und die grundrechtlichen Vorgaben nach der hier vertretenen Ansicht kein Pauschalverbot der Gewinnung embryonaler Stammzellen. In Deutschland ist zwar die gezielte Embryonenerzeugung zu anderen als Fortpflanzungszwecken bereits von Verfassungs wegen zu verbieten. Das Grundgesetz steht aber unter Umständen einer Gewinnung von Stammzellen von sog. überzähligen Embryonen nicht zwingend entgegen, soweit konkrete und hochrangige Forschungsziele, die unter anderem auch das Wohl Dritter und zukünftiger Generationen umfasst, verfolgt werden. Die Wesentlichkeitsgarantie (Art. 19 Abs. 2 GG) verlangt aber nach Verfahren, die sicherstellen, dass der Menschenwürdegehalt des grundgesetzlichen Lebensschutzes (Art. 2 Abs. 2 GG) nicht angetastet wird. Im Rahmen der aktuellen politischen Diskussion um eine Änderung des pauschalen Verbots der Gewinnung embryonaler Stammzellen vom Embryo in vitro können in diesem Zusammenhang der bestehenden israelischen Regelung, insbesondere hinsichtlich der Idee eines Verbots mit Erlaubnisvorbehalt durch eine Sachverständigenkommission, bedeutende Anregungen entnommen werden.

Literaturverzeichnis

Badura, Peter in Maunz-Dürig, Kommentar zum Grundgesetz, Art. 6, Band I, Loseblattsammlung, Stand: Lieferungen 1 bis 37 (August 2000), München,
zitiert: Badura in Maunz/Dürig Art.

Bargs-Stahl, Evelyn "Mensch nach Maß - Fragen an die Medizin der Zukunft" Hintergrundinformation zum Berliner Wissenschaftsgespräch am 12. März 2001, im Internet unter http://www.dfg.de/aktuell/das_neueste/wissenschaftsgespraech_hintergrund.html#3, 2001, hrsg.v. der Deutschen Forschungsgemeinschaft,
zitiert: Bargs-Stahl 2001

Bartens, Werner "Revolutionäre Zellen" in Die Zeit, Nr. 35/2000, Hamburg 2000,
zitiert: Bartens Die Zeit Nr. 35/2000

Bastijn, Sophie E. "Genetische Präimplantationsdiagnostik in europäischer Perspektive" EthikMed 1999 Suppl. I (11), S. 70 ff.,
zitiert: Bastijn EthikMed 1999, 70

Baumann, Jürgen "Strafbarkeit von In-vitro-Fertilisation und Embryonentransfer" in "Fortpflanzungsmedizin und Humangenetik – strafrechtliche Schranken ?: Tübinger Beiträge zum Diskussionsentwurf eines Gesetzes zum Schutz von Embryonen", S. 177 ff., 2. Auflage, Tübingen 1991, hrsg. v. Hans-Ludwig Günther und Rolf Keller,
zitiert: Baumann 1991

Bayertz, Kurt "Drei Thesen zum moralischen Status menschlicher Embryonen in vitro" in "Fortpflanzungsmedizin in Deutschland – Wissenschaftliches Symposium des Bundesministeriums für Gesundheit in Zusammenarbeit mit dem Robert Koch-Institut vom 24. bis 26. Mai 2000 in Berlin", S. 81 ff., Baden-Baden 2001, hrsg. v. Bundesministerium für Gesundheit,
zitiert: Bayertz 2001, 81

Beckmann, Rainer "Embryonenschutz und Grundgesetz – Überlegungen zur Schutzwürdigkeit extrakorporal gezeugter Embryonen" in ZRP 1987, S. 80 ff.,
zitiert: Beckmann ZRP 1987, 80

Beier, Henning M. "Definition und Grenze der Totipotenz in Reproduktionsmedizin 1998, S. 41 ff. im Internet unter: http://link.springer.de/link/service/journals/00444/index.htm,
zitiert: Beier Reproduktionsmedizin 1998, 41

Beier, Henning M. "Die Phänomene Totipotenz und Pluripotenz: Von der klassischen Embryologie zu neuen Therapiestrategien", in Reproduktionsmedizin 1999, S. 190 ff.,

im Internet unter: http://link.springer.de/link/service/journals/00444/index.htm,
zitiert: Beier, Reproduktionsmedizin 1999, 190

Beier, Henning M. "Zum Status des menschlichen Embryos in vitro und in vivo vor der Implantation" in Reproduktionsmedizin 2000, S. 332 ff.,
zitiert: Beier Reproduktionsmedizin 2000, 332

Beier, Henning M. "Totipotenz und Pluripotenz: Von der klassischen Embryologie zu neuen Therapiestrategien" in "Gen-Medizin: eine Bestandsaufnahme", S. 63 ff., Berlin, Heidelberg, New York 2000, hrsg. v. Arnold Maria Raem u.a.,
zitiert: Beier 2000, 63

Beier, Henning M. "Zum Status des menschlichen Embryos in vitro und in vivo vor der Implantation" in "Fortpflanzungsmedizin in Deutschland – Wissenschaftliches Symposium des Bundesministeriums für Gesundheit in Zusammenarbeit mit dem Robert Koch-Institut vom 24. bis 26. Mai 2000 in Berlin", S. 52 ff., Baden-Baden 2001, hrsg. v. Bundesministerium für Gesundheit,
zitiert: Beier 2001

Ben-Am, Moshe "Gespaltene Mutterschaft" Basel, Frankfurt a.M. 1998,
zitiert: Ben-Am 1998

Ben-Dror, Amnon "Adoption und Surrogatmutterschaft in Israel" (hebr.: Imutz we pondaka'ut) Tel Aviv 1994,
zitiert: Ben-Dror 1994

Benda, Ernst "Humangenetik und Recht – eine Zwischenbilanz" in NJW 1985, S. 1730 ff.
zitiert: Benda NJW 1985, 1730

Benda, Ernst "Verständigungsversuche über die Würde des Menschen" in NJW 2001, S. 2147 ff.,
zitiert: Benda NJW 2001, 2147

Benda, Ernst "Berichte über die Interministerielle Kommission 'In-vitro-Fertilisation, Genom-Analyse und Gentransfer'" in "Rechtsfragen der Gentechnologie: Vorträge anläßlich eines Kolloquiums Recht und Technik – Rechtsfragen der Gentechnologie in der Tagungsstätte der Max-Planck-Gesellschaft 'Schloß Ringberg' am 18./19./20. November 1985", zweite Arbeitssitzung: Berichte über Interministerielle Kommission und Enquete-Kommission des Deutschen Bundestags, Köln, Berlin, Bonn, München 1986, hrsg. v. Rudolf Lukes und Rupert Scholz,
zitiert: Benda 1986

Benda, Ernst u. a. (Autoren und Arbeitsgruppe) "Bericht der interministeriellen Arbeitsgruppe In-vitro-Fertilisation, Genomanalyse und Gentherapie" (sog. "Benda-Kommission") 1985, hrsg. v. Bundesministerium der Justiz und Bundesministerium für Forschung und Technologie,
zitiert: Benda-Kommission

Berg, Giselind "Eizellspende - eine notwendige Alternative ?" in "Fortpflanzungsmedizin in Deutschland – Wissenschaftliches Symposium des Bundesministeriums für Gesundheit in Zusammenarbeit mit dem Robert Koch-Institut vom 24. bis 26. Mai 2000 in Berlin", Baden-Baden 2001, hrsg.v. Bundesministerium für Gesundheit,
zitiert: Berg 2001, 143

Literaturverzeichnis

Bernat, Erwin "Statusrechtliche Probleme im Gefolge medizinisch assistierter Zeugung" in MedR 1986, S. 245 ff.,
zitiert: Bernat MedR 1986, 245

Bernat, Erwin "Rechtsfragen medizinisch assistierter Zeugung" Frankfurt a.M., Bern u.a. 1989,
zitiert: Bernat 1989

Bettendorf, Gerhard und Breckwoldt Meinert (Hrsg.) "Reproduktionsmedizin" Stuttgart, New York 1989,
zitiert: Bettendorf/Breckwoldt

Biller, Nicola "Der Personenbegriff in der Reproduktionsmedizin" in Schriftenreihe des Zentrums für Medizinische Ethik Bochum, Bochum 1997,
zitiert: Biller 1997

Bin-Nun, Ariel "The Law of the State of Israel" aktualisierte und genehmigte englische Fassung des ursprünglich in Darmstadt 1983 erschienen Werks unter dem Titel "Einführung in das Recht des Staates Israel", Jerusalem 1990,
zitiert: Bin-Nun 1990

Bonelli, Johannes "Medizinethische Fragen zur In-vitro-Fertilisation (IVF)" in "Fortpflanzungsmedizin und Lebensschutz", Veröffentlichungen des Internationalen Forschungszentrums für Grundfragen der Wissenschaften, Innsbruck, Wien 1992, hrsg. v. Franz Bydlinski und Theo Mayer-Maly, Band 55,
zitiert: Bonelli in Bydlinski 1992

Born, Birgit "Moderne medizinische Möglichkeiten bei der Entstehung menschlichen Lebens – insbesondere gesetzgeberischer Handlungsbedarf" in Jura 1988, S. 225 ff., 1988,
zitiert: Born Jura 1988, 225

Breckwoldt, Meinert "Stichwort Fortpflanzungsmedizin – Medizin" in Lexikon Medizin, Ethik, Recht, Freiburg, Basel, Wien 1992, hrsg. v. Albin Eser, Markus von Lutterotti, Paul Sporken,
zitiert: Breckwoldt Lexikon Spalte

Brüstle, Oliver "Embryonale Stammzellen: Neue Perspektiven für die Transplantationsmedizin" in "Fortpflanzungsmedizin in Deutschland – Wissenschaftliches Symposium des Bundesministeriums für Gesundheit in Zusammenarbeit mit dem Robert Koch-Institut vom 24. bis 26. Mai 2000 in Berlin", Baden-Baden 2001, hrsg. v. Bundesministerium für Gesundheit,
zitiert: Brüstle 2001, 222

Böckenförde, Ernst-Wolfgang "Das Tor zur Selektion ist geöffnet – Interview mit Ernst-Wolfgang Böckenförde" in Süddeutsche Zeitung 16.05.2001,
zitiert: Böckenförde in SZ v. 16.05.2001

Coester-Waltjen, Dagmar "Rechtliche Probleme der für andere übernommenen Mutterschaft" in NJW 1982, S. 2528 ff.,
zitiert: Coester-Waltjen NJW 1982, 2528

Coester-Waltjen, Dagmar "Befruchtungs- und Gentechnologie bei Menschen – rechtliche Probleme von morgen ?" Genforschung und Genmanipulation – Dokumentation eines Fachgesprächs sowie Stellungnahmen und Materialien zum Thema aus politischer,

ethischer und rechtlicher Sicht, München 1985, hrsg. v. Friedrich-Naumann-Stiftung,
zitiert: Coester-Waltjen 1985

Coester-Waltjen, Dagmar Stichwort "Fortpflanzungsmedizin – Recht" Lexikon Medizin, Ethik, Recht, Freiburg, Basel, Wien 1992, Albin Eser, Markus von Lutterotti, Paul Sporken,
zitiert: Coester-Waltjen Lexikon Fpm Spalte

Coester-Waltjen, Dagmar "Elternschaft außerhalb der Ehe – Sechs juristische Prämissen und Folgerungen für die künstliche Befruchtung" in "Fortpflanzungsmedizin in Deutschland – Wissenschaftliches Symposium des Bundesministeriums für Gesundheit in Zusammenarbeit mit dem Robert Koch-Institut vom 24. bis 26. Mai 2000 in Berlin", S. 158 ff., Baden-Baden 2001, hrsg. v. Bundesministerium für Gesundheit,
zitiert: Coester-Waltjen 2001, 158

Cohen, Jacques, Sultan, Khalid M. und Rosenwaks Zev "Befruchtung durch Mikromanipulation" in "Moderne Fortpflanzungsmedizin: Grundlagen, IVF, ethische und juristische Aspekte", Stuttgart, New York 1995, hrsg. v. Tinneberg, Hans-Rudolf Tinneberg und Christoph Ottmar,
zitiert: Cohen/Sultan/Rosenwaks in Tinneberg/Ottmar

Deichfuß, Hermann "Recht des Kindes auf Kenntnis seiner blutsmäßigen (genetischen) Abstammung?" in NJW 1988, S. 113 ff.,
zitiert: Deichfuß NJW 1988, 113

Derleder, Peter "Die Grenzen einer Elternschaft aufgrund medizinisch unterstützter Fortpflanzung" in "Fortpflanzungsmedizin in Deutschland – Wissenschaftliches Symposium des Bundesministeriums für Gesundheit in Zusammenarbeit mit dem Robert Koch-Institut vom 24. bis 26. Mai 2000 in Berlin", S. 154 ff., Baden-Baden 2001, hrsg. v. Bundesministerium für Gesundheit,
zitiert: Derleder 2001, 154

Deutsch, Erwin "Artifizielle Wege der menschlichen Reproduktion: Rechtsgrundsätze – Konservierung von Sperma, Eiern und Embryonen; künstliche Insemination und außerkörperliche Fertilisation; Embryonentransfer" in MDR 1985, S. 177 ff.,
zitiert: Deutsch MDR 1985, 177

Deutsch, Erwin "An der Grenze von Recht und künstlicher Fortpflanzung" in VersR 1985 S. 1002 ff.,
zitiert: Deutsch VersR 1985, 1002

Deutsch, Erwin "Medizinrecht: Arztrecht, Arzneimittelrecht und Medizinproduktrecht" 4. Auflage, Berlin, Heidelberg, New York 1999,
zitiert: Deutsch 1999

Deutsch, Erwin und Taupitz Jochen "Forschungsfreiheit und Forschungskontrolle in der Medizin - zur geplanten Revision der Deklaration von Helsinki" in MedR 1999, S. 402 ff.,
zitiert: Deutsch/Taupitz, MedR 1999, 402

Deutsche Forschungsgemeinschaft "DFG-Stellungnahme zum Problemkreis 'Humane embryonale Stammzellen' vom 18. März 1999" in Reproduktionsmedizin 1999, S. 159 ff., veröffentlicht auch im Internet unter http://www.dfg.de/aktuell/stellungnahmen/lebenswissenschaften/eszell_d_99.pdf, zuletzt aufgerufen am 12.10.2001,
zitiert: DFG-Stellungnahme 1999

Literaturverzeichnis 229

Deutsche Forschungsgemeinschaft "Empfehlungen der Deutschen Forschungsgemeinschaft zur Forschung mit menschlichen Stammzellen - 3. Mai 2001" im Internet unter http://www.dfg.de/aktuell/stellungnahmen.../empfehlungen_stammzellen_03_05_01.htm, zuletzt aufgerufen am 03.08.2001,
zitiert: DFG-Stellungnahme v. 03.05.2001

Diedrich, K. "Stellungnahme der Deutschen Gesellschaft für Gynäkologie und Geburtshilfe e.V. zu dem Entwurf einer gemeinsamen Stellungnahme der Kassenärztlichen Bundesvereinigung und der Spitzenverbände der Krankenkassen" in Reproduktionsmedizin 1999, S. 6 f.,
zitiert: Diedrich Reproduktionsmedizin 1999, 6

Diedrich, Klaus und Ludwig, Michael "Überblick über die medizinischen Aspekte der Reproduktionsmedizin" in „Fortpflanzungsmedizin in Deutschland – Wissenschaftliches Symposium des Bundesministeriums für Gesundheit in Zusammenarbeit mit dem Robert Koch-Institut vom 24. bis 26. Mai 2000 in Berlin", S. 32 ff., Baden-Baden 2001, hrsg. v. Bundesministerium für Gesundheit,
zitiert: Diedrich/Ludwig 2001

Dingermann, Theodor "Gewaltige Verheißungen in der Therapie" in Pharmazeutische Zeitung 2001, Heft 34, S. 10 ff.,
zitiert: Dingermann PZ 2001 (34), 10

Dreier, Horst "Grundgesetz - Kommentar" Tübingen 1996, hrsg. v. Horst Dreier, Band 1
zitiert: Dreier in Dreier

Dressler, Angelika "Verfassungsfragen des Embryonenschutzes hinsichtlich der Reproduktionsmedizin" Neustrelitz 1992,
zitiert: Dressler 1992

Dürig, Günter "Der Grundrechtssatz von der Menschwürde – Entwurf eines praktikablen Wertsystems der Grundrechte aus Art. 1 Abs. I in Verbindung mit Art. 19 Abs. II des Grundgesetzes" in AöR 81 (1956), S. 117 ff.,
zitiert: Dürig AöR 1956, 117

Dürig, Günter in Maunz-Dürig, Kommentar zum Grundgesetz, Art. 1 und Art. 2 GG, Band I, Loseblattsammlung, Stand: Lieferungen 1 bis 37 (August 2000), München,
zitiert: Dürig in Maunz/Dürig Art.

Eberbach, Wolfram "Rechtliche Probleme der 'Leihmutterschaft'" in MedR 1986, S. 253 ff.,
zitiert: Eberbach MedR 1986, 253

Eberbach, Wolfram H. "Forschung an menschlichen Embryonen – Konsensfähiges und Begrenzungen" in ZRP 1990, S. 217 ff.,
zitiert: Eberbach ZRP 1990, 217

Eisenstadt, Shmuel N. "Die Transformation der israelischen Gesellschaft" Frankfurt a.M. 1992,
zitiert: Eisenstadt 1992

Enders, Christoph "Das Recht auf Kenntnis der eigenen Abstammung" in NJW 1989, S. 881 ff.,
zitiert: Enders NJW 1989, 881

Eser, Albin "Rechtsvergleichende Aspekte der Embryonenforschung" in "Respekt vor dem werdenden Leben", ein Presseseminar der Max-Planck-Gesellschaft zum Thema Em-

bryonenforschung, Berichte und Mitteilungen Heft 4/89, München 1989, hrsg. v. der Max-Planck-Gesellschaft München,
zitiert: Eser 1989

Eser, Albin "Forschung mit Embryonen in rechtsvergleichender und rechtspolitischer Sicht" in "Fortpflanzungsmedizin und Humangenetik – strafrechtliche Schranken ?: Tübinger Beiträge zum Diskussionsentwurf eines Gesetzes zum Schutz von Embryonen", S. 263 ff., 2. Auflage, Tübingen 1991, hrsg. v. Hans-Ludwig Günther und Rolf Keller,
zitiert: Eser 1991

Eser, Albin Stichwort "Humanexperiment/Heilversuch – Recht" in Lexikon Medizin, Ethik, Recht, Freiburg, Basel, Wien 1992, hrsg. v. Albin Eser, Markus von Lutterotti, Paul Sporken,
zitiert: Eser Lexikon Spalte

Eser, Albin, Koch, Hans-Georg und Wiesenbart, Thomas (Hrsg.) "Regelungen der Fortpflanzungsmedizin und Humangenetik. Eine internationale Dokumentation gesetzlicher und berufsständischer Rechtsquellen" (2 Bände), Frankfurt, New York 1990,
zitiert: Eser/Koch/Wiesenbart Bd.

Fahrenhorst, Irene "Fortpflanzungstechnologien und Europäische Menschenrechtskonvention" in EuRGZ 1988, S. 125 ff.,
zitiert: Fahrenhorst EuGRZ 1988, 125

Fechner, Erich "Menschenwürde und generative Forschung und Technik" in JZ 1986, S. 653 ff.,
zitiert: Fechner JZ 1986, 653

Fechner, Erich "Nachträge zu einer Abhandlung über Menschenwürde und generative Forschung und Technik" in "Fortpflanzungsmedizin und Humangenetik – strafrechtliche Schranken ?", S. 37 ff., 2. Auflage, Tübingen 1991, hrsg. von Hans-Ludwig Günther und Rolf Keller,
zitiert: Fechner 1991

Felberbaum, Ricardo E. "Qualitätskontrolle in der assistierten Reproduktion – Das Deutsche IVF-Register" in „Fortpflanzungsmedizin in Deutschland – Wissenschaftliches Symposium des Bundesministeriums für Gesundheit in Zusammenarbeit mit dem Robert Koch-Institut vom 24. bis 26. Mai 2000 in Berlin", S. 265 ff., Baden-Baden 2001, hrsg. v. Bundesministerium für Gesundheit,
zitiert: Felberbaum 2001

Frank, Richard "Die künstliche Fortpflanzung beim Menschen im geltenden und künftigen Recht" Zürich 1989,
zitiert: Frank 1989

Frommel, Monika " Status des Embryo: Juristische Aspekte" in „Fortpflanzungsmedizin in Deutschland – Wissenschaftliches Symposium des Bundesministers für Gesundheit in Zusammenarbeit mit dem Robert Koch-Institut vom 24. bis 26. Mai 2000 in Berlin", S. 67 ff., Baden-Baden 2001, hrsg.v. Bundesministerium für Gesundheit,
zitiert: Frommel 2001

Gans, Chaim "Die eingefrorenen Embryonen des Ehepaares Nachmani" (hebräisch: "Ha ubarim ha muk'faim schel ha zug nachmani"), in Ijunei Mischpat 1993, S. 83 ff.,
zitiert: Gans in Ijunei Mischpat 1993, 83

Giesen, Dieter "Heterologe Insemination – Ein neues legislatorisches Problem ?" in FamRZ 1981, S. 413 ff.,
  zitiert: Giesen in FamRZ 1981, 413

Goeldel, Alexandra "Leihmutterschaft: eine rechtsvergleichende Studie" Frankfurt a.M. u.a. 1994,
  zitiert: Goeldel 1994

Graupner, Heidrun "Ein Zellhaufen wie Du und ich – Die Debatte über die Zulässigkeit der Forschung an Embryonen" in Süddeutsche Zeitung vom 15.01.2002,
  zitiert: Graupner SZ v. 15.01.2002

Green, Yosi "Die IVF im Spiegel des Einverständnisses" (Hebr.: Ha-fraia chuz gufit br'a-i ha-hes-chema) Tel Aviv 1995,
  zitiert: Green 1995

Günther, E. und Fritzsche H. "Sterilitätsbehandlung mit donogener Insemination – Entscheidungsbedarf im deutschen Fortpflanzungsmedizingesetz" in Reproduktionsmedizin 2000, S. 249 ff.,
  zitiert: Günther/Fritzsche Reproduktionsmedizin 2000, 249

Günther, E. und Fritzsche H. "Sterilitätsbehandlung mit donogener Insemination – Teil II. Psychosoziale Probleme bei sterilen Ehepaaren und das Kindeswohl" in Reproduktionsmedizin 2001, S. 214 ff.,
  zitiert: Günther/Fritzsche Reproduktionsmedizin 2001, 214

Günther, Hans-Ludwig "Der Diskussionsentwurf eines Gesetzes zum Schutz von Embryonen" in GA 1987, S. 433 ff.,
  zitiert: Günther GA 1987, 433

Günther, Hans-Ludwig "Strafrechtliche Verbote der Embryonenforschung" in MedR 1990, S. 161 ff.,
  zitiert: Günther MedR 1990, 161

Günther, Hans-Ludwig "Strafrechtlicher Schutz des Embryos über §§ 218 ff. StGB hinaus ?" in "Fortpflanzungsmedizin und Humangenetik – strafrechtliche Schranken ?: Tübinger Beiträge zum Diskussionsentwurf eines Gesetzes zum Schutz von Embryonen", S. 137 ff., 2. Auflage, Tübingen 1991, hrsg. v. Hans-Ludwig Günther und Rolf Keller,
  zitiert: Günther 1991

Günther, Hans-Ludwig in „Kommentar zum Embryonenschutzgesetz" Stuttgart, Berlin, Köln 1992, hrsg. v. Rolf Keller, Hans-Ludwig Günther und Peter Kaiser,
  zitiert: Günther in Keller/Günther/Kaiser

Hager, Johannes "Die Stellung des Kindes nach heterologer Insemination" Berlin, New York 1997,
  zitiert: Hager 1997

Heinrichs, Helmut in "Palandt – Bürgerliches Gesetzbuch" 61. Auflage, München 2001,
  zitiert: Palandt-Heinrichs, § 138 BGB

Herdegen, Matthias "Die Menschenwürde im Fluß des bioethischen Diskurses" in JZ 2001, S. 773 ff.,
  zitiert: Herdegen JZ 2001, 773

Hess, Rainer "Rechtsprobleme der In-vitro-Fertilisation und der Leihmutterschaft" in MedR 1986, S. 240 ff.,
zitiert: Hess MedR 1986, 240

Hirsch, Günter "Zeugung im Reagenzglas – der Ruf nach dem Gesetzgeber wird lauter" in MedR 1986, S. 237 ff.,
zitiert: Hirsch MedR 1986, 237

Hirsch, Günter "Die künstliche Befruchtung – vom rechtsfreien Raum über das Standesrecht zum Gesetz" in Festschrift für Walther Weißauer zum 65. Geburtstag, S. 63 ff., Berlin, Heidelberg 1986, hrsg. v. Georg Heberer, Hans-Wolfgang Opderbecke und Wolfgang Spann,
zitiert: Hirsch 1986, 63

Hirsch, Günter und Schmid-Didczuhn Andrea "Fortpflanzungsmedizin, Humangenetik, Gentechnik auf dem Weg zur gesetzlichen Gestaltung" in MedR 1990, S. 167 ff.,
zitiert: Günther/Schmid-Didczuhn, MedR 1990, 167

Hoerster, Norbert "Föten, Menschen und 'Speziesismus' – rechtsethisch betrachtet" in NJW 1991, S. 2540 ff.,
zitiert: Hörster NJW 1991, 2540

Hoerster, Norbert "Nur wer die Sehnsucht kennt" in Frankfurter Allgemeine Zeitung vom 24.02.2001, Nr. 47, S. 46 (Feuilleton),
zitiert: Hoerster, FAZ v. 24.02.2001

Hofmann, Hasso "Biotechnik, Gentherapie, Genmanipulation – Wissenschaft im rechtsfreien Raum ?" in JZ 1986, S. 253 ff.,
zitiert: Hofmann JZ 1986, 253

Höfling, Wolfram "Verfassungsrechtliche Aspekte des so genannten therapeutischen Klonens" in Zeitschrift für Medizinische Ethik 2001, S. 277 ff.,
zitiert: Höfling ZME 2001, 277

Höfling, Wolfram "Zygote – Mensch – Person" in FAZ vom 10. Juli 2001, Nr. 157,
zitiert: Höfling in FAZ v. 10. Juli 2001

Höfling, Wolfram in Kommentar zum Grundgesetz 2. Auflage, München 1999, hrsg. v. Michael Sachs,
zitiert: Höfling in Sachs

Hülsmann, Christoph und Koch, Hans-Georg in "Regelungen der Fortpflanzungsmedizin und Humangenetik – Band 1" Eine internationale Dokumentation gesetzlicher und berufsständischer Rechtsquellen", Frankfurt/Main; New York 1990, hrsg. von Albin Eser, Hans-Georg Koch und Thomas Wiesenbart,
zitiert: Hülsmann/Koch in Eser 1990

Israel Information Center "Facts about Israel" Jerusalem 1997, hrsg. v. Ellen Hirsch,
zitiert: Facts about Israel

Jarass, Hans "Grundgesetz für die Bundesrepublik Deutschland – Kommentar" 5. Auflage, München 2000, hrsg. v. Hans Jarass und Bodo Pieroth,
zitiert: Jarass in Jarass/Pieroth

Jerouschek, Günter Stichwort "Lebensbeginn – Recht" Lexikon Medizin, Ethik, Recht, Freiburg, Basel, Wien 1992, hrsg. v. Albin Eser, Markus von Lutterotti, Paul Sporken,
zitiert: Jerouschek Lexikon Spalte

Literaturverzeichnis

Jung, Heike "Gesetzgebungsübersicht. Gesetz zum Schutz von Embryonen" in JuS 1991, S. 431 ff.,
zitiert: Jung, JuS 1991, 431 ff.

Justizministerium Baden-Württemberg (Hrsg.) "Gentechnologie und Recht – Bericht über das Symposium am 22. Und 23. November 1984 in Triberg", Vollzugsanstalt Heilbronn 1985,
zitiert: JuMi Baden-Württemberg 1984

Justizministerium Israel (Hrsg.) "Gutachten der öffentlichen Sachverständigenkommission zum Thema 'extrakorporale Befruchtung'" (Hebr.: Din we cheschbon ha-wa-ada ha ziborit-ha mikzo-it le b'chinat ha-nosae ha-frai'a chuz gufit) Jerusalem 1994, hrsg. v. Justizministerium Israel,
zitiert: Aloni-Kommission

Kaiser, Peter in „Kommentar zum Embryonenschutzgesetz" Stuttgart, Berlin, Köln 1992, hrsg. v. Rolf Keller, Hans-Ludwig Günther und Peter Kaiser,
zitiert: Kaiser in Keller/Günther/Kaiser

Kaiser, Peter "Genetische Grundlagen der Fortpflanzung, Pathomechanismen und pränatale Diagnostik" in "Moderne Fortpflanzungsmedizin: Grundlagen, IVF, ethische und juristische Aspekte", Stuttgart, New York 1995, hrsg. v. Hans-Rudolf Tinneberg und Christoph Ottmar,
zitiert: Kaiser in Tinneberg/Ottmar

Kaplan, Edna "Künstliche Befruchtung" (Hebr.: Ha-fraia melachotit) in Ijunei Ha Mishpat 1972, S. 110 ff.,
zitiert: Kaplan Ijunei Ha Mishpat 1972, 110

Katzorke, Thomas "Eizellspende (egg-donation) – Plädoyer für eine Liberalisierung" in Reproduktionsmedizin 2000, S. 373 ff.,
zitiert: Katzorke Reproduktionsmedizin 2000, 373

Kehat, Izhak et al. "Human embryonic stem cells can differentiate into myocytes with structural and funktional properties of cardiomyocytes" in The Journal of Clinical Investigation, vol. 108, August 2001, S. 407 ff.,
zitiert: Kehat et al. 2001, 407

Keller, Rolf "Das Kindeswohl: Strafschutzwürdiges Rechtsgut bei künstlicher Befruchtung im heterologen System ?" in Festschrift für Tröndle, hrsg. von Hans-Heinrich Jeschek und Theo Vogler, S. 705 ff., Berlin, New York 1989,
zitiert: Keller 1989

Keller, Rolf "Beginn und Stufung des strafrechtlichen Lebensschutzes" in "Fortpflanzungsmedizin und Humangenetik – strafrechtliche Schranken ?: Tübinger Beiträge zum Diskussionsentwurf eines Gesetzes zum Schutz von Embryonen", S. 111 ff., 2. Auflage, Tübingen 1991, hrsg. v. Hans-Ludwig Günther und Rolf Keller,
zitiert: Keller 1991 (1)

Keller, Rolf "Fortpflanzungstechnologie und Strafrecht" in "Fortpflanzungsmedizin und Humangenetik – strafrechtliche Schranken ?: Tübinger Beiträge zum Diskussionsentwurf eines Gesetzes zum Schutz von Embryonen", S. 193 ff., 2. Auflage, Tübingen 1991, hrsg. v. Hans-Ludwig Günther und Rolf Keller,
zitiert: Keller 1991 (2)

Keller, Rolf in Kommentar zum Embryonenschutzgesetz, Stuttgart, Berlin, Köln 1992, hrsg. v. Rolf Keller, Hans-Ludwig Günther und Peter Kaiser,
zitiert: Keller in Keller/Günther/Kaiser

Kern, Bernd-Rüdiger "Die Bioethik-Konvention des Europarates – Bioethik versus Arztrecht?" in MedR 1998, S. 485 ff.,
zitiert: Kern MedR 1998, 485

Koch, Hans-Georg "'Medizinisch unterstützte Fortpflanzung beim Menschen – Handlungsleitung durch Strafrecht?" in MedR 1986, S. 259 ff.,
zitiert: Koch in MedR 1986, 259

Kollek, Regine "Präimplantationsdiagnostik: Embryonenselektion, weibliche Autonomie und Recht" Tübingen, Basel 2000,
zitiert: Kollek 2000

Kollek, Regine "Der moralische Status des Embryo: Eine interdisziplinäre Perspektive" in „Fortpflanzungsmedizin in Deutschland – Wissenschaftliches Symposium des Bundesministeriums für Gesundheit in Zusammenarbeit mit dem Robert Koch-Institut vom 24. bis 26. Mai 2000 in Berlin", S. 47 ff., Baden-Baden 2001, hrsg. v. Bundesministerium für Gesundheit,
zitiert: Kollek 2001

Körner, Uwe "Ethische Fragen und Randprobleme der assistierten Reproduktion" Wiener Medizinische Wochenschrift, 147, S. 94 ff.,
zitiert: Körner WMR 147, 94

Körner, Uwe "Die Menschenwürde des Embryo – Fortpflanzungsmedizin und menschlicher Lebensbeginn" Dortmund 1999,
zitiert: Körner 1999

Körner, Uwe "Mensch von der Zeugung an? Über den Beginn und die Schutzwürdigkeit menschlichen Lebens" in "Ethik der menschlichen Fortpflanzung – Ethische, soziale, medizinische und rechtliche Probleme in Familienplanung, Schwangerschaftskonflikt und Reproduktionsmedizin", S. 293 ff., Stuttgart 1992, hrsg. v. Uwe Körner,
zitiert: Körner 1992

Krebs, Dieter "In vitro-Fertilisation, intratubarer Gametentransfer (GIFT) und intrauterine Insemination" in "Reproduktionsmedizin", Stuttgart, New York 1989, hrsg. v. Gerhard Bettendorf und Meinert Breckwoldt,
zitiert: Krebs in Bettendorf/Breckwoldt 1989

Krebs, Dieter Stichwort "In-vitro-Fertilisation – Medizin" in Lexikon Medizin, Ethik, Recht, Freiburg, Basel, Wien 1992, hrsg. v. Albin Eser, Markus von Lutterotti, Paul Sporken,
zitiert: Krebs Lexikon Spalte

Kretzmer, David "Constitutional Law" in "Introduction to the Law of Israel", The Hague, London, Boston 1995, hrsg. v. Amos Shapira und Keren C. DeWitt-Arar,
zitiert: Kretzmer 1995

Kretzmer, David "The New Basic Laws on Human Rights: A Mini-Revolution in Israeli Constitutional Law?" in "Public Law in Israel", Oxford 1997, hrsg. v. Itzhak Zamir und Allen Zysblat,
zitiert: Kretzmer in Zamir/Zysblat

Literaturverzeichnis 235

Kuhn, Lothar und Kutter Susanne "Therapie statt Größenwahn" in der Wirtschaftswoche Nr. 22 vom 24.05.2001, S. 124 ff.,
zitiert: Kuhn/Kutter Wirtschaftswoche v. 24.05.2001, 124

Kunig, Philip "Grundgesetz-Kommentar" 5. Auflage, München 2000, hrsg. v. Philip Kunig, begründet von Ingo von Münch, Band 1,
zitiert: Kunig in Kunig/von Münch

Landau, Orna "Rich Harvest" in Magazin der Tageszeitung Ha-Aretz vom 19.02.1999, English Edition, auch als Internet-Edition unter http://www3.haaretz.co.il/eng/scrip herunterzuladen,
zitiert: Landau, Magazin Ha-Aretz 19.02.1999

Lanz-Zumstein, Monika "Embryonenschutz – Juristische und rechtspolitische Überlegungen" in "Embryonenschutz und Befruchtungstechnik - Seminarbericht und Stellungnahmen aus der Arbeitsgruppe 'Gentechnologie' des Deutschen Juristinnenbundes", Band 9 der Reihe "Gentechnologie - Chancen und Risiken", S. 93 ff., München 1986, hrsg. v. Monika Lanz-Zumstein,
zitiert: Lanz-Zumstein 1986, 93

Laufs, Adolf "Die Entwicklung des Arztrechts 1984/85" in NJW 1985, S. 1316 ff.,
zitiert: Laufs NJW 1985, 1361

Laufs, Adolf "Die Entwicklung des Arztrechts 1985/86" in NJW 1986, S. 1515 ff.,
zitiert: Laufs NJW 1986, 1515

Laufs, Adolf "Die künstliche Befruchtung beim Menschen - Zulässigkeit und zivilrechtliche Fragen" in JZ 1986, 769 ff.,
zitiert: Laufs JZ 1986, 769

Laufs, Adolf "Fortpflanzungsmedizin und Menschenwürde" in NJW 2000, S. 2716 ff.,
zitiert: Laufs NJW 2000, 2716

Laufs, Adolf "Zur neuen Berufsordnung für die deutschen Ärztinnen und Ärzte" in NJW 1997, S. 3071 ff.,
zitiert: Laufs NJW 1997, 3071

Laufs, Adolf "Standesregeln und Berufsrecht der Ärzte" in Festschrift für Walther Weißauer zum 65. Geburtstag, S. 63 ff., Berlin, Heidelberg 1986, hrsg. v. Georg Heberer, Hans-Wolfgang Opderbecke und Wolfgang Spann,
zitiert: Laufs 1986, 88

Laufs, Adolf "Rechtliche Grenzen der Fortpflanzungsmedizin" Heidelberg 1987,
zitiert: Laufs 1987

Laufs, Adolf "Fortpflanzungsmedizin und Arztrecht" in "Fortpflanzungsmedizin und Humangenetik – strafrechtliche Schranken ?: Tübinger Beiträge zum Diskussionsentwurf eines Gesetzes zum Schutz von Embryonen", S. 89 ff., 2. Auflage, Tübingen 1991, hrsg. Hans-Ludwig Günther und Rolf Keller,
zitiert: Laufs 1991

Laufs, Adolf "Fortpflanzungsmedizin und Arztrecht" Berlin 1992,
zitiert: Laufs 1992

Laufs, Adolf "Berufspflichten und Berufsgerichtsbarkeit" in "Handbuch des Arztrechts", 2. Auflage, München 1999, hrsg. v. Adolf Laufs u.a.,
zitiert: Laufs in Laufs/Uhlenbruck

Lehmann, Karl "Pressebericht des Vorsitzenden der Deutschen Bischofskonferenz Kardinal Karl Lehmann (Mainz) im Anschluss an die Herbst-Vollversammlung in Fulda vom 24. bis 27. September 2001" vom 28.09.2001, im Internet unter http://dbk.de/presse/pm2001/pm2001092801.html, zuletzt am 30.11.2001 aufgerufen,
zitiert: Lehmann 2001

Lerche, Peter "Grundrechtlicher Schutzbereich, Grundrechtsprägung und Grundrechtseingriff" § 121 in Handbuch des Staatsrechts der Bundesrepublik Deutschland, hrsg. von Josef Isensee und Paul Kirchhof, Band 5, Allgemeine Grundrechtslehren, Heidelberg 1992,
zitiert: Lerche HStR V, § 121

Lilie, Hans und Albrecht Dietlinde "Strafbarkeit im Umgang mit Stammzelllinien aus Embryonen und damit im Zusammenhang stehender Tätigkeit nach deutschem Recht" in NJW 2001, S. 2774 ff.,
zitiert: Lilie/Albrecht NJW 2001, 2774

Lippert, Hans-Dieter "Der deutsche Sonderweg in der Fortpflanzungsmedizin – eine Bestandsaufnahme" in "Die Reproduktionsmedizin am Prüfstand von Recht und Ethik" S. 74 ff., Wien 2000, hrsg. v. Erwin Bernat,
zitiert: Lippert 2000, 74

Loewy, Hanno "Im Dreieck springen" in Universitas – Zeitschrift für interdisziplinäre Wissenschaft 1997, S. 919 ff.,
zitiert: Loewy in Universitas 1997, 919

Lorenz, Dieter "Recht auf Leben und körperliche Unversehrtheit" in § 128 in Handbuch des Staatsrechts der Bundesrepublik Deutschland, hrsg. von Josef Isensee und Paul Kirchhof, Band 6, Freiheitsrechte, Heidelberg 1992,
zitiert: Lorenz HStR VI, § 128

Losch, Bernhard "Lebensschutz am Lebensbeginn: Verfassungsrechtliche Probleme des Embryonenschutzes" in NJW 1992, S. 2926 ff.,
zitiert: Losch NJW 1992, 2926

Lurger, Brigitta "Fortpflanzungsmedizin und Abstammungsrecht" in "Die Reproduktionsmedizin am Prüfstand von Recht und Ethik" S. 108 ff., Wien 2000, hrsg. v. Erwin Bernat,
zitiert: Lurger 2000, 100

Magnus, Ulrich in Koch/Magnus/Winkler von Mohrenfels "IPR und Rechtsvergleichung – Ein Übungsbuch zum Internationalen Privat- und Zivilverfahrensrecht und zur Rechtsvergleichung" München 1989, hrsg. von Hermann Weber,
zitiert: Magnus 1989

Maoz, Asher "Constitutional Law" in "The Law of Israel: General Surveys", Jerusalem 1995, hrsg. v. Itzhak Zamir und Sylviane Colombo,
zitiert: Asher 1995

Marian, Susanne "Die Rechtsstellung des Samenspenders bei der Insemination - IVF" Heidelberg 1998,
zitiert: Marian 1998

Maurer, Hartmut "Allgemeines Verwaltungsrecht" 12. Auflage, München 1999,
zitiert: Maurer 1999

Merkel, Reinhard "Rechte für Embryonen ?" in Die Zeit, Nr. 5/2001 vom 25.01.2001, S. 37 f.,
zitiert: Merkel, Die Zeit 5/2001, 37

Merz, Wolfgang E. "Die Reproduktionsmedizin im Brennpunkt: Nicht alles darf geschehen" in Reproduktionsmedizin 2000, S. 295 ff.,
zitiert: Merz, Reproduktionsmedizin 2000, 295

Mettler, Liselotte "GIFT (Gameta Intra Falloppian Tube Transfer) und andere Techniken" in "Moderne Fortpflanzungsmedizin: Grundlagen, IVF, ethische und juristische Aspekte", S. 150 ff., Stuttgart, New York 1995, hrsg. v. Hans-Rudolf Tinneberg und Christoph Ottmar,
zitiert: Mettler in Tinneberg/Ottmar

Michelmann, Hans-Wilhelm "Der programmierte Misserfolg. Die Dilemmasituation der deutschen Reproduktionsmedizin" in Reproduktionsmedizin 2000, S. 181 f.,
zitiert: Michelmann Reproduktionsmedizin 2000, 181

Michelmann, Hans-Wilhelm "Intrazytoplasmatische Spermatozoeninjektion (ICSI)" in "Moderne Fortpflanzungsmedizin: Grundlagen, IVF, ethische und juristische Aspekte", S. 188 ff., Stuttgart, New York 1995, hrsg. v. Hans-Rudolf Tinneberg und Christoph Ottmar,
zitiert: Michelmann in Tinneberg/Ottmar

Murswiek, Dietrich in "Kommentar zum Grundgesetz" 2. Auflage , München 1999, hrsg. v. Michael Sachs,
zitiert: Murswiek in Sachs

Nawroth, Frank; Ludwig, Michael; Mallmann, Peter und Diedrich, Klaus "Naturwissenschaftliche und (arzt-) rechtliche Grundlagen der Präimplantationsdiagnostik" in Zeitschrift für medizinische Ethik 2000, S. 63 ff., 2000,
zitiert: Nawroth u.a. ZME 2000, 63

Neidert, Rudolf "Brauchen wir ein Fortpflanzungsmedizingesetz ?" in MedR 1998, Heft 8, S.347 ff.,
zitiert: Neidert MedR 1998, 347

Neulen, Joseph "Insemination" in "Reproduktionsmedizin", Stuttgart, New York 1989, hrsg. v. Gerhard Bettendorf und Meinert Breckwoldt,
zitiert: Neulen in Bettendorf/Breckwoldt 1989

Nüsslein-Volhard, Christiane "Wann ist ein Tier ein Tier, ein Mensch kein Mensch ?" in Frankfurter Allgemeine Zeitung vom 02.10.2001, S. 55,
zitiert: Nüsslein-Volhard in FAZ v. 02.10.2001

Nüsslein-Volhard, Christiane "Der Mensch nach Maß – unmöglich" in Süddeutsche Zeitung vom 1./2. Dezember 2001,
zitiert: Nüsslein-Volhard SZ v. 1./2. Dezember 2001

Oppermann, Thomas "Freiheit von Forschung und Lehre" § 145 in Handbuch des Staatsrechts der Bundesrepublik Deutschland, hrsg. von Josef Isensee und Paul Kirchhof, Band 6, Freiheitsrechte, Heidelberg 1989,
zitiert: Oppermann HStR VI, § 145

Ostendorf, Heribert "Experimente mit dem Retortenbaby auf dem rechtlichen Prüfstand" in JZ 1984, S. 595 ff.,
zitiert: Ostendorf JZ 1984, 595

Ostendorf, Heribert "Experimente mit dem 'Retortenbaby' auf dem rechtlichen Prüfstand" in "Genforschung und Genmanipulation – Dokumentation eines Fachgesprächs sowie Stellungnahmen und Materialien zum Thema aus politischer, ethischer und rechtlicher Sicht", München 1985, hrsg. v. Friedrich-Naumann-Stiftung,
zitiert: Ostendorf 1985

Ottmar, Christoph "Geschichtlicher Überblick über die Entwicklung und den Stand der Reproduktionsmedizin" in "Moderne Fortpflanzungsmedizin: Grundlagen, IVF, ethische und juristische Aspekte", S. 2 ff., Stuttgart, New York 1995, hrsg. v. Hans-Rudolf Tinneberg und Christoph Ottmar,
zitiert: Ottmar in Tinneberg/Ottmar

Pap, Michael "Die Würde des werdenden Lebens in vitro" in MedR 1986, S. 229 ff.,
zitiert: Pap MedR 1986, 229

Pap, Michael "Extrakorporale Befruchtung und Embryotransfer aus arztrechtlicher Sicht" Frankfurt, Bern, New York, Paris 1987,
zitiert: Pap 1987

Pieroth, Bodo und Schlink Bernhard "Grundrechte" 15. Auflage, Heidelberg 1999,
zitiert: Pieroth/Schlink 1999,

Prelle, Katja "Embryonale Stammzellen – tiermedizinische Grundlagen und wissenschaftliche Perspektiven in der Humanmedizin" in Zeitschrift für Medizinische Ethik (ZME) 2001, S. 227 ff.,
zitiert: Prelle ZME 2001, 227

Pschyrembel "Klinisches Wörterbuch" 258. Auflage, Berlin 1998, bearbeitet von der Wörterbuch-Red. des Verlages unter der Leitung von Helmut Hildebrandt,
zitiert: Pschyrembel

Püttner, Günter "Forschungsfreiheit und Embryonenschutz" in "Fortpflanzungsmedizin und Humangenetik – strafrechtliche Schranken ?: Tübinger Beiträge zum Diskussionsentwurf eines Gesetzes zum Schutz von Embryonen", S. 79 ff., 2. Auflage, Tübingen 1991, hrsg. v. Hans-Ludwig Günther und Rolf Keller,
zitiert: Püttner 1991

Püttner, Günter und Brühl Klaus "Fortpflanzungsmedizin, Gentechnologie und Verfassung" in JZ 1987, S. 529 ff.,
zitiert: Püttner/Brühl JZ 1987, 529

Rabe, Thomas "'Der Anfang aller Weisheit ist Verwunderung' (Aristoteles)" in Reproduktionsmedizin 2000, S. 79 ff.,
zitiert: Rabe Reproduktionsmedizin 2000, 79

Rager, Günter "Präimplantationsdiagnostik und der Status des Embryos" in Zeitschrift für medizinische Ethik 2000, S. 81 ff.,
zitiert: Rager ZME 2000, 81

Ratzel, Rudolf und Heinemann Nicola "Präimplantationsdiagnostik nach Abschnitt D, IV Nr. 14 Satz 2 (Muster-)Berufsordnung – Änderungsbedarf?" in MedR 1997, S. 540 ff.,
zitiert: Ratzel/Heinemann, MedR 1997, 540

Ratzel, Rudolf und Lippert Hans-Dieter "Kommentar zur Musterberufsordnung der deutschen Ärzte (MBO)" Berlin u.a. 1998,
zitiert: Ratzel/Lippert 1998

Ratzel Rudolf und Ulsenheimer Klaus "Rechtliche Aspekte der Reproduktionsmedizin" in Reproduktionsmedizin 1999, S. 428 ff.,
zitiert: Ratzel/Ulsenheimer Reproduktionsmedizin 1999, 428

Rheinstein, Max "Einführung in die Rechtsvergleichung" 2. Auflage, München 1987, hrsg. v. Reimer von Borries,
zitiert: Rheinstein 1987

Robbers, Gerhard in "Das Bonner Grundgesetz – Kommentar" Band 1, 4. Auflage, München 1999, hrsg. v. Christian Starck, begründet von Hermann von Mangoldt, fortgeführt von Friedrich Klein,
zitiert: Robbers in von Mangoldt/Klein/Starck

Rohwedel, Jürgen "Stammzellen – neue Perspektiven für Zell- und Gewebeersatz ?" in Zeitschrift für Medizinische Ethik (ZME) 2001, S. 213 ff.,
zitiert: Rohwedel ZME 2001, 213

Rosen-Zvi, Ariel "Family and Inheritance Law" in "Introduction to the Law of Israel", The Hague, London, Boston 1995, hrsg. v. Amos Shapira und Keren C. DeWitt-Arar,
zitiert: Rosen-Zvi 1995

Rüfner, Wolfgang "Grundrechtsträger" § 116 in Handbuch des Staatsrechts der Bundesrepublik Deutschland, hrsg. von Josef Isensee und Paul Kirchhof, Band 5, Allgemeine Grundrechtslehren, Heidelberg 1992,
zitiert: Rüfner HStR V, § 116

Sachs, Michael in "Kommentar zum Grundgesetz" 2. Auflage, München 1999, hrsg. v. Michael Sachs,
zitiert: Sachs in Sachs

Schill, Wolf-Bernhard und Engel, Wolfgang "Stellungnahme der Deutschen Gesellschaft für Andrologie und der Deutschen Gesellschaft zum Studium der Fertilität und Sterilität zu dem Entwurf einer gemeinsamen Stellungnahme der Kassenärztlichen Bundesvereinigung und der Spitzenverbände der Krankenkassen vom 5.10.1998" in Reproduktionsmedizin 1999, S. 5 f.,
zitiert: Schill/Engel Reproduktionsmedizin 1999, 5

Schlag, Martin "Zur Regierungsvorlage eines Fortpflanzungsmedizingesetzes" in "Fortpflanzungsmedizin und Lebensschutz", Innsbruck, Wien 1992, hrsg. v. Franz Bydlinski und Theo Mayer-Maly,
zitiert: Schlag 1992

Schlögel, Herbert "Gott ist ein Freund des Lebens – Herausforderungen und Aufgaben beim Schutz des Lebens", im Internet unter http://www.uni-regensburg.de/Fakultaeten/Theologie/begleitlitws2001gottfreuddeslebens.html, zuletzt aufgerufen am 30.11.2001
zitiert: Schlögel 2001

Schnabel, Ulrich "Ohne Mutter keine Menschenwürde" in Die Zeit vom 07.06.2001,
zitiert: Schnabel in Die Zeit v. 07.06.2001

Schockenhoff, Eberhard "Warum das Thomas-Argument nicht sticht" in Die Tagespost vom 24.02.2001, Nr. 24, auch als Ausgabe im Internet unter http://www.die-tagespost.de/Dokumente/DokuSo12.rtf, zuletzt aufgerufen am 30.11.2001,
zitiert: Schockenhoff in Die Tagespost v. 24.02.2001

Schreiber, Hans-Ludwig "Der Schutz des Lebens durch das Recht an seinem Beginn und an seinem Ende" in "Medizinrecht–Psychopathologie–Rechtsmedizin – Diesseits und jenseits der Grenzen von Recht und Medizin", Festschrift für Günter Schewe, S. 120 ff., Berlin, Heidelberg, New York u.a. 1991, hrsg. von H. Schütz, H.-J. Kaatsch und H. Thomsen,
zitiert: Schreiber 1991

Schröder, Michael "Kommissionskontrolle in Reproduktionsmedizin und Gentechnologie" Köln, Berlin, Bonn, München 1992,
zitiert: Schröder 1992

Schröder, Michael "Ethik-Kommissionen, Embryonenschutz und In-vitro-Fertilisation: gültige Regelungen im ärztlichen Standesrecht?" in VersR 1990, S. 243 ff.,
zitiert: Schröder VersR 1990, 243

Schroeder-Kurth, Traute "Medizinisch-ethische Aspekte bei der Gewinnung und Verwendung embryonaler Stammzellen" in „Fortpflanzungsmedizin in Deutschland – Wissenschaftliches Symposium des Bundesministeriums für Gesundheit in Zusammenarbeit mit dem Robert Koch-Institut vom 24. bis 26. Mai 2000 in Berlin", S. 228 ff., Baden-Baden 2001, hrsg. v. Bundesministerium für Gesundheit,
zitiert: Schroeder-Kurth 2001, 228

Schulze-Fielitz, Helmuth in "Grundgesetz – Kommentar", Band 1 Tübingen 1996, hrsg. v. Horst Dreier,
zitiert: Schulze-Fielitz in Dreier

Schwinger, Eberhard "Methodische Prinzipien der Präimplantationsdiagnostik" in „Fortpflanzungsmedizin in Deutschland – Wissenschaftliches Symposium des Bundesministeriums für Gesundheit in Zusammenarbeit mit dem Robert Koch-Institut vom 24. bis 26. Mai 2000 in Berlin", S. 186 ff., Baden-Baden 2001, hrsg. v. Bundesministerium für Gesundheit,
zitiert: Schwinger 2001

Seibert, Helga "Verfassungsrecht und Befruchtungstechniken" in "Embryonenschutz und Befruchtungstechnik – Seminarbericht und Stellungnahmen aus der Arbeitsgruppe 'Gentechnologie' des Deutschen Juristinnenbundes", Band 9 der Reihe "Gentechnologie - Chancen und Risiken", S. 62 ff., München 1986, hrsg. v. Monika Lanz-Zumstein,
zitiert: Seibert 1986 (I), 62

Seibert, Helga "Gesetzgebungskompetenz und Regelungsbefugnis im Bereich der Befruchtungstechniken" in "Embryonenschutz und Befruchtungstechnik – Seminarbericht und Stellungnahmen aus der Arbeitsgruppe 'Gentechnologie' des Deutschen Juristinnenbundes", Band 9 der Reihe "Gentechnologie - Chancen und Risiken" S. 142-150, München 1986, hrsg. v. Monika Lanz-Zumstein,
zitiert: Seibert 1986 (II)

Selb, Walter "Rechtsordnung und künstliche Reproduktion des Menschen" Tübingen 1987,
zitiert: Selb 1987

Shachar, Yoram "History and Sources of Israeli Law" in "Introduction to the Law of Israel", The Hague, London, Boston 1995, hrsg. v. Amos Shapira und Keren C. DeWitt-Arar,
zitiert: Shachar 1995

Shalev, Carmel "Betrachtungen des Gutachtens der Sachverständigenkommission zum Thema extrakorporale Befruchtung" (Hebr.: Ha-arot al din we cheschbon ha-wa-ada le b'chinat ha-nosae schel ha-frai-a chuz gufit) in Ha Mishpat 1995 Nr. 3, S. 53 ff.,
zitiert: Shalev Ha Mishpat 1995, 53

Shalev, Carmel "Halakha and Patriarchal Motherhood – an Anatomy of the New Israeli Surrogacy Law" Israel Law Review 1998, Band 32, S. 51 ff.,
zitiert: Shalev Israel Law Review 1998, 51

Shalev, Carmel "Recht der Fortpflanzung und Freiheit des Einzelnen im Hinblick auf Elternschaft" (Hebr.: Dinei poriot we s'chut ha prat lehiot hora) in "Status der Frau in Gesellschaft und Recht" (Hebr.: Ma-amad ha-ischa be chevra we be mischpat), S. 503 ff., Jerusalem, Tel-Aviv 1995, hrsg. v. Francis Raday, Carmel Shalev und Michael Levin-Kovi,
zitiert: Shalev 1995

Shamgar, Meir "Probleme auf dem Gebiet der Befruchtung und der Geburt" (Hebr.: Sugiot benosae ha-fraia we lida) in Ha Praklit, Bd. 39 (Lamed Tav), 1989, S. 21 ff.,
zitiert: Shamgar Ha Praklit Bd. 39, 21

Shapira, Amos "Country Report Israel" in "Das Menschenrechtsübereinkommen zur Biomedizin des Europarates – taugliches Vorbild für eine weltweit geltende Regelung?", hrsg. v. Jochen Taupitz, Berlin, Heidelberg 2002
zitiert: Shapira Country Report

Shapira, Amos "In Israel, Law, Religious Orthodoxy, and Reproductive Technologies" in Special Supplement, Hastings Center Report, June 1987, Volume 17, Number 3, S. 12 ff.,
zitiert: Shapira Hastings Center Report 1987, 12

Shapira, Amos "Israel National Report" in Revue International de Droit Pénal 1988, vol. 59, S. 991 ff., hrsg. v. Association International de Droit Pénal,
zitiert: Shapira Revue International de Droit Pénal 1988, 991

Shapira, Amos "Country Report Israel" in "Forschungsfreiheit und Forschungskontrolle in der Medizin – Zur geplanten Revision der Deklaration von Helsinki", Berlin, Heidelberg 2000, hrsg. von Erwin Deutsch und Jochen Taupitz,
zitiert: Shapira in Deutsch/Taupitz

Shifman, Pinhas "First Encounter of Israeli Law with Artificial Insemination" in Israel Law Review, Band 16, 1981, Heft 2,
zitiert: Shifman, Israel Law Review 1981, 250

Shifman, Pinhas "The Right to Parenthood and the Best Interests of the Child: A Perspective on Surrogate Motherhood in Jewish and Israeli Law" in New York Law School Human Rights Annual 1987, S. 555 ff.,
zitiert: Shifman N.Y.L.Sch.Hum.Rts. Ann. 1987, 555

Shifman, Pinhas "Familienrecht in Israel" (Hebr.: Dinei ha mischpacha be israel) Band 2, Jerusalem 1989,
zitiert: Shifman 1989

Siebzehnrübl, Ernst "Kryokonservierung" in "Moderne Fortpflanzungsmedizin: Grundlagen, IVF, ethische und juristische Aspekte", Stuttgart, New York 1995, hrsg. v. Hans-Rudolf Tinneberg Christoph Ottmar,
zitiert: Siebzehnrübl in Tinneberg/Ottmar

Sinai, Ruth "Crazy for you, babe" in der Tageszeitung Ha-Aretz vom 09.05.2000, English Edition,
zitiert: Sinai in Ha-Aretz vom 09.05.2000

Sinai, Ruth "Fertilization treatment can beget multiple pregnancy – and multiple dilemmas" in der Tageszeitung Ha-Aretz vom 02.02.2000, English Edition,
zitiert: Sinai in Ha-Aretz vom 02.02.2000

Sinai, Ruth "Orphan Embryos" in der Tageszeitung Ha-Aretz vom 31.05.2000, English Edition,
zitiert: Sinai in Ha-Aretz vom 31.05.2000

Sinai, Ruth "Ovule donations need anchoring in the law" in der Tageszeitung Ha-Aretz vom 12.09.2000, English Edition,
zitiert: Sinai in Ha-Aretz vom 12.09.2000

Sommer, Allison Kaplan "Labor Pains" in Jerusalem Post vom 07. Januar 2000, Magazine Edition,
zitiert: Sommer in Jerusalem Post v. 07.01.2000

Starck, Christian "Das Bonner Grundgesetz" Kommentar, 4. Auflage, München 1999, hrsg. v. Christian Starck, begründet von Hermann von Mangoldt, fortgeführt von Friedrich Klein, Band 1,
zitiert: Starck in von Mangoldt/Klein/Starck

Steptoe, P. C. und Edwards R. G. "Birth after reimplantation of a human embryo" in Lancet 1978, (2) S. 366 ff.,
zitiert: Steptoe/Edwards

Taupitz, Jochen "Abgestufte Menschenwürde" in Pharmazeutische Zeitung 2001, Heft 34, S. 21 ff.,
zitiert: Taupitz PZ 2001 (34), 21

Taupitz, Jochen "Der rechtliche Rahmen des Klonens zu therapeutischen Zwecken" in NJW 2001, S. 3433 ff.,
zitiert: Taupitz NJW 2001, 3433

Taupitz, Jochen Interview in der Wochenzeitung Die Zeit unter dem Titel "Ein Importverbot wäre verfassungswidrig" in die Zeit Nr. 28 vom 05. Juli 2001, S. 26,
zitiert: Taupitz in Die Zeit v. 05.07.2001

Taupitz, Jochen "Die Standesordnungen der freien Berufe: geschichtliche Entwicklung, Funktionen, Stellung im Rechtssystem" Berlin, New York 1991,
zitiert: Taupitz 1991

Tinneberg, Hans-Rudolf "Gynäkologische Grundlagen der Fortpflanzungsmedizin unter Berücksichtigung möglicher Sterilitätsursachen" in "Moderne Fortpflanzungsmedizin: Grundlagen, IVF, ethische und juristische Aspekte", S. 44 ff., Stuttgart, New York 1995, hrsg. v. Hans-Rudolf Tinneberg und Christoph Ottmar,
zitiert: Tinneberg in Tinneberg/Ottmar

Tinneberg, Hans-Rudolf und Ottmar Christoph (Hrsg.). "Moderne Fortpflanzungsmedizin: Grundlagen, IVF, ethische und juristische Aspekte" Stuttgart, New York 1995,
zitiert: Tinneberg/Ottmar

Tröndle, Herbert "Zum Begriff des Menschseins" in NJW 1991, S. 2542,
zitiert: Tröndle NJW 1991, 2542

Vesting, Jan-W. "Die Verbindlichkeit von Richtlinien und Empfehlungen der Ärztekammern nach der Musterberufsordnung 1997" in MedR 1998, S. 168 ff.,
zitiert: Vesting MedR 1998, 168

Vilchik, Eli "Die Surrogatmutter" (Hebr.: Ha em ha tachliphit) in Mishpatim 1988, Bd. 17, S. 534 ff.,
zitiert: Vilchik Mishpatim 1988, 534

Vitzthum, Wolfgang Graf von "Gentechnologie und Menschenwürde" in MedR 1985, 249 ff.,
zitiert: Vitzthum MedR 1985, 249

Vitzthum, Wolfgang Graf von "Rechtspolitik als Verfassungsvollzug? Zum Verhältnis von Verfassungsauslegung und Gesetzgebung am Beispiel der Humangenetik – Diskussion" in "Fortpflanzungsmedizin und Humangenetik – strafrechtliche Schranken ?: Tübinger Beiträge zum Diskussionsentwurf eines Gesetzes zum Schutz von Embryonen", S. 66 ff., 2. Auflage, Tübingen 1991, hrsg. v. Hans-Ludwig Günther und Rolf Keller,
zitiert: Vitzthum 1991

Wetzstein, Verena "'Laßt uns Menschen machen...' Über Homunculi und andere Kreaturen" in Zeitschrift für Medizinische Ethik 2001, S. 313 ff.,
zitiert: Wetzstein in ZME 2001, 313

Wolfrum, Rüdiger "Welche Möglichkeiten und Grenzen bestehen für die Gewinnung und Verwendung humaner embryonaler Stammzellen aus juristischer Sicht ?" in „Fortpflanzungsmedizin in Deutschland – Wissenschaftliches Symposium des Bundesministeriums für Gesundheit in Zusammenarbeit mit dem Robert Koch-Institut vom 24. bis 26. Mai 2000 in Berlin", S. 235 ff., Baden-Baden 2001, hrsg. v. Bundesministerium für Gesundheit,
zitiert: Wolfrum 2001, 235

Zamir, Itzhak und Zysblat Allen "Basic Law: Freedom of Occupation" in "Public Law in Israel", S. 157 ff., Oxford 1996, hrsg. v. Itzhak Zamir und Allen Zysblat,
zitiert: Zamir/Zysblat 1996

Zamir, Itzhak und Zysblat Allen "Basic Law: Human Dignity and Liberty" in "Public Law in Israel", S. 154 ff., Oxford 1996, hrsg. v. Itzhak Zamir und Allen Zysblat,
zitiert: Zamir/Zysblat 1996 (II)

Zemach, Yaacov S. "The Judiciary of Israel" Jerusalem 1993,
zitiert: Zemach 1993

Zierl, Gerhard "Gentechnologie und künstliche Befruchtung in ihrer Anwendung beim Menschen – Überblick und rechtliche Aspekte" in DRiZ 1985, S. 337 ff.,
zitiert: Zierl DRiZ 1985, 337

Zippelius, Reinhold in "Bonner Kommentar zum Grundgesetz" Heidelberg 1993, hrsg. v. Rudolf Dolzer und Klaus Vogel, Band 1,
zitiert: Zippelius in Bonner Kommentar

Zumstein, Monika "Keimzellspende – Juristische Thesen" in „Fortpflanzungsmedizin in Deutschland – Wissenschaftliches Symposium des Bundesministeriums für Gesundheit in Zusammenarbeit mit dem Robert Koch-Institut vom 24. bis 26. Mai 2000 in Berlin", Baden-Baden 2001, hrsg. v. Bundesministerium für Gesundheit,
zitiert: Zumstein 2001, 134

Zysblat, Allen "Protecting Fundamental Rights in Israel without a Written Constitution" in "Public Law in Israel", Oxford 1996, hrsg. v. Itzhak Zamir und Allen Zysblat,
zitiert: Zysblat 1996 (2)

Zysblat, Allen "The System of Government" in "Public Law in Israel", Oxford 1996, hrsg. v. Itzhak Zamir und Allen Zysblat,
zitiert: Zysblat 1996

Druck und Bindung: Strauss Offsetdruck GmbH